THE THEORY AND APPLICATION OF INTEGRATED **MACHINE LEARNING ALGORITHMS**

集成式机器学习
算法理论与应用

杨小青
杨朋霖 著

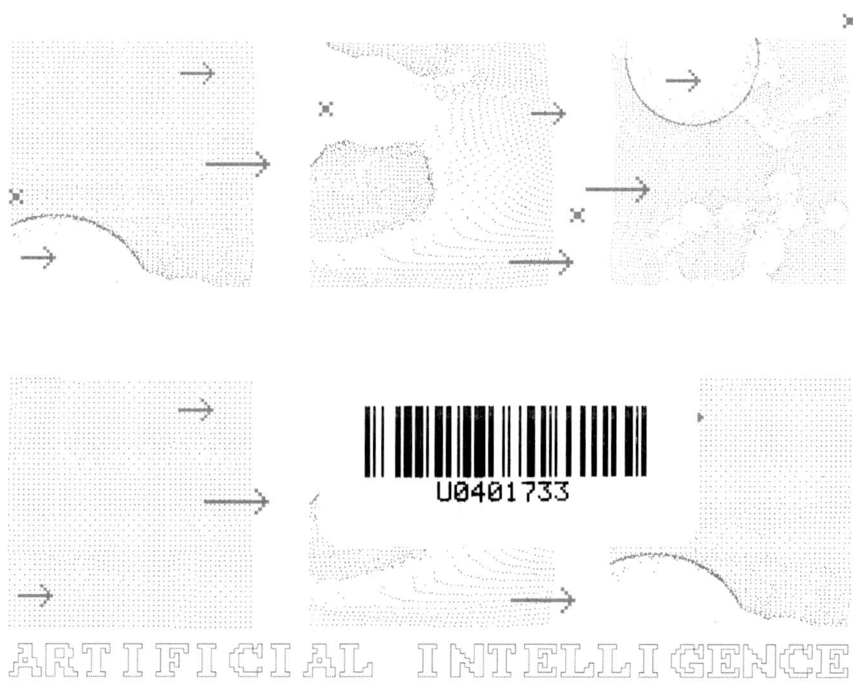

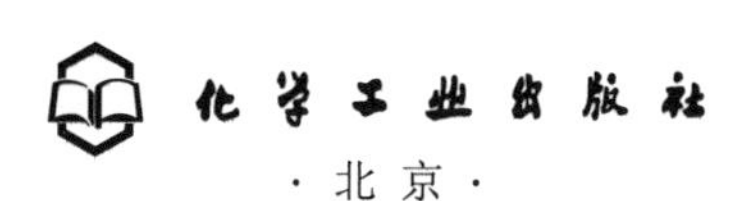

·北京·

内容简介

本书全面系统地介绍了集成式机器学习的核心理论及其在现实中的实际应用。全书内容不仅详细讲解了集成式机器学习的基本概念，以及结合多个模型的预测来提升整体性能的集成方法，而且辅以丰富的实战案例和代码实现，深入探讨了它们在分类、回归、异常检测等任务中的应用效果；通过理论讲解与实际案例相结合，帮助读者深入理解集成式机器学习的关键技术，并能够将这些技术应用于实际问题中。本书每章内容都经过精心设计，既包括对基本概念的系统讲解，又涵盖了最新的研究成果和发展趋势。

本书适合从事人工智能、机器学习相关研究与应用的工程技术人员阅读，也可作为人工智能等相关专业师生的参考书。

图书在版编目（CIP）数据

集成式机器学习算法理论与应用 / 杨小青，杨朋霖著. -- 北京 : 化学工业出版社，2025. 4. -- ISBN 978-7-122-47471-1

Ⅰ. TP181

中国国家版本馆 CIP 数据核字第 2025R5W019 号

责任编辑：金林茹
文字编辑：郑云海
责任校对：赵懿桐
装帧设计：王晓宇

出版发行：化学工业出版社
（北京市东城区青年湖南街 13 号　邮政编码 100011）
印　　装：河北延风印务有限公司
787mm×1092mm　1/16　印张 18¾　字数 459 千字
2025 年 6 月北京第 1 版第 1 次印刷

购书咨询：010-64518888
售后服务：010-64518899
网　　址：http：//www.cip.com.cn
凡购买本书，如有缺损质量问题，本社销售中心负责调换。

定　　价：99.00 元　

Preface 前言

机器学习是人工智能和计算机科学的一个分支，专注于使用数据和算法使人工智能能够模仿人类的学习方式，并逐渐提高准确性。机器学习在数据分析和决策支持中具有重要作用，但是在面对多样性问题时有一定的局限性。随着数据量的增加和计算能力的提升，集成式机器学习在解决复杂问题和处理大规模数据方面发挥越来越重要的作用。其通过组合多个机器学习模型来提升整体预测性能和鲁棒性，被广泛应用于分类、回归、异常检测等任务。它不仅为机器学习模型的性能提升提供了一条崭新路径，还在前沿领域（如深度学习与迁移学习等）中展现出无尽的潜能。

本书全面探讨了集成式机器学习方法及其实际应用。不仅涵盖了集成式机器学习的基本理论和方法，还结合案例深入探讨了其在实际应用（如金融预测、医疗诊断、图像识别和自然语言处理、网络加密流量识别与异常检测等）的优势与挑战。通过详细的案例分析和实验结果，读者能够理解和掌握如何在实际问题中应用集成式机器学习，以及其在提高模型精度、减少过拟合和增强泛化能力方面的优势，提升模型的性能和可靠性。

本书系统阐述集成式机器学习这一重要的机器学习方法，为推动集成式机器学习理论的研究和实践提供了全面的知识体系和指导方针，能在一定程度上填补当前学术和应用领域的空白。通过本书，读者也能全面了解集成式机器学习的前沿发展和实践技巧，更好地理解其实用价值和实现步骤，激发更多创新思路，推动集成式机器学习在各行业的深入发展。同时，书中注重理论与实践的结合，既提供了深入的理论分析，又辅以丰富的实战案例和代码实现。每章内容都经过精心设计，既包括对基本概念的系统讲解，又涵盖了最新的研究成果和发展趋势。

本书内容基于横向委托研究项目——基于集成式机器学习的加密流量技术研究、山西省高等学校科技创新项目——基于机器学习的加密流量识别与异常检测研究（编号：2023L422）、山西工程科技职业大学科研基金项目科技创新项目——基于流数据算法并行化研究（编号：KJ202327），在此表示感谢！同时也感谢研究过程中合作企业的支持。

本书由杨小青、杨朋霖共同撰写，杨小青负责撰写第1、3、5、7、9、11章，杨朋霖负责撰写第2、4、6、8、10章。在本书编写过程中，对山西工程科技职业大学给予的支持与帮助表示感谢！

限于笔者水平，书中难免会有疏漏和不足之处，敬请读者给予批评指正！

山西工程科技职业大学
杨小青　杨朋霖

Contents 目录

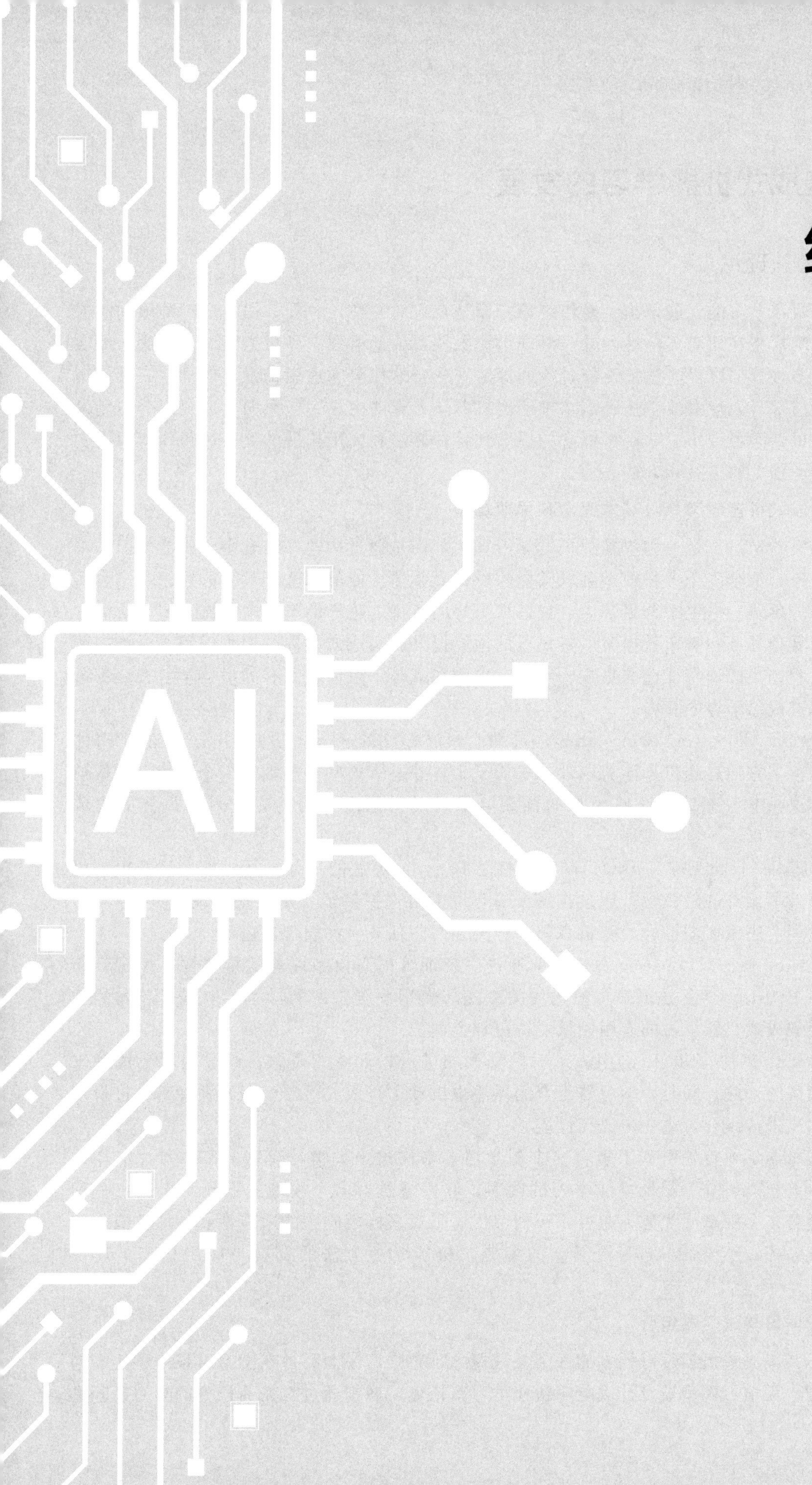

第1章

绪论

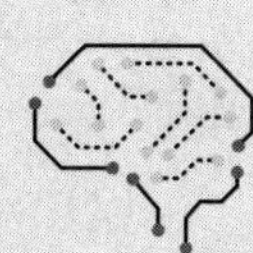

1.1 集成式机器学习的发展

1.1.1 相关理论

集成式机器学习的发展根植于对传统单一模型在应对复杂任务和数据噪声时的限制的深刻认识。传统模型在面对多样性问题时显现出局限性，因此需要一种更为强大的方法，能够巧妙地综合多种算法以提高整体性能，不同算法有各自的优势和适用场景，但没有一种模型能够在所有情况下表现最佳。这种需求推动着机器学习算法由单一应用向集成式混合应用发展。集成式机器学习经历了从基本概念的提出到各种算法和应用拓展的发展过程，为解决实际问题提供了强大的工具和方法。

(1) 集成式机器学习算法基本概念和早期算法

集成式机器学习不是一种单独的机器学习算法，而是通过构建并结合多个机器学习器来完成学习任务、整合多个学习模型各取其优势以提高整体性能的方法。其核心思想是结合多个弱学习器的预测，产生一个更强大、鲁棒性更好的模型。这样的集成式机器学习方法通常能够在处理复杂任务和噪声数据时取得显著的性能提升。集成式机器学习可以用于分类问题集成、回归问题集成、特征选取集成、异常点检测集成等，可以说所有的机器学习领域都可以看到集成式机器学习的身影。

① Bagging（bootstrap aggregating，自举汇聚法）。Bagging 算法是集成式机器学习的早期代表之一。它通过随机采样获取训练集的子集，并基于这些子集训练多个模型，这些模型通常用作决策树。最终，这些模型的预测结果通过投票或平均的方式得到最终的集成预测。

② 随机森林（random forest）。随机森林是 Bagging 算法的一种扩展，更专注于决策树模型。它引入了额外的随机性，通过在每个节点上随机选择特征，从而增加模型的多样性。最终，通过多个决策树的综合，随机森林在分类和回归任务上都表现出色。

③ Boosting 算法。Boosting 算法强调通过序列训练提高模型性能的重要性。AdaBoost 和 Gradient Boosting 等算法通过加权迭代关注先前模型预测错误的样本，取得了较大的性能提升，使集成式机器学习的应用领域变得更加全面。

④ Stacking 算法。Stacking 引入了对模型预测进行再训练的概念，通过构建元模型来组合基础模型的预测。同时，学习器组合的思想也推动了集成式机器学习的发展，通过将不同模型的输出进行组合，进一步提高性能。

集成式机器学习首先引入了组合多个弱学习器来构建强大学习模型的基本理念。Bagging 算法和随机森林作为早期集成学习的代表，它们通过对多个模型的预测结果进行平均或投票来整合多个模型的优势，通过并行训练提高了对多样性问题的适应性和整体性能，这也为后续 Boosting、Stacking 等更复杂的集成式机器学习方法的发展与应用奠定了理论基础。

(2) 元学习与学习器组合

元学习是集成式机器学习领域的一个关键概念，它强调模型具备在学习过程中适应不同任务的能力。元学习模型被设计成能够快速学习新任务，通常通过对先前任务的学习经验进行总结和迭代来实现。元学习的目标是使模型更具通用性，能够在面对未知任务时迅速适应，而不需要大量样本。

学习器组合是一种将多个学习模型的输出结合起来以提高性能的方法。这种方法的核心思想是通过组合不同模型的预测结果获得一个更为强大和鲁棒的整体模型。学习器组合可以采用不同的策略，如投票、平均、加权等，以充分发挥各个模型的优势。

元学习与学习器组合在某种程度上是相互关联的。元学习关注模型的学习过程，使其能够快速适应新任务；而学习器组合关注如何有效地整合不同模型的输出，以提高整体性能。在实际应用中，元学习的思想可以被引入到学习器组合的过程中，使组合模型更具灵活性和适应性。

在元学习和学习器组合的联合应用中，一个常见的场景是构建一个元模型，该模型能够利用先前任务的学习经验，并在新任务中动态选择、组合不同学习器，以实现更好的性能。这种方式使模型能够根据任务的特性自适应地选择合适的学习器组合策略，提高整体泛化能力。将元学习与学习器组合相结合，在解决多样性问题和适应性学习方面可获得更理想的应用效果，这为集成式机器学习领域的发展提供了新的思路和方法。

(3) 面向跨学科与交叉应用

① 跨学科融合。集成式机器学习不再局限于传统的计算机科学和统计学领域，而是逐渐融合进入更多的学科。在自然语言处理领域，集成方法被用于语言翻译、情感分析等任务。在医学领域，集成式机器学习被广泛应用于疾病诊断、药物发现和个性化治疗方案设计。这种跨学科融合使集成式机器学习方法更加灵活，能够更好地适应不同学科的需求。

② 交叉应用。随着集成式机器学习的发展，其在不同领域之间的交叉应用也变得更加普遍。例如，在医疗图像处理中，集成式机器学习算法可以与计算机视觉技术相结合，提高图像识别的准确性。在金融领域，集成式机器学习可以与时间序列分析相结合，用于股票价格预测。这种交叉应用使得集成式机器学习更具多样性，能够在不同领域的问题中发挥关键作用。

③ 数据融合。集成式机器学习在跨学科和交叉应用中的一个关键方面是数据融合。通过整合不同来源的多模态数据，集成模型能够更全面地理解问题。例如，在医学研究中，结合患者的基因数据、临床数据和影像数据，集成式机器学习可以提供更准确的疾病诊断和治疗建议。数据融合使集成式机器学习在多领域中更具优势。

④ 智能决策支持系统。集成式机器学习的跨学科应用进一步推动了智能决策支持系统的发展。这些系统整合了不同领域的专业知识和数据，通过集成式机器学习提供更可靠、高效的决策支持。在医疗健康管理中，这样的系统可以辅助医生制定个性化治疗方案。在环境监测中，可以帮助决策制定更有效的资源利用策略。

元学习的出现强调了在学习过程中对模型进行优化的能力，进一步提高了模型的适应性。此外，集成式机器学习不断拓展应用领域，包括自然语言处理、医学图像处理等跨学科领域。未来趋势是将集成式机器学习与新兴技术如深度学习相结合，同时关注自动化机器学习和模型解释性，以提高性能和解释性。集成式机器学习在跨学科和交叉应用领域的拓展，不仅提高了解决问题的效率和准确性，同时也促进了不同学科之间的合作与创新。

1.1.2 发展阶段

集成式机器学习算法的发展是一个逐步演进的过程，可以分为几个重要的阶段，每个阶段都为机器学习领域带来了显著的进步和创新。

（1）初步探索与早期理论

集成式机器学习的概念最早可以追溯到20世纪90年代，在机器学习发展的早期阶段，研究者们主要依赖单一模型进行预测。然而，单一模型在面对复杂任务和数据噪声时往往表现不佳。单一模型虽然在某些特定任务上表现良好，但其局限性也很明显。不同的算法有各自的优势和适用场景，但没有一种模型能够在所有情况下表现最佳。

为了解决这些问题，研究者们提出了集成多个模型的方法，以提高整体性能和鲁棒性。不同的算法在不同的应用场景下有其独特的优势和不足，无法通过单一模型全面覆盖所有问题。这种局限性促使研究者们探索能够综合多种模型优势的方法，以提高预测性能和泛化能力。

（2）Bagging和Boosting的提出

1996年，Leo Breiman提出了Bagging算法，这是集成学习的重要里程碑。Bagging通过自助采样法生成多个训练子集，训练多个基本学习器，并通过多数投票或平均来集成这些学习器的预测结果，有效地降低了模型的方差。在同一时期，Yoav Freund和Robert Schapire提出了Boosting算法，其中最著名的是AdaBoost。Boosting通过逐步调整样本权重，聚焦难以预测的样本，提高了模型的精度。Boosting算法通过集成一系列弱学习器来构建强学习器，有效地降低了模型的偏差。

（3）随机森林与多种集成方法的推广

2001年，Leo Breiman提出了随机森林算法，该算法结合了Bagging和随机特征选择，进一步提升了模型的性能和鲁棒性。随机森林算法不仅减小了模型的方差，还通过随机选择特征来训练每棵决策树，增加了模型的多样性。随着时间的推移，更多的集成方法被提出和推广，如Stacking、Gradient Boosting等。这些方法通过不同的机制集成多个模型，提高了机器学习算法的泛化能力和稳定性。尤其是Gradient Boosting，在许多实际应用中表现优异，成为机器学习竞赛中的常用方法。

（4）深度学习与集成学习的结合

随着深度学习的兴起，研究者们开始将集成学习与深度学习相结合。深度学习模型虽然在许多任务中表现出色，但其训练过程复杂，容易过拟合。通过集成多个深度学习模型，如集成多个神经网络，可以进一步提高模型的性能和鲁棒性。例如，在图像分类任务中，集成多个卷积神经网络（CNN）模型可以显著提高分类准确率。同样，在自然语言处理任务中，集成多个循环神经网络（RNN）或变换器（Transformer）模型也能带来性能的提升。

（5）集成学习在大数据与多样化应用中的发展

随着大数据时代的到来，集成学习在处理大规模数据集和多样化应用中展现出巨大的潜力。在医疗、金融、工业、市场营销等领域，集成学习算法被广泛应用于预测、分类和异常检测等任务。例如，在医疗诊断中，集成学习可以结合多个模型的预测结果，提高疾病预测的准确率；在金融风控中，集成学习可以有效识别信用风险和欺诈行为；在工业生产中，集成学习可以优化生产流程，提高产品质量。

现代集成学习不仅关注模型的多样性和集成效果，还注重模型的可解释性和计算效率。研究者们提出了多种改进和变体，如极限梯度提升（XGBoost）、LightGBM和CatBoost

等，这些方法在保证高性能的同时，进一步提升了模型的计算效率和应用灵活性。此外，集成学习与深度学习的结合也是一个重要的发展方向，其旨在利用深度神经网络的强大特征提取能力，进一步提升集成模型的表现。

经过上述几个阶段的发展，集成式机器学习算法已成为现代机器学习中不可或缺的一部分，并在深度学习和大数据领域中得到了广泛应用。集成式机器学习通过集成多个模型，显著提高了机器学习算法的性能、鲁棒性和泛化能力，为解决复杂的实际问题提供了强有力的工具和方法，为各个领域的实际应用带来了深远的影响。

1.2 本书主要内容

(1) 认识集成式机器学习

集成式机器学习算法是一种通过结合多个弱学习器来构建一个更强大、更鲁棒的模型的方法。这一概念基于“众多决策者比单一决策者更聪明”的理念，通过整合多个模型的预测结果，提高整体性能和泛化能力。本书将深入讨论 Bagging 方法，解释自举汇聚法如何通过多次采样和投票整合多个模型的输出，并将详细探讨 Boosting 方法是如何通过关注错误样本逐步提升模型性能的，同时对 Stacking 方法进行深入剖析，强调通过元学习器整合多个基学习器输出的灵活性。本书也将涵盖其他机器学习算法，并通过分析各算法的工作原理、比较它们的特点以及适用的应用场景，为读者提供全面的选择指南。

(2) 数学模型和算法设计

通过引入数学模型，深入探讨集成式机器学习算法的基本数学原理，包括模型的损失函数、优化算法等内容。同时，强调算法的复杂性与可解释性的平衡，解释如何通过适当的参数设置和算法选择来确保模型在实际应用中具备足够的解释性。这一部分内容使读者能够深入了解集成式机器学习算法的具体实现，为更深入的实际应用奠定基础。

(3) 实际应用案例与解决方案

通过深入研究和翔实的应用案例，展示集成式机器学习算法在多个领域的成功应用。以下是一些典型的应用案例：

① 金融领域：风险管理。在金融领域，本书将重点体现集成式机器学习算法在风险管理中的应用。通过整合多个模型的预测，算法能够更准确地评估投资组合的风险，提高决策的可靠性。这种应用案例在资产管理、投资策略优化等方面取得了显著的成功。

② 医疗领域：疾病诊断。本书将描述在医疗领域中应用集成式机器学习算法进行疾病诊断的实例。通过整合来自不同模型的医学数据，算法能够提高疾病的准确诊断率。这种应用在医学影像分析、生物医学数据挖掘等方面具有潜在的巨大价值。

③ 制造业：质量控制。本书将详细介绍集成式机器学习算法在制造业中的应用，特别是在质量控制方面。通过整合传感器数据和生产过程信息，算法能够快速检测和纠正生产线中的质量问题，提高产品质量并降低生产成本。

④ 图像识别：物体识别。在图像识别领域，本书将介绍集成式机器学习算法在物体识别任务中的成功案例。通过结合不同模型对图像的解释，算法能够更准确地识别图像中的物体。

⑤ 电子商务：推荐系统。在电子商务领域，本书将介绍集成式机器学习算法在推荐系

统中的应用。通过整合用户行为数据和商品信息，算法能够更准确地预测用户的购物兴趣，提供个性化的推荐服务，从而提高用户满意度和购物体验。

⑥ 信息安全：网络通信流量分析。在信息安全领域，集成式机器学习算法在加密流量识别与分析方面发挥着关键作用。由于越来越多的网络通信采用加密协议，传统的流量分析方法往往无法直接解析加密数据包。在加密流量识别中，集成方法可以结合多个弱学习器提高整体性能。

(4) 算法比较与性能评估

本书将深入介绍不同集成式机器学习算法的应用，并通过对比与性能评估，为读者提供更深层次的理解。本书通过翔实的应用案例，展示不同集成式机器学习算法在实际问题中的应用，这包括金融、医疗、图像识别等多个领域的案例，通过实际问题的解决展示算法的灵活性和适用性。同时将对不同集成式机器学习算法的性能进行比较与评估。涉及算法在标准数据集上的表现、计算复杂度、对不同类型数据的适应能力等方面的综合评估，分析各个算法的优缺点和适用场景。

在性能评估的基础上，本书还将介绍如何调优不同集成式机器学习算法的参数，以及对模型进行优化的方法。这有助于读者更好地在实际应用中调整算法以取得更好的性能。书中也关注不同算法的鲁棒性，即对于异常情况的处理能力。此外，可能还会涉及对抗性分析，即算法对于对抗性攻击的稳定性。这方面的分析有助于读者了解算法在面对不同挑战时的表现。

(5) 跨学科融合与交叉应用

本书注重跨学科融合与交叉应用，将机器学习算法与不同学科领域的交叉应用紧密结合，提供了全面的视角。以下是本书在跨学科融合与交叉应用方面内容的特点：

① 跨学科融合的视角。深入研究集成式机器学习算法，并将其应用范围扩展到多个领域，包括但不限于计算机科学、统计学、数学、信息技术等。这种跨学科融合的视角使读者能够全面理解算法在不同学科中的应用方式和潜在影响。

② 与数据科学的交叉应用。强调机器学习算法与数据科学的紧密关系，探讨集成式机器学习算法在数据挖掘、特征工程、模型优化等数据科学领域的应用。读者将获得在处理大规模数据集、提取有价值信息方面的深刻见解。

③ 与人工智能领域的交叉应用。涵盖集成式机器学习算法与人工智能领域的交叉应用，包括在智能系统、自动化决策、模式识别等方面的应用。这有助于读者了解算法在构建智能化系统中的重要作用，以及其在模仿人类智能方面的潜在价值。

④ 与领域专业知识的融合。强调集成式机器学习算法与领域专业知识的融合，例如在医疗、金融、制造业等领域。通过将算法与领域专业知识相结合，读者能够更好地解决实际问题，提高应用的实用性。

通过跨行业的实际应用案例分析，展示了算法在不同行业中的灵活性和适用性。这有助于读者在跨不同行业时更好地选择和应用算法，提供了一个跨学科、跨领域的视角，使读者能够更全面地理解集成式机器学习算法在不同学科和应用场景中的价值和潜力。

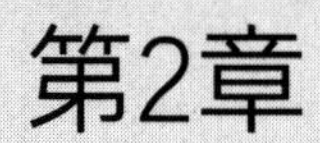

第2章

基础知识与理论框架

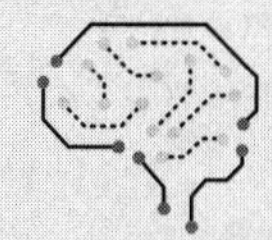

大数据技术和人工智能是当今信息技术领域的两个重要分支，它们在许多领域都有着广泛的应用和深远的影响。大数据技术主要涉及数据的收集、存储、管理和分析，它的核心在于处理和分析大规模数据集。人工智能是计算机科学的一个分支，它试图理解智能的实质，并生产出一种新的能以与人类智能相似方式做出反应的智能机器。大数据技术为人工智能提供了丰富的数据资源，而人工智能则为大数据分析提供了强大的算法支持，两者相互促进，共同推动了智能技术的发展和应用。

2.1 大数据技术

2.1.1 大数据的概念与特征

大数据是指在规模、速度和多样性上超越传统数据处理能力的数据集。这些数据集通常包含结构化数据（如数据库中的表格数据）、半结构化数据（如 XML 和 JSON），以及非结构化数据（如文本、图像、视频和音频）。根据国际数据公司的定义，大数据的特征可以归纳为“3V”：数据量（volume）、数据速度（velocity）和数据多样性（variety）。传统的数据集通常以 GB 或 TB 为单位，而大数据则可能达到 PB（Petabyte，千万亿字节）甚至更高级别。

除此之外，越来越多的学者提出了“4V”或“5V”的概念，扩展了大数据的特征，例如真实性（veracity）和价值（value）。真实的数据数量庞大，如何确保其准确性和可信度是一个重要的问题。而数据的价值在于从中提取有用的信息并加以利用，从而推动商业决策与创新。

大数据可以有多种来源，包括但不限于在线交易、社交媒体、移动设备、物联网设备、企业资源规划系统、客户关系管理系统等。

尽管数据量巨大，但大数据的核心是其潜在的价值。通过分析大数据，企业和组织可以发现新的洞见、优化业务流程、提高效率。

处理大数据需要强大的计算能力、先进的存储解决方案和复杂的数据分析工具。这通常涉及分布式计算框架（如 Hadoop 和 Spark）以及机器学习和数据挖掘技术。

随着数据量的增加，保护数据安全和用户隐私变得更加重要，这涉及数据加密、访问控制和合规性问题。

2.1.2 大数据处理技术

大数据处理技术包括多种工具和方法，旨在应对海量数据的存储、处理和分析。当前广泛使用的技术主要包括如下几种。

2.1.2.1 数据存储

大数据数据存储包括 HDFS、NoSQL 数据库（如 Hbase）、数据仓库（如 Hive）等组件。

（1）HDFS

HDFS 是一个分布式文件系统，旨在处理海量数据的存储需求。它能够将数据分散存储在多个节点上，提供高容错性和高吞吐量的访问能力。HDFS 特别适合于大数据应用，因为它能够有效地处理大文件和高并发的数据访问。HDFS 的架构主要由以下几个组件组成：

① NameNode，是 HDFS 的主节点，负责管理文件系统的元数据，包括文件名、目录结构、权限、块信息等。NameNode 不存储实际的数据块，只存储关于数据块的元数据。客户端只有从 NameNode 获取元数据后才能继续进行读写，一旦 NameNode 出现故障，将影响整个存储系统的使用，因此 NameNode 需要定期备份。

② DataNode，是 HDFS 的工作节点，负责存储实际的数据块。每个 HDFS 文件会被切分成多个块（默认大小为 128MB 或 256MB），并分散存储在多个 DataNode 上。DataNode 定期向 NameNode 发送心跳信号，以报告其状态和存储的块信息。

③ Secondary NameNode，它不是 NameNode 的备份，而是一个辅助节点，其定期合并 NameNode 的文件系统镜像和编辑日志，以减少 NameNode 的内存占用。在 NameNode 出现故障时，Secondary NameNode 可以用来恢复文件系统的状态。

（2）NoSQL 数据库

NoSQL（not only SQL）数据库是一种非关系型数据库，主要用于存储和处理海量数据。它不使用传统的表格结构，而是采用灵活的数据模型，支持多种数据格式（如文档、键值、列族和图形）。HBase 是一个广泛使用的 NoSQL 数据库，基于 Hadoop 生态系统，专为大数据存储和实时读写而设计。

（3）数据仓库

数据仓库（data warehouse）是一个用于集成和存储大量结构化和非结构化数据的系统，旨在支持决策和分析工作。它将来自多个异构数据源的数据集成到一个统一的存储中，并通过专门的查询和分析工具来访问和分析这些数据，帮助企业进行业务智能和数据驱动的决策。

数据仓库的设计和建设旨在解决传统操作型数据库无法有效应对的数据分析需求。与传统数据库主要面向日常交易处理不同，数据仓库专注于支持复杂的查询和分析操作，如多维分析、数据挖掘、预测建模等。这种特性使数据仓库成为企业管理层和决策者在制定战略方向、优化业务流程、识别市场趋势等方面的重要工具。

数据仓库通过 ETL（抽取、转换、加载）流程实现数据的集成和清洗。在这一过程中，数据从不同的业务系统和数据源抽取出来，经过清洗和转换以符合目标数据模型的要求，最后加载到数据仓库中。这一过程确保了数据的一致性和完整性，为后续的分析提供了可靠的数据基础。

数据仓库的架构通常采用星形或雪花形结构，以支持多维数据模型。星形模型中，数据仓库以一个中心事实表（包含事务数据）为核心，周围围绕着多个维度表（描述事实表中数据的上下文和属性）。这种结构能够有效地支持复杂的多维分析查询，提供更直观和全面的数据视图，帮助用户从不同的角度深入理解数据。

数据仓库的查询和分析功能是其核心竞争优势之一。通过 OLAP（联机分析处理）工具和数据挖掘技术，用户可以快速地进行复杂的查询和分析，例如切片、切块、钻取、旋转等操作，从而挖掘出数据背后隐藏的模式、关联和洞察。这种高级分析功能使得数据仓库不仅仅是一个数据存储库，更是企业智能决策的关键支持系统。

随着大数据时代的到来，数据仓库正在不断演进和创新。新兴的技术如数据湖（data lake）和云数据仓库（cloud data warehouse）等正在改变数据仓库的传统模式和架构。数据湖通过存储原始、未处理的数据，为企业提供更灵活和开放的数据访问方式；而云数据仓库则通过其弹性和可扩展性，降低了企业建设和维护数据仓库的成本和复杂性。

数据仓库作为企业信息管理和决策支持的核心基础设施，不仅仅是一个技术工具，更是推动企业转型和创新的关键因素。通过集成、清洗和存储数据，并通过高级查询和分析工具提供深入洞察，数据仓库帮助企业提高了决策的准确性和效率，加快了业务发展的步伐，成为当今信息化时代不可或缺的重要组成部分。

Apache Hive 是一个建立在 Apache Hadoop 生态系统之上的数据仓库软件，旨在提供大规模数据的存储、查询和分析功能。Hive 的设计初衷是让用户能够通过类似 SQL 的查询语言（HiveQL）来操作存储在 Hadoop 分布式文件系统（HDFS）上的数据，从而简化大数据处理的复杂性和成本。

Hive 的核心概念是将数据组织成表，这些表可以映射到 HDFS 上的数据文件或其他存储系统上。用户可以使用 HiveQL 来定义、管理和查询这些表，从而进行各种数据分析操作，包括数据聚合、连接、过滤和转换等。与传统的关系型数据库不同，Hive 并不直接存储数据，而是将表的元数据存储在一个关系型数据库中（如 Derby、MySQL 等），这些元数据描述了数据的结构和存储位置。

Hive 中的表（table）是数据的逻辑组织单元，类似于传统数据库中的表，它定义了数据的结构（schema）。Hive 支持内部表和外部表两种类型。内部表将数据存储在 Hive 的默认存储路径下，并由 Hive 管理其生命周期；而外部表则可以关联到现有数据存储中的数据，例如 HDFS 或 Amazon S3，这些数据由外部系统管理，Hive 只管理其元数据信息。

分区（partitioning）是 Hive 中的一个重要概念，用于在表中物理上划分数据，以提高查询性能和管理数据的能力。分区可以基于表中的一个或多个列进行定义，例如按照时间、地区等字段进行分区。通过分区，可以将大表拆分为更小的片段，使查询只需要扫描特定分区的数据，从而加速查询速度。

桶（bucketing）是另一个用于优化查询性能的技术，它允许将数据进一步划分为更细粒度的单元。与分区不同的是，桶是在分区内部的一种数据组织方式，桶内的数据根据某个列的 Hash 值分配到不同的桶中。桶可以帮助减少数据倾斜（skew）问题，并且在连接操作等场景下提高查询效率。

存储格式（storage format）定义了数据在底层存储中的物理布局方式。Hive 支持多种存储格式，包括文本文件、序列文件、Parquet、ORC（optimized row columnar，优化行列式存储格式）等。存储格式可以显著影响数据的存储空间占用、读取性能以及支持的查询类型。

元数据（metadata）在 Hive 中扮演着关键角色，它包含表结构、分区信息、表位置以及统计信息等元数据信息。Hive 使用关系数据库（如 Derby、MySQL）存储元数据，这些信息对于 Hive 的查询优化和执行计划生成至关重要。

用户定义函数（user defined functions，UDFs）允许用户根据具体业务需求自定义函数，并在 HiveQL 中使用这些函数。UDFs 可以是简单的数据转换函数，也可以是复杂的算法和逻辑，用于扩展 Hive 的功能和处理能力。

Hive 的优势在于其能够利用 Hadoop 集群的横向扩展性和容错性来处理大规模数据，使用户能够在成本低效益高的前提下进行复杂的数据分析和处理。尽管最初的版本主要依赖于 MapReduce 作为执行引擎，但随着 Hadoop 生态系统的发展，Hive 也逐渐支持更快速和高效的执行引擎，如 Tez 和 Spark，从而进一步提升了其性能。

2.1.2.2 数据处理

大数据数据处理包括 MapReduce、Apache Spark、Flink、Storm 等流处理框架。

（1）MapReduce

MapReduce 是一种用于处理大规模数据集的编程模型和软件框架，最初由 Google 设计，用于支持并行处理大规模数据集的分布式计算。它在处理大数据时具有高扩展性、高容错性和高效性的优势，是 Hadoop 等大数据处理框架的核心组成部分。

MapReduce 的核心思想是将大规模数据集分解成小的数据块，然后在一个集群中并行处理这些数据块，最后将处理结果汇总起来形成最终的输出。它包含两个主要阶段：Map 阶段和 Reduce 阶段。在 Map 阶段，数据被分割成若干小块，每块由一个 Map 任务处理。Map 任务的输入是键值对，通过用户自定义的 Map 函数处理输入数据并生成中间键值对。在 Reduce 阶段，所有 Map 任务产生的中间结果根据键进行分组，每个 Reduce 任务负责处理一个或多个键的数据。Reduce 任务的输入是一个键和与该键相关联的所有中间值列表，通过用户自定义的 Reduce 函数来处理这些数据并生成最终的输出结果。

MapReduce 框架提供了自动化的任务调度、容错机制和数据分布处理，使开发人员可以专注于编写简单的 Map 和 Reduce 函数，而不必担心底层的分布式系统细节。

在实际应用中，MapReduce 已经被广泛用于大规模数据处理任务，例如数据挖掘、日志分析、搜索引擎索引构建等。它可以有效处理 PB 级别的数据量，同时通过横向扩展（添加更多的计算节点）来实现性能的线性增长。

虽然 MapReduce 最初由 Google 提出并在其内部使用，但其概念和设计启发了开源社区的 Hadoop 项目。Apache Hadoop 是一个开源的分布式存储和计算框架，其核心组件包括 Hadoop Distributed File System（HDFS）和分布式计算框架，其中就包括了基于 MapReduce 的计算引擎。

随着大数据技术的发展，特别是在内存计算和实时处理的需求上，MapReduce 在某些场景下已经显得有些局限。因此，新的计算框架和模型（如 Apache Spark 和 Flink 等）逐渐兴起并成为了 MapReduce 的补充和替代。这些新技术通过内存计算和更灵活的数据流处理模型，提供了更高的计算性能和更低的延迟，在实时分析和流处理等场景中更具优势。

（2）Apache Spark

Apache Spark 是一个开源的通用集群计算系统，旨在提供比传统的 MapReduce 更快的数据处理速度。它最初由加州大学伯克利分校的 AMPLab 开发，并于 2010 年开源发布。Spark 的设计目标是支持高效的大规模数据处理，包括数据查询、机器学习和图形计算等多种计算模型，同时在内存中保持数据，以提供比 Hadoop MapReduce 更快的计算速度。

Spark 的核心是基于内存计算的分布式数据集，称为弹性分布式数据集（RDD）。RDD 是不可变的分区数据集，可以在集群中并行操作。Spark 提供了丰富的 API，支持使用 Scala、Java、Python 和 R 等多种编程语言进行开发，因此广泛用于数据分析和处理领域。

除了 RDD，Spark 还引入了 DataFrame API 和 Spark SQL，使开发者可以像使用传统数据库一样进行数据操作和查询。DataFrame 是类似于关系型数据库表格的数据抽象，支持高级操作和优化执行计划。Spark SQL 则提供了用于查询结构化数据的 SQL 接口，使分析师和数据科学家可以方便地使用 SQL 语言进行数据分析。

在机器学习方面，Spark 提供了 MLlib 库，包含了常见的机器学习算法实现，支持分布式训练和大规模数据处理。此外，Spark 还支持图形计算框架 GraphX，用于处理大规模的图形数据，并提供了图形算法的实现。

Spark 的执行引擎通过调度器和优化器来管理任务，包括任务调度、内存管理和数据分区等方面的优化。它能够与 Hadoop、Hive、HBase 等大数据生态系统紧密集成，并可以运行在各种大数据平台上，如 Hadoop YARN、Apache Mesos 和 Kubernetes 等。

随着时间的推移，Spark 加入了新的功能，如结构化流处理（structured streaming）和增强的性能优化器（catalyst optimizer）。这些改进使 Spark 成为处理大规模数据、实时数据流和复杂分析任务的首选框架之一。

Apache Spark 作为一个通用的大数据处理引擎，其高效的内存计算和丰富的 API 支持极大地简化了大数据处理的复杂性，提升了数据处理和分析的速度和效率，成为当今大数据应用中不可或缺的重要组成部分。

（3）Apache Flink

Apache Flink 是一个开源的流式处理框架，旨在支持高性能、高吞吐量和 Exactly-Once 语义的数据流处理。它最初由德国柏林技术大学（TU Berlin）的一个研究团队开发，起源于 2010 年，并于 2014 年开源发布。Flink 的设计目标是解决传统批处理和实时流处理之间的界限，使用户可以在一个统一的系统中实现批处理、流处理和迭代计算等多种数据处理模式。

Flink 的核心概念是数据流（datastream）和数据集（dataset）。数据流是无界的数据集合，即它可以持续不断地产生和处理数据，适用于实时流处理场景；而数据集则是有界的数据集合，适用于批处理和有限数据集处理。

Flink 提供了基于数据流的 API 来处理实时数据流，同时还支持 DataSet API 用于批处理。用户可以使用 Java、Scala 或 Python 等编程语言编写 Flink 应用程序，利用其丰富的算子库进行数据转换、聚合、窗口操作和状态管理等。

Flink 的一个重要的特性是状态管理机制，它能够在处理无界数据流时保持准确的状态信息，并支持容错机制以确保数据处理的 Exactly-Once 语义。这使 Flink 在处理金融交易、实时分析和大规模事件处理等对数据准确性要求高的应用场景中表现出色。

在批处理方面，Flink 通过优化的执行引擎和分布式数据处理模型，能够有效处理大规模数据集，并且通过与 Hadoop 和其他生态系统的集成，实现与现有大数据基础设施的无缝衔接。

除了基本的数据处理能力，Flink 还提供了高级的流式 SQL 查询（flink SQL）支持，使用户可以通过 SQL 语句来进行复杂的流处理查询。此外，Flink 还支持复杂事件处理（CEP）、图处理（graph processing）和机器学习模型的集成，为数据处理和分析提供了更多的灵活性和功能扩展性。

Flink 的架构包括作业管理器（jobmanager）和任务管理器（taskmanager）。作业管理器负责接收和调度作业，任务管理器负责执行具体的任务并管理状态。Flink 还提供了与各种资源管理器（如 YARN、Mesos 和 Kubernetes）的集成，以便有效地管理计算资源和执行环境。

Apache Flink 作为一个现代化的流处理框架，其通过强大的数据流处理能力、高度的容错性和灵活的API设计，成为了处理实时数据流和复杂事件的首选框架之一。随着大数据技术的发展和用户需求的变化，Flink不断演进和优化，为处理大规模数据和实时分析提供了高效、可靠和可扩展的解决方案。

（4）Apache Storm

Apache Storm是一个开源的分布式实时计算系统，它最初由Nathan Marz于2011年创建，并在2013年开源发布。Storm的设计初衷是满足处理大规模实时数据流的需求，提供高可靠性、高性能和容错能力。在大数据时代的背景下，传统的批处理系统往往无法满足实时性和低延迟处理的需求，而Storm则专注于支持在数据流中进行连续的数据处理和分析，从而使实时应用成为可能。

Storm的核心概念是将数据流作为一个不间断的流式处理过程来处理，这与传统的批处理系统有着本质的不同。在Storm中，数据流通过一个由Spout和Bolt组成的Topology流动，Spout负责从外部数据源读取数据并发送给Bolt，而Bolt则执行实际的数据处理和转换操作。这种流式处理的架构使Storm能够处理高速生成的数据流，并且能够在毫秒级别内完成数据的处理和响应，非常适合需要实时决策和实时分析的应用场景。

Storm的架构包括几个关键组件：Nimbus作为主节点负责拓扑的提交和调度管理，Supervisor运行在集群中的工作节点上，负责接收任务并执行具体的数据处理工作。每个Supervisor可以运行一个或多个Worker进程，这些Worker进程实际上执行Spout和Bolt的逻辑，处理数据并将结果发送给下游的Bolts或者存储系统。这种分布式的架构设计使Storm能够水平扩展，通过增加节点来处理更大规模的数据和更高的并发量。

Storm的特点不仅限于其架构和设计，还包括其在实时大数据处理方面的优势。首先是高可靠性和容错能力，Storm通过在数据流中进行数据传输和复制，确保在节点故障时数据不丢失和任务不中断。其次是灵活性和可扩展性，Storm提供了丰富的API和插件系统，支持开发者根据具体需求定制数据流处理逻辑，并且可以与各种数据存储和消息系统（如Hadoop、Kafka等）集成，提供灵活和可扩展的解决方案。此外，Storm还提供了实时性能监控和调优工具，帮助用户实时监控拓扑的运行状态，识别性能瓶颈并进行优化，以确保系统的稳定性和高效性。

在实际应用中，Storm被广泛应用于需要实时处理和分析大数据的场景，例如实时推荐系统、实时风控系统、实时数据分析等。它在金融、电商、社交网络等行业中得到了广泛的应用和认可，成为处理实时大数据的重要工具之一。

Apache Storm作为一款成熟的实时数据处理系统，为企业和开发者提供了处理实时大数据的可靠和高性能的解决方案。随着大数据和实时分析需求的增加，Storm在实时数据处理领域持续发挥着重要作用，并在不断演进和完善中，为用户提供更多创新和扩展的可能性。

2.1.2.3 数据分析

大数据数据分析涉及Pandas、NumPy、Scikit-learn等工具。

（1）Pandas

Pandas是一个强大而灵活的数据分析和操作工具，建立在Python语言的基础之上。它提供了高效地操作大型数据集所需的数据结构和函数。Pandas的核心数据结构是Series和DataFrame，它们使数据的加载、处理、清洗、分析和建模变得更加简单和直观。

Pandas 的 Series 是一维带标签的数组结构，可以存储整数、浮点数、字符串、Python 对象等数据类型。每个 Series 对象都有一个索引，允许通过标签访问数据，这使数据的操作更加直观和灵活。Series 对象不仅支持基本的数学运算和统计方法，还能够轻松地与其他 Series 对象进行对齐操作，极大地简化了数据的处理流程。

Pandas 的 DataFrame 是一个二维的、大小可变的表格结构，可以将数据组织成行和列。DataFrame 类似于电子表格或 SQL 数据库中的表，每列可以存储不同类型的数据（整数、浮点数、字符串等）。DataFrame 不仅支持基本的数据操作（如选取、过滤、合并、分组和重塑），还提供了丰富的数据处理和分析工具，如数据透视表、时间序列分析、合并和连接等功能，使复杂数据分析变得高效和易于实现。

Pandas 提供了丰富的数据输入和输出工具，能够与多种文件格式无缝集成，如 CSV、Excel、JSON、SQL 数据库等。通过 Pandas，用户可以轻松地加载、保存和处理各种数据源，无论是来自本地文件还是远程服务器。

Pandas 还具有强大的数据清洗功能，能够处理丢失的数据（缺失值）、重复的数据以及异常值，通过填充、删除或者插值等方法，使数据更加干净和可靠。此外，Pandas 提供了灵活的数据重塑和转换功能，可以根据需求重新组织数据的结构，例如透视表操作、堆叠和拆分列等，满足不同分析任务的要求。

在数据分析和探索阶段，Pandas 提供了丰富的统计和数学方法，能够快速计算汇总统计信息、相关性和协方差等。这些方法不仅适用于整个 DataFrame 或 Series，还可以应用于分组数据，使用户能够深入了解数据的特征和关系。

（2）NumPy

NumPy 是 Python 科学计算中最基础、最重要的库之一。它提供了高效的多维数组对象（称为 ndarray），以及对这些数组进行操作的各种函数。NumPy 的核心功能之一是它对数组的高效操作，这些操作涵盖了从数学和逻辑运算到形状操作的广泛范围，使其成为科学计算、数据分析和机器学习等领域的核心工具之一。

在 NumPy 中，ndarray 是其最核心的数据结构。ndarray 是一个多维数组，所有元素必须是相同类型的数据。这种统一类型保证了数组的高效性和性能，允许 NumPy 在大数据集上执行复杂的计算。ndarray 不仅支持基本的索引和切片操作，还能够进行快速的向量化操作，这意味着在 NumPy 中，可以高效地执行复杂的数学运算，如线性代数运算、傅里叶变换、随机数生成等。

除了高效的数组操作外，NumPy 还提供了许多用于数组操作的函数，这些函数使数据的处理变得更加简单和高效。例如，NumPy 提供了广播（broadcasting）功能，可以使不同大小的数组在进行数学运算时具有相同的形状，这在许多科学计算任务中非常有用。此外，NumPy 还包含了大量的数学函数、逻辑函数、排序和选择函数等，为用户提供了丰富的数据处理和分析工具。

NumPy 的另一个重要特性是它与其他科学计算库的兼容性。例如，NumPy 与 SciPy（科学计算库）、Matplotlib（绘图库）和 Pandas（数据分析库）紧密集成，共同构建了 Python 科学计算生态系统的核心。NumPy 的数组对象可以无缝地传递给这些库的函数，使用户可以在各种科学计算和数据分析任务中进行流畅的切换和集成。

在性能方面，NumPy 中的许多操作是通过 C 语言实现的，使 NumPy 在处理大规模数据集和高维数组时能够保持出色的性能。NumPy 的内部优化了数据存储和访问模式，以及计算过程中的内存管理，使其在处理大数据时表现出色，远远超过了 Python 原生列表等数据结构的效率。

此外，NumPy 还支持随机数生成、文件操作（如读写数组数据到磁盘）、内存映射文件等高级功能，这些功能使得 NumPy 不仅仅是一个简单的数组库，而是一个功能强大的科学计算工具包。

（3）Scikit-learn

Scikit-learn（简称 sklearn）是一个流行的开源机器学习库，基于 Python 语言编写，致力于提供简单而高效的数据挖掘和数据分析工具。它建立在 NumPy、SciPy 和 Matplotlib 这些科学计算工具的基础上，为用户提供了各种机器学习算法和相关工具的集合，涵盖了从数据预处理到模型评估的全面流程。Scikit-learn 的设计理念包括易用性、可读性和高效性，使得无论是机器学习新手还是专业研究人员都能够利用其简洁而强大的 API 快速实现复杂的机器学习任务。

该库的主要特点之一是其支持广泛的机器学习算法。Scikit-learn 包含了大量经典和先进的监督学习和无监督学习算法，涵盖了分类、回归、聚类、降维、模型选择和预处理等多个领域。其中，监督学习算法包括支持向量机（SVM）、随机森林、K 近邻算法（K-NN）、决策树、朴素贝叶斯等；而无监督学习算法则包括 K 均值聚类、主成分分析（PCA）、独立成分分析（ICA）等。这些算法不仅具备了基本的实现，还支持参数调整和模型优化，使用户能够根据具体问题选择最适合的方法进行建模和预测。

除了算法本身，Scikit-learn 还提供了丰富的功能和工具来支持数据预处理和特征工程。数据预处理包括数据清洗、标准化、特征选择和特征变换等步骤，可以帮助用户准备和优化数据以便于后续的模型训练和评估。Scikit-learn 还支持多种交叉验证策略和模型评估指标，帮助用户评估模型的泛化能力和性能，从而选择最佳的模型和参数设置。

Scikit-learn 的另一个显著特点是其良好的文档和教育资源。官方网站提供了详细的文档、示例和教程，涵盖了从安装和基础用法到高级技术细节的全面内容。这些资源不仅适合新手学习和入门，也为研究人员和专业开发者提供了深入探索机器学习算法和技术的平台。

在实际应用中，Scikit-learn 被广泛应用于学术研究、工业应用和教育培训等多个领域。其开源的特性使得用户可以自由地使用、修改和分发代码，促进了机器学习领域技术的共享和交流。作为 Python 生态系统中的重要组成部分，Scikit-learn 与其他科学计算和数据处理库无缝集成，为用户提供了一个强大而灵活的工具箱，支持复杂数据分析和预测建模的各个环节。

总之，Scikit-learn 通过其丰富的算法库、灵活的数据处理功能和优秀的文档资源，成为了数据科学和机器学习领域中不可或缺的工具之一。它的简单易用性和高效性使用户能够快速上手，同时又能在复杂的数据挖掘任务中发挥出色的性能，从而推动机器学习技术的普及和应用。

2.1.2.4　数据可视化

大数据数据可视化工具包括 Tableau、Power BI、D3.js 等可视化工具。

（1）Tableau

Tableau 是一款领先的商业智能和数据可视化工具，广泛应用于各个行业和领域，为用户提供了强大而直观的数据分析和可视化功能。作为一种自助式分析工具，Tableau 的设计旨在使用户能够快速地连接到各种数据源，理解数据并通过交互式仪表板和报表进行深入分析。其主要特点包括多样化的可视化选项、易用的用户界面以及高度的灵活性和可扩展性。

Tableau 支持从多种数据源中导入和整合数据，包括数据库、数据仓库、云服务和本地文件等。用户可以轻松地连接到这些数据源，并进行实时或定期更新以确保分析的时效性和准确性。这种灵活性使 Tableau 成为处理大规模数据集和复杂数据关系的理想选择。

Tableau 以其丰富的可视化功能而闻名。用户可以通过拖放操作快速创建各种图表，如柱状图、折线图、散点图、地图、热图等，以及更复杂的仪表板布局和交互式控件。这些可视化工具不仅能够有效地展示数据的分布和关系，还能帮助用户发现数据中的模式、趋势和异常。Tableau 注重用户体验和易用性。其直观的用户界面和操作方式使新手能够快速上手，无需深厚的编程或统计学知识。用户可以通过简单的点击和拖放操作进行数据探索和可视化设计，同时支持详细的数据筛选、排序和分组，以便更精细地分析数据集。

Tableau 提供了强大的交互性和探索性分析能力。用户可以通过动态参数、过滤器、工具提示等功能与数据进行互动，深入挖掘数据背后的故事。这种即时反馈和动态控制使用户能够根据发现的新见解调整分析方向和策略。

（2）Power BI

Power BI 是由微软推出的一款领先的商业智能工具，旨在帮助用户从各种数据源中提取数据，并通过强大的分析和可视化功能对数据进行深入理解和决策支持。作为一种自助式分析工具，Power BI 提供了直观而功能丰富的用户界面，使用户无须深入掌握编程或数据科学知识即可进行复杂的数据处理和分析。其核心特点包括灵活的数据连接能力，支持从数据库、云服务、文件等各种来源导入数据，以及实时数据流的管理和处理。通过强大的数据建模功能，用户可以轻松地创建复杂的数据模型，包括定义关系、计算字段和度量等，从而建立准确且高效的数据分析基础。Power BI 提供了多种可视化选项，如柱状图、折线图、地图、热力图等，用户可以根据需要自由设计和定制图表风格，以直观和生动的方式呈现数据。此外，Power BI 还具有高级数据分析功能，如自动化的智能洞察、预测分析和复杂的数据建模，帮助用户发现数据中的模式和趋势，做出基于数据的深刻见解和战略决策。作为一种集成度高的工具，Power BI 不仅支持与微软生态系统中的其他工具（如 Excel、Azure 等）的紧密集成，还能与第三方应用和服务（如 Salesforce、GitHub 等）进行无缝连接，实现全面的数据管理和分析解决方案。总之，Power BI 通过其丰富的功能和易用性，为用户提供了强大的数据分析和商业智能能力，成为现代企业和组织在数据驱动决策中的重要助力。

（3）D3. js

D3. js 是一款基于 JavaScript 的开源数据可视化库，专为操作文档对象模型（DOM）而设计，能够利用 HTML、SVG 和 CSS 等标准技术，将数据变成交互式可视化图表。D3. js 显著的特点之一是其灵活性和强大的定制能力，使用户能够根据自己的需求创建高度个性化的数据图表。它不仅仅是一个图表库，更是一个数据驱动的工具集合，涵盖了数据操作、数据分析和数据可视化的全过程。

D3. js 提供了丰富的数据操作方法和 API，使用户能够高效地处理和转换数据。通过 D3. js，可以轻松地从多种数据源中导入数据，包括 JSON、CSV 和数组等格式，然后进行各种数据操作，如筛选、排序、分组和聚合。这些操作为用户提供了灵活性和精确度，使他们能够对数据进行深入分析和准确呈现。

D3.js 具有强大的可视化能力。用户可以利用 D3.js 创建各种类型的图表，包括但不限于柱状图、折线图、散点图、饼图、力导向图等。这些图表不仅能够展示数据的分布和关系，还可以通过动态效果和交互式控件增强用户体验。D3.js 的可视化功能基于 SVG（可缩放矢量图形）和 HTML5 技术，使图表在各种设备上都能保持高质量的视觉表现。D3.js 强调的是数据驱动的文档操作。它通过绑定数据到 DOM 上，并根据数据的变化自动更新视图，实现数据与视图的有效绑定。这种数据驱动的方式不仅提高了开发效率，还使用户可以动态地响应数据的变化，从而实现实时更新和交互式探索。

D3.js 提供了丰富的动画和过渡效果功能，使用户能够创建生动和引人入胜的数据可视化效果。通过添加过渡效果，用户可以平滑地更新图表的状态，从而增强用户对数据变化的感知和理解。这种动态的呈现方式不仅提升了用户体验，还增强了数据传达的效果和深度。

2.1.3　大数据分析与挖掘

大数据分析与挖掘是当今信息技术领域中的重要分支，其核心任务是从海量、多样化的数据中提取出有用的信息和知识。随着互联网和传感器技术的迅猛发展，我们进入了一个数据爆炸的时代，每天产生的数据量呈指数级增长，如何有效地利用这些数据成为了各个行业面临的重要挑战。大数据分析与挖掘的出现和发展，正是为了应对这一挑战。

大数据分析的过程包括数据获取、预处理、分析和解释这几个主要步骤。数据获取涵盖了多个来源的数据，包括结构化数据（如数据库）、半结构化数据（如日志文件）和非结构化数据（如文本和图像）。随着云计算和分布式存储技术的普及，大数据的存储和管理变得更加高效和可靠。在数据预处理阶段，数据清洗、集成和转换是关键步骤，它们确保数据质量和一致性，为后续的分析和挖掘工作奠定基础。

大数据分析和挖掘的核心在于利用各种统计分析、机器学习和数据挖掘算法来揭示数据中的模式、趋势和关联。在描述性分析阶段，通过汇总统计和数据可视化，可以快速理解数据的基本特征和分布情况。而预测性分析则着重利用历史数据建立模型，进行未来趋势预测或事件发生的概率预测。关联分析和聚类分析则帮助发现数据中隐藏的关系和群体结构，从而为业务决策提供深入洞察和支持。

大数据分析与挖掘的应用领域广泛，涵盖了经济、社会、科技等多个领域。在商业和市场营销中，大数据被用于客户行为分析、市场趋势预测和个性化推荐系统的构建，帮助企业提升市场竞争力。在医疗健康领域，大数据分析则用于疾病预测、药物研发和个性化医疗的实现，为医疗决策提供科学依据。在金融服务中，大数据被广泛应用于风险管理、信用评估和市场分析，帮助金融机构提高运营效率和风险控制能力。

2.1.4　大数据的发展趋势

大数据技术在过去几年快速发展，并在各个行业中产生了深远的影响。未来，随着科技和社会环境的不断变化，大数据领域也将持续演进和发展。以下是大数据发展的几个主要趋势。

① 数据增长速度将继续加快。随着物联网设备数量的增加以及人工智能、云计算等技术的普及，全球数据的生成速度呈现指数级增长。这些数据涵盖从传感器收集的实时数据到社交媒体上用户行为的大规模数据，这些数据的多样性和复杂性将推动大数据技术进一步

发展。

② 边缘计算与大数据相结合将成为新的趋势。边缘计算允许数据在产生源头即物联网设备或传感器附近进行处理和分析，从而减少对数据传输延迟和网络带宽的需求。这种结合将为实时决策、增强现实和工业自动化等领域带来更多的应用可能性。

③ 人工智能与大数据的深度融合将推动智能化应用的发展。人工智能技术，特别是机器学习和深度学习，依赖于大数据的支持来进行模型训练和优化。未来，随着算法的进步和计算能力的提升，人工智能系统将能够处理和分析更大规模、更复杂的数据集，从而实现更高水平的智能决策和预测能力。

④ 隐私保护和数据安全将成为大数据发展中的重要议题。随着个人数据泄露事件的频发和相关法规的出台，保护用户数据隐私将成为数据管理和分析中的首要考虑因素。未来的大数据技术必须在数据收集、存储、处理和共享的每一个环节都加强安全保护措施，确保数据在使用过程中不被滥用或泄露。

⑤ 数据治理和质量管理将变得更加重要。随着数据集的增加和多样化，确保数据的准确性、一致性和可靠性将成为企业和组织管理数据资产的关键挑战。数据治理策略的制定和实施，以及先进的数据质量管理工具的应用，将成为保障大数据分析有效性和可信度的关键因素。

2.2 人工智能

2.2.1 人工智能的定义与发展历程

人工智能（artificial intelligence，AI）是一门致力于使计算机系统能够模仿人类智能行为的科学和工程学科。其发展历程可以追溯到 20 世纪 50 年代，早期的研究集中在推理和问题解决能力的模拟上。1956 年，达特茅斯会议标志着人工智能正式成为一个独立的学术领域，会议由著名科学家约翰·麦卡锡、马文·明斯基等人组织，提出了“人工智能”这一术语。随后的几十年间，AI 经历了多次发展浪潮和低谷，从符号主义到连接主义再到统计学习，技术与理论不断演进。

在符号主义阶段，人工智能研究主要集中于使用逻辑推理和知识表示来解决问题。逻辑推理符号系统（logic theorist）和通用问题解决（general problem solver）等早期系统展示了在受限领域内进行智能行为的潜力，但难以处理真实世界复杂的不确定性和模糊性。

20 世纪 80 年代后期到 20 世纪 90 年代初期，连接主义（connectionism）或称神经网络的方法重新引起关注。连接主义试图通过模拟生物神经系统的方式来实现智能行为，如反向传播算法的提出使神经网络在模式识别和语音识别等领域取得了显著进展。

进入 21 世纪，统计学习（statistical learning）和机器学习（machine learning）成为人工智能的主流。随着数据的爆炸式增长和计算能力的提升，机器学习技术如支持向量机（support vector machines，SVM）、随机森林（random forests）和深度学习（deep learning）逐渐成为解决复杂问题的有力工具。特别是深度学习，其通过构建多层次的神经网络结构，成功地在图像识别、自然语言处理和游戏策略等领域取得了突破性进展，如 AlphaGo 在围棋比赛中战胜世界冠军的事件引起了广泛关注。

此外，人工智能在应用领域的广泛渗透也加速了其发展。自动驾驶汽车、智能家居系统、医疗诊断辅助、金融风险管理等领域的应用展示了 AI 技术在提升生产效率、提高生活质量和推动经济发展方面的潜力。

然而，人工智能应用范围不断扩展，也带来了一系列伦理、社会和政策问题，如数据隐私、算法歧视和人工智能对就业市场的影响等。因此，AI 的发展不仅是技术创新的推动者，也需要社会各界共同努力，确保其发展方向与人类福祉相一致。

总体而言，人工智能经历了多个阶段的技术革新和理论演进，从早期的符号主义到连接主义和统计学习，再到如今的深度学习，每一阶段都对 AI 的应用和研究产生了重大影响。随着技术的进步和全球范围内的投资增加，人工智能的未来发展前景仍然充满挑战和机遇，将继续引领科技进步和社会变革的潮流。

2.2.2　人工智能的基本原理

人工智能主要包括以下几个核心原理。

（1）机器学习（machine learning，ML）

机器学习是人工智能的一个分支，其利用算法和统计模型让计算机从数据中学习并进行预测，而不是通过明确的编程。其核心思想是通过经验（数据）改进性能。

监督学习是模型在有标签的训练数据上训练，目标是预测未知数据的输出，例如分类和回归问题。示例：图像分类、房价预测。

无监督学习是模型在没有标签的数据上寻找模式和结构，例如聚类和降维。示例：客户细分、主成分分析（PCA）。

半监督学习是结合了少量标记和大量未标记数据，旨在提高学习精确度。

强化学习是通过与环境的互动学习策略、奖励和惩罚机制驱动学习。示例：游戏 AI、机器人控制。

（2）自然语言处理（natural language processing，NLP）

自然语言处理是人工智能领域的一个重要分支，致力于使计算机能够理解、解释、操作人类语言。其涉及从基础语言学到计算机科学等多学科的交叉内容，旨在处理和分析大规模的自然语言数据。NLP 的发展源远流长，从早期的基于规则的系统发展到今天的基于机器学习和深度学习的方法，其应用涵盖了从文本分析、情感分析到语音识别和机器翻译等多个领域。

NLP 的基本任务包括文本分类、命名实体识别、信息抽取、文本生成、机器翻译等。文本分类对文本内容进行分类，例如垃圾邮件识别、情感分类等；命名实体识别则是识别文本中具有特定意义的实体，如人名、地名等；信息抽取是从非结构化文本中提取出结构化信息，有助于建立知识图谱和数据库；文本生成是利用机器生成符合语法和语义的文本，如自动摘要、对话系统等；而机器翻译则是将一种语言自动翻译成另一种语言，涉及语言模型和翻译模型的复杂应用。

NLP 的发展历程可以追溯到 20 世纪 50 年代，早期的研究主要集中在语言模型和语法分析上。随着计算能力的提升和大数据时代的到来，特别是在深度学习算法的推动下，NLP 取得了显著进展。神经网络的兴起使得 NLP 在语义理解、语言生成等方面取得了突破，例如 BERT、GPT 等预训练语言模型的出现极大地扩展了 NLP 应用的广度和深度。

在技术层面上，NLP 涉及多种技术和方法。传统的基于规则的方法包括语法分析、词法分析等，其受限于规则的复杂性和适用性。随着统计方法和机器学习的兴起，基于统计的方法如隐马尔可夫模型（HMM）、条件随机场（CRF）等被广泛应用于命名实体识别、词性标注等任务。近年来，深度学习的发展使得神经网络成为处理自然语言任务的主流方法，循环神经网络（RNN）、长短期记忆网络（LSTM）、Transformer 等模型的应用广泛涵盖了语言模型、机器翻译、对话系统等多个领域。

在实际应用中，NLP 技术被应用于各行各业。在商业领域，NLP 可以帮助企业处理和分析大量的客户反馈和社交媒体数据，从中获取关键信息和趋势；在医疗领域，NLP 可以用于病历数据的自动化分析和抽取，辅助临床决策；在教育领域，NLP 技术可以支持个性化教育，例如智能辅导系统和语言学习应用；在政府和公共服务领域，NLP 可以帮助处理和理解大量的公共意见和政策文件，提高决策效率和公共参与度。

然而，NLP 技术面临着多重挑战。语言的复杂性、歧义性以及文化背景的影响都给 NLP 系统的设计和应用带来了挑战。此外，数据的质量和规模也直接影响 NLP 系统的性能和泛化能力。随着技术的进步和理论的发展，NLP 领域仍在不断演进，未来的研究和发展方向可能包括更加复杂的语言理解、跨语言和多模态处理能力的提升等。

（3）计算机视觉（computer vision）

计算机视觉作为人工智能领域的重要分支，致力于使计算机能够理解和解释视觉输入，即图像和视频。它的发展可以追溯到 20 世纪 60 年代，其经历了从最初的简单边缘检测到今天复杂的深度学习模型和实时视频分析的演变。计算机视觉的基础是对图像和视频进行分析和理解，这种理解包括低级特征（如边缘和角点）和高级的语义信息（如对象识别和场景理解）。

计算机视觉的核心任务包括图像分类、目标检测、语义分割、实例分割、姿态估计、运动估计等。图像分类是将图像分为不同的类别，例如猫、狗、汽车等；目标检测则是在图像中确定特定物体的位置和类别；语义分割则是像素级别的分类，将图像中的每个像素分配到对应的类别；实例分割则是将图像中的每个实体物体分割出来；姿态估计涉及从图像中估计出物体的姿态信息；而运动估计则是跟踪视频序列中物体的运动轨迹。

计算机视觉的发展受益于多个因素，包括硬件进步、算法创新和大数据的可用性。随着传感器和处理器的改进，现代计算机能够处理更大、更复杂的视觉数据集。算法方面，从传统的基于特征提取和分类器的方法（如 SIFT 和 HOG）到基于深度学习的方法［如卷积神经网络（CNN）、自编码器和生成对抗网络（GAN）］，计算机视觉的性能和能力得到了显著提升。

卷积神经网络（CNN）在计算机视觉中的广泛应用是一个重要的里程碑。CNN 通过学习图像中的特征层级结构、从边缘和纹理到更高级的语义信息，使图像分类、目标检测等任务能够在大规模数据集上取得优异的性能。此外，随着深度学习的发展，一些新的架构如 Transformer 模型在视觉领域的应用也在逐渐增多，特别是在语义分割和自监督学习中的表现。

实际应用中，计算机视觉技术已广泛渗透到各个行业和生活领域。在医疗健康领域，计算机视觉用于医学影像分析和疾病诊断，例如 X 射线片和 MRI 的分析；在自动驾驶领域，视觉传感器如摄像头和激光雷达帮助车辆感知周围环境和识别道路标志；在安防领域，视频监控系统利用人脸识别和行为分析技术来提高安全性和效率；在农业领域，图像处理技术用于农作物生长监测和病虫害检测；在工业领域，计算机视觉系统可以进行质量控制和产品检测。

尽管计算机视觉在各个领域取得了巨大成功，但它仍面临着多个挑战和限制。例如，复杂场景中的物体检测和识别、光照和视角变化对算法的稳健性要求高；大规模数据集的获取和标注也是一个挑战，尤其是在某些特定领域，如医疗和安全领域；此外，计算资源和算法的实时性要求也限制了某些实时应用的发展。

计算机视觉作为一门跨学科的领域，融合了计算机科学、机器学习、信号处理和认知神经科学的知识，其在技术和应用上持续发展。随着硬件技术的进步和算法的创新，计算机视觉在自动化、智能化和人机交互领域的应用潜力仍然巨大。未来，随着深度学习和其他技术的进一步发展，计算机视觉将继续推动科技进步，改变人类生活方式和工作方式的多个方面。

（4）决策系统（decision systems）

决策系统是现代组织中至关重要的一部分，它们通过结合人工智能、数据分析和专业领域知识，帮助管理者和决策者在复杂环境中做出有效的决策。这些系统不仅仅是技术工具，更是组织成功的关键因素，能够影响从战略规划到日常运营的各个层面。

决策系统可以被定义为一种整合了多种技术和方法的信息系统，旨在支持决策者在面对复杂和不确定的情况下进行决策。这些系统通过收集、分析和解释大量的数据和信息，为决策者提供决策过程中所需的支持和建议。其核心功能包括数据整合与处理、模型开发与分析，以及决策结果的可视化和解释。决策系统的发展历程与信息技术的进步密不可分，从最初的基于规则的专家系统，到现代的基于数据驱动的机器学习和深度学习模型，决策系统已经成为组织管理中不可或缺的一部分。

决策系统在各种组织和行业中的重要性日益凸显。在商业领域，它们被广泛应用于市场分析、销售预测、客户关系管理和供应链优化等方面。通过对市场趋势、客户行为和供应链数据的分析，决策系统能够帮助企业制定战略决策、优化资源配置、提高市场竞争力。在政府和公共服务领域，决策系统可以用于预算分配、公共安全、卫生保健管理等重要领域，通过优化资源分配和政策制定，提升公共服务的效率和质量。

技术上，决策系统通常基于先进的数据分析和处理技术实现。这些技术包括机器学习算法、统计分析、数据挖掘、自然语言处理以及大数据管理和处理技术。例如，监督学习和无监督学习算法能够从历史数据中学习模式和趋势，支持预测性决策；而深度学习模型则在图像识别、语音识别和自然语言理解等领域展现出强大的应用潜力。决策系统的技术组成不断演进和创新，以适应不断变化的市场和环境需求。

在实际应用中，决策系统的成功与否取决于多方面因素的综合考量。除了技术的先进性和数据的质量外，决策系统的设计和实施过程也至关重要。有效的决策系统应当能够与组织的现有信息系统集成，与决策者的工作流程和决策习惯保持良好的协同性。此外，决策系统的用户界面设计和可操作性也是影响系统最终成功与否的重要因素之一，它直接影响决策者对系统建议的接受和使用。

决策系统作为现代组织管理的关键工具，不仅提升了决策效率和准确性，也推动了组织在竞争激烈的市场中的持续发展和创新。通过结合先进的技术手段和深入的行业知识，决策系统为企业和政府机构提供了应对复杂挑战和实现战略目标的重要支持，预示着其在未来的进一步发展和广泛应用。

2.2.3 人工智能的应用领域

人工智能技术的广泛应用推动了多个领域的创新与变革，主要包括：

(1) 医疗领域

① 疾病诊断与预测。AI 算法使用深度学习分析 X 射线、CT 扫描和 MRI 影像，能够自动识别肿瘤、出血等病变，辅助医生早期诊断。通过分析患者的电子健康记录（EHR）和各种生物标志物，AI 可预测疾病的发展趋势，促进早期干预。

② 个性化治疗。AI 能够处理大量基因组数据，识别特定疾病的遗传因素，从而提供量身定制的治疗方案。AI 加速新药研发，通过模拟临床试验、优化化合物设计和预测药物反应。

(2) 金融领域

① 风险管理与评估。AI 可以分析借款人的信用记录和财务行为，生成更准确的信用评分，降低违约风险。实时监控交易数据，利用机器学习模型识别异常交易活动，防止金融欺诈。

② 投资决策。AI 通过分析市场数据和趋势，制定并执行交易策略，提高投资回报率。利用情感分析、社交媒体和新闻数据，AI 可预测市场波动，辅助投资决策。

(3) 交通领域

① 自动驾驶。无人驾驶技术：AI 结合传感器和计算机视觉技术，能够实时识别道路、交通标志、行人等，实现自动驾驶汽车的安全行驶。交通流量管理：通过分析实时交通数据，AI 优化信号灯控制与交通流量，引导车辆行驶，减少拥堵。

② 物流与配送。AI 算法帮助物流公司优化配送路线和仓储管理，提高运输效率。基于实时数据，AI 可实现车辆的智能调度与管理，降低运营成本。

(4) 教育领域

① 个性化学习。AI 根据学生的学习进度与兴趣，提供定制化学习资源和建议，增强学习效果。通过分析学生的反馈与互动数据，AI 能够识别学习瓶颈，提供改进方案。

② 行政管理。AI 帮助教育机构管理申请流程，预筛选合格学生，提升招生效率。利用 AI 分析教师与学生的表现，优化课程安排、资源分配，提高整体教学质量。

2.2.4 人工智能的工具与框架

当前，人工智能的开发与实现主要依赖于多种工具与框架。

(1) TensorFlow

TensorFlow 是一个开源的深度学习框架，由 Google Brain 团队开发并于 2015 年首次发布。它的设计理念主要集中在灵活性、可扩展性和易用性上，旨在帮助研究人员和开发者轻松构建和训练各种类型的深度学习模型。TensorFlow 的核心架构基于数据流图的概念，其中节点表示数学运算，边表示多维数据数组（张量）之间的依赖关系。这种基于数据流图的模型使 TensorFlow 能够有效地在单个 CPU 或 GPU、分布式系统中运行，并支持从移动设备到大型计算机集群的部署。

TensorFlow 的主要特点之一是其高度的灵活性和可扩展性。用户可以通过 Python 或

C++ API来定义和执行计算图，这使TensorFlow非常适合在研究和实际应用中快速迭代和实验。此外，TensorFlow还提供了许多高级API和模块，如Keras（作为其高级神经网络API的一部分）、TensorFlow Hub（用于共享和发现预训练模型）、TensorFlow Serving（用于部署模型的服务）等，使构建复杂模型变得更加简单和高效。

深度学习模型训练是TensorFlow应用的核心任务之一。TensorFlow通过计算图的方式将整个模型定义为一系列的计算操作，然后利用优化器来最小化定义的损失函数。这种方式不仅使模型训练过程可控和可复现，还能够利用计算图的结构优化计算效率，尤其是在大规模数据和复杂模型的情况下。TensorFlow支持多种优化器和学习率调度策略，用户可以根据具体的任务和数据特性来选择最合适的配置。

TensorFlow还在模型部署和生产环境中具有广泛的应用。TensorFlow Serving是一个专门用于将训练好的模型部署为服务的库，它支持高效的模型版本管理、模型热更新、并行请求处理等特性，使将训练好的模型快速应用于实际生产中变得更加简单和可靠。此外，TensorFlow Extended（TFX）提供了一个端到端的机器学习平台，帮助用户将整个机器学习工作流自动化和扩展化，从数据的预处理到模型的训练和部署都有完整的支持。

随着深度学习技术的发展，TensorFlow也在不断演进和完善。TensorFlow 2.x系列版本引入了许多重要的改进，包括更加简洁的API设计、Eager Execution的默认启用、即时执行模式（imperative programming）的支持等，极大地提升了用户的开发体验和代码的可读性。此外，TensorFlow还积极推动了深度学习在移动和嵌入式设备上的应用，通过TensorFlow Lite和TensorFlow.js等项目，使开发者可以轻松地在边缘设备上部署和运行深度学习模型。

（2）PyTorch

PyTorch是一个开源的深度学习框架，由Facebook的人工智能研究团队开发并维护。自首次发布以来，PyTorch已经成为研究人员和工程师在构建机器学习模型时的首选框架之一。其设计理念强调了易用性、灵活性和速度，使用户能够快速实现和测试各种深度学习模型。

PyTorch的核心特点之一是动态计算图。与传统的静态计算图框架（如TensorFlow 1.x）不同，PyTorch使用动态计算图，这意味着计算图是根据实际运行时的数据动态生成的。这种设计使模型的定义和调试更加直观和灵活，尤其是在处理复杂的、非标准化的输入数据时表现出色。动态计算图的使用也使PyTorch在迭代开发和试验新模型时更为便利，因为它更贴近常规编程的思维方式。

PyTorch的API设计简洁而直观，这使新手和专家都能快速上手和深入使用。其核心数据结构是张量（tensor），它与NumPy的多维数组类似，但提供了GPU加速和自动求导等功能。自动求导是PyTorch的一个显著特性，它允许用户在定义计算图后自动计算梯度，无须手动编写反向传播算法。这极大地简化了梯度下降法等优化算法的实现，使复杂模型的训练变得更为可行。

PyTorch的模块化设计也为用户提供了丰富的工具箱，以支持各种应用场景。例如，torch.nn模块提供了构建神经网络模型所需的组件，如各种类型的层、激活函数和损失函数。此外，torch.optim模块则包含了常用的优化算法，如SGD、Adam等，用户可以根据具体需求选择最合适的优化器。这种模块化的设计使得PyTorch不仅适用于基础的前馈神经网络，还可以支持复杂的卷积神经网络、循环神经网络等各种深度学习架构的构建和训练。

PyTorch 的另一个显著特点是其强大的扩展能力和生态系统。PyTorch Hub 提供了一个集中的平台，用户可以分享和发现预训练模型，从而加速自己的研究和开发过程。此外，PyTorch 支持与 C++和 CUDA 的混合编程，使其在大规模数据和高性能计算环境中部署模型变得更加高效和灵活。PyTorch 还积极推动了在移动设备和边缘计算上的应用，通过 PyTorch Mobile 和 TorchScript 等技术，使用户可以将训练好的模型轻松地部署到嵌入式系统和移动应用中。

在教育和研究领域，PyTorch 也受到了广泛的欢迎。其开放的开发哲学和活跃的社区使新算法和研究成果能够迅速得到实现和验证。大量的教程、文档和示例代码进一步降低了新用户的学习门槛，同时也为有经验的研究人员提供了丰富的资源，来探索更深层次的应用和优化技巧。

（3）Keras

Keras 是一个高层神经网络 API，最初由 François Chollet 开发，可使深度学习模型的设计和实验变得更加快速和简便。它可以在多种深度学习框架的后端运行，包括 TensorFlow、CNTK 和 Theano。Keras 的设计理念包括用户友好、模块化和可扩展性，这些特性使它成为学术界和工业界中广泛使用的工具之一。

Keras 的主要优势之一是其简单易用的接口。相较于底层框架，Keras 提供了更高级别的抽象，使用户可以更专注于模型的构建和实验，而无须深入处理底层实现细节。通过简洁的 API，开发者可以快速定义神经网络的结构、层次和连接方式，从而加快了模型迭代和实验的速度。这种设计使即使对深度学习不熟悉的新手，也能够快速上手并开始构建复杂的神经网络模型。

Keras 的另一个显著特点是模块化和可扩展性。Keras 中的每个层、激活函数、优化器和损失函数都是可以独立配置和组合的模块。这种模块化设计使用户可以根据自己的需求选择和搭配不同的组件，从而构建适合特定任务的定制化模型。此外，Keras 也支持自定义层和损失函数的开发，进一步增强了其灵活性和可扩展性，这使研究人员和开发者能够实现更加创新和复杂的模型架构。

在 Keras 的架构中，层是神经网络模型的基本构建单元。Keras 提供了丰富的预定义层，包括全连接层、卷积层、循环层等，这些层可以直接用于构建常见的深度学习模型。通过简单的堆叠和连接，用户可以轻松地搭建起复杂的神经网络结构，实现各种任务的处理，例如图像分类、对象检测、语音识别等。此外，Keras 还支持函数式 API，使用户可以构建多输入和多输出的复杂模型，应对更加复杂的任务需求。

除了模型的构建，Keras 还提供了丰富的工具和实用功能来支持模型的训练、评估和部署。在模型训练方面，Keras 提供了简单而强大的接口来配置优化器、损失函数和评估指标。用户可以轻松地选择和配置常用的优化算法，如随机梯度下降（SGD）、Adam 等，以及各种常见的损失函数，如交叉熵损失等。此外，Keras 还支持批处理训练和数据增强技术，这些功能有助于提高模型的泛化能力和训练效率。

在模型评估和调试方面，Keras 提供了丰富的工具和函数来帮助用户分析模型的性能和行为。用户可以轻松地进行模型的评估和验证，查看模型在训练集和测试集上的表现，并通过可视化工具来分析模型的训练过程和结果。这些功能不仅有助于用户理解和优化模型的性能，还能够帮助用户诊断和解决模型中的问题和瓶颈。

此外，Keras 还提供了多种模型的保存和导入导出功能，支持将训练好的模型导出为不同的格式，以便在不同的平台和环境中进行部署和应用。这种灵活性和通用性使 Keras 在从研究原型到工业生产环境的转换中都能够表现出色。

（4）Scikit-learn

Scikit-learn（简称 sklearn）是一个用于机器学习的开源 Python 库，建立在 NumPy、SciPy 和 Matplotlib 之上。它由多个模块组成，包括分类、回归、聚类、降维、模型选择、预处理等，涵盖了机器学习中常见的算法和工具。Scikit-learn 的设计理念是简单和高效，旨在通过统一的接口和清晰的文档使机器学习更容易上手。下面将探讨 Scikit-learn 的核心功能、支持的算法、使用示例以及其在机器学习社区和产业中的影响。

Scikit-learn 提供了丰富而强大的机器学习算法，涵盖了从基础到高级的各种模型。其中包括监督学习算法，如线性回归、逻辑回归、支持向量机、决策树和随机森林等。这些算法能够处理各种类型的数据集，包括结构化数据、文本数据和图像数据，使用户能够根据任务需求选择最合适的模型进行建模和预测。

Scikit-learn 提供了无监督学习算法，如聚类、降维和异常检测。聚类算法包括 K 均值、谱聚类和层次聚类等，适用于数据集中未标记的群集分析。降维算法如主成分分析（PCA）和流形学习方法（如 t-SNE）帮助用户在保留数据结构的同时减少特征的维度。异常检测算法可以识别和处理数据中的异常值，有助于数据清洗和异常检测任务。

Scikit-learn 还提供了模型选择和评估工具，包括交叉验证、网格搜索和评估指标。交叉验证能够有效地评估模型的性能，网格搜索通过系统地搜索参数空间来优化模型的超参数选择，评估指标则提供了多种常用的模型性能指标，如准确率、召回率、F1 分数等。

除了核心功能，Scikit-learn 的设计特点之一是其易用性和扩展性。它提供了简单一致的 API，使用户可以轻松地构建、训练和评估机器学习模型。此外，Scikit-learn 的文档和示例丰富，为用户提供了大量的学习资源和参考资料，帮助他们快速上手并理解每个模型和工具的使用方法。

在实际应用中，Scikit-learn 被广泛应用于学术研究和工业项目中。在学术界，它为研究人员提供了一个可靠的工具，用于验证新算法的效果和进行实证研究。在工业界，Scikit-learn 的高效性和可靠性使其成为许多数据科学团队的首选工具之一，用于构建和部署各种机器学习应用，包括推荐系统、自然语言处理、图像识别和预测分析等。

2.3　机器学习

2.3.1　机器学习的定义与基本概念

机器学习是人工智能的一个重要分支。机器学习的基本理念是让系统在没有明确编程的情况下，使用数据进行训练，从而自动识别模式与规律。

机器学习通常包括几个基本步骤：数据收集、数据预处理、特征选择、模型选择、模型训练、模型评估、模型部署与监控。

（1）数据收集

机器学习的成功与否往往取决于数据的质量和数量。数据收集是机器学习项目中至关重要的一步，它不仅仅是简单地获取数据，更涉及数据的完整性、可靠性以及如何从中获取有用的信息。本部分将详细探讨机器学习数据收集的重要性、方法、挑战以及现代数据收集技术的发展。

数据收集是机器学习项目的基础。机器学习模型的训练和预测能力直接受制于数据的质量。数据质量不佳或不足会导致模型学习到错误的模式或无法准确预测。因此，数据收集的第一步是明确定义问题，确保收集的数据能够支持解决这一问题。例如，如果是一个分类问题，就需要收集有标签的数据；如果是无监督学习问题，需要确保数据足够多样化和全面。

数据收集涉及选择合适的数据源和收集方法。数据可以来自多个渠道，包括传感器、数据库、日志文件、API接口、网络爬虫等。选择数据源时需要考虑数据的可靠性、时效性以及法律和伦理问题。例如，个人数据的收集需要遵守隐私保护法律，确保数据使用合法合规。

在现代技术的支持下，数据收集变得更加高效和精确。大数据技术使处理和存储大规模数据变得可行，云计算平台提供了弹性和灵活性，使数据收集能够实时进行。例如，通过使用分布式系统和流处理技术，可以处理实时产生的大量数据，并从中提取有用的信息。

数据收集也面临着多种挑战。其中之一是数据的质量问题，包括数据缺失、错误标记、不平衡的类别分布等，这些问题可能导致模型的偏差和不准确性。另一个挑战是数据的多样性和代表性，确保数据集能够覆盖真实世界的各种情况和变化，以提高模型的泛化能力。

在数据收集过程中，还需要考虑数据的处理和预处理步骤。这包括数据清洗、特征选择和转换，以及可能的数据增强技术。数据清洗通常涉及去除噪声、处理缺失值和异常值，以确保数据的完整性和一致性。特征选择和转换则有助于提取出对模型预测有意义的特征，减少不必要的信息，从而提高模型的效率和准确性。

数据收集不仅仅是一个技术过程，还涉及组织和管理数据的能力。数据管理包括数据的存储、备份、安全和访问控制，确保数据的保密性和完整性。同时，数据收集也需要考虑数据的生命周期管理，包括数据的更新、归档和丢弃策略，以避免数据过期或不再相关而造成资源浪费。

（2）数据预处理

数据预处理在机器学习中扮演着至关重要的角色，它直接影响模型的性能和准确性。数据预处理的目标是通过清洗、转换、集成和规范化等技术，将原始数据转化为适合模型训练的数据集。数据清洗阶段涉及识别和处理数据中的异常值、噪声和缺失值，以确保数据的质量和一致性。特征选择是通过选择最相关的特征、减少不必要的特征来提高模型的效率和预测能力。特征转换通过数学变换，如主成分分析（PCA）或特征抽取，可以将数据转换为更具信息量的表示形式。缺失值处理方法包括删除、插补或模型预测等技术，以便在不失去重要信息的情况下处理缺失数据。数据规范化通过缩放数据，确保不同特征的值处于相似的范围内，避免特征间的尺度差异对模型训练造成不良影响。综上所述，数据预处理是机器学习流程中必不可少的步骤，它的质量直接影响最终模型的性能和泛化能力，因此需要精心设计和有效实施。

（3）特征选择

特征选择在机器学习中是至关重要的一步，它直接影响模型的性能、复杂度以及最终的预测能力。在现实世界的数据分析和建模过程中，数据往往具有高维度和复杂性，包含大量特征，但并非所有特征都对最终预测结果有贡献。因此，特征选择的目标是从原始特征集中挑选出最相关、最有信息量的特征，以提高模型的预测准确性、降低过拟合风险，并在一定程度上简化模型的复杂度和解释性。

特征选择的方法可以分为三大类：过滤方法、包装方法和嵌入方法。每种方法都有其独特的优势和适用场景，选择合适的方法取决于数据特性、问题需求以及计算资源的可用性。

① 过滤方法是最简单且计算成本较低的一类特征选择方法，它们独立于任何具体的机器学习算法，通常基于特征之间的统计量或相关性来进行选择。例如，通过方差阈值来剔除方差较小的特征，或者通过相关系数来衡量特征与目标变量之间的关系，进而选择相关性较高的特征。

② 包装方法直接使用特定的机器学习模型来评估特征的贡献，通常会考虑特征子集的性能来进行优化。递归特征消除（RFE）是其中一个典型例子，它不断地删除最不重要的特征并重新训练模型，以确定最优的特征子集。相比过滤方法，包装方法的计算成本更高，但通常能够得到更精确的特征选择结果，特别是在特征之间存在复杂互动关系时更为有效。

③ 嵌入方法将特征选择与具体的模型训练过程结合起来，通过在模型训练中引入惩罚项或者特征重要性评估来选择特征。例如，基于正则化的方法如 L1 正则化（Lasso）可以使模型系数稀疏化，自动选择重要的特征并忽略不重要的特征。此外，基于树模型的特征重要性评估（如随机森林）也是一种常见的嵌入方法，它通过分析每个特征在决策树构建过程中的贡献来确定特征的重要性。

在选择合适的特征选择方法时，需要综合考虑几个关键因素：数据的特性，包括特征的数量、稀疏性以及特征之间的相关性；问题的需求，例如是否需要高精度的预测模型或者对模型的解释性有要求；计算资源的限制，因为不同的特征选择方法可能需要不同的计算成本和时间。

特征选择不仅仅是数据预处理的一部分，它直接关系最终模型的效能和性能。正确选择的特征可以显著提高模型的预测能力和泛化能力，减少不必要的计算开销和数据存储需求，同时也能够增强模型的可解释性和应用范围。在实际应用中，特征选择往往是机器学习项目中不可或缺的一环，它通过优化数据处理流程和模型结构，为解决复杂的现实问题提供了有效的工具和方法。

特征选择作为机器学习中的重要步骤，不仅帮助优化模型的效能和性能，还在数据分析和预测建模的全过程中发挥着关键作用。随着数据量的不断增加和应用场景的多样化，特征选择的研究和应用也在不断发展和完善，为机器学习技术的进步提供了重要支持和保障。

(4) 模型选择

在模型选择过程中，关键因素包括数据特性、问题类型、模型的复杂度与解释性需求、计算资源和效率以及预测性能的优化。常见的机器学习模型类型涵盖监督学习（如线性回归、决策树）、无监督学习（如聚类算法、降维技术）、强化学习和深度学习（如 CNN、RNN），每种模型都有其特定的适用场景和优势。选择最佳模型的关键步骤包括理解问题需求、探索候选模型、评估性能、调优和验证。综合考虑这些因素可以帮助确保模型在实际应用中表现出色，并实现最佳的数据驱动决策和解决方案。

(5) 模型训练

根据任务的性质和数据的特征，选择合适的机器学习算法和模型架构至关重要。常见的机器学习算法包括决策树、支持向量机、神经网络等，而模型架构则可以是简单的线性模型，也可以是复杂的深度神经网络。选择合适的算法和模型架构需要考虑到数据的特性、问题的复杂度以及计算资源的可用性。一旦选择了算法和模型架构，就可以开始模型的训练过程。训练时通常要将数据集划分为训练集和验证集两部分，使用训练集来训练模型，使用验证集来评估模型的性能并进行调优。模型训练的目标是通过调整模型参数，使其在训练数据上达到最佳的拟合效果，并在验证集上达到良好的泛化能力，即对新数据的预测能力。

在模型训练过程中，还需要注意处理过拟合和欠拟合的问题。过拟合指模型在训练集上表现很好，但在测试集或新数据上表现不佳，这可能是因为模型过于复杂或者训练数据过少。欠拟合则是指模型在训练集和测试集上表现都不理想，通常是模型过于简单或者特征提取不足导致的。为了解决这些问题，可以采用正则化方法、增加数据量、使用更复杂的模型等手段。

（6）模型评估

机器学习评估指标是衡量模型性能和预测能力的关键标准。常用的评估指标包括准确率（accuracy）、精确率（precision）、召回率（recall）、F1 分数、ROC 曲线和 AUC 值等。准确率是正确预测的样本比例；精确率衡量被分类器判定为正例的正确性；召回率衡量实际正例中的分类器预测能力；F1 分数综合考虑精确率和召回率，适用于不平衡数据集；ROC 曲线展示了召回率和假阳率之间的权衡关系；AUC 值表示分类器预测能力的综合指标。选择合适的评估指标取决于具体问题和数据特征，有助于理解和优化模型的表现。

机器学习中的交叉验证技术是评估模型泛化能力和稳定性的重要方法。常见的交叉验证包括简单交叉验证、k 折交叉验证和留一法交叉验证三种。简单交叉验证将数据集随机分成训练集和测试集两部分，多次重复评估以获取平均结果。k 折交叉验证将数据分成 k 个子集，每次使用一个子集作为测试集，其余作为训练集，重复 k 次以获得稳定的评估指标。留一法交叉验证是特殊的 k 折交叉验证，每个样本作为一次测试集，适用于小数据集。这些方法帮助减少数据划分带来的偏差，提高模型评估的准确性和可信度。

（7）模型部署与监控

机器学习模型的部署和监控是将研究阶段成功开发的模型应用于实际场景的关键步骤。部署涉及将训练好的模型集成到生产环境中，使其能够处理实时数据并生成预测或推荐。这一过程通常包括以下步骤：

① 模型需要经过有效的打包和集成，以确保它能够在目标环境中无缝运行。这可能涉及将模型转换为特定的部署格式（如 TensorFlow Serving、ONNX 等），以便与后端服务或 API 进行集成。

② 模型的性能和可靠性需要进行全面的测试和验证。这包括功能测试，确保模型能够正确处理各种输入情况；性能测试，以评估模型在处理大规模数据时的速度和资源消耗；端到端的集成测试，确保模型与其他系统组件的交互正常。

部署完成后，模型的监控和维护变得至关重要。监控模型的性能指标（如准确率、召回率等）和运行时行为（如延迟、内存使用量）是及时发现和解决问题的关键。监控可以通过实时日志记录、指标仪表板或自动化报警系统来实现，帮助团队在模型性能下降或异常情况发生时快速响应。

随着时间推移，模型可能需要定期重新训练或调整以保持其预测能力。这可以通过定期收集新数据并重新训练模型来实现，确保模型能够适应新的数据模式和趋势。

机器学习模型的成功部署和监控需要综合考虑技术、运维和数据管控等多方面的因素，以确保模型在实际应用中能够稳定、高效地运行，并持续提供准确的预测或推荐。

2.3.2 机器学习算法分类

机器学习算法可根据学习方式的不同进行分类。

（1）监督学习（supervised learning）

监督学习是机器学习中广泛应用的分支之一，其从带有标签的训练数据中学习预测函数或决策函数，以解决各种预测和分类问题。其核心思想是利用已知输入和输出之间的关系，使算法能够推广到未见过的数据。这种学习方式不仅在学术界有深远影响，也在商业和科技领域产生了革命性的应用，如自动驾驶、语音识别、推荐系统等。监督学习的基本流程涉及数据的表示与特征工程、模型选择与训练、损失函数与优化算法、模型评估与验证等关键步骤。

在实践中，数据通常以特征向量的形式呈现，每个特征代表数据的一个属性或测量。特征工程是预处理阶段的重要组成部分，其目标是选择和提取最具代表性的特征，以提高模型的性能和泛化能力。这可能涉及数据清洗、归一化、缺失值处理、特征变换和降维等技术，以确保模型能够从数据中学到有效的模式。

模型选择是监督学习中的关键决策之一，不同类型的问题和数据需要使用不同的算法和模型。常见的监督学习模型包括线性回归、逻辑回归、决策树、随机森林、支持向量机（SVM）、神经网络等。每种模型都有其适用的场景和优缺点，需要根据具体情况进行选择和调整。模型训练过程涉及优化算法的应用，如梯度下降法及其变种，以最小化选定的损失函数，使模型在训练集上表现良好并能够泛化到新数据。

损失函数在监督学习中扮演着衡量模型预测结果与真实标签之间差异的重要角色。对于不同类型的问题，如回归问题和分类问题，选择合适的损失函数是至关重要的。常见的损失函数包括均方误差（MSE）、交叉熵（cross-entropy）等，它们直接影响模型的学习效果和泛化能力。

模型评估与验证是确保模型性能和泛化能力的关键步骤。通常使用交叉验证或者留出法将数据集划分为训练集和验证集，通过验证集上的指标（如准确率、精确率、召回率、F1 分数等）来评估模型的表现。此外，还可以利用 ROC 曲线、AUC 值等指标来评估和比较不同模型的性能优劣。

监督学习的应用领域广泛，涵盖了从自然语言处理到计算机视觉，再到生物信息学等多个领域。例如，在医疗健康领域，监督学习被用来进行疾病预测和诊断，帮助医生做出更准确的医疗决策。在金融领域，监督学习可以用于信用评分和欺诈检测，以降低金融风险。在推荐系统中，监督学习可以根据用户的历史行为预测其喜好，从而个性化地推荐产品或服务。

然而，监督学习也面临一些挑战和限制。例如，对大规模和高维数据集的处理需要耗费大量计算资源，同时数据质量和标注成本也可能成为制约因素。在实际应用中，过拟合（overfitting）和欠拟合（underfitting）是常见的问题，需要通过合适的模型选择、特征工程和调参来解决。此外，算法的解释性和公平性问题也受到越来越多的关注，特别是在需要透明度和公正性的决策场景中。

随着数据的不断增长和计算能力的提升，监督学习领域仍在不断发展和演进。未来的研究和应用可能集中在提高模型的泛化能力、处理非结构化数据、增强学习算法的效率和效果等方面。同时，随着深度学习和自动化机器学习技术的进步，监督学习将在更多领域和新兴应用中发挥其重要作用，推动科技和社会的进步和创新。

监督学习作为机器学习领域的核心技术之一，不仅在学术界有着深远的影响，也在商业和科技应用中展现了其巨大的潜力和价值。通过合理选择算法、优化模型和有效管理数据，可以构建出性能优异且具有良好泛化能力的预测模型，为解决现实世界的复杂问题提供了强大的工具和方法。

（2）无监督学习（unsupervised learning）

无监督学习作为机器学习的重要分支，与监督学习和强化学习并列，其核心任务是从未标记的数据中挖掘隐藏的模式和结构，而无须预先提供标签或者指定输出。这使无监督学习在处理大规模和复杂数据时具有独特的优势和应用潜力。在实际应用中，无监督学习不仅能够帮助理解数据本身的内在规律，还能在数据预处理、特征提取、降维和聚类等方面发挥关键作用。

无监督学习的基本概念可以简单地理解为从数据中发现隐藏的结构和模式，而无须预先知道正确的输出。这与监督学习的显著区别在于，无监督学习的训练数据是未标记的，算法需要自行推断和学习数据的内在特征。典型的无监督学习任务包括聚类、降维、关联规则挖掘和异常检测等。其中，聚类是较常见和广泛应用的无监督学习任务之一，其目标是将数据集中的样本划分为不同的组或簇，使同一簇内的样本相似度高，而不同簇之间的样本相似度较低。

在聚类算法中，K 均值（K-means）是最为经典和常用的方法之一。它通过迭代优化簇的中心位置，将数据点分配到最近的簇中，从而实现聚类。此外，层次聚类（hierarchical clustering）通过构建层次化的簇结构来组织数据，允许在不同层次上进行聚类分析。而密度聚类方法（如 DBSCAN）则基于数据点的密度来发现任意形状的簇。这些算法各自适用于不同类型和形状的数据分布，能够帮助理解数据集的结构和组织方式。

除了聚类，降维也是无监督学习的重要任务之一。降维的目的是通过保留数据集的重要信息，减少数据的维度和复杂度，从而提高后续分析和建模的效率。主成分分析（PCA）是一种常见的线性降维技术，通过线性变换将原始数据映射到低维空间，保留大部分方差。而独立成分分析（ICA）则假设数据是由多个独立的信号混合而成，尝试将数据解混并提取出原始信号。这些方法不仅可以帮助发现数据的内在结构，还可以提高后续模型的泛化能力和效果。

在无监督学习的应用领域中，异常检测（anomaly detection）也扮演着重要角色。异常检测的目标是识别与大多数数据显著不同的少数样本，这些样本可能表示数据中的异常事件或者重要的特殊情况。常见的异常检测方法包括基于统计的方法、基于密度的方法和基于学习的方法等几种，每种方法都有其适用的场景和假设条件。例如，基于统计的方法通常假设数据服从某种概率分布，通过检查数据点在该分布下的概率来判断其是否为异常值。

此外，无监督学习在数据预处理和特征工程中也发挥着关键作用。数据预处理包括数据清洗、归一化、缺失值处理和噪声去除等步骤，这些操作都是为了提高数据质量和模型训练的有效性。特征工程则涉及选择、构造和转换特征，以增强数据的表达能力和模型的性能。无监督学习算法能够自动学习和提取数据的重要特征，帮助减少人工干预和主观假设的影响，提高模型的自动化程度和泛化能力。

在现实世界中，无监督学习被广泛应用于各种领域和行业。在生物信息学中，无监督学习可以用来分析基因组数据和蛋白质序列，发现潜在的生物标志物或者分类生物物种。在社交网络和推荐系统中，无监督学习可以根据用户行为和偏好来分析和推荐内容，从而提升用户体验和平台的黏性。在金融领域，无监督学习可以应用于欺诈检测、市场分析和风险管理等方面，帮助企业有效应对复杂和动态的市场环境。

尽管无监督学习具有广泛的应用前景，但其也面临着一些挑战和限制。无监督学习算法通常更难评估和比较，因为缺乏明确的目标变量或者标准的性能度量。算法的效果和泛化能力可能受到数据质量、噪声和异常值的影响，需要在实际应用中进行有效的预处理和优化。此外，选择合适的算法和参数调整也是无监督学习中的关键挑战，不同的算法可能适用于不同类型和规模的数据集，需要根据具体情况进行权衡和选择。

随着数据量的爆炸式增长和计算能力的提升，无监督学习技术正不断发展和进步。近年来，深度学习技术的兴起为无监督学习带来了新的机遇和挑战。深度自编码器（autoencoder）等深度学习模型能够学习数据的高级表示，并在降维、特征学习和生成模型等方面有出色的表现。另一方面，生成对抗网络（GANs）等生成模型则通过竞争性学习生成数据样本，扩展了无监督学习在图像生成和增强现实等领域的应用场景。

无监督学习作为机器学习领域的重要分支，通过从未标记的数据中学习和挖掘信息，不仅能够帮助理解数据的结构和内在规律，还能在数据处理、模式识别和预测建模等方面发挥关键作用。随着技术的进步和应用场景的扩展，无监督学习将继续在科学研究、商业应用和社会发展中发挥重要作用。

（3）强化学习（reinforcement learning，RL）

强化学习是机器学习的一个重要分支，通过智能体与环境的交互学习来达成特定目标，其背后蕴含着丰富而复杂的理论和实践。强化学习的核心思想是通过试错和奖惩机制，使智能体能够逐步优化其行为策略，以实现长期的累积奖励最大化。与传统的监督学习和无监督学习不同，强化学习面临着与环境交互、延迟奖励和探索与利用之间的权衡等独特挑战，这些挑战也正是其研究和应用中的核心问题。

在强化学习中，智能体通过与环境的交互来学习。环境可以是任何描述和影响智能体状态和行为的系统，它通常被建模为马尔可夫决策过程（Markov decision process，MDP）。MDP 定义了智能体在状态空间中的状态、行动空间中的动作、环境反馈的奖励以及状态转移概率。智能体的目标是通过学习一个策略函数，使得在不同状态下选择的动作能够最大化长期累积奖励。

强化学习的一个重要特征是延迟奖励。即智能体在某个时间步骤获得的奖励会影响其未来的决策和行为，这使得智能体需要具备一定的记忆能力和长期规划能力。为了解决这一问题，强化学习算法通常使用价值函数（value function）来评估每个状态或状态动作对的长期回报预期。价值函数可以是状态值函数（state value function）或动作值函数（action value function），它们分别评估在给定状态下的预期累积奖励或在给定状态动作对下的预期累积奖励。

强化学习中最经典的算法之一是 Q 学习（Q-learning），它是基于动作值函数的一种单智能体强化学习算法。Q 学习通过不断更新动作值函数来优化智能体的策略，使智能体能够在不需要环境模型的情况下，直接从与环境的交互中学习最优策略。另一方面，策略梯度方法（policy gradient methods）则专注于直接优化策略函数，通过梯度上升的方式来提高策略在长期奖励上的性能。这些方法不依赖于值函数的显式估计，而是直接对策略进行参数化，并通过采样和梯度计算来进行更新。

随着深度学习技术的发展，深度强化学习（deep reinforcement learning，DRL）在近年来获得了广泛的关注和应用。DRL结合了深度学习的强大表示学习能力和强化学习的决策优化能力，使得智能体能够从高维、复杂的感知输入中学习并执行复杂的任务。代表性算法包括深度Q网络（deep Q-network，DQN）、策略梯度算法［如深度确定性策略梯度算法（deep deterministic policy gradient，DDPG）］、行动者-评论家算法（actor-critic algorithms）等。这些算法通过深度神经网络使用函数逼近技术来估计值函数或策略函数，并通过大规模的样本数据和强大的计算能力来加速学习过程。

强化学习具有广泛的应用前景。在游戏领域，如AlphaGo和OpenAI的Dota 2机器人等，强化学习已经展示出超越人类的游戏策略和技能。在机器人控制和自动驾驶领域，强化学习能够帮助智能体学习复杂的环境感知和精确的决策制定。在金融领域，强化学习可以用于股票交易策略的优化和风险管理。在医疗领域，强化学习可以用于个性化治疗方案的制定和疾病预测。在物流和供应链管理中，强化学习可以优化调度和资源分配策略，提高效率和降低成本。

然而，强化学习面临着多方面的挑战和限制。首先，强化学习通常需要大量的训练数据和计算资源，特别是在使用深度神经网络进行近似时。其次，探索与利用的平衡是一个关键问题，即智能体如何在学习过程中既能够探索新的行为策略又能够利用已有的知识和经验。此外，强化学习在处理高度不确定性和复杂性的环境时，往往面临收敛速度慢、训练不稳定等问题，需要通过算法改进和优化来解决。

强化学习作为一种新兴而具有挑战性的学习范式，不断吸引着学术界和工业界的关注和投入。随着技术的进步和理论的发展，强化学习有望在人工智能的各个领域发挥越来越重要的作用，推动智能系统向着更加自主、智能和适应性强的方向发展。

2.3.3 特征工程

特征工程是机器学习中至关重要的过程，主要包括特征选择和特征构造两部分。

（1）特征选择（feature selection）

特征选择是机器学习中的一个关键步骤，它通过从原始数据集中挑选出对模型预测最有帮助的特征子集来提高模型的性能和泛化能力。特征选择的重要性体现在它能够减少模型的复杂性，避免过拟合，同时提高模型的计算效率和可解释性。特征选择的方法主要分为三类：过滤方法、包装方法和嵌入方法。过滤方法通过统计测试评估特征与目标变量的相关性；包装方法将特征选择视为搜索问题，通过不同的特征子集训练模型来找到最优解；嵌入方法则在模型训练过程中通过正则化技术实现特征选择。尽管特征选择面临着高维数据、特征间相互作用和计算成本等挑战，但通过有效的策略，如特征工程、多模型比较和领域知识的应用，可以克服这些挑战。此外，特征选择的效果可以通过模型性能指标和特征重要性评估来衡量。特征选择在医疗诊断、金融风险评估、自然语言处理和图像识别等多个领域都有广泛的应用。总之，特征选择是优化机器学习模型的不可或缺的环节，它通过提高特征的质量和数量，为解决复杂问题提供了可能。

（2）特征构造（feature engineering）

特征构造在机器学习中扮演着关键角色，它通过创造性地组合、转换和衍生现有数据特征，有效提升模型的性能和泛化能力。这一过程不仅限于简单地变换数据，而是通过多种方法深化数据的表达能力，使模型能够更准确地捕捉数据中的模式和关系。

特征构造可以利用数值变换和组合来增加数据的多样性。例如，通过多项式特征和交互特征，可以扩展特征空间，使模型能更全面地理解数据之间的复杂关系。数值变换如对数或指数函数，有助于调整数据的分布和缩放范围，进而改善模型的稳定性和预测准确性。

针对时间序列数据，特征构造能够创建滞后特征或移动统计特征，以捕捉数据的趋势和周期性变化。这些变换不仅增加了数据的时序信息，还提升了模型对时间相关性的理解和预测能力。

在文本和序列数据处理方面，特征构造可以通过词袋模型或序列模型将文本信息转换为机器学习算法能够处理的数值形式。这种转换使得模型能够利用文本中的语义和结构信息，更精确地进行分类、回归或其他预测任务。

此外，特征构造还涵盖了对分类变量的编码处理，如独热编码和特征哈希，这些方法可以有效地将高基数分类变量映射到固定长度的特征空间，为模型提供更清晰的输入数据。

综上所述，特征构造不仅仅是数据预处理的一环，更是提升机器学习模型效果的重要策略之一。合理的特征构造能够使模型更加适应实际应用场景，提高模型的泛化能力和预测精度，是数据科学和机器学习中不可或缺的关键步骤之一，也是持续优化和改进模型的重要方法。

2.4　理论框架

在上述知识与技术基础之上建立一个综合的理论框架，该框架应包括以下几个方面：

① 将大数据、人工智能与机器学习视为一个完整的信息处理系统，从数据生成到决策执行的整个链条都需考虑。

② 强调数据在决策中的中心地位，利用数据分析和机器学习模型指导业务策略与管理。

③ 结合计算机科学、统计学、工程学及领域知识，强调多学科交叉对于技术发展的重要性。

④ 持续学习与优化，建立反馈机制，让系统能在实践中提升与优化，通过监控与数据反馈不断改进模型与决策。

第3章

监督学习算法

监督学习是机器学习中一种基础而重要的学习范式。在监督学习中，模型通过从已标记的训练数据中学习，以预测或分类新的未标记数据。这个学习过程的核心思想是将输入数据与相应的输出之间的关系进行建模，使模型能够泛化到未见过的数据。监督学习任务通常分为两大类：回归问题，其中模型预测连续数值输出；分类问题，其中模型将输入数据分为不同的离散类别。在训练阶段，监督学习算法通过优化损失函数，不断调整模型的参数，使其能够更准确地捕捉输入和输出之间的映射关系。这种学习范式的广泛应用涵盖了从图像识别和语音识别到金融预测和医学诊断等众多领域，使其成为机器学习领域中应用最为广泛和成功的一种方法。

3.1　线性回归

谈及线性模型，其实我们很早就已经与它打过交道，中学数学课堂中学习过的“最小二乘法”就是线性模型的经典算法之一，即根据给定的（x,y）点对，求出一条与这些点拟合效果最好的直线 $y=ax+b$。首先计算出每个样本预测值与真实值之间的误差并求和，通过最小化均方误差 MSE，使用求偏导等于零的公式计算出拟合直线 $y=ax+b$ 的两个系数 a 和 b，从而对于一个新的 x，可以预测它所对应的 y 值。在机器学习领域中，当预测值为连续值时，称为回归问题，当预测值为离散值时，称为分类问题。

3.1.1　理解线性回归

线性回归用于建立输入变量（特征）与输出变量之间的线性关系。它是回归问题中最简单且最常用的模型之一。线性回归的核心思想是假设输入变量与输出变量之间存在线性关系。对于一个简单的线性回归模型，考虑单个输入变量和单个输出变量，其模型可以表示为 $y=mx+b$。其中，y 是输出变量；x 是输入变量；m 是斜率；b 是截距。模型的目标是找到最佳的斜率和截距，以最好地拟合已知的训练数据。

多元线性回归模型可以处理多个输入变量。表达式变为 $y=b+m_1x_1+m_2x_2+\cdots+m_nx_n$。其中，$m_1$，$m_2$，…，$m_n$ 是各个特征的权重。训练过程也是通过优化损失函数来找到最佳的权重值。

3.1.2　损失函数

平方损失函数是线性回归中常用的损失函数，其表达式为：

$$L(y,\hat{y})=\frac{1}{2n}\sum_{i=1}^{n}(y_i-\hat{y}_i)^2 \tag{3-1}$$

式中　n——训练样本的数量；

y_i——实际输出；

$\hat{y}_i$——模型的预测输出。

线性回归的训练目标是找到最佳的模型参数，使模型的预测值与实际观测值之间的误差最小。这通常通过最小化损失函数来实现，其中最常见的是平方损失函数。模型参数的优化通常通过梯度下降等优化算法来进行。

3.1.3 线性回归的代码示例

图 3-1 是一个简单的线性回归的 Python 代码实现，其使用 Scikit-learn 库创建了一个简单的线性回归模型，生成了一些带有噪声的训练数据，并使用模型进行拟合和预测，体现了线性回归的工作原理。

```
# 导入所需的库
import numpy as np
from sklearn.linear_model import LinearRegression
import matplotlib.pyplot as plt
# 生成一些示例数据
np.random.seed(0)
X = 2 * np.random.rand(100, 1)
y = 4 + 3 * X + np.random.randn(100, 1)
# 创建并训练线性回归模型
model = LinearRegression()
model.fit(X, y)
# 输出模型的参数
print("截距（intercept）:", model.intercept_)
print("斜率（slope）:", model.coef_[0])
# 使用模型进行预测
X_new = np.array([[0], [2]])
y_pred = model.predict(X_new)
# 绘制原始数据和线性回归模型
plt.scatter(X, y, label='训练数据')
plt.plot(X_new, y_pred, 'r-', label='线性回归预测')
plt.xlabel('特征值')
plt.ylabel('目标值')
plt.legend()
plt.show()
```

图 3-1 线性回归模型代码

3.1.4 线性回归的应用领域及其优缺点

线性回归本来是统计学里的概念，现在经常被用在机器学习中。如果两个或者多个变量之间存在线性关系，那么就可以通过历史数据，摸清变量之间的“规律”，建立一个有效的模型，来预测未来的变量结果。线性回归能够模拟的关系其实远不止线性关系，在机器学习中，线性回归作为一种简单而可解释的模型，通常用于建立基准线和快速原型验证。

线性回归中的“线性”指的是系数的线性，而通过对特征的非线性变换，以及广义线性模型的推广，输出和特征之间的函数关系可以是高度非线性的。线性回归广泛应用于各个领域，包括经济学、金融、医学、社会科学等。另一方面，也是更为重要的一点，即线性模型的易解释性使它在物理学、经济学、商学等领域中占据了难以取代的地位。在机器学习中，线性回归常用于快速建立基准模型，进行初步验证和解释性分析。

线性回归的思想和技术也被扩展到其他算法，如广义线性模型（generalized linear models，GLM）和线性判别分析（linear discriminant analysis，LDA），以应对更复杂的问题。

尽管线性回归简单，但其在许多实际问题中表现出色。对于线性关系较为明显的数据，线性回归能够提供直观的建模和预测。然而，对于非线性关系的数据，其他更复杂的模型可能更为合适。

线性回归的优点：简单易懂，计算效率高，对于线性关系较强的问题表现良好，建模速度快，不需要很复杂的计算，在数据量大的情况下运行速度依然很快，同时可以根据系数给出每个变量的理解和解释。

线性回归的缺点：不能很好地拟合非线性关系的数据，所以需要先判断变量之间是不是线性关系；对异常值敏感。

3.2 逻辑回归

3.2.1 理解逻辑回归

逻辑回归在线性回归的基础上引入了非线性的映射，使其更适用于分类问题。这种关系展示了统计学习中模型的演变和扩展过程，通过对基本思想的变化和调整，使模型更灵活地适应不同类型的任务。

线性回归和逻辑回归都属于广义线性模型（generalized linear models，GLM）的范畴，其核心思想是通过学习输入特征的权重，对输出变量进行线性组合。在这两种模型中，都有一个线性部分，包含了特征的加权和。线性回归通过这个线性组合直接得到一个实数输出，而逻辑回归则通过对这个线性组合应用 Sigmoid 函数将输出映射到 0～1 之间，表示概率。Sigmoid 函数也称为逻辑函数（logistic function），是一种常用的激活函数。这个函数的主要特点是可以将任意实数值映射到一个介于 0～1 之间的区间，具体的表达式为：

$$\sigma(z)=\frac{1}{1+\mathrm{e}^{-z}} \tag{3-2}$$

其中，e 是自然对数的底；z 是输入值。Sigmoid 函数的图像呈现 S 形，因此也称为 S 形函数。这种曲线的输出范围在 0～1 之间，因此特别适合用于将线性组合的输出映射到概率的情况，在逻辑回归中，Sigmoid 函数的性质使它成为处理二分类问题的理想选择，它提供了一种平滑的、可导的非线性映射，可以将线性组合的结果解释为样本属于正类别的概率，使模型能够更好地处理概率和分类任务。

总之，逻辑回归是一种广泛应用于解决二分类问题的统计学习方法，尽管其名称中包含“回归”，却是一种分类算法。逻辑回归是许多实际应用中的重要工具，尤其在医学、金融、社会科学等领域的预测与分析任务中表现卓越。

3.2.2 逻辑回归模型表达式

对于二分类问题，逻辑回归模型的表达式为：

$$P(Y=1|X)=\frac{1}{1+\mathrm{e}^{-(b+w_1x_1+w_2x_2+\cdots+w_nx_n)}} \tag{3-3}$$

其中，$P(Y=1|X)$表示给定输入特征 X 条件下样本属于正类别的概率；$w_1,w_2,\cdots,w_n$ 是特征的权重；b 是截距项；e 是自然对数的底。模型输出的概率值可以解释为给定输入特征下样本属于正类别的可能性。如果 $P(Y=1|X)\geqslant 0.5$，则模型将样本分类为正类别（1），否则分类为负类别（0）。

逻辑回归的训练目标是通过最大似然估计或梯度下降等方法，找到最佳的权重和截距，使模型对训练数据的似然性最大化。损失函数通常采用对数损失函数，其目标是最小化负对数似然。这一过程使模型能够学到训练数据中的模式，以便在未见过的数据上进行准确的分类。逻辑回归通过学习一个决策边界，将特征空间划分为正类别和负类别，决策边界是由权重和截距确定的超平面。逻辑回归的输出结果可以解释为给定输入特征下样本属于正类别的可能性。如果这一概率值超过了设定的阈值，则将样本分类为正类别，否则为负类别。这种概率解释和分类能力使得逻辑回归在实际应用中得到广泛应用。

逻辑回归的优势之一在于其计算简单，易于实现，同时输出结果具有直观的概率意义，更易于解释。然而，逻辑回归也有其局限性，其对于非线性关系的建模能力相对有限，对异常值较为敏感。为了应对一些实际场景中的挑战，逻辑回归可以通过引入正则化项，如 L1 或 L2 正则项，来提高模型的泛化性能。

总体而言，逻辑回归作为一种简单而强大的分类算法，不仅在理论上具有深刻的统计学基础，而且在实际应用中也展现了出色的性能，为许多领域的预测与决策提供了可靠的支持。

3.2.3 逻辑回归应用领域及其优缺点

逻辑回归在多个领域得到广泛应用，其特性使其成为解决分类问题的一种有力工具。

医学领域是逻辑回归的一个重要应用领域。在医学研究中，逻辑回归常被用于疾病预测和诊断，通过分析患者的各种生物医学特征，模型可以预测患者是否患有某种疾病，为医生提供重要的辅助信息，促使早期干预和治疗。

在金融领域，逻辑回归被广泛应用于信用评分模型，通过分析客户的信用历史、财务状况等特征，预测客户违约的概率，帮助金融机构更准确地评估信用风险，制定贷款策略。

逻辑回归的另一个重要应用领域是市场营销。在市场研究中，逻辑回归被用于预测消费者行为，分析广告效果，以及确定产品购买的可能性。通过收集大量消费者数据，模型可以预测某个群体对于特定产品或服务的偏好，帮助企业精细化创建营销策略，提高市场竞争力。这种概率性的输出和可解释性使得逻辑回归在决策制定和战略规划中具有重要价值。因此，逻辑回归不仅在医学和金融领域发挥关键作用，而且在市场研究等多个领域也展现了其强大的应用潜力。

逻辑回归在人力资源管理中的应用涵盖了多个关键方面，为人力资源决策提供了有效的数据支持。一方面，逻辑回归被广泛用于员工流失预测。通过分析员工的个人特征、工作表现、薪酬待遇等因素，建立逻辑回归模型预测员工离职的概率。这种预测有助于人力资源部门提前识别潜在流失人才，采取相应措施，如调薪、提供发展机会，以留住关键员工。另一方面，逻辑回归在招聘过程中也发挥着关键作用。通过分析候选人的教育背景、工作经验、技能等信息建立逻辑回归模型，可以预测候选人在特定职位上的成功概率。这使人力资源部门能够更加准确地评估候选人的适应性，有助于制定更符合组织需求的招聘策略。逻辑回归还可应用于员工绩效评估，通过分析与绩效相关的因素，如培训成绩、项目完成情况等，建立模型帮助人力资源部门更全面、客观地评估员工的工作表现。这种数据驱动的方法使绩效评估更为客观、公正，有助于更精准地识别和奖励高绩效员工。综合而言，逻辑回归在人力资源管理中的应用不仅提高了预测和决策的准确性，同时也优化了人力资源流程，使其更加科学。通过合理利用逻辑回归模型，人力资源团队能够更好地应对人才挑战，推动组织的可持续发展。

逻辑回归的优点：

a. 计算简单。逻辑回归的模型参数可以通过最大似然估计等方法直接进行计算，计算效率高。

b. 输出概率。逻辑回归输出的结果可以解释为样本属于正类别的概率，提供了直观的概率信息。

c. 可解释性。逻辑回归模型的系数具有简单直观的解释，可以理解每个特征对于分类的影响程度。

d. 适用于二分类问题。逻辑回归模型是解决二分类问题的一种经典方法，在二分类问题应用领域表现出色。

e. 对小样本数据有效。在数据量较小的情况下，逻辑回归仍然可以提供稳定和可靠的结果。

逻辑回归的缺点：

a. 对非线性关系的拟合能力有限。逻辑回归在线性可分的情况下表现较好，但在处理非线性关系时效果有限。

b. 对异常值敏感。异常值的存在可能对逻辑回归模型的参数估计产生影响。

c. 无法处理复杂的关系。逻辑回归假设特征之间是线性相关的，对于复杂的非线性关系的建模能力较弱。

d. 多重共线性。当特征之间存在高度相关性时，逻辑回归的性能可能下降，容易受到多重共线性的影响。

尽管逻辑回归具有一些局限性，但在许多实际应用中，它仍然是一种有效的分类算法，特别适用于需求解释性强、概率输出的场景。

3.2.4　逻辑回归的代码示例

图 3-2 是一个简单的逻辑回归的 Python 代码实现，同样使用了 Scikit-learn 库，此代码创建了一个简单的逻辑回归模型，生成了带有噪声的二分类训练数据，并使用模型进行拟合和预测。

3.2.5　逻辑回归与线性回归的对比

线性回归和逻辑回归之间存在密切的关系，尽管它们主要应用于解决不同类型的问题，但可以将逻辑回归视为线性回归的扩展。这种关系体现在逻辑回归和线性回归共享的基本思想和数学原理上。

逻辑回归在一定程度上可以看作是线性回归的一种推广，它通过引入 Sigmoid 函数实现了对输出的映射，使得模型适用于处理二分类问题。当 Sigmoid 函数的输出值大于设定的阈值时，逻辑回归判定为正类别，否则为负类别。这种将线性输出映射为概率的方式，使得逻辑回归更适用于需要输出概率值的场景，例如垃圾邮件过滤、疾病诊断等。

此外，逻辑回归在一些情况下也可用于解决多分类问题，通过采用一对多（one-vs-rest）或一对一（one-vs-one）的策略，将多分类问题转化为多个二分类问题，分别使用逻辑回归进行解决。

```
import numpy as np      # 导入所需的库
from sklearn.linear_model import LogisticRegression
from sklearn.model_selection import train_test_split
from sklearn.metrics import accuracy_score, confusion_matrix
import matplotlib.pyplot as plt
np.random.seed(0)       # 生成一些示例数据
X = 2 * np.random.rand(100, 1)
y = (4 + 3 * X + np.random.randn(100, 1)) > 5  # 二分类标签
# 划分训练集和测试集
X_train, X_test, y_train, y_test = train_test_split(X, y, test_size=0.2, random_state=42)
# 创建并训练逻辑回归模型
model = LogisticRegression()
model.fit(X_train, y_train)
# 使用模型进行预测
y_pred = model.predict(X_test)
# 输出模型的准确性
accuracy = accuracy_score(y_test, y_pred)
conf_matrix = confusion_matrix(y_test, y_pred)
print("准确性（Accuracy）:", accuracy)
print("混淆矩阵（Confusion Matrix）:")
print(conf_matrix)
# 绘制决策边界和测试集
plt.scatter(X_test, y_test, label='测试集')
plt.plot(X_test, model.predict(X_test), 'r-', label='决策边界')
plt.xlabel('特征值')
plt.ylabel('目标值')
plt.legend()
plt.show()
```

图 3-2 逻辑回归模型代码实现

线性回归与逻辑回归对比见表 3-1。

表 3-1 线性回归与逻辑回归对比表

特性	线性回归	逻辑回归
模型结构	线性方程	Sigmoid 函数映射
输出类型	连续的实数值	概率值（0～1 之间）
模型解释性	系数具有直观解释	系数具有解释性，但需通过 Sigmoid 函数理解
损失函数	平方损失函数	对数损失函数（或交叉熵损失函数）
应用场景	回归问题，预测连续输出	二分类问题，预测概率输出
应用领域	房价预测、销售额预测等	垃圾邮件分类、疾病诊断等

表 3-1 凸显了两者在模型结构、输出类型、应用场景等方面的显著差异。线性回归主要用于解决回归问题，而逻辑回归则专门设计用于解决分类问题，其通过引入 Sigmoid 函数，将线性组合映射为概率输出。

3.3 支持向量机

3.3.1 理解支持向量机

支持向量机（support vector machine，SVM）是一种强大的监督学习算法，用于分类和回归任务。其主要思想是找到能够最大化分类边界（决策边界）的超平面，使不同类别的样本点离这个超平面的距离最大化。支持向量机在高维空间中的表现尤为出色，常被用于复杂的数据集。

支持向量机是一种经典的二分类模型，基本模型定义为特征空间中最大间隔的线性分类器，其学习的优化目标便是间隔最大化，因此支持向量机本身可以转化为一个凸二次规划求解的问题。

以下是支持向量机的关键特点和基本概念：

① 超平面。在二维空间中，超平面是一条直线，而在更高维度的空间中，它是一个超平面。SVM的目标是找到一个超平面，它能够将数据集划分为两个类别，并且在满足最大间隔（距离最远）的同时避免分类错误。超平面在SVM中是一个决定性的元素，它通过将不同类别的数据分隔开来，同时追求最大间隔，从而使SVM在分类问题中表现出色。在可视化的情境下，超平面通常是一个在数据空间中划分两个类别的几何体，其位置和方向由训练数据的分布决定。SVM的目标是找到一个超平面，将不同类别的数据点分开。对于二分类问题，这个超平面将空间分成两个区域，每个区域对应一个类别。这使得对新的、未见过的数据点进行分类时，可以根据它们所在的区域来判断它们的类别。

② 最大间隔。SVM的训练过程中，超平面的选择不仅仅是为了划分数据，还追求最大间隔。间隔是指超平面到离它最近的支持向量的距离。选择最大间隔的超平面有助于提高模型的泛化性能，使模型对未见过的数据更具鲁棒性，使其在新数据上的性能更为可靠。最大间隔的选择与模型的泛化性能密切相关。通过选择最大间隔，模型更能适应未见过的数据，减小过拟合的风险。在处理非线性问题时，通过核函数将数据映射到高维空间，超平面的最大间隔仍然有效。这允许SVM处理更加复杂的数据结构，使模型更具灵活性。最大间隔是SVM的一个关键特性，它使模型能够在决策边界附近保持更大的空白区域，提高了模型对新数据的分类准确性，增强了模型的适用性。

③ 支持向量。支持向量是离超平面最近的训练样本点，它们决定了超平面的位置。这些样本点对模型的训练和泛化起着关键作用，因为它们决定了最大间隔的大小。支持向量机的训练过程就是寻找这些支持向量，并确定最优的超平面。

④ 核函数。SVM可以通过核函数将数据映射到高维空间，从而更好地处理非线性问题。常见的核函数包括线性核函数、多项式核函数、高斯核函数、Sigmoid核函数等。核函数是支持向量机中的一个关键概念，它用于将数据映射到高维空间，从而使原始空间中非线性可分的问题变成线性可分的问题。核函数允许SVM在处理更复杂的数据结构时仍然保持高效。选择合适的核函数取决于数据的性质和问题的特点。在实际应用中，可以通过交叉验证等方法来选择最适合问题的核函数及其超参数。

⑤ 软间隔。在实际问题中，数据很少是完全线性可分的。为了应对这种情况，SVM引入了软间隔，允许一些样本出现在超平面的错误一侧。这提高了模型的鲁棒性，使其能够更

好地处理噪声和异常值。

3.3.2 支持向量机的代码实现

图 3-3 是一个使用 Scikit-learn 库实现支持向量机简单二分类问题的 Python 代码示例，这段代码使用了线性核的 SVM 来解决一个二分类问题，并可视化了训练集和测试集上的决策边界。在实际应用中，需要根据具体问题选择合适的核函数并且调整模型参数。

```
# 导入所需的库
import numpy as np
import matplotlib.pyplot as plt
from sklearn import datasets
from sklearn.model_selection import train_test_split
from sklearn.svm import SVC
from sklearn.metrics import accuracy_score

# 加载示例数据集（这里以鸢尾花数据集为例）
iris = datasets.load_iris()
X = iris.data[:, :2]  # 仅选取两个特征，方便可视化
y = (iris.target != 0).astype(int)  # 二分类任务，将标签设为0和1
# 划分训练集和测试集
X_train, X_test, y_train, y_test = train_test_split(X, y, test_size=0.2, random_state=42)
# 创建支持向量机模型
svm_model = SVC(kernel='linear', C=1)  # 使用线性核，C是正则化参数
# 训练模型
svm_model.fit(X_train, y_train)
# 预测
y_pred = svm_model.predict(X_test)
# 计算准确性
accuracy = accuracy_score(y_test, y_pred)
print("准确性（Accuracy）:", accuracy)

# 可视化决策边界
def plot_decision_boundary(X, y, model, title):
    h = .02  # 步长
    x_min, x_max = X[:, 0].min() - 1, X[:, 0].max() + 1
    y_min, y_max = X[:, 1].min() - 1, X[:, 1].max() + 1
    xx, yy = np.meshgrid(np.arange(x_min, x_max, h), np.arange(y_min, y_max, h))
    Z = model.predict(np.c_[xx.ravel(), yy.ravel()])
    Z = Z.reshape(xx.shape)

    plt.contourf(xx, yy, Z, cmap=plt.cm.coolwarm, alpha=0.8)
    plt.scatter(X[:, 0], X[:, 1], c=y, cmap=plt.cm.coolwarm, edgecolors='k')
    plt.title(title)
    plt.xlabel('Feature 1')
    plt.ylabel('Feature 2')
    plt.show()


# 可视化训练集上的决策边界
plot_decision_boundary(X_train, y_train, svm_model, 'SVM - Training Set')

# 可视化测试集上的决策边界
plot_decision_boundary(X_test, y_test, svm_model, 'SVM - Test Set')
```

图 3-3 支持向量机的 Python 实现

3.3.3 支持向量机应用领域及其优缺点

支持向量机SVM是一种强大的监督学习算法，适用于多个应用领域，在实际应用中广泛用于图像分类、文本分类、手写体识别等。其强大的泛化能力和对高维数据的适应性使它成为机器学习中重要的工具之一。在实际应用中，通常使用库（例如Scikit-learn）提供的支持向量机实现，以方便地应用于各种问题。

（1）SVM的主要应用领域

① 图像分类。支持向量机在图像分类领域的应用广泛而深刻，其强大之处在于能够处理高维复杂的图像数据，尤其是在面对多特征、非线性关系的情况下表现出色。SVM通过核函数的选择，将图像映射到高维空间，有效应对了图像的复杂特征结构。在图像分类任务中，SVM可用于解决二分类或多分类问题，适应于各种场景，包括人脸检测、图像识别、图像检索等。支持向量的重要性使SVM在构建决策边界时更加关注具有代表性的样本，从而提高模型的鲁棒性。然而，SVM在处理大规模图像数据时的计算复杂度较高，且对参数的敏感性需要仔细调整，这也是在图像分类领域选择SVM时需要考虑的因素之一。

尽管如今深度学习方法，特别是卷积神经网络（CNN），在图像处理领域取得巨大成功，但SVM仍然在某些情境下保持其独特优势。在相对小样本训练集和特征明显的场景中，SVM的表现仍然值得肯定。综合而言，SVM在图像分类中的应用虽然在一些方面受到深度学习方法的挑战，但其在特定场景下的性能和解释性仍然使其成为图像分类问题中的有力工具。

② 文本分类。支持向量机在文本分类方面展现了卓越的应用效果，文本数据通常是高维且稀疏的，每个单词或短语可以被看作是一个特征，这使SVM的能力在处理这种复杂结构的数据时得以发挥。通过选择合适的核函数，SVM能够在原始特征空间中发现文本数据的非线性关系，从而提高分类的准确性。在文本分类任务中，SVM常被用于垃圾邮件过滤、情感分析、主题分类等，通过有效地捕捉文本数据的关键特征，实现对不同类别文本的准确分类。支持向量机的最大间隔思想使其能够关注于对决策边界最具影响力的样本，提高了在文本分类中的性能和泛化能力。

然而，SVM在文本分类中也面临一些挑战。文本数据往往具有较高的维度，可能会导致模型训练和预测的计算复杂度较高。此外，SVM的性能在很大程度上依赖于合适的参数选择，包括核函数的选择和正则化参数的调整。尽管如今深度学习模型在文本分类领域取得了显著成就，但SVM在一些特定场景中依然是一个有效的工具，特别是在样本较少或特征较为稀疏的情况下。

③ 生物信息学。支持向量机在生物信息学领域的应用展现了其在处理生物数据中的强大性能，生物信息学通常涉及大量的分子生物学数据，如基因表达数据、蛋白质序列、DNA序列等，这些数据通常具有高维度和复杂的结构。SVM通过适当选择核函数，可以在高维空间中有效地捕捉生物数据的非线性关系，进而实现对生物信息的分类和预测。

在基因表达数据分析中，SVM可用于分类不同生理条件下的基因表达模式，从而帮助理解基因在不同生物过程中的功能。此外，在蛋白质序列分类中，SVM能够识别蛋白质的功能和结构，对于疾病诊断和药物设计具有重要价值。支持向量机的鲁棒性和泛化能力使得其在生物信息学中广泛应用于模式识别、分类和预测任务。

尽管深度学习方法在生物信息学中逐渐崭露头角，但SVM在处理小样本和高维度生物数据时仍然是一种有效的选择。其对于支持向量的重视使模型更专注于关键样本，有助于提高对生物信息学中复杂数据的理解和解释性。

④ 医学诊断。SVM 应用于医学图像分析和诊断，例如癌症检测、疾病分类和影像分割。医学诊断通常涉及大量的生物医学数据，如医学影像、临床数据、生理参数等。SVM 通过其强大的泛化能力和对高维数据的处理优势，为医生提供了一个可靠的工具，用于辅助疾病诊断、预测患者病情和制定个性化治疗方案。

在医学图像分析中，SVM 常用于图像分类、病灶检测和疾病分级。例如，通过训练一个 SVM 模型，可以对 X 射线、磁共振影像或计算机断层扫描图像进行自动分类，帮助医生快速准确地识别肿瘤、病变和其他疾病迹象。此外，SVM 还在基因组学、蛋白质组学和药物研发等方面发挥着重要作用，为医学领域提供了有力的数据挖掘和分析手段。

⑤ 金融领域。支持向量机在金融领域应用广泛，特别是在信用评分、欺诈检测和市场预测等方面。金融数据通常包含大量的复杂信息和高度非线性的关系，而 SVM 具有在高维空间中处理非线性关系的能力，成为了解决这类问题的有效工具之一。

在信用评分方面，SVM 可以通过分析客户的信用历史、还款记录和其他相关信息，为金融机构评估客户的信用风险，从而制定更精准的信用评级。在欺诈检测方面，SVM 可以识别异常模式，检测不寻常的交易行为或信用卡活动，帮助金融机构及时发现和防范欺诈行为。

此外，支持向量机在金融市场的预测和交易策略制定方面也有着广泛应用。通过分析历史市场数据、宏观经济指标和其他相关信息，SVM 可以帮助投资者制定更具科学依据的投资决策，优化资产配置，提高投资组合的收益率。

SVM 在金融领域的成功应用得益于其对高维数据的处理能力以及对支持向量的重视，使模型更专注于对决策边界最具影响力的样本。这使 SVM 在处理金融领域的复杂问题时具备了较高的预测性能和鲁棒性。

(2) 支持向量机 SVM 的优点和缺点

优点：

① 泛化能力强。SVM 通过最大化间隔的方式训练模型，使其在未见过的数据上的泛化能力较强，对于新样本的预测性能好。

② 高维空间处理。SVM 适用于高维数据，能够有效地处理具有大量特征的问题，例如文本和图像数据。

③ 非线性关系建模。通过使用核函数，SVM 可以处理非线性关系，将数据映射到更高维度的空间进行分类，从而适应复杂的决策边界。

④ 支持向量的解释性。模型的决策边界主要由支持向量决定，这些支持向量对于理解模型的行为和改进模型性能具有指导意义。

缺点：

① 计算开销较大。对于大规模数据集，SVM 的训练和预测过程可能较为耗时，尤其是在非线性核的情况下，计算复杂度更高。

② 参数调整敏感。SVM 的性能受到参数的选择影响较大，如核函数的选择和正则化参数的调整。

③ 不适用于非平衡数据。在类别不平衡的情况下，SVM 的性能可能受到影响，需要采取特殊的处理方法。

④ 不适用于大规模数据。在处理大规模数据时，SVM 的内存占用可能较大，因此计算速度较慢。

⑤ 难以处理噪声。对于噪声敏感，噪声可能导致模型性能下降。

综合来看，SVM 在许多领域都表现出色，但在处理大规模数据和噪声敏感性方面可能面临一些挑战。在选择使用 SVM 时，需要充分考虑问题的特性，并合理调整参数以获得最佳性能。即使如此，SVM 仍然在许多领域都取得了卓越的应用性能，并且其强大的泛化能力和对高维数据的处理能力使其成为机器学习中重要的算法之一。

3.3.4　支持向量回归

支持向量回归（support vector regression，SVR）是一种基于支持向量机（SVM）的回归算法，它在解决回归问题时表现出色。与传统的线性回归方法不同，SVR 的目标是找到一个函数，使预测值与实际值之间的误差尽可能小，并在此过程中保持模型的复杂度较低，在通过最小化预测误差的同时保持模型的泛化能力。

优点：

① 对于非线性关系的建模效果较好，能够处理高维数据。

② 通过引入核函数，可以适应不同的数据分布。

③ 在存在离群点的情况下，由于 SVR 使用了损失函数中的松弛变量，对离群点相对较为鲁棒。

缺点：

① 对于大规模数据集，训练时间较长。

② 对于超参数的选择比较敏感，需要进行仔细调参。

③ 在某些情况下，核函数的选择可能会影响模型的性能。

适用场景：

① 非线性回归问题。

② 数据集中包含一定噪声或离群点的情况。

支持向量回归通过引入核函数，将输入数据映射到高维特征空间，以处理非线性关系。在选择回归超平面时，SVR 通过最大化间隔的方式，重点关注支持向量，它们决定了超平面的位置和形状。这种方法不仅提高了模型对噪声和异常值的鲁棒性，同时也增强了模型在未知数据上的泛化能力。其优势在于处理非线性回归问题时效果显著，同时对噪声和离群点相对鲁棒。然而，SVR 的性能受到参数的影响较大，需要合理地调整核函数、正则化参数和核函数参数等参数，以提高模型的性能和泛化能力。

3.4　决策树

3.4.1　理解决策树

决策树是一种常见的监督学习算法，用于解决分类和回归问题。它通过构建树形结构来对数据进行建模和预测，每个内部节点表示一个特征或属性的测试，每个分支代表一个测试结果，而每个叶节点代表一个类别标签或回归值。

决策树的构建过程如下：

① 特征选择。选择最优的特征作为当前节点的分裂标准。常用的特征选择指标包括信息增益、基尼不纯度和方差减少等。

② 分裂节点。将数据集根据选择的特征分成不同的子集，生成子节点，并递归地重复上述过程，直到满足停止条件，如达到最大深度、节点样本数量小于阈值或节点不再包含不同类别的样本等。

③ 避免过拟合。通过剪枝操作，去除一些不必要的节点和分支，减少模型的复杂度，提高泛化能力。

④ 交叉验证。使用交叉验证等方法选择适当的剪枝参数，以避免模型在训练集上过拟合。

3.4.2 决策树的代码实现

图 3-4 是决策树分类器的 Python 实现代码，使用了 Scikit-learn 库来构建和训练模型，对鸢尾花数据集进行分类。

```
from sklearn.datasets import load_iris
from sklearn.model_selection import train_test_split
from sklearn.tree import DecisionTreeClassifier
from sklearn.metrics import accuracy_score

# 加载鸢尾花数据集
iris = load_iris()
X = iris.data
y = iris.target

# 划分数据集为训练集和测试集
X_train, X_test, y_train, y_test = train_test_split(X, y, test_size=0.3, random_state=42)

# 创建决策树分类器
clf = DecisionTreeClassifier()

# 在训练集上训练模型
clf.fit(X_train, y_train)

# 在测试集上进行预测
y_pred = clf.predict(X_test)

# 计算准确率
accuracy = accuracy_score(y_test, y_pred)
print("准确率:", accuracy)
```

图 3-4　决策树的 Python 实现

3.4.3 决策树的优缺点及应用领域

决策树的优点：

① 可解释性强。决策树由于其具有树形结构直观清晰，易于理解和解释，使得决策过程可视化。

② 对缺失值不敏感。决策树能够处理缺失值，并且在构建决策树时不需要对缺失值进行特殊处理。

③ 适用性广泛。决策树不仅适用于分类问题，也可用于回归问题，且对于离散型和连

续型特征均可处理。

④ 处理非线性关系。决策树能够处理非线性关系，通过选择适当的特征进行分裂，从而适用于各种类型的数据。

⑤ 计算成本低。决策树模型的构建和预测过程相对简单，计算成本较低，适用于大规模数据集。

决策树的缺点：

① 容易过拟合。决策树容易生成复杂的树结构，导致过拟合，特别是在处理高维数据和噪声较多的情况下。

② 稳定性差。数据的微小变化可能会导致树结构的巨大改变，使决策树在某些情况下不够稳定。

③ 处理连续性特征不够优化。决策树在处理连续性特征时，需要对连续性特征进行离散化处理，可能会损失一些信息。

尽管存在一些限制，决策树仍然是一种常用且有效的机器学习算法，在实际应用中具有广泛的应用前景。

决策树的应用领域：

① 医学诊断。决策树在医学诊断领域扮演着重要角色。它可以用于疾病诊断，通过分析患者的病历信息、实验室检查结果和影像学检查等数据，帮助医生准确判断患者所患疾病的类型和严重程度。决策树可用于预测患者的病情发展和预后情况。通过综合分析患者的临床表现、疾病特征、治疗方案和患者反应等信息，决策树能够预测患者的生存率、复发率和并发症发生率等重要指标，为医生提供了重要的预后评估和治疗决策支持。此外，决策树在药物治疗选择、疾病风险评估和医学影像分析等方面也发挥着重要作用。在药物治疗选择方面，决策树可根据患者的临床特征、药物剂量和药物代谢等因素，预测患者对不同药物的反应和耐药性，帮助医生选择最合适的治疗方案。同时，决策树还可评估患者患某种疾病的风险，并辅助医生提供个性化的健康管理建议。在医学影像分析方面，决策树通过分析医学影像数据中的特征点、结构特征和密度分布等信息，辅助医生对肿瘤、病变和异常结构进行识别和定位，提高了诊断的准确性和效率。

② 金融风控。决策树在金融风控领域具有广泛应用，其主要作用体现在风险评估、信用评分、欺诈检测和市场预测等方面。决策树可用于风险评估，通过分析客户的财务状况、信用记录、还款历史等信息，预测其违约风险或贷款违约概率，帮助金融机构制定风险管理策略和贷款审批决策。决策树可用于信用评分，根据客户的个人信息和信用历史等因素，为客户评定信用等级或信用分数，指导金融机构为客户提供合适的信贷产品和服务。此外，决策树还可用于欺诈检测，通过分析客户的交易记录、行为模式和异常活动等信息，识别潜在的欺诈行为或异常交易，帮助金融机构及时发现和防范风险。决策树还可用于市场预测，分析市场趋势、行业发展和投资风险等因素，为投资者提供投资建议和决策支持，优化投资组合配置和资产配置，实现风险控制和收益最大化。决策树为金融机构提供了有效的风险管理工具和决策支持系统，有助于提高金融服务的效率和质量，保障金融系统的稳定运行。

③ 工业生产。在工业生产领域，决策树广泛应用于优化生产流程、质量控制和设备维护等方面。决策树可用于生产流程的优化。通过分析生产过程中的各种参数、设备状态和环境因素等信息，决策树可以识别出影响生产效率和产品质量的关键因素，并提出相应的改进

措施和优化方案，帮助企业提高生产效率、降低成本和提高产量。决策树可用于质量控制。通过分析生产过程中的质量数据、产品检测结果和质量异常情况等信息，决策树可以预测产品质量问题的发生和可能原因，并采取相应的控制措施和调整方法，确保产品质量稳定和符合标准要求。此外，决策树还可用于设备维护。通过分析设备运行数据、故障记录和维护历史等信息，决策树可以预测设备的故障风险和维护需求，制定合理的维护计划和预防措施，延长设备的使用寿命和减少停机损失，提高生产设备的可靠性和稳定性，有助于优化生产流程、提高产品质量和保障设备运行，为企业提供了重要的决策支持和管理工具。

综上所述，决策树作为一种强大的机器学习算法，应用广泛且多样化。在医学诊断领域，决策树通过分析患者的病历信息和检查结果，帮助医生进行疾病诊断和预测患者病情，从而提高诊断的准确性和效率。在金融领域，决策树可用于信用评分、欺诈检测和市场预测等方面，帮助金融机构识别风险、制定决策和优化业务流程。此外，决策树还在客户关系管理、工业生产和市场营销等领域发挥着重要作用，为企业提供了有效的决策支持和管理工具，促进了业务的发展和增长。综上所述，决策树的应用领域多样且具有重要意义，为各行各业的决策制定和问题解决提供了有力支持。

3.5 随机森林

3.5.1 理解随机森林

随机森林（random forest）是一种基于集成学习的机器学习算法，它结合了决策树的预测能力和随机性的特点，用于解决分类和回归问题。随机森林由多个决策树组成，每棵树都是基于随机选择的特征子集和随机样本进行训练的。

随机森林是一种集成学习方法，通过组合多个弱学习器决策树来构建一个更强大的模型进行预测。每个决策树都是在不同的数据子集上训练的，同时引入了随机性，使每棵树都有差异。随机森林的基础是决策树。决策树是一种树状结构，每个节点表示一个特征，每个叶子节点表示一个类别或一个数值。学习过程是递归的，根据选择的特征将数据划分成子集，直到达到停止条件。对所有树的预测结果进行平均或投票得到最终的预测结果。

随机森林通过引入随机性和集成多个决策树的预测结果，提高了模型的泛化能力和鲁棒性。它适用于回归和分类问题，并在处理高维数据、大规模数据集和复杂任务时表现良好。需要注意，过多的树可能导致过拟合，而较少的树可能导致欠拟合。在实际应用中，调整超参数是调整模型性能的关键，比如调整树的数量和深度。

3.5.2 随机性引入

随机森林引入了两种随机性：

① 随机抽样。针对每个决策树的训练集，从原始数据集中进行随机抽样，随机从训练集中抽取一部分样本进行训练，使每棵树的训练数据不同，增加了模型的多样性和鲁棒性。属于有放回抽样，形成不同的训练子集。这使每棵树的训练集都略有不同。

② 随机特征选择。在每次决策树节点划分时，随机选择一个特征进行划分。这防止了模型对某个特定特征的过度依赖，随机选择一部分特征进行训练，从而减少了特征间的相关

性，增加了模型的多样性和泛化能力。

根据选择的特征子集和样本子集，使用基尼不纯度（Gini impurity）或信息增益（information gain）等指标进行分裂，构建一棵决策树。预测时，对于回归问题，对所有决策树输出的预测结果取平均；对于分类问题，对所有决策树的输出进行投票，选择得票最多的类别作为最终预测。

3.5.3 随机森林的优代码实现

图 3-5 是使用 Python 引入 Scikit-learn 库实现随机森林的基本代码。

```
# 导入所需库
from sklearn.ensemble import RandomForestClassifier
from sklearn.datasets import load_iris
from sklearn.model_selection import train_test_split
from sklearn.metrics import accuracy_score
# 加载数据集
iris = load_iris()
X = iris.data
y = iris.target
# 划分训练集和测试集
X_train, X_test, y_train, y_test = train_test_split(X, y, test_size=0.2, random_state=42)
# 初始化随机森林分类器
rf_classifier = RandomForestClassifier(n_estimators=100, random_state=42)
# 在训练集上训练模型
rf_classifier.fit(X_train, y_train)
# 在测试集上进行预测
y_pred = rf_classifier.predict(X_test)
# 计算准确率
accuracy = accuracy_score(y_test, y_pred)
print("随机森林分类器的准确率：", accuracy)
```

图 3-5 随机森林的 Python 实现

以上代码加载用于分类的鸢尾花数据集，将数据集划分为训练集和测试集两部分。然后，初始化随机森林分类器，并在训练集上训练模型。最后，在测试集上进行预测，并计算模型的准确率。

3.5.4 随机森林的优缺点及应用领域

优点：

① 准确性高：随机森林能够处理高维数据和大规模数据集，具有较高的预测准确性和泛化能力。

② 抗过拟合：随机森林通过引入随机性和集成学习的方式，减少了过拟合的风险，提高了模型的鲁棒性。

③ 对异常值和噪声具有较好的鲁棒性：随机森林对异常值和噪声的影响较小，能够有效处理数据中的噪声和不完整信息。

④ 易于解释和调优：随机森林具有较好的可解释性，能够提供特征重要性评估和模型调优的指导。

⑤ 并行化计算：随机森林的训练过程和预测过程可并行化处理，适用于多核和分布式

计算环境。

缺点：

① 模型解释性差：随机森林是一种黑盒模型，难以解释其内部决策过程，因此在需要深入理解模型如何做出预测时可能不太适用。

② 计算资源消耗较大：随机森林由多个决策树组成，需要大量的计算资源和内存空间进行训练和预测。

③ 对噪声和异常值敏感：随机森林对数据中的噪声和异常值相对较敏感，这可能导致模型过拟合或者降低预测性能。

④ 模型复杂度高：随机森林是一个复杂的集成模型，其模型结构和参数较多，需要进行调参和优化，这可能增加模型的复杂度和训练时间。

⑤ 不适用于高维稀疏数据：随机森林在处理高维稀疏数据（例如文本数据）时可能表现不佳，因为随机选择特征子集的方式可能导致一些重要特征被忽略。

虽然随机森林存在这些缺点，但在实际应用中，可以通过适当的调参、特征工程和模型评估等方法来缓解这些问题，使其在许多场景下仍然是一种强大而有效的机器学习算法。

应用领域：

① 客户关系管理领域：随机森林可用于分析客户数据，预测客户流失率、购买行为和需求。通过分析客户的个人特征、消费习惯和互动历史等信息，随机森林可以帮助企业制定个性化的营销策略和客户服务计划，提高客户满意度和忠诚度。

② 工业生产领域：在工业生产中，随机森林可用于优化生产流程、质量控制和设备维护。通过分析生产过程中的工艺参数、传感器数据和设备运行状态等信息，随机森林可以帮助企业实现生产过程的自动化和智能化，提高生产效率和产品质量。

③ 市场营销领域：随机森林可用于预测市场趋势、分析产品定价和推广策略。通过分析市场环境、竞争对手和消费者行为等信息，随机森林可以帮助企业制定市场营销策略和产品定位，提高品牌知名度和市场份额。

3.6 K近邻算法

3.6.1 理解K近邻

K近邻（K-nearest neighbors，KNN）算法是一种基本的分类和回归算法，它基于样本之间的距离度量进行预测。KNN算法的基本思想是：如果一个样本在特征空间中的 K 个最相似（即距离最近）的样本中的大多数属于某一个类别，则该样本也属于这个类别。

KNN算法有如下三个关键点：

① 距离度量：KNN算法通常使用欧氏距离、曼哈顿距离或闵可夫斯基距离等距离度量方法来衡量样本之间的相似度。

② 分类决策：对于一个待分类的样本，通过计算其与训练集中每个样本的距离，并选取距离最近的 K 个样本，然后根据这 K 个样本的类别进行投票，选择票数最多的类别作为待分类样本的类别。

③ 参数 K 值选择：K 值的选择会影响到算法的性能，通常需要通过交叉验证或网格搜索等方法来选择合适的 K 值，一般情况下取奇数可以避免类别平票的情况。

KNN 的基本思想是：输入没有标签（标注数据的类别）即没有经过分类的新数据，首先提取新数据的特征，并与测试集中的每一个数据特征进行比较；然后从测试集中提取 K 个最邻近（最相似）的数据特征标签，统计这 K 个最邻近数据中出现次数最多的分类，将其作为新的数据类别。

在 KNN 学习中，首先计算待分类数据特征与训练数据特征之间的距离并排序，取出距离最近的 K 个训练数据特征；然后根据这 K 个相近训练数据特征所属类别来判定新样本类别。如果它们都属于一类，那么新的样本也属于这个类；否则，对每个候选类别进行评分，按照某种规则确定新的样本的类别。

KNN 学习容易受噪声影响，尤其是样本中的孤立点对分类或回归处理有很大的影响。因此通常也对已知样本进行滤波和筛选，去除对分类有干扰的样本。

K 值的选取也会影响分类结果，因此需根据每类样本的数目和分散程度选取合理的 K 值，并且对不同的应用也要考虑不同的 K 值选择。

KNN 的基本思想有点类似生活中的“物以类聚，人以群分”。其本质是一种统计分类器，对数据的特征变量的筛选尤其有效。

3.6.2 K 近邻算法的代码实现

图 3-6 是使用 Python 引入 Scikit-learn 库实现 K 近邻算法的基本代码。

```
# 导入所需库
from sklearn.neighbors import KNeighborsClassifier
from sklearn.datasets import load_iris
from sklearn.model_selection import train_test_split
from sklearn.metrics import accuracy_score

# 加载数据集
iris = load_iris()
X = iris.data
y = iris.target

# 划分训练集和测试集
X_train, X_test, y_train, y_test = train_test_split(X, y, test_size=0.2, random_state=42)

# 初始化K近邻分类器，设定K值为3
knn_classifier = KNeighborsClassifier(n_neighbors=3)

# 在训练集上训练模型
knn_classifier.fit(X_train, y_train)

# 在测试集上进行预测
y_pred = knn_classifier.predict(X_test)

# 计算准确率
accuracy = accuracy_score(y_test, y_pred)
print("K近邻分类器的准确率：", accuracy)
```

图 3-6 K 近邻算法的 Python 实现

以上代码加载用于分类的鸢尾花数据集后，将数据集划分为训练集和测试集两部分。然后初始化 K 近邻分类器，并在训练集上训练模型。最后在测试集上进行预测，并计算模型的准确率。

3.6.3 K 近邻的优缺点及应用领域

优点：

① 简单易懂：KNN 算法是一种直观的分类算法，其原理易于理解和实现，适合初学者入门。

② 无须训练：KNN 算法无需显式的训练过程，只需存储训练数据，因此节省了训练时间和内存空间。

③ 适用于多分类问题：KNN 算法可以处理多分类问题，且对于类别不平衡的数据集也表现良好。

④ 适用于非线性数据：KNN 算法事先没有对数据的分布做出假设，适用于非线性可分的数据。

⑤ 适用于大数据集：K 近邻算法是一种懒惰学习（lazy learning）算法，它在训练阶段不需要显式地构建模型或进行参数估计，只需存储训练数据。因此，对于大数据集，K 近邻算法不需要耗费额外的时间来进行训练。

⑥ 分布式计算：大数据集通常分布在多个节点或服务器上，K 近邻算法的预测过程可以轻松地并行化。每个节点只需存储部分数据，并在本地计算预测结果，最后将结果汇总即可。这种分布式计算方式可以大大缩短预测时间。

缺点：

① 计算复杂度高：KNN 算法需要计算待分类样本与所有训练样本之间的距离，因此在大规模数据集上的预测速度较慢。

② 存储空间大：KNN 算法需要存储所有训练样本的信息，在算法执行过程中占用了较大的内存空间。

③ 预测时间长：在预测阶段，KNN 算法需要遍历整个训练集来寻找最近的邻居，因此预测时间较长。

④ 对异常值和噪声敏感：KNN 算法对异常值和噪声比较敏感，可能会影响分类结果的准确性。

⑤ 需要选择合适的 K 值：KNN 算法需要手动选择合适的 K 值，不同的 K 值可能导致不同的分类结果，因此需要进行参数调优。

应用领域：

① 图像识别：KNN 算法可以用于识别图像中的对象、场景或特征，其基本思想是通过比较待分类图像与已知类别的训练样本之间的相似性来进行分类。具体来说，对于一个待分类的图像，KNN 算法会首先对其进行特征提取，例如提取图像的像素值、颜色直方图、纹理特征等。然后，算法将提取到的特征与训练集中的图像特征进行比较，计算它们之间的距离或相似度。最后，选择与待分类图像最相似的 K 个训练样本，并根据它们的类别进行投票或加权投票，将待分类图像归为其中票数最多的类别。

② 文本分类：在文本分类领域的应用是基于文本的特征表示和相似度度量来进行分类。首先，对文本进行特征提取，常用的方法包括词袋模型（bag of words）或词袋加权模型（TF-IDF），将文本表示为向量。然后，通过计算文本之间的相似度（通常使用余弦相似度或欧氏距离等度量）来找到与待分类文本最相似的 K 个训练文本。最后，通过投票或加权

投票的方式确定待分类文本的类别，通常选择 K 个邻居中最多的类别作为待分类文本的类别。KNN 算法对文本数据的分布不做任何假设，适用于各种类型的文本数据，包括长文本、短文本和多语言文本等。同时 KNN 算法支持在线学习，即可以在新数据到来时直接更新模型，适用于处理动态数据集或数据流场景。

③ 推荐系统：KNN 算法在推荐系统中的应用主要体现在基于用户相似性的个性化推荐中。在这种推荐系统中，首先通过分析用户的行为数据，如浏览历史、购买记录等，构建用户相似性矩阵，该矩阵反映了用户之间的相似程度。然后，对于一个给定的用户，系统会根据其相似用户的行为和偏好，推荐与之相似的物品给用户。KNN 算法能够根据用户的个性化偏好和行为，为用户提供个性化的推荐结果，提高用户满意度和使用体验。简单易懂，无需复杂的模型训练过程，能够快速实现个性化推荐功能。KNN 算法适用于各种类型的物品和用户行为数据，适用于不同领域的推荐系统。

④ 网络流量异常检测：在网络安全领域，流量异常检测是一项关键任务，旨在识别网络流量中的异常行为，例如网络攻击、网络故障或异常的数据传输模式。KNN 算法可以应用于流量异常检测中，其基本思想是利用历史网络流量数据作为训练集，然后对新的网络流量数据进行分类，将其归为正常流量或异常流量。具体而言，KNN 算法计算待检测流量与历史流量数据中的最近邻样本之间的距离，然后根据最近邻样本的类别进行分类。如果待检测流量与其最近邻样本相似，则将其归为正常流量；否则，将其归为异常流量。通过不断监测和分类流量数据，KNN 算法可以及时发现网络中的异常行为，并采取相应的措施进行处理，从而保障网络的安全性和稳定性。KNN 算法在流量异常检测中的应用具有实时性、高效性和灵活性等优点，是网络安全领域中常用的一种异常检测方法。

此外，KNN 算法在医学图像处理领域可以用于图像分割任务，例如将医学图像中的不同组织或器官进行分割，以便医生进行疾病诊断和治疗规划。

第4章

无监督学习算法

无监督学习算法的核心是探索数据的潜在结构，不依赖外部的标签或指导信号。这种方法模拟了人类学习过程中对环境的自然探索，即在没有明确指导的情况下发现规律和关联。

随着数据收集技术的发展，收集到的数据量呈指数级增长。无监督学习算法能够处理这些数据，发现先前未知的模式和结构。无监督学习算法如主成分分析（PCA）和自编码器（autoencoders）能够降低数据的维度，同时保留最重要的特征，这对于高维数据的可视化和进一步分析至关重要。无监督学习中的聚类算法，如 K 均值聚类和层次聚类，能够将数据点分组成不同的簇，揭示数据的内在分组结构，这在市场细分、社交网络分析等领域有着广泛应用。无监督学习算法可以用于估计数据的概率密度函数，如高斯混合模型（Gaussian mixture models），这对于概率推断和数据生成模型的构建非常重要。通过学习数据的正常模式，无监督学习算法能够识别异常或离群点，这对信用卡欺诈检测、网络安全等领域至关重要。无监督学习算法可以用于推荐系统中，通过分析用户行为和偏好模式来推荐商品或服务。

在金融、气象等领域，无监督学习算法能够分析时间序列数据，发现趋势、周期性和异常模式。在基因表达数据分析、蛋白质结构预测等领域，无监督学习算法有助于理解生物过程和疾病机制。在图像和视频分析中，无监督学习算法可以用于特征提取、场景理解等任务，推动了自动驾驶、人脸识别等技术的发展。

无监督学习算法的发展受到了计算能力提升、数据科学和人工智能领域交叉融合的推动。随着算法的不断优化和创新，无监督学习在自动化数据分析和知识发现方面展现出巨大的潜力和应用前景。

4.1　K 均值聚类

聚类分析作为机器学习领域中的一种无监督学习方法，在数据探索与知识发现过程中扮演着举足轻重的角色。它能够在没有先验知识或标签信息的情况下，通过挖掘数据中的内在结构和规律，将数据对象自动划分为多个类别或簇。每个簇内的对象具有高度的相似性，而不同簇间的对象则表现出明显的差异性。

聚类分析的重要性主要体现在以下几个方面：它可以帮助我们理解数据的分布和特征，发现潜在的数据模式；通过聚类，我们可以识别出数据中的异常值或噪声，提高数据质量；聚类分析还可以为后续的监督学习提供有价值的先验知识，如通过聚类结果初始化分类器的参数等。

在机器学习的广泛应用中，聚类分析发挥着不可或缺的作用。例如，在图像处理中，聚类可以用于图像分割、颜色量化等任务；在市场分析中，聚类可以帮助企业实现客户细分，制定更精准的营销策略；在生物信息学中，聚类则可用于基因表达数据的分析，揭示基因之间的相互作用关系。

在众多聚类算法中，K 均值聚类（K-means clustering）算法因其简单高效而备受青睐。K 均值聚类算法（简称 K-means 算法）的基本思想是：通过迭代的方式，将数据划分为 K 个不同的簇，并使每个数据点与其所属簇的质心（或称为中心点、均值点）之间的距离之和最小。

具体来说，K 均值聚类算法的执行过程通常包括以下几个步骤：首先，随机选择 K 个数据点作为初始的簇质心；其次，计算每个数据点与各个簇质心的距离，将这些数据点分配给最近的簇；然后，重新计算每个簇的质心，即取簇内所有数据点的平均值作为新的质心；最后，重复上述的分配和更新步骤，直到满足某种终止条件（如簇质心不再发生显著变化或达到预设的迭代次数）。

K均值聚类算法的优点在于其直观易懂、计算速度快且易于实现。然而，它也存在一些局限性，如对初始簇质心的选择敏感、可能陷入局部最优解以及需要预先设定聚类数 K 等。因此，在实际应用中，需要根据具体的问题和数据特点来选择合适的聚类算法，并可能需要对算法进行优化或改进以适应特定的需求。

K均值聚类是一种常用的聚类分析方法，旨在将数据集划分为 K 个簇，使同一簇内的数据点相似度高，而不同簇之间的数据点相似度低。下面进一步深入探讨K均值聚类算法的原理、实现细节、优缺点以及在实际案例中的应用。

4.1.1 理论背景

K均值聚类是线性代数中的一个特例，涉及向量空间和距离度量的概念。在数学上，它使用欧氏距离来衡量数据点之间的相似性，即计算 n 维空间中两点之间的直线距离。从统计学角度看，K均值聚类试图找到数据的分布模式，将数据点划分为若干簇，使得簇内的点在统计上是同质的，而簇间的点是异质的。这与统计学中的方差分析类似，目的是最小化组内（簇内）方差，同时最大化组间（簇间）方差。在机器学习领域，K均值聚类属于无监督学习算法，它不依赖于标记的训练数据来学习模型。无监督学习算法试图从数据中发现结构和模式，而不需要外部的指导信号。K均值聚类是一个优化问题，其目标是最小化目标函数，即簇内误差平方和（within-cluster sum of squares，WCSS）。这个优化问题通常是非凸的，意味着可能会陷入局部最优解，而不是全局最优解。K均值聚类也可以看作是一种数据压缩技术，通过减少数据的维度来简化数据表示。每个簇的质心可以看作是该簇数据点的压缩表示。从信息论的角度看，K均值聚类试图在保持数据集信息量的同时减少数据的冗余度。通过将相似的数据点归纳到同一个簇中，算法减少了数据的不确定性和复杂性。K均值聚类在计算几何中也有应用，特别是在处理点云数据时。它涉及凸包、中心点等概念，这些都是计算几何中的关键问题。

4.1.2 算法原理

K均值聚类算法是一种迭代求解的聚类分析算法，其核心思想是将数据集中的 n 个对象划分为 K 个聚类，使每个对象到其所属聚类的中心（或称为均值点、质心）的距离之和最小。这里所说的距离通常指的是欧氏距离，但也可以是其他类型的距离度量。

K均值聚类算法通过迭代的方式不断优化聚类结果，使每个聚类内的对象尽可能紧密，而不同聚类间的对象则尽可能分开。这种优化过程通常基于某种目标函数，如误差平方和（sum of squared errors，SSE），该目标函数衡量了所有对象到其所属聚类中心的距离之和。

4.1.3 数学基础

设数据集 $\boldsymbol{x}=\{\boldsymbol{x}_1,\boldsymbol{x}_2,\cdots,\boldsymbol{x}_n\}$，其中 n 是数据点的数量，每个数据点 $\boldsymbol{x}_i$ 是 d 维特征向量。

质心：第 k 个簇的质心 $\boldsymbol{\mu}_k$ 是该簇所有点的均值，计算公式为：

$$\boldsymbol{\mu}_k = \frac{1}{N_k} \sum_{\boldsymbol{x} \in \boldsymbol{C}_k} \boldsymbol{x} \tag{4-1}$$

其中，$\boldsymbol{C}_k$ 是第 k 个簇中的点集；N_k 是簇 k 中点的数量。

距离度量：通常使用欧氏距离来计算数据点 $\boldsymbol{x}$ 到质心距离，公式为：

$$\|\boldsymbol{x} - \boldsymbol{\mu}_k\|_2 = \sqrt{\sum_{j=1}^{d} (x_j - \mu_{kj})^2} \tag{4-2}$$

其中，x_j 和 μ_{kj} 分别是数据点 $\boldsymbol{x}$ 和质心 $\boldsymbol{\mu}_k$ 在第 j 个维度上的值。

目标函数：K-means 的目标是最小化簇内误差平方和，公式为：

$$J = \sum_{k=1}^{K} \sum_{\boldsymbol{x} \in \boldsymbol{C}_k} \|\boldsymbol{x} - \boldsymbol{\mu}_k\|_2^2 \tag{4-3}$$

其中，J 是最小化簇内误差平方和，目标是通过调整簇分配和质心位置来最小化这个值。

4.1.4　K 均值聚类的步骤

步骤如下：

① 选择 K 值：确定要将数据分成多少个聚类。

② 初始化质心：随机选择 K 个数据点作为初始质心（centroids）。

③ 分配数据点：对于数据集中的每个数据点，计算其与 K 个质心的距离，并将其分配到距离最近的质心所在的簇中。

④ 更新质心：重新计算每个簇的质心，质心是簇内所有数据点的均值。

⑤ 迭代：重复步骤分配数据点和更新质心，直到质心不再发生显著变化（或达到其他停止准则，如最大迭代次数）。

4.1.5　案例

（1）图像处理

在图像处理中，K 均值聚类常用于图像分割，可将图像分为若干区域或对象。例如，在医学成像中，K 均值聚类可以帮助识别不同的组织类型或病变区域。通过将像素点按颜色或纹理特征聚类，可以区分出图像中的不同部分。选择不同的 K 值和初始化方法对结果有重要影响。

（2）市场分析

零售商使用 K 均值聚类对顾客的购买行为进行分析，以识别不同的客户群体，并为每个群体定制营销策略。根据客户的购买记录、偏好和其他相关数据进行聚类，可以帮助企业更好地理解客户需求，提高营销效率。

（3）文本挖掘

在文本挖掘中，K 均值聚类用于将大量新闻文章按主题分组，以便用户能够快速浏览不同类别的新闻。通过提取关键词、词频等特征，K 均值聚类能够揭示文章之间的相似性和差异性，从而实现有效的主题聚类。

（4）生物信息学

在生物信息学中，K 均值聚类用于分析基因表达数据，识别具有相似表达模式的基因，这有助于理解基因的功能和调控网络。基因表达数据通常具有高维度和复杂性，K 均值聚类可以降低数据维度，同时保留重要的生物学信息。

(5) 金融领域

投资者使用 K 均值聚类来分析股票数据，将股票按照其交易特征（如波动性、收益率等）分组，以识别投资组合或市场趋势。通过聚类，投资者可以发现不同股票之间的相关性和差异性，为投资决策提供依据。

(6) 社交网络分析

在社交网络分析中，K 均值聚类用于识别具有相似行为模式的用户群体，如发帖频率、互动类型等。了解用户行为可以帮助社交平台优化内容推荐算法，提高用户参与度。

(7) 遥感领域

使用遥感图像数据，K 均值聚类可以对不同类型的土地覆盖（如森林、农田、城市区域等）进行分类。遥感图像通常包含丰富的光谱信息，K 均值聚类能够根据这些信息将地表特征分为不同的类别。

(8) 工业制造

在制造过程中，K 均值聚类用于分析产品质量数据，识别可能的缺陷或异常产品。通过聚类分析产品尺寸、重量等特征，可以快速识别出不符合质量标准的异常产品。

(9) 环境科学

环境科学家使用 K 均值聚类来分析空气质量、水质等环境监测数据，以识别污染源或环境变化趋势。聚类结果有助于理解环境因素之间的相互关系，为环境保护政策提供数据支持。

(10) 医疗健康

在医疗健康领域，K 均值聚类用于根据病人的症状、生理指标等数据，将疾病分为不同的类型。这有助于医生更好地理解疾病特征，为病人提供个性化的治疗方案。

4.1.6 K 均值聚类的优点和缺点

K 均值聚类算法是一种简单而有效的聚类方法，其优点和缺点均显著。K 均值算法易于理解和实现，适用于快速处理大规模数据集。它通过迭代优化聚类中心来实现分类，计算效率较高，适合于大数据集的处理。此外，K 均值生成的聚类中心直观地表示每个聚类的中心点，方便结果的解释和理解。然而，K 均值算法也存在几个明显的缺点。首先，它对初始聚类中心的选择非常敏感，不同的初始值可能导致不同的聚类结果，需要进行多次运行并选择最优结果。其次，K 均值对噪声和异常值较为敏感，可能会影响聚类结果的质量，尤其是在数据集复杂或者聚类形状不规则的情况下。然后，K 均值算法需要事先指定聚类数目 K，选择不当可能会影响最终的聚类效果。最后，K 均值算法可能会陷入局部最优解而非全局最优解，特别是在高维空间或者复杂数据结构中。因此，在实际应用中，应根据具体问题的特点和数据的复杂性综合考虑，选择适合数据特点的聚类方法以达到较好的聚类效果。

4.1.7 优化与改进

K-means 算法作为一种经典的聚类方法，在实际应用中虽然得到了广泛的使用，但也存在一些问题和局限性。为了提高 K-means 算法的性能和准确性，研究者们提出了多种优化与改进方法。下面将详细探讨初始聚类中心的选择方法、距离度量方式的改进、算法加速技巧以及自适应确定聚类数 K 的方法。

（1）初始聚类中心的选择方法

K-means 算法对初始聚类中心的选择非常敏感，不同的初始聚类中心可能导致完全不同的聚类结果。为了优化初始聚类中心的选择，研究者们提出了以下方法：

① K-means＋＋算法通过改进初始聚类中心的选择策略，旨在提高聚类的稳定性和准确性。该算法首先随机选择一个数据点作为第一个初始聚类中心，然后对于每个未被选择的数据点，计算其与已有聚类中心之间的最小距离，并根据该距离的概率分布选择下一个聚类中心。通过这种方式，K-means＋＋算法能够使初始聚类中心之间距离较远，从而避免陷入局部最优解。

② 基于密度的初始化方法考虑数据点的分布密度，选择密度较高的区域作为初始聚类中心。这种方法能够更好地反映数据的内在结构，使聚类结果更加合理。一种常见的基于密度的初始化方法是选择局部密度峰值作为初始聚类中心。

（2）距离度量方式的改进

K-means 算法默认使用欧氏距离作为数据点之间的距离度量方式。然而，在某些情况下，欧氏距离可能不是最合适的度量方式。为了改进距离度量方式，研究者们提出了以下方法：

① 使用余弦相似度。余弦相似度是一种衡量两个向量之间夹角的相似度度量方式。在某些情况下，如文本聚类或图像聚类中，使用余弦相似度可能更加合适。余弦相似度能够忽略向量长度的影响，只关注向量之间的方向差异，从而更好地反映数据点之间的相似性。

② 使用曼哈顿距离。曼哈顿距离也称为城市街区距离，是两点在标准坐标系上的绝对轴距总和。在处理具有离散特征或高维数据时，曼哈顿距离可能是一个更好的选择。它对于数据的异常值和噪声相对不敏感，因此在某些情况下能够提供更稳定的聚类结果。

（3）算法加速技巧

K-means 算法在迭代过程中需要进行大量的距离计算和均值计算，这可能导致算法运行时间较长。为了加速 K-means 算法的执行，研究者们提出了以下技巧：

① 使用 KD 树或球树。KD 树和球树是两种常用的空间划分数据结构，能够高效地处理最近邻搜索问题。在 K-means 算法中，可以使用 KD 树或球树来加速数据点到聚类中心之间的距离计算，从而提高算法的运行效率。

② K-means 算法的迭代过程可以并行化执行，即同时处理多个数据点的分配和更新操作。通过利用多核处理器或分布式计算平台，可以显著提高 K-means 算法的计算速度。

（4）自适应确定聚类数 K 的方法

K-means 算法需要提前设定聚类数 K，而选择合适的 K 值往往是一个挑战。为了自适应地确定聚类数 K，研究者们提出了以下方法：

① 轮廓系数是一种评估聚类效果的指标，它综合考虑了同一聚类内数据点的紧凑度和不同聚类间数据点的分离度。通过计算不同 K 值下的轮廓系数，可以选择使得轮廓系数最大的 K 值作为最优聚类数。

② 肘部法则通过观察聚类误差平方和（SSE）随 K 值变化的曲线来确定最优聚类数。

当 K 值较小时，增加 K 值会显著降低 SSE；而当 K 值达到某个阈值后，再增加 K 值对 SSE 的降低效果不再明显。这个阈值对应的 K 值即为最优聚类数。

通过初始聚类中心的选择方法、距离度量方式的改进、算法加速技巧以及自适应确定聚类数 K 的方法的优化与改进，我们可以提高 K-means 算法的性能和准确性，使其更好地适应不同领域和场景的需求。

4.2 层次聚类

层次聚类（hierarchical clustering）是一种非常强大的聚类方法，它通过逐步聚合数据点或簇来形成层次结构。这种算法可以生成一个嵌套的聚类树，也称为层次聚类树。在这个树形结构中，每个叶节点代表一个数据点，而每个内部节点代表一个聚类。树的顶层是一个包含所有数据点的聚类，而树的底层则由尽可能分离的数据点组成。层次聚类的优点在于它可以弥补其他聚类算法的不足，例如 K-means 算法需要预先设定簇的数量，而层次聚类则无须这一限制。此外，层次聚类还可以处理不规则形状的簇，这是许多其他聚类算法难以解决的问题。

下面我们来详细解析一下层次聚类的原理：每个对象被视为一个单独的簇。通过计算簇与簇之间的距离，将距离最近的两个簇合并。这个过程会持续进行，每次合并都会使总的簇数量减少一个，直到只剩下一个簇，即所有的对象都在一个簇中。

值得注意的是，层次聚类有两种主要的策略：自底向上（凝聚型）和自顶向下（分裂型）。在自底向上的策略中，每个对象最初被视为一个单独的簇，然后逐渐合并最相似的簇，直到达到预设的簇数量或最大距离。而在自顶向下的策略中，所有对象最初被视为一个单一的簇，然后逐渐分裂成更小的簇，直到每个对象成为一个簇或达到预设的簇数量。

这两种策略都有其优点和缺点。自底向上的策略可以生成一个具有清晰边界的簇结构，但可能会在开始时过度拟合数据。相反，自顶向下的策略可以避免过度拟合，但生成的簇结构可能不太清晰。在实际应用中，应根据具体问题和数据特性选择合适的策略。在实际操作中，可以使用 Python 中的 Scikit-learn 库来进行层次聚类。

4.2.1 凝聚型层次聚类

凝聚型层次聚类是一种无须预先确定聚类数量的聚类方法，其通过逐步合并数据点或者现有的聚类来构建一个层次化的聚类结构。该方法从每个数据点作为一个单独的类开始，然后计算相似性、逐步合并最接近的两个类，直到所有数据点形成一个大的聚类。

先将每个数据点视为一个初始的聚类，因此初始时共有 n 个聚类，其中 n 是数据点的数量。

通过计算不同聚类之间的相似性来决定哪些聚类应该合并。常用的相似性度量包括欧氏距离、曼哈顿距离、相关系数等。根据选择的合并规则（如单链接、全链接、平均链接等），确定最接近的两个聚类进行合并，形成一个新的更大的聚类。

随着聚类的逐步合并，形成一个树形结构，称为聚类树或者树状图。在这个过程中，每个节点代表一个聚类，树的叶子节点对应于初始的单个数据点，根节点对应于包含所有数据点的一个大聚类。

合并过程通常会根据某种停止条件结束，例如达到预设的聚类数量或者合并的相似性阈值。这决定了最终形成的聚类数目或者层次的深度。

最终，可以通过在聚类树上进行切割来获取具体的聚类结果。切割位置可以根据层次结构的深度或者合并的相似性阈值来决定。这样得到的聚类结果可以用于后续的数据分析、可视化或者其他应用。

凝聚型层次聚类链接方法通过逐步合并最近的簇来构建层次聚类树。常见的链接方法包括单链接（最短距离）、全链接（最长距离）和均值链接（簇中心间的距离）。单链接关注簇间最小距离，全链接关注最大距离，而均值链接则考虑簇中心之间的距离。这些链接方法通过不同的方式决定簇的合并顺序，从而影响最终的聚类结果和树形结构。

不同的链接方法在处理凝聚型层次聚类时具有不同的适用性。单链接方法适用于数据点呈链状或连通性强的情况，但可能导致链状效应。全链接方法适合簇之间边界清晰且分离明显的数据，但对噪声和离群点敏感。均值链接方法则在处理簇形状不规则或数据密度不均匀时表现较好，因为它考虑了簇中心的整体距离。选择链接方法时要考虑数据的分布特性和聚类目标。

4.2.2 分裂型层次聚类

分裂型层次聚类与凝聚型层次聚类相反，它从一个包含所有数据点的大聚类开始，逐步分裂成越来越小的子聚类，直到每个聚类只包含一个数据点为止。

分裂型层次聚类从所有数据点作为初始的一个大聚类开始。在每一步分裂中，选择合适的分裂点来分离当前大聚类中的数据点，形成两个或多个较小的子聚类。通常，选择分裂点的依据是数据点之间的距离或者相似性度量，可以使用欧氏距离、曼哈顿距离等。分裂过程重复进行，每次选取分裂点直到每个子聚类中仅包含一个数据点为止。

在整个过程中，形成的聚类结构呈现出一种树状层次结构，被称为聚类树或者树状图。树的根节点代表最初的大聚类，而每个叶子节点则对应于一个单独的数据点。通过这种层次结构可以清晰地看到每个数据点如何逐步从一个大的集群中分裂出来，直到最终形成独立的聚类。

分裂型层次聚类的优势在于不需要预先指定聚类的数量，而是根据数据点之间的相似性逐步形成聚类结构。这种方法能够有效处理不规则形状的聚类和大小不均的数据集。然而，与之相关的挑战包括如何选择合适的分裂策略和距离度量，以及在大数据集上的计算复杂度问题。因此，在实际应用中，需要根据数据的特性和分析的目的来选择合适的聚类方法和参数设置，以确保得到有意义和可解释的聚类结果。

（1）分裂型层次聚类的优缺点

分裂型层次聚类方法具有显著的特点。它能够生成一个完整的聚类树结构，从一个大的初始聚类逐步分裂形成各个数据点的单独聚类。这种方法不需要预先设定聚类的数量，而是根据数据点的相似性动态生成聚类结构，适合处理不规则形状和大小不均的数据集。然而，它的计算复杂度通常较高，特别是在处理大数据集时，每一步都需要计算数据点之间的距离或相似性。此外，分裂型聚类对初始大聚类的划分比较敏感，初始的大聚类如果不合理可能会影响最终的聚类结果。另外，分裂策略和距离度量也会影响聚类结果的质量和效率。

总体来说，分裂型层次聚类适合用于探索数据集中的层次结构和生成详细的聚类树状图，但在大数据和高维数据的情况下，需要权衡计算复杂度和聚类质量。因此，在实际应用中，应根据数据特性和分析需求选择合适的聚类方法，以达到最佳的分析效果。

（2）分裂型层次聚类的优化与改进

层次聚类中的剪枝技术、聚类停止准则和并行计算是提高算法效率和实用性的重要手段。以下是对这些概念的进一步扩充：

剪枝技术在层次聚类中用于简化树状图的结构，移除那些对最终聚类结果影响不大的分支，从而减少计算量和提高可解释性。

可以基于距离阈值、聚类密度或其他统计度量来确定哪些分支是“不重要”的。例如，可以设定一个距离阈值，超过该阈值的分支被认为是噪声或不重要的簇，可以被剪除。剪枝可以在聚类树的任何层次上进行，但通常在较低层次进行剪枝，因为这些层次包含了更多细节。剪枝后的树状图更加简洁，有助于快速识别出有意义的聚类结构。

聚类停止准则用于确定何时停止层次聚类过程，避免过度细分数据点。设定一个距离阈值，当簇间合并的距离超过这个阈值时，停止聚类过程。指定一个最大簇数，达到这个数目后停止进一步合并簇。使用统计测试（如 Gap 统计量）来确定数据集中的簇数量，当合并簇后的统计增益低于某个阈值时停止聚类。

层次聚类算法的计算过程可以通过并行化来显著加速。传统的层次聚类通常是顺序执行的，但利用现代计算资源的并行计算能力可以优化其效率。首先，可以并行计算数据点之间的距离或相似性矩阵，减少距离计算的总体时间。其次，通过并行化聚类合并过程，同时处理多个可能的合并操作，以加快聚类树的构建。此外，任务并行化和数据并行化也是有效的策略，可以进一步减少计算负载并提高整体的计算效率。

除了上述方法，还可以通过以下方式进一步优化层次聚类算法：在大规模数据集上，可以使用近似方法来减少计算距离矩阵所需的时间；利用 KD 树、R 树等空间索引结构来加速邻近点的搜索；在聚类前进行特征选择，去除冗余或不重要的特征，降低数据的维度和复杂性；在实际应用中，层次聚类算法的优化和改进可以结合具体问题和数据特性来定制，结合领域专家的知识来设定剪枝规则和停止准则，提高聚类结果的实际意义；开发交互式工具，让用户可以实时调整剪枝阈值和聚类参数，探索不同的聚类结果。

4.3 主成分分析

主成分分析（principal component analysis，PCA）是一种常用的降维技术，广泛应用于数据分析和模式识别。其主要目的是通过变换原始数据，将其投影到新的坐标系中，使数据的维度减少，同时保留尽可能多的信息。

PCA 的主要目的是在数据集中找到这样的线性组合，它们能够解释数据中的最大方差，并且这些组合是正交的（无相关性）。

4.3.1 理论背景

PCA 基于数据的协方差或相关性矩阵，通过正交变换将原始数据投影到一个新的坐标系，称为主成分空间。在这个新空间中，第一个坐标轴（第一主成分）捕获了数据中最大的方差，第二个坐标轴（第二主成分）捕获了剩余方差中最大的部分，依此类推。这些主成分是原始数据特征的线性组合，并且它们之间是正交的，即互不相关。

在数学上，PCA 涉及特征值分解，这是一种将协方差矩阵分解为特征向量和特征值的方法。特征向量定义了主成分的方向，而特征值则表示了每个主成分在数据方差中所占的比重。通过选择最大的特征值对应的特征向量，PCA 能够识别出数据中最重要的变化模式。

PCA 的另一个重要概念是方差最大化，它确保了在降维过程中尽可能保留原始数据的信息。通过选择前 k 个最大的特征值对应的主成分，PCA 可以形成一个降维后的数据集，这个数据集在保持数据原有结构的同时，减少了数据的复杂性。

此外，PCA 在处理高维数据时具有去噪的效果，因为它可以过滤掉那些方差较小的成分，这些成分可能代表了数据中的随机噪声。PCA 也被用于数据的可视化，因为它可以将多维数据集转换为二维或三维，以便观察数据的分布和结构。

在进行主成分分析前需要对数据预处理，包括中心化（减去每维的均值）和标准化（除以每维的标准差），以确保所有特征在分析中具有相同的重要性。

4.3.2 数学基础

① 向量空间：数据点可以被视为一个向量空间中的向量。

② 协方差矩阵：描述数据集中特征之间的线性关系。对于一个数据集，协方差矩阵可以通过以下公式计算：

$$\delta_{ij}=\frac{1}{n-1}\sum_{k=1}^{n}(x_{ki}-\overline{x}_i)(x_{kj}-\overline{x}_j) \tag{4-4}$$

其中，x_{kj} 是第 k 个样本在第 i 个特征上的值；$\overline{x}_i$ 是第 i 个特征的均值；n 是样本数量。

③ 特征值和特征向量：协方差矩阵的特征值和特征向量揭示了数据的主要特征。特征向量定义了数据的主方向，而特征值表示这些方向上数据的方差大小。

④ 正交变换：PCA 通过正交变换将数据投影到新的空间，新空间的基由协方差矩阵的特征向量构成。

⑤ 方差最大化：选择前 k 个最大的特征值对应的特征向量作为新空间的基，以保留数据中最大的方差。

4.3.3 核心思想

PCA 通过线性变换将原始数据映射到新的特征空间中，在新特征空间中，第一主成分具有最大的方差，第二主成分具有次大的方差，依此类推。这样，新特征之间是相互正交的（无关），且按照方差大小排序，有助于识别数据的主要变异方向。

4.3.4 PCA 步骤

首先，对数据进行标准化处理，将数据集中的每个特征减去均值，并除以标准差，以确保每个特征在同一尺度上。其次，计算数据的协方差矩阵，计算标准化后的数据的协方差矩阵，以了解不同特征之间的关系。然后，求解协方差矩阵的特征值和特征向量，从协方差矩阵中计算特征值和特征向量。特征值表示特征的重要性，特征向量表示数据的主成分方向。选择前几个最大的特征值对应的特征向量作为新的特征空间。最后，将原始数据投影到选定的主成分上，实现数据降维。PCA 的最终目的是减少数据的维度，同时保留尽可能多的原始数据变异性。

4.3.5 优点与缺点

主成分分析（PCA）作为一种常用的降维技术，具有显著的优点。PCA 能够有效地减少数据的维度，从而降低计算复杂度和内存需求，这对处理大规模数据集尤为重要。通过将数据投影到新的特征空间，PCA 能够保留数据中的主要变异性和结构信息，从而有助于提高模型的训练速度和预测性能。此外，PCA 通过去除数据中的冗余和噪声，提升了数据的质量，并且在数据可视化中尤为有用，因为它将高维数据映射到二维或三维空间，使数据的模式和关系更加直观。然而，PCA 也存在一些缺点。PCA 是基于线性变换的，因此对于非线性数据结构的处理能力有限，可能无法充分捕捉数据中的复杂关系。PCA 的结果可能难以解释，尤其是在主成分缺乏明确物理或实际意义时，使理解和解释数据的具体内涵变得困难。此外，PCA 对异常值较为敏感，异常值可能会对主成分的计算产生显著影响，进而影响降维结果的准确性。因此，在应用 PCA 时，需要结合具体的业务场景和数据特性，综合考虑其优缺点，以便更好地利用该技术。

4.3.6 应用场景

PCA 广泛应用于图像处理、金融数据分析、基因表达数据分析、市场研究等领域，帮助分析和可视化高维数据。尤其在特征提取和数据预处理阶段，PCA 是一种有效的工具。

PCA 是一种常用的图像处理技术，在降低图像数据维度的同时可保留其重要特征。其核心思想是通过线性变换将原始高维图像数据转换为低维空间，以便更有效地表示和分析图像信息。

PCA 的应用场景包括但不限于以下几个方面：

① PCA 常被用来降维和去噪。在高维的图像数据中，往往存在大量冗余信息和噪声，这些对于后续的分析和处理可能不太有用，甚至会干扰结果。通过 PCA 可以将图像投影到一个低维的子空间中，去除不重要的变化，从而降低数据的维度同时保留主要的特征，达到降噪的效果。

② PCA 在图像压缩和编码中有广泛应用。通过 PCA 分解图像，可以提取出最主要的特征（即主成分），并将这些特征进行编码和存储，以实现有效的压缩。这种压缩方法不仅可以减少存储空间的占用，还能加快图像的传输和处理速度，特别是在网络传输和移动设备上具有显著的优势。

③ PCA 还被用于图像的特征提取和表征学习。通过 PCA 可以分析和理解图像中的主要变化模式，从而更好地描述和比较不同图像之间的相似性和差异性。这对于图像分类、识别和检索任务尤为重要，因为它能够提取出最能代表图像内容的特征，为后续的机器学习算法提供更有效的输入。

④ PCA 在图像处理领域的作用不仅体现在降维和去噪上，它还扩展到图像压缩、编码以及特征提取等多个方面。它通过有效地减少数据的冗余信息和噪声，提升了图像处理和分析的效率和精度，成为现代计算机视觉和图像处理中不可或缺的重要工具之一。

⑤ PCA 在语音信号处理中有着广泛的应用，其主要目的是通过降维和特征提取来改善语音信号的表示和分析效果。以下是 PCA 在语音信号处理中的几个重要应用场景。

a. PCA 被广泛应用于语音特征提取。语音信号通常具有高维度和复杂的时变特性，直接对原始语音信号进行处理和分析会面临维度灾难和计算复杂性问题。通过 PCA 可以将高维的语音特征空间转换为更低维度的子空间，同时保留重要的声学特征，如说话人的语音特征、语音内容的音素信息等，从而提升后续语音识别和语音合成系统的性能和效率。

b. PCA 在语音信号的去噪和降噪中起到关键作用。语音信号常受到环境噪声的干扰，这些噪声会降低语音识别和通信系统的准确性和可靠性。PCA 可以通过提取主成分（即能量较大的特征）来降低噪声的影响，同时保留语音信号的重要信息，使后续的信号处理和分析更加可靠和精确。

c. PCA 还可用于语音信号的压缩和编码。语音信号具有高带宽和大数据量的特点，传输和存储成本较高。通过 PCA 可以将语音信号转换为较低维度的表示形式，从而减少数据的存储空间和传输带宽，同时保留语音内容的主要信息，这对于语音通信和媒体流服务尤为重要。

d. PCA 还在语音情感识别和说话人识别等领域发挥作用。通过 PCA 可以提取出能够代表说话人个性化和情感状态的语音特征，从而实现对说话人身份、情感状态等信息的准确识别和分析，为语音界面、智能客服等应用提供更加智能化和个性化的服务。

e. PCA 作为一种有效的降维和特征提取技术，在语音信号处理中发挥着重要作用。它通过降低语音信号的复杂度和维度，提高了语音处理系统的效率和准确性，为语音识别、语音合成、语音通信等领域的应用提供了强大的支持和优化。

⑥ PCA 在化工过程分析中是一种常用的多变量数据分析方法，主要用于降低数据维度、识别变量间的关联性、优化过程控制和监测系统性能等方面。以下是 PCA 在化工过程分析中的几个重要应用场景：

a. PCA 被广泛应用于过程监测和故障检测。化工过程通常涉及多个操作变量和过程参数，这些变量之间存在复杂的相互关系和影响。通过 PCA 可以对这些变量进行降维和提取主要特征，从而帮助工程师和操作人员更好地理解和监控过程状态。PCA 能够识别出正常运行状态下的数据模式，一旦出现异常或故障，与正常模式有较大差异的数据模式将被检测到，从而及时发现并响应潜在的问题，确保过程安全和稳定运行。

b. PCA 在过程优化和控制中也具有重要作用。化工过程的优化通常需要考虑多个目标和约束条件，如提高生产效率、降低能耗、减少废物产生等。PCA 可以帮助分析和识别对关键过程变量影响较大的主成分，从而优化控制策略和调整操作参数，实现更加有效和经济的过程操作。

c. PCA 还能够用于变量选择和特征提取。在化工过程分析中，往往需要从大量的数据中选择出对过程影响较大的关键变量，以便进行进一步的建模和分析。PCA 可以通过提取主成分来识别出最具代表性和相关性的变量，从而简化数据集，提高建模的准确性和可靠性。

d. PCA 还在过程数据的历史分析和预测中发挥作用。通过对历史数据进行 PCA 分析，可以揭示出过程变量之间的长期关系和趋势，为未来的过程预测和规划提供参考依据。这对于长周期的生产规划、设备维护和资源调度具有重要意义。

4.4　t 分布随机邻域嵌入

t 分布随机邻域嵌入（t-distributed stochastic neighbor embedding，t-SNE）是一种非线性降维技术，主要用于高维数据的可视化。t-SNE 特别适合用于处理具有复杂结构的数据，它能够将高维数据嵌入到低维空间（通常是二维或三维），以便于观察和分析。其重要应用包括图像处理、文本分析和生物信息学等领域。

4.4.1 理论背景

t 分布随机邻域嵌入（t-SNE）是一种用于高维数据可视化的非线性降维技术，它特别适合用于捕捉和展示数据的局部结构。t-SNE 的理论建立在概率模型和信息理论的基础上，其核心思想是在低维空间中保持高维空间中数据点的相似性或邻近性。

t-SNE 的基本工作原理是从高维空间中的每个数据点开始，计算其邻域内其他点的条件概率分布，这些分布通过正态分布建模，反映了点与点之间的相似性。然后，t-SNE 在低维空间中使用 t 分布来模拟这些相似性，t 分布具有更重的尾部，有助于在低维空间中区分不同的聚类。

在高维空间中，相似的数据点被赋予高的条件概率，而在低维空间中，t-SNE 通过最小化高维和低维空间中相似性分布之间的 Kullback-Leibler（KL）散度来优化数据点的位置。KL 散度是一种度量两个概率分布差异的方法，通过最小化这种差异，t-SNE 能够保持数据点在高维空间中的相对位置关系。

t-SNE 的一个关键参数是 Perplexity，它控制着条件概率分布的平滑程度，进而影响降维结果的质量和可解释性。选择适当的 Perplexity 值对于获得有意义的可视化结果至关重要。

t-SNE 算法的一个特点是其随机性，它通过随机梯度下降或其他优化技术来迭代地优化数据点在低维空间中的位置。这种随机性使 t-SNE 能够从多个局部最优解中逃逸，找到全局最优或近似全局最优的解。

t-SNE 在理论和实践上都取得了巨大成功，特别是在处理具有复杂结构的数据集时，如图像、文本和生物信息学数据。它能够帮助研究者揭示数据中的隐藏模式和聚类结构，为数据探索和分析提供了一种强大的可视化工具。尽管 t-SNE 在计算上可能代价昂贵，特别是对于大规模数据集，但其在可视化和模式识别方面的应用价值使得它成为数据科学家和机器学习从业者的重要工具。

4.4.2 数学基础

① 条件概率：在高维空间中，t-SNE 使用条件概率 $P_{j|i}$ 来表示点 $\boldsymbol{x}_i$ 的邻域内点 $\boldsymbol{x}_j$ 的相似性，通常使用正态分布来建模。

② 相似性分布：在高维空间中，相似性分布是通过所有点对的条件概率来定义的。

③ t 分布：在低维空间中，t-SNE 使用 t 分布而不是正态分布来模拟点之间的相似性。t 分布具有更重的尾部，这有助于在低维空间中更好地区分不同的聚类。

④ Kullback-Leibler 散度：t-SNE 通过最小化高维和低维空间中相似性分布之间的 KL 散度来优化数据点的位置。KL 散度是一种度量两个概率分布差异的方法。

⑤ Perplexity：Perplexity 是一个超参数，用于控制条件概率分布的平滑程度，对 t-SNE 的结果有重要影响。

4.4.3 核心思想

t-SNE 的目标是保持高维空间中数据点之间的相似性，在低维空间中尽可能保留这种相似性。

4.4.4 t-SNE 步骤

使用正态分布计算每对数据点的相似性。给定一个数据点 $\boldsymbol{x}_i$，其与其他数据点 $\boldsymbol{x}_j$ 的相似性通过条件概率 $P_{j|i}$ 表示，表示在 $\boldsymbol{x}_i$ 周围的邻近点 $\boldsymbol{x}_j$ 的相似性。

在低维空间中，使用 t 分布（而不是正态分布）模拟数据点之间的相似性。这种选择主要是为了处理“聚集”现象，使在低维嵌入中相互远离的点能有更好的可视化效果。

t-SNE 通过最小化高维和低维空间中相似性分布之间的 Kullback-Leibler（KL）散度，来优化低维空间中的数据点位置。换句话说，t-SNE 尝试将高维空间中的相似性尽可能地保留在低维嵌入中。

4.4.5 优点与缺点

t-SNE 在数据降维和可视化方面具有显著的优点和一些缺点。

其主要优点包括能够有效地揭示数据的局部结构，并且能够在低维空间中保持高维数据点的相对邻近关系。这使 t-SNE 在处理复杂数据集时，特别是在分类和聚类任务中，能够清晰地展示数据的结构和模式。此外，t-SNE 对于非线性数据结构的适应性很强，相比于线性降维技术（如 PCA），它能够更好地捕捉数据中的非线性关系，从而提供更具解释性的可视化结果。其使用 t 分布来减轻“拥挤效应”是另一个显著优点，可使低维空间中的数据点不会过于集中，从而增强了数据的可读性和解释性。

然而，t-SNE 也有其固有的缺点。首先，t-SNE 的计算复杂度较高，尤其是在处理大规模数据集时，可能会导致计算效率低下和较长的处理时间。其次，t-SNE 的结果对初始条件和参数设置非常敏感，这可能导致不同运行之间的结果不一致，影响其可重复性。然后，t-SNE 通常只关注数据的局部结构而忽略全局结构，这可能会导致在低维空间中出现过度聚类或部分全局结构的失真。最后，由于优化过程依赖于梯度下降，t-SNE 的结果可能受到局部最优解的影响，这也可能影响最终的降维效果。因此，在实际应用中，需要综合考虑 t-SNE 的优缺点，以便选择最合适的降维方法。

4.4.6 应用场景

（1）图像识别领域

t-SNE 在图像特征可视化中发挥重要作用。在深度学习模型中，特征提取层的输出通常是高维的特征向量，难以直观理解和分析。对这些特征向量使用 t-SNE 降维到二维或三维空间，可以实现对图像特征的可视化，帮助研究人员和工程师理解模型在不同类别图像上学到的特征，从而优化模型结构和训练过程。

t-SNE 用于图像聚类分析。在大规模图像数据集中，利用 t-SNE 将图像映射到低维空间后，可以通过聚类算法（如 K-means）对图像进行聚类分析。这有助于识别相似图像并将它们分组，为图像检索、图像分类和图像检测等任务提供基础。

t-SNE 在图像检索和相似度匹配中有所应用。通过将图像特征转换到低维空间，t-SNE 能够更有效地计算图像之间的相似度，从而实现快速的图像检索。这对于诸如内容检索、图像推荐系统和视觉搜索引擎等应用非常重要。

t-SNE 还可用于图像数据预处理和降噪。通过在降维过程中保留重要的局部结构信息，

t-SNE 可以有效地去除图像数据中的噪声和冗余信息，提高后续图像处理和分析任务的效果和效率。

t-SNE 在图像生成模型的评估和改进方面也发挥作用。生成对抗网络（GANs）等模型在生成图像时往往面临模式崩溃或生成质量不佳的问题。通过使用 t-SNE 对生成的图像特征进行可视化和分析，可以帮助识别模型存在的问题并改进生成过程，从而提升生成图像的质量和多样性。

t-SNE 在图像识别和计算机视觉领域的应用不仅可以帮助理解和优化深度学习模型，还能够改善图像处理和分析的效果，推动相关技术的发展和应用。

(2) 文本可视化和文本分析领域

t-SNE 在文本可视化和探索性数据分析中发挥重要作用。在自然语言处理和文本挖掘任务中，文本往往以高维的词向量表示，例如使用词袋模型或词嵌入模型（如 Word2Vec、GloVe 等）得到的向量。这些高维向量难以直接理解和分析，因此可以通过 t-SNE 将其映射到二维或三维空间，以便于研究人员和分析师观察和理解文本数据之间的关系、簇群结构以及语义相似性。

t-SNE 用于文本分类和聚类分析。在大规模文本数据集中，通过将文本向量降维到较低的维度，t-SNE 可以帮助实现文本的聚类分析，即将语义上相似的文本聚集在一起。这对于信息检索、主题建模、情感分析等任务非常有帮助，能够提高文本数据的处理效率和准确性。

t-SNE 在文本数据的可视化和语料库理解中有重要应用。通过将文本数据映射到低维空间，t-SNE 能够展示出不同文本之间的相似性和差异性，帮助分析师发现潜在的模式和趋势。这对于决策支持、市场研究、舆情分析等领域具有重要意义，能够深入挖掘文本数据中的信息和见解。

t-SNE 还可以用于文本数据预处理和特征提取。通过在降维过程中保留重要的语义信息，t-SNE 有助于去除文本数据中的噪声和冗余信息，从而提高后续文本分析和建模任务的效果和效率。

t-SNE 在文本生成模型评估和改进中也发挥着关键作用。例如，对于生成式模型如语言模型和文本生成器，t-SNE 可以帮助评估生成的文本在语义空间中的分布和多样性，从而指导模型的优化和改进。

(3) 化学领域

在化学领域，t-SNE 作为一种高效的数据降维和可视化工具，具有多种重要应用场景。t-SNE 在化学结构和分子特征的可视化方面发挥着关键作用。化学分子的特征通常由高维的结构描述符或化学性质向量表示，如分子指纹、原子坐标、键合信息等。通过应用 t-SNE，可以将这些复杂的高维数据映射到二维或三维空间，从而直观地展示出分子之间的相似性、结构类别以及化学空间的拓扑关系。这种可视化不仅有助于化学家理解分子结构的关联性，还能够指导新药物设计、材料科学中的结构优化和筛选过程。t-SNE 在化学图像处理和分析中有着广泛的应用。例如，分析化学传感器或成像技术生成的复杂数据，如光谱图像、荧光成像数据等，这些数据通常包含大量的光谱特征或像素信息，t-SNE 能够帮助研究人员将其降维到适合分析和解释的空间，以便分辨样品间的差异、发现潜在的图案或异常现象，进而提高化学分析的准确性和效率。t-SNE 在药物筛选和化合物活性预测中具有重要意义。在药物发现和化合物设计过程中，化学家需要评估成百上千个化合物的活性和相互作用。通过将化学结构或分子描述符映射到低维空间，t-SNE 可以帮助识别活性相似性和结构类别，快速筛选出具有潜在生物活性的候选化合物，从而加速药物发现的周期和降低研发成本。

此外，t-SNE 还被广泛应用于化学生物学中的单细胞数据分析。单细胞转录组学和蛋白质组学研究生成的数据通常具有高度复杂性和高维度，t-SNE 可以帮助揭示单细胞类型和状态的多样性，识别关键的细胞群集或表型，从而深入理解细胞功能、疾病机制及其与药物反应的关联。

t-SNE 作为一种强大的数据分析工具，在化学领域的诸多应用中展现出了其独特的价值和广泛的适用性。通过提供直观的数据表达和结构信息，t-SNE 不仅推动了化学科学的前沿研究，还为新材料设计、药物开发和生物医学研究带来了新的机遇和突破。

（4）金融领域

t-SNE 可以帮助金融分析师和投资者理解和可视化复杂的市场数据。金融市场涉及大量的多维数据，包括股票、债券、期货等资产的价格、波动性、市场表现等多种指标。通过将这些高维数据降维到二维或三维空间，t-SNE 能够展示出不同资产或投资组合之间的相似性和关联性，帮助识别潜在的市场模式和趋势。

t-SNE 在金融市场的投资组合管理中发挥着重要作用。投资组合管理涉及多个资产的组合和优化，目标是在风险管理和收益最大化之间找到平衡。t-SNE 可以帮助投资者分析和可视化不同资产的投资特征和风险分布，优化投资组合的结构，降低投资组合的风险并提高其预期收益。

t-SNE 在金融领域的市场分割和定位中也发挥着重要作用。通过将市场参与者或客户群体的行为数据进行降维和聚类，t-SNE 可以帮助金融机构更精确地识别不同的市场细分和客户群体，从而制定更有针对性的市场策略和服务方案。

t-SNE 在金融风控和欺诈检测方面也有应用。通过对大规模交易数据、客户交易行为和支付模式的降维和可视化分析，t-SNE 可以帮助金融机构快速发现异常交易模式或潜在的欺诈行为，提高风险控制和监测的效率和准确性。

t-SNE 作为一种先进的数据分析工具，为金融市场的各个方面提供了强大的支持和应用。它不仅能够帮助金融从业者更深入地理解市场结构和动态，还能够优化决策过程、改进风险管理策略，并为投资和市场战略的制定提供数据驱动的洞见和支持。

（5）机器学习领域

t-SNE 常用于数据探索和可视化阶段。在机器学习项目的早期，理解数据的结构和特征之间的关系至关重要。t-SNE 可以将高维数据映射到二维或三维空间，通过保留数据点之间的局部结构，展示数据的分布和聚类情况。这种可视化有助于发现数据中的潜在模式和异常，指导后续的数据预处理和特征选择工作。

t-SNE 在特征工程中的应用也十分广泛。特征工程涉及从原始数据中提取和构造新的特征，以增强模型的表现。通过 t-SNE 降维可视化的结果，可以帮助数据科学家识别相关的特征和无用的噪声特征。例如，可以基于 t-SNE 的可视化结果选择那些在降维后能够有效区分不同类别的特征，从而改善模型的泛化能力和预测精度。

t-SNE 在模型评估和解释中也发挥着重要作用。在构建和调优模型后，理解模型如何处理数据并做出预测是必不可少的。t-SNE 可以帮助可视化模型输出或预测结果，展示不同类别或预测值在降维空间的分布情况。这种可视化有助于评估模型的性能，识别模型在不同类别或决策边界周围的行为差异，并为模型结果的解释提供直观的见解。

t-SNE 还可以用于探索模型的特征重要性和影响因素。通过将模型的输入特征映射到 t-SNE 降维的空间，可以观察到不同特征在模型决策中的相对重要性和影响程度，有助于理解模型对不同特征的依赖关系和解释模型的预测行为。

t-SNE 在机器学习模型开发过程中发挥着重要作用，从数据探索和特征工程到模型评估和解释，都为数据科学家和机器学习工程师提供了强大的工具和洞见，帮助优化模型的性能和可解释性。

4.5 关联规则学习

关联规则学习是一种数据挖掘方法，用于发现数据集中项之间的有趣关系，特别常见于市场篮分析中，以识别客户常一起购买的商品。它的主要目标是找出数据中的规律和模式，从而帮助企业做出更明智的决策。

4.5.1 理论背景

关联规则学习的理论背景深植于数据挖掘和机器学习领域，它专注于发现变量间的有趣关系，尤其是变量间的频繁模式、关联和因果关系。这种学习方式在市场篮分析中尤为突出，可以帮助商家识别顾客购买行为中的常见组合，从而进行有效的库存管理和促销活动设计。

关联规则学习的理论基础建立在概率论和统计学之上，通过量化规则的支持度、置信度和提升度等指标来评估规则的强度和可靠性。其中，支持度表示规则中项集出现的频率，置信度反映了在前件发生的情况下后件发生的条件概率，而提升度则进一步衡量了前件对后件发生的强化程度。

此外，关联规则学习也借鉴了集合论的概念，特别是频繁项集的概念，它构成了生成有价值关联规则的基础。为了高效地挖掘这些频繁项集，研究者们开发了多种算法，如 Apriori 算法和 FP-Growth 算法。Apriori 算法利用先验知识减少候选集的搜索空间，而 FP-Growth 算法通过构建特殊的数据结构——FP 树来压缩数据，并快速挖掘频繁项集。

在关联规则学习中，对数据的预处理也非常重要，包括数据清洗、转换和规范化，以确保分析结果的准确性和可靠性。随着数据类型和来源的多样化，关联规则学习也在不断扩展其应用范围，包括文本关联、生物信息学、社交网络分析等。

关联规则学习在理论和实践层面都取得了显著进展，它不仅帮助人们从大规模数据集中发现有价值的信息，还推动了数据驱动决策在商业和科学研究中的应用。随着大数据技术的发展，关联规则学习将继续作为数据挖掘领域的核心工具之一，为知识发现和模式识别提供支持。

4.5.2 主要概念

项（item）：数据集中的单个元素，如商品、服务等。

项集（itemset）：一组项的集合，例如，“牛奶”和“面包”可以组成一个项集。

频繁项集（frequent itemset）：满足最小支持度阈值的项集，表示该项集在数据集中出现的频率较高。

关联规则（association rule）：表达两个或多个项之间关系的规则，形式如“$\boldsymbol{A} \rightarrow \boldsymbol{B}$”，表示如果 $\boldsymbol{A}$ 发生，那么 $\boldsymbol{B}$ 也可能发生。

4.5.3 关键指标

（1）支持度（support）

支持度衡量特定项集在整个数据集中出现的频率。公式为：

$$support(\boldsymbol{A})=\frac{\text{包含物品}\ \boldsymbol{A}\ \text{的交易数}}{\text{总交易数}} \tag{4-5}$$

例如，如果在100笔交易中，有30笔交易包含项集 $\boldsymbol{A}$，那么支持度为：

$$support(\boldsymbol{A})=\frac{30}{100}=0.3$$

（2）置信度（confidence）

置信度衡量在包含前件 $\boldsymbol{A}$ 的交易中，后件 $\boldsymbol{B}$ 发生的概率。公式为：

$$confidence(\boldsymbol{A}\rightarrow\boldsymbol{B})=\frac{support(\boldsymbol{A}\cup\boldsymbol{B})}{support(\boldsymbol{A})} \tag{4-6}$$

例如，如果有30笔交易同时包含项集 $\boldsymbol{A}$ 和 $\boldsymbol{B}$，并且项集 $\boldsymbol{A}$ 在100笔交易中出现了30笔，那么置信度为：

$$confidence(\boldsymbol{A}\rightarrow\boldsymbol{B})=\frac{30}{30}=1.0$$

（3）提升度（lift）

提升度衡量前件和后件之间的关联强度，表示前件 $\boldsymbol{A}$ 发生时后件 $\boldsymbol{B}$ 发生的概率与 $\boldsymbol{B}$ 的整体发生概率的比率。公式为：

$$lift(\boldsymbol{A}\rightarrow\boldsymbol{B})=\frac{confidence(\boldsymbol{A}\rightarrow\boldsymbol{B})}{support(\boldsymbol{B})}=\frac{support(\boldsymbol{A}\cap\boldsymbol{B})}{support(\boldsymbol{A})\times support(\boldsymbol{B})} \tag{4-7}$$

例如，如果置信度为1.0，而支持度 $\boldsymbol{B}$ 为0.2，则提升度为：

$$lift(\boldsymbol{A}\rightarrow\boldsymbol{B})=\frac{1.0}{0.2}=5.0$$

4.5.4 常用算法

（1）Apriori 算法

Apriori 算法是一种经典的频繁项集挖掘算法，用于发现数据集中频繁项集和关联规则。其工作原理基于两个关键概念：支持度和先验性质（Apriori property）。算法通过多次迭代处理数据集来逐步发现频繁项集和相关的强关联规则。

算法从单个项集开始。它首先扫描整个数据集，统计每个单个项（例如商品或产品）的出现频率。通过设定的最小支持度阈值，过滤掉低于该阈值的项，从而确定频繁1项集。这些频繁1项集是构建更高阶频繁项集的基础。

接下来的步骤是生成候选 k 项集。通过将频繁（$k-1$）项集连接自身，并通过剪枝步骤排除不满足先验性质的候选项，生成候选 k 项集。剪枝是通过检查候选项集的所有（$k-1$）项子集是否都在频繁（$k-1$）项集中来完成的，确保只有频繁的候选项进入下一轮的计算。

随着迭代的进行，每一轮都会生成更高阶的候选项集，并通过支持度的再次过滤来获得新的频繁项集。这个过程会持续，直到再也无法生成新的频繁项集为止。每个频繁项集都代表了在数据集中频繁出现的项的组合，它们可能包含了潜在的关联信息。

一旦发现了所有频繁项集，Apriori 算法接下来会生成关联规则。对于每个频繁项集，算法会生成其所有可能的非空子集作为规则的前件，计算这些规则的置信度。置信度表示了在前件出现的情况下后件出现的条件概率。根据设定的最小置信度阈值，筛选出满足要求的强关联规则。

Apriori 算法在频繁项集挖掘和关联规则学习中具有几个显著的特点，这些特点使其得到广泛的应用和研究。

① Apriori 算法基于支持度的概念，能够有效地发现数据集中的频繁项集。支持度衡量了某个项集在整个数据集中出现的频率，算法通过设定一个最小支持度阈值来过滤出频繁项集，这保证了挖掘出的项集是具有代表性和显著性的。

② Apriori 算法利用了先验性质（Apriori Property），即如果一个项集是频繁的，那么它的所有子集也必定是频繁的。这一性质大大减少了搜索空间，通过剪枝步骤避免了不必要的候选项集生成，从而提高了算法的效率。这种剪枝方法基于一种反证法的思想，即如果一个项集的某个子集不频繁，则它也不可能是频繁的。

③ Apriori 算法采用了逐层迭代的方法。它从频繁 1 项集开始生成候选项集，然后通过支持度过滤得到频繁 2 项集，再基于频繁 2 项集生成候选 3 项集，依此类推，直至不能再生成新的频繁项集。这种逐层迭代的方式确保了算法的完备性和准确性，同时也使得算法具有较高的可解释性。

④ Apriori 算法能够生成强关联规则。一旦发现了频繁项集，算法会针对每个频繁项集生成其所有可能的非空子集作为规则的前件，然后计算这些规则的置信度。通过设定最小置信度阈值，可以筛选出具有显著关联性的强关联规则，这对于数据挖掘和市场篮分析等应用具有重要意义。

⑤ 尽管 Apriori 算法在处理大规模数据集时可能会面临内存和计算效率的挑战，但其简单直观的思想和易于实现的特性使得它成为了频繁项集挖掘领域的经典算法之一。此外，随着计算技术的进步和算法改进，例如 FP-growth 算法的提出，针对 Apriori 算法的一些限制和缺点也得到了一定程度的克服和改进，使得其在实际应用中的适用性更加广泛和灵活。

(2) FP-Growth 算法

FP-Growth 算法是一种用于频繁项集挖掘的经典算法，其通过建立 FP 树（频繁模式树）来发现数据集中的频繁项集，进而生成关联规则。其核心原理和步骤如下：

FP-Growth 算法通过两次扫描数据集来构建 FP 树。在第一次扫描中，统计每个项的频率，并根据最小支持度阈值过滤非频繁项。然后，对频繁项按照频率降序排序，构建 FP 树的头指针表，用于快速访问每个项的位置信息。第二次扫描中，再次遍历数据集的每条记录，根据频繁项的排序情况构建每个记录的项集，同时更新 FP 树。对于每条记录，根据频繁项的排序顺序插入相应的路径，若路径上已有相同的项，则增加其计数；若没有，则新建路径并连接到树上。

FP 树的构建过程完成后，可以通过递归方法从 FP 树中抽取频繁项集。从根节点开始，利用条件模式基和 FP 树的头指针表构建条件 FP 树。条件模式基是以待挖掘项的条件（前缀路径）为基础所组成的前缀路径集合。接着，对每个条件模式基递归地构建条件 FP 树，并继续挖掘频繁项集，直到不能再生成新的频繁项集为止。

FP-Growth 算法根据挖掘得到的频繁项集，通过置信度等度量生成关联规则。每个频繁项集可以生成多个关联规则，根据设定的最小置信度阈值来筛选出具有足够显著性的强关联规则，这些规则可以用于分析和预测数据集中的关联行为或模式。

FP-Growth 算法通过构建 FP 树和利用条件模式基的方式，有效地减少了搜索空间和计算复杂度，更适合处理大规模数据集和挖掘稀疏频繁项集，成为频繁项集挖掘领域的重要算法之一。特点：通常比 Apriori 效率高，尤其在大的数据集上；只需两次扫描数据库，一次构建 FP 树，一次挖掘频繁项集。

4.5.5　应用场景

（1）市场分析

关联规则学习在市场分析中有着广泛的应用，特别是在零售业和电子商务中，通过分析顾客购买行为和产品关联性，可帮助企业制定营销策略、优化商品布局以及提升销售效率。

关联规则可以帮助零售商理解顾客的购买习惯和偏好。通过挖掘交易数据中的频繁项集和关联规则，零售商可以发现哪些产品经常一起被购买，从而进行有效的产品组合和搭配。例如，一家超市可能发现牛奶和面包经常一起被购买，这就提示他们可以将这两种商品放在相邻位置，促进销售。

关联规则还能帮助零售商进行交叉销售和推荐系统的优化。通过分析顾客的历史购买数据，可以为顾客推荐搭配销售的商品，提高顾客的购物体验和满意度。例如，当顾客购买电视时，可以推荐相应的音响系统或者电视支架，从而增加交叉销售的机会。

关联规则分析还可以用于促销活动的制定。通过分析哪些商品经常在促销活动中被同时购买，零售商可以优化促销组合，提高促销活动的效果和销售额。例如，某家电子商务平台通过关联规则分析发现，笔记本电脑和外接显示器经常同时被购买，因此可以将这两类商品打包促销，吸引更多购买者。

关联规则还可以帮助零售商进行库存管理和采购决策。通过分析销售数据中的关联规则，可以预测哪些商品将来可能会被大量需求，从而合理安排库存和采购计划，减少库存积压和缺货风险，优化供应链管理。

（2）风险管理与欺诈检测

关联规则学习在风险管理和欺诈检测领域具有重要应用，通过分析数据中的关联关系和模式，可帮助机构有效识别潜在的风险和欺诈行为，从而采取相应的预防和控制措施。

关联规则可以用于金融领域的信用卡欺诈检测。通过分析顾客的交易数据，关联规则可以揭示哪些交易模式和购买行为可能与欺诈有关。例如，可以发现某些顾客在短时间内频繁进行大额购买，或者一些特定商品与欺诈行为有显著关联，这些都可能是潜在的欺诈信号。通过及时识别这些关联规则，银行和支付处理机构可以快速采取止损措施，减少欺诈损失。

关联规则还可以应用于保险业的欺诈检测。保险公司可以分析索赔数据，识别哪些索赔案件中存在异常的关联规则或者频繁出现的模式，从而发现可能的欺诈行为。例如，如果某些投保人频繁提出类似的索赔申请，或者在不同保单上出现高度相关的索赔模式，则可能是有组织的欺诈活动。通过这些关联规则的分析，保险公司可以及时调查并防范欺诈风险，保护公司的财务健康和客户利益。

关联规则还能在医疗保健领域的欺诈检测中发挥作用。医疗保险公司可以分析医疗索赔数据，识别哪些医院或医生的开具处方模式与患者欺诈有关。例如，可以发现某些医生频繁开出相似的高额处方，或者某些患者频繁就诊于多个医院，这些都可能是医疗欺诈的信号。通过关联规则的分析，医疗保险公司可以加强对医疗服务的审核和监控，减少因欺诈而造成的损失。

(3) 生物信息学

在生物信息学中，关联规则分析是一种重要的数据挖掘技术，已被广泛应用于多个领域，以帮助揭示生物学数据中的复杂关系和模式。以下是关联规则在生物信息学中的几个主要应用场景。

基因组学领域是关联规则分析的重要应用领域之一。研究人员可以利用关联规则挖掘基因组数据中的基因之间的关联性，揭示基因间的相互作用、共同表达模式及其在不同生物过程中的功能性关联。例如，可以分析基因组测序数据，发现哪些基因组在特定生物条件下频繁共同出现，从而推断它们可能参与相同的生物途径或遗传网络。

蛋白质组学中也广泛使用关联规则分析来探索蛋白质之间的相互作用和功能性模式。通过分析大规模的蛋白质互作网络数据，可以识别出哪些蛋白质具有共同的相互作用伙伴，或者哪些蛋白质同时存在于特定的生物功能模块中。这有助于理解蛋白质之间复杂的功能调控网络，揭示其在细胞信号传导、代谢调节等方面的作用机制。

关联规则分析在药物设计和药效学中也发挥着重要作用。通过分析药物和靶标的关联规则，可以发现哪些药物倾向于靶向同一类疾病相关基因或蛋白质，或者哪些药物具有相似的作用机制和药效特性。这种分析有助于加速新药发现的过程，优化药物设计，同时也有助于理解药物的副作用和多药联合治疗的效果预测。

微生物组学是另一个关联规则分析的重要应用领域。通过分析大规模的微生物组测序数据，可以揭示微生物群落中不同微生物之间的共生关系、共同生存模式以及它们与宿主健康之间的关联。这些分析可以帮助理解微生物组在健康与疾病状态下的变化，为微生物组干预和调控提供理论支持。

(4) 网络安全

关联规则在网络安全领域的应用是发现和分析网络中的模式和关联性，从而帮助识别潜在的安全威胁、异常行为和攻击模式。以下是关联规则在网络安全中的几个主要应用场景。

异常检测与入侵检测系统（IDS/IPS）是关联规则的重要应用之一。通过分析网络流量数据，关联规则可以识别出不正常的流量模式或异常行为，如大规模数据包的传输、频繁的端口扫描、异常的数据访问模式等。这些异常往往暗示着潜在的入侵行为，关联规则能够帮助系统实时检测并响应这些威胁。

恶意代码分析也是关联规则的重要应用场景之一。通过分析恶意软件样本的行为模式和代码特征，可以利用关联规则发现不同恶意软件之间的共同特征和行为模式。这些规则可以帮助安全研究人员快速识别新的恶意软件变种，并加强对恶意软件的检测和防范能力。

用户行为分析与身份验证也是关联规则在网络安全中的重要应用之一。通过分析用户的登录模式、访问模式以及系统资源的使用模式，可以建立起用户的正常行为模型。利用关联规则，可以识别出异常的用户行为，如未经授权的访问尝试、异常的数据下载模式等，从而及时发现并阻止潜在的身份盗窃或未经授权的访问。

漏洞管理与安全补丁管理也可以通过关联规则来优化。通过分析已知漏洞和安全补丁的应用模式，可以建立起漏洞与安全补丁之间的关联规则。这些规则可以帮助安全团队快速识别和修补系统中存在的潜在漏洞，减少系统面临的安全风险。

威胁情报分析与预警系统是关联规则在网络安全中的另一个重要应用。通过分析来自各种安全情报源的数据，可以建立起不同威胁指标之间的关联规则。这些规则可以帮助安全团队更好地理解当前的安全威胁态势，提前预警潜在的攻击行为，并采取相应的防御措施。

（5）社交网络分析

在社交网络分析中，关联规则具有广泛的应用场景，可以帮助揭示用户之间复杂的行为模式和关系。关联规则在社交网络中被用来分析用户之间的互动模式和行为习惯。通过挖掘用户的点赞、评论、分享等活动数据，可以发现用户在社交平台上的行为规律，例如哪些类型的内容常常同时被同一组用户转发或评论，从而识别出潜在的兴趣群体和社交影响力较大的用户。

关联规则可用于社交网络中的推荐系统。基于用户的历史行为数据，如好友关系、共同兴趣、互动频率等，关联规则能够推断出用户可能感兴趣的新好友、群组或话题，从而提供个性化的推荐服务。这种方法不仅可以增强用户体验，还能促进社交平台的活跃度和用户留存率。

关联规则在社交网络中也有助于识别社交群体和社交影响力分析。通过分析用户之间的连接模式和信息传播路径，可以发现社交网络中的核心用户、意见领袖以及信息传播的关键节点。这些分析有助于理解信息在社交网络中的传播机制，为营销策略、舆情监控和社交影响评估提供数据支持。

关联规则还能用于社交网络中的欺诈检测和安全分析。通过监测用户行为数据，如登录模式、朋友圈关系、消息交互等，关联规则可以帮助识别异常或恶意的用户活动，预防社交网络中的虚假账号、网络钓鱼和信息泄露等安全威胁。

关联规则在社交网络数据挖掘中的应用，不仅限于个人用户层面，还可以扩展到企业或组织层面。通过分析企业或品牌在社交平台上的影响力、用户反馈和品牌关联性，关联规则可以为市场营销策略、品牌管理和客户关系管理提供洞察和支持，帮助企业更好地理解和利用社交网络中的数据资源。

关联规则在社交网络分析中的应用丰富多样，不仅可以揭示用户行为和关系的模式，还能支持推荐系统、社交影响力分析、欺诈检测和企业战略决策，为社交网络平台的发展和用户体验提供重要的数据驱动支持。

（6）气象分析

关联规则可以帮助识别和分析气象要素之间的复杂关系和规律。气象数据中涉及的要素如温度、湿度、气压、风速等相互影响，通过关联规则分析可以发现它们之间的潜在关联关系。例如，可以揭示出特定温度范围下湿度变化的规律，或者某些气象条件下风速变化的趋势，这对于预测气象变化、制定应对策略具有重要意义。

关联规则可用于异常天气事件的检测与预警。通过分析历史气象数据，可以挖掘出导致异常天气（如暴雨、台风、极端高温等）发生的相关因素和组合模式。这些关联规则的发现可以帮助气象预报员更准确地判断未来可能出现的异常天气情况，提前进行预警和准备工作，从而减少灾害损失。

关联规则在气象事件影响分析中具有应用潜力。通过分析气象事件发生后不同区域的气象数据变化，可以揭示出不同气象要素之间的相互作用关系。例如，分析某次台风过境后温度和湿度的变化规律，或者降雨量与地表风速的关联程度。这些分析有助于深入理解气象事件对周围环境的影响机制，为灾后恢复和防灾减灾工作提供科学依据。

关联规则还可用于气象数据的特征选择和预处理。在建立气象模型或进行数据驱动分析时，通过关联规则分析可以筛选出对目标变量影响显著的气象要素组合，从而优化模型的特征选择过程。这种方法能够提高预测模型的准确性和可解释性，为气象预报和气候研究提供更可靠的数据支持。

关联规则在气象数据分析中的应用能够帮助揭示气象要素之间的关联规律、预测异常天气事件、分析气象事件的影响机制以及优化气象数据的处理和特征选择过程。这些应用不仅提升了气象数据分析的深度和广度，也为气象服务的精准化和应对气候变化挑战提供了有力支持。

(7) 教育方面

关联规则可以帮助分析学生学习行为和模式。通过挖掘学生的学习记录和行为数据，可以发现不同学习活动之间的关联规律，例如某些学生在完成某种学习任务后倾向于选择什么样的后续活动，或者在何种学习环境下能够获得更好的学习效果。这些规律有助于个性化学习路径的设计和优化教学策略。

关联规则可以用于课程设计和优化。分析学生的选课数据和学习成绩数据，可以揭示出不同课程之间的相关性和影响因素。例如，可以发现某些课程之间存在推荐关系，即学生在学习某一门课程后更有可能成功完成另一门相关课程。这种分析有助于学校和教育机构优化课程设置，提升学生的整体学习体验和成绩表现。

关联规则在学生行为预测和干预中具有应用潜力。通过分析学生的学习习惯、社交互动数据以及其他个人特征，可以预测学生可能面临的学习困难或者学业表现下降的风险。基于这些预测，教育工作者可以及时采取个性化的干预措施，例如提供定制化的学习支持或心理辅导，从而帮助学生克服困难，提高学习成效。

关联规则还可用于教育政策制定和评估。通过分析教育政策实施后的学生数据变化，可以揭示出教育政策与学生学习行为、学术成绩之间的关联关系。这些分析可以为决策者提供科学依据，优化教育资源配置，推动教育改革和提升教育质量。

(8) 音乐和艺术创作

关联规则在音乐和艺术创作中的应用体现在多个方面，从创作灵感的获取到作品推广的策略制定，关联规则都发挥着重要作用。

关联规则在音乐创作中可以帮助艺术家发现和理解不同音乐元素之间的关联。通过分析大量音乐作品的数据，可以识别出哪些音乐元素经常一起出现，例如特定和弦进程、节奏模式或歌词主题。这种分析可以帮助音乐创作者更好地选择合适的音乐元素来表达其创作意图，同时也可以启发他们创作出更富创意和独特风格的作品。

关联规则在艺术作品的风格和题材选择上也有应用。在绘画、摄影和影视艺术等领域，通过分析艺术作品的元素和主题之间的关联性，艺术家可以了解到不同题材或风格之间的共同特征和趋势。这种洞察可以帮助艺术家更好地选择和探索适合自己创作风格的题材和表现形式，从而提升作品的艺术价值和市场吸引力。

关联规则在音乐和艺术作品的市场营销和推广中也发挥着重要作用。通过分析消费者的偏好和购买行为，可以发现哪些类型的音乐或艺术作品常常被同一群体喜欢或购买。这种分析可以帮助艺术家和艺术机构制定更有效的推广策略，例如通过社交媒体和在线平台精准地推送作品给目标受众，提升作品的曝光度和市场影响力。

关联规则还可以应用于艺术作品的创新和跨界合作。通过分析不同艺术形式之间的关联和互动模式，艺术家可以探索跨领域的合作机会，例如音乐和视觉艺术的结合、艺术表演和数字技术的融合等。这种跨界创新可以带来新颖的艺术体验和观众吸引力，推动艺术创作和表达形式的多样化和进步。

关联规则在音乐和艺术创作中的应用不仅帮助艺术家更好地理解和创造作品，还有助于优化作品的市场策略和推广效果，促进艺术创作和文化产业的发展与创新。这些应用不仅提升了艺术作品的质量和市场竞争力，也为艺术家和艺术机构带来了更多的创作和经营机会。

第5章

深度学习算法

5.1 神经网络基础

5.1.1 神经元模型

神经元是神经网络的基本组成单元，模拟生物神经元在信息处理和传递上扮演着关键角色。理解神经元模型的细节是掌握整个神经网络工作原理的基础。

(1) 神经元的基本结构

输入（inputs）：每个神经元接收多个输入，这些输入可以来自其他神经元的输出或者是外部数据。输入通常表示为一个向量 $\boldsymbol{x}=[x_1,x_2,\cdots,x_n]$，其中，$x_i$ 是第 i 个输入。

权重（weights）：每个输入连接都有一个权重 $\boldsymbol{w}=[w_1,w_2,\cdots,w_n]$，表示输入的重要性。权重是通过训练过程调整的参数，正值表示正向影响，负值表示负向影响。权重的初始值可以通过随机化或特定的初始化方法（如 He 初始化或 Xavier 初始化）来设置，以促进训练过程的收敛。

加权求和（weighted sum）：神经元对输入和权重进行加权求和，同时加上一个偏置项 b，公式如下：

$$z=\sum_{i=1}^{n} w_i x_i + b \tag{5-1}$$

其中，w_i 是第 i 个输入的权重；x_i 是第 i 个输入；b 是偏置。偏置项允许模型在没有输入激活的情况下仍能产生输出，有助于提高模型的表现力。

(2) 激活函数（activation function）

激活函数决定了神经元的输出。它引入了非线性，使神经网络能够学习和表示复杂的函数。常见的激活函数如下。

① Sigmoid 函数：

$$\sigma(z)=\frac{1}{1+\mathrm{e}^{-z}} \tag{5-2}$$

输出范围为（0,1）。Sigmoid 函数将输入值映射到（0,1）之间，常用于输出概率值的场景。然而，Sigmoid 函数存在梯度消失问题，在深层网络中可能导致训练缓慢。

② ReLU（rectified linear unit）函数：

$$\mathrm{ReLU}(z)=\max(0,z) \tag{5-3}$$

输出范围为 $[0,\infty)$。ReLU 函数在输入大于 0 时输出自身，否则输出 0。它计算简单，且在正区间有恒定的梯度，有助于缓解梯度消失问题。ReLU 是目前常用的激活函数之一。

③ Tanh 函数：

$$\mathrm{Tanh}(z)=\frac{\mathrm{e}^{z}-\mathrm{e}^{-z}}{\mathrm{e}^{z}+\mathrm{e}^{-z}} \tag{5-4}$$

输出范围为（−1,1）。Tanh 函数是 Sigmoid 函数的平移和缩放版本，它的输出均值为 0，常用于隐藏层的激活函数。与 Sigmoid 相比，Tanh 的梯度较大，但仍存在梯度消失问题。

(3) 神经元的输出

神经元的输出是激活函数对加权求和结果的应用，公式如下：

$$\alpha = ActivationFunction(z) \tag{5-5}$$

其中，α 是神经元的输出。这个输出值可以作为下一个神经元的输入或作为网络的最终输出。激活函数的选择对网络的性能有重要影响，通常需要根据具体任务进行调整和优化。

(4) 神经元的作用

神经元通过接收输入、应用权重和激活函数来处理和传递信息。多个神经元的组合形成了神经网络，能够实现复杂的模式识别和信息处理任务。神经网络可以看作是神经元的层叠，每一层神经元从前一层接收输入，进行加权求和和激活，然后输出到下一层。

输入层：接收原始数据输入。

隐藏层：通过多个神经元和激活函数，逐层提取和转换特征。

输出层：生成最终预测或分类结果。

(5) 神经元的训练

神经网络的训练过程包括：

① 前向传播（forward propagation）：计算每个神经元的输出，方向为从输入层到输出层。前向传播的结果用于计算损失函数。

② 损失函数（loss function）：评估网络输出与实际值之间的误差。常见的损失函数有均方误差（MSE）、交叉熵损失（cross-entropy loss）等。损失函数的选择取决于具体任务（如回归或分类）。

③ 反向传播（back propagation）：通过链式法则计算损失函数对每个权重的梯度，并使用梯度下降算法更新权重以最小化损失。反向传播算法有效地将误差从输出层传递回隐藏层，调整网络参数以提高性能。

通过多次迭代训练，神经网络的权重逐渐调整，最终能够在特定任务上达到较好的性能。常见的优化算法有随机梯度下降（SGD）、Adam 优化器等。

(6) 神经元的实际应用

神经元模型在以下领域有广泛应用：

① 图像识别：神经元在图像识别领域具有广泛应用。卷积神经网络利用层叠的卷积层和池化层，能够自动提取图像中的特征并进行分类。CNN 在图像分类、目标检测、语义分割等任务中表现优异，被广泛应用于人脸识别、自动驾驶中的物体检测等领域。例如，AlexNet 和 ResNet 等网络架构在 ImageNet 大规模视觉识别挑战赛中取得了突破性成果。

② 自然语言处理：神经元在自然语言处理领域同样发挥了重要作用。循环神经网络和变换器能够处理和生成自然语言文本。RNN 擅长处理序列数据，广泛应用于语言建模、文本生成和机器翻译等任务。而变换器模型如 BERT 和 GPT 则通过注意力机制提高了长序列文本的处理能力，在问答系统、文本摘要和情感分析等领域表现出色。

③ 语音识别：在语音识别领域，神经网络用于将语音信号转换为文本。深度神经网络和长短期记忆网络等结构在语音识别系统中被广泛应用。这些模型通过学习语音信号的时频特征，能够准确地识别和转换语音内容。语音助手使用神经网络技术实现了高度准确的语音识别和自然语言理解。

④ 推荐系统：神经网络在推荐系统中扮演着重要角色，通过学习用户行为和商品特征，提供个性化的推荐服务。深度学习模型可以从海量数据中提取复杂的特征，并生成高质量的推荐结果。例如，一些视频平台利用神经网络分析用户的观看历史和偏好，推荐相关的电

影、视频和内容，提高用户的参与度和满意度。

⑤ 医疗诊断：神经网络在医疗诊断中展示了巨大的潜力。通过对医疗影像、电子健康记录和基因数据的分析，神经网络可以辅助医生进行疾病诊断和治疗决策。卷积神经网络在医学影像分析中的应用包括早期癌症检测、视网膜病变筛查等。而在基因数据分析中，神经网络帮助识别潜在的遗传疾病和个性化治疗方案，从而提高医疗服务的质量和效率。

这些应用领域展示了神经元在各种复杂任务中的强大能力。通过不断发展和优化，神经网络将在更多领域产生深远影响，推动人工智能技术的进步和应用。神经元作为神经网络的基本构件，其功能和特性决定了整个网络的性能和能力。通过深入理解神经元模型，可以更好地设计和优化神经网络应用，为解决复杂的人工智能任务提供有力支持。

5.1.2　前向传播与反向传播

神经网络的训练过程主要包括前向传播和反向传播两个阶段。理解这两个过程对于掌握神经网络的工作原理至关重要。这两个过程的交替进行，使神经网络在训练数据上不断优化，最终在特定任务上达到良好的表现。

(1) 前向传播

前向传播是指数据从输入层经过各个隐藏层传递到输出层的过程。在这个过程中，每个神经元通过加权求和和激活函数生成输出。具体步骤如下：

① 输入数据：将输入数据 $\boldsymbol{x}=[x_1,x_2,\cdots,x_n]$传递给输入层。输入数据可以是图片、文本或其他格式的特征向量。

② 计算加权和：对每个隐藏层神经元计算加权和。具体公式为：

$$z^{(l)}=\sum_{i=1}^{n}w_i^l x_i^{l-1}+b^l \tag{5-6}$$

其中，w_i^l 是第 l 层第 i 个神经元的权重；x_i^{l-1} 是第 $l-1$ 层第 i 个神经元的输出；b^l 是偏置。这里的加权和反映了输入特征的重要性以及偏置的影响。

③ 应用激活函数：对加权和结果应用激活函数，得到神经元输出，公式为：

$$\boldsymbol{a}^{(l)}=ActivationFunction[z^{(l)}] \tag{5-7}$$

激活函数引入了非线性，使神经网络能够表示复杂的函数关系，通过应用激活函数，神经元的输出被规范化并映射到特定的范围内。

④ 传递到下一层：将当前层的输出作为下一层的输入，重复步骤②和③，直到输出层。每一层的输出依次作为下一层的输入，形成从输入层到输出层的逐层传递。

前向传播完成后，就可以得到神经网络算法的最终输出，这个输出用于后续的预测或分类任务。

(2) 反向传播

反向传播是通过计算损失函数相对于每个权重的梯度，逐层更新权重和偏置的过程。反向传播是神经网络训练的核心，确保模型不断优化，减少预测误差。具体步骤如下：

① 计算损失：利用前向传播的输出和真实标签，计算损失函数 L。损失函数衡量预测值与真实值之间的差异。常见的损失函数包括均方误差（MSE）和交叉熵损失。损失函数公式为：

$$L=\frac{1}{2}\sum_{i=1}^{n}(y_i-\hat{y}_i)^2 \tag{5-8}$$

或

$$L=-\sum_{i=1}^{n} y_i \ln \hat{y}_i \tag{5-9}$$

其中，y_i 是真实值，$\hat{y}_i$ 是预测值。通过计算损失，可以评估模型在当前参数设置下的表现。

② 计算输出层误差：计算输出层的误差公式为：

$$\boldsymbol{\delta}^{(L)}=\frac{\partial L}{\partial \alpha^{(L)}} \times ActivationFunction'[z^{(L)}] \tag{5-10}$$

输出层误差反映了输出层神经元的预测误差。通过求导，可以得到损失函数对输出的梯度，进一步计算得到输出层的误差。

③ 计算隐藏层误差：逐层计算隐藏层的误差，从输出层向输入层反向传播，公式为：

$$\boldsymbol{\delta}^{(l)}=[\boldsymbol{w}^{(l+1)}]^{\mathrm{T}} \boldsymbol{\delta}^{(l+1)} \times ActivationFunction'[z^{(l)}] \tag{5-11}$$

其中，$\boldsymbol{w}^{(l+1)}$ 是第 $l+1$ 层的权重矩阵，$\boldsymbol{\delta}^{(l+1)}$ 是第 $l+1$ 层的误差，$ActivationFunction'()$ 是激活函数的导数。由此可知，通过逐层反向计算误差，可以得到每一层的误差，继而指导后续的参数更新。

④ 更新权重和偏置：利用误差和学习率 η 更新每层的权重和偏置，公式为：

$$\boldsymbol{w}^{(l)}=\boldsymbol{w}^{(l)}-\eta \boldsymbol{\delta}^{(l)}[\boldsymbol{a}^{(l-1)}]^{\mathrm{T}} \tag{5-12}$$

$$\boldsymbol{b}^{(l)}=\boldsymbol{b}^{(l)}-\eta \boldsymbol{\delta}^{(l)} \tag{5-13}$$

式中，η 指学习率；$\boldsymbol{w}^{(l)}$ 是第 l 层的权重矩阵；$\boldsymbol{\delta}^{(l)}$ 是第 l 层的误差；$\boldsymbol{a}^{(l-1)}$ 是前一层的激活值；$\boldsymbol{b}^{l}$ 是第 l 层的偏置。

通过更新权重和偏置，神经网络的参数逐渐优化，损失逐渐减少。学习率 η 控制了更新步长，决定了参数调整的幅度。

通过多次迭代训练，前向传播和反向传播交替进行，神经网络的权重和偏置逐渐调整，最终能够在特定任务上达到较好的性能，这个过程通常通过梯度下降算法进行，确保损失函数不断减小，模型逐渐收敛。

这些公式描述了神经网络从输入到输出的计算过程，以及通过反向传播更新权重和偏置的步骤，前向传播和反向传播是神经网络训练的核心过程，通过不断优化模型参数，使神经网络能够在特定任务上达到最佳性能。

5.1.3 损失函数与优化算法

在训练神经网络的过程中，损失函数和优化算法是两个关键的组成部分。损失函数用于衡量模型预测值与真实值之间的差异，而优化算法则用于最小化损失函数，通过调整模型参数，如权重和偏置，来提升模型性能。

（1）损失函数

损失函数，也称为代价函数或目标函数，是用于量化预测误差的函数。在神经网络训练过程中，选择合适的损失函数对于模型的收敛速度和最终性能有着重要影响。常见的损失函数包括均方误差（mean squared error，MSE）和交叉熵损失（cross-entropy loss）两种。

① 均方误差（MSE）：

均方误差常用于回归问题，其公式为：

$$L_{\mathrm{MSE}}=\frac{1}{n}\sum_{i=1}^{n}(y_i-\hat{y}_i)^2 \tag{5-14}$$

其中，y_i 是第 i 个样本的真实值；$\hat{y}_i$ 是第 i 个样本的预测值；n 是样本总数。MSE 通过对每个预测误差平方后取平均，衡量模型预测与真实值之间的差异。

② 交叉熵损失：

交叉熵损失常用于分类问题，尤其是多类别分类问题。其公式为：

$$L_{\mathrm{CE}}=-\sum_{i=1}^{n}y_i\ln\hat{y}_i \tag{5-15}$$

其中，y_i 是真实标签的独热编码（one-hot encoding）；$\hat{y}_i$ 是预测值的概率分布。交叉熵损失通过衡量预测概率分布与真实分布之间的差异，反映了模型对分类任务的表现。

③ 二元交叉熵损失（binary cross-entropy loss）：

二元交叉熵损失用于二分类问题，其公式为：

$$L_{\mathrm{BCE}}=-\frac{1}{n}\sum_{i=1}^{n}[y_i\ln\hat{y}_i+(1-y_i)\ln(1-\hat{y}_i)] \tag{5-16}$$

该公式衡量模型在二分类任务上的表现，通过最大化对真实标签的概率来最小化损失。不同任务需要选择合适的损失函数，以确保模型在训练过程中能够有效地学习到输入与输出之间的关系。

（2）优化算法

优化算法用于最小化损失函数，通过调整模型参数（如权重和偏置）来提升模型性能。常见的优化算法包括随机梯度下降（stochastic gradient descent，SGD）、动量法（momentum）、AdaGrad、RMSProp 和 Adam 等算法。

① 随机梯度下降（SGD）：

SGD 是一种简单而有效的优化算法，通过每次更新一个小批量数据的梯度来最小化损失函数。其更新公式为：

$$w=w-\eta\nabla L(w) \tag{5-17}$$

其中，η 是学习率；$\nabla L(w)$ 是损失函数关于权重 w 的梯度。SGD 的优点是计算简单，但容易陷入局部最小值且收敛速度较慢。

② 动量法（momentum）：

动量法通过引入动量项来加速梯度下降，尤其是在梯度变化较小的情况下。其更新公式为：

$$v=\gamma v+\eta\nabla L(w) \tag{5-18}$$

$$w=w-v \tag{5-19}$$

其中，γ 是动量因子，常取值在 0.9 左右；v 是动量项，用于权重更新。动量法通过积累之前的梯度，减少了梯度波动，提高了收敛速度。

③ AdaGrad：

AdaGrad 通过自适应地调整学习率来优化梯度下降。其更新公式为：

$$w=w-\frac{\eta}{\sqrt{G+\varepsilon}}\nabla L(w) \tag{5-20}$$

其中，G 是过去梯度的平方和；ε 是一个小常数，防止除零。AdaGrad 对稀疏数据的处理效果较好，但在训练后期学习率会变得非常小，导致收敛速度减慢。

④ RMSProp：

RMSProp 通过指数加权移动平均来调整学习率，克服了 AdaGrad 的缺点。其更新公式为：

$$E[\nabla L(w)^2]=\gamma E[\nabla L(w)^2]+(1-\gamma)\nabla L(w)^2 \tag{5-21}$$

$$w=w-\frac{\eta}{\sqrt{E[\nabla L(w)^2]+\varepsilon}}\nabla L(w) \tag{5-22}$$

其中，γ 是衰减因子。RMSProp 保持了学习率的动态调整，适用于深度神经网络训练。

⑤ Adam：

Adam（adaptive moment estimation，自适应矩估计）结合了动量法和 RMSProp 的优点，通过计算梯度的一阶矩和二阶矩的移动平均来调整学习率。其更新公式为：

$$m_t=\beta_1 m_{t-1}+(1-\beta_1)\nabla L(w_t) \tag{5-23}$$

$$v_t=\beta_2 v_{t-1}+(1-\beta_2)\nabla L(w_t)^2 \tag{5-24}$$

$$\hat{m}_t=\frac{m_t}{1-\beta_1^t} \tag{5-25}$$

$$\hat{v}_t=\frac{v_t}{1-\beta_2^t} \tag{5-26}$$

$$w_t=w_{t-1}-\frac{\eta\hat{m}_t}{\sqrt{\hat{v}_t}+\varepsilon} \tag{5-27}$$

其中，β_1 和 β_2 是动量因子。Adam 通过自适应地调整学习率，具有较好的性能和收敛速度，适用于各种深度学习任务。

(3) 损失函数与优化算法的结合

损失函数和优化算法的选择直接影响神经网络的训练效果。通常情况下，不同任务需要选择不同的损失函数。例如，回归任务常用均方误差，而分类任务常用交叉熵损失。优化算法则影响模型参数的更新速度和收敛稳定性。

在实际应用中，常常需要结合多种技术来提升训练效果。例如，可以使用早期停止（early stopping）来防止过拟合，使用学习率衰减（learning rate decay）来提高收敛速度，或使用正则化方法（如 L2 正则化）来增强模型的泛化能力。

综上所述，损失函数和优化算法在神经网络训练过程中扮演着关键角色，理解并合理选择这些组件，能够显著提升模型的性能和训练效率。通过不断实验和调整，可以找到适合特定任务的配置，构建出高性能的深度学习模型。

5.1.4 正则化与参数初始化

在深度学习中，正则化和参数初始化是两个重要的技巧，它们对神经网络的训练和性能有显著影响。正则化主要用于防止模型过拟合，而参数初始化则有助于加速训练过程和稳定模型的收敛。

(1) 正则化（regularization）

正则化是一种防止模型过拟合的技术，过拟合是指模型在训练数据上表现良好，但在测试数据或新数据上表现不佳。这通常是由于模型在训练过程中过度拟合了训练数据中的噪声或细节，而未能很好地泛化。常见的正则化方法包括 L1 正则化、L2 正则化和 Dropout

等方法。

① L1正则化：L1正则化通过向损失函数添加权重的绝对值和来约束模型参数。其正则化项公式为：

$$\lambda \sum_{j=1}^{p} |w_j| \tag{5-28}$$

其中，λ 是正则化强度的控制参数；w_j 是第 j 个参数。L1正则化有助于产生稀疏权重，即较多的权重变为零，这有助于特征选择和减少模型复杂度。

② L2正则化：L2正则化通过向损失函数添加权重的平方和来约束模型参数。其正则化项公式为：

$$\lambda \sum_{j=1}^{p} w_j^2 \tag{5-29}$$

L2正则化有助于平滑模型的权重，防止权重值过大，进而避免模型过拟合。L2正则化常用于线性回归和神经网络等模型。

③ Elastic Net：Elastic Net是L1和L2正则化的组合，通过两个正则化项的加权和来约束模型参数。其正则化项公式为：

$$\lambda_1 \sum_{j=1}^{\mathrm{p}} |w_j| + \lambda_2 \sum_{j=1}^{\mathrm{p}} w_j^2 \tag{5-30}$$

其中，λ_1 和 λ_2 分别控制L1和L2正则化的强度。Elastic Net结合了L1的特征选择能力和L2的稳定性。

④ Dropout：Dropout是一种随机地丢弃神经网络中的一部分神经元的技术。在训练过程中，按照一定的概率 p 随机“丢弃”一些神经元。具体操作为：将这些神经元的输出设为零。测试时，所有神经元都参与计算，并将每个神经元的输出乘以 p。Dropout有效地防止了神经网络的共同适应，增强了模型的泛化能力。

⑤ 早期停止：早期停止是一种在验证集损失不再下降时停止训练的策略。其监控验证集的损失，如果在若干个训练周期内损失没有减少，就提前停止训练，防止模型过拟合。

正则化技术通过约束模型的自由度，使模型在面对新数据时更具泛化能力。适当的正则化可以显著提高模型的表现，特别是在数据量有限或噪声较多的情况下。

（2）参数初始化（parameter initialization）

参数初始化是指在神经网络训练开始时对模型参数（如权重和偏置）进行初始赋值的过程。良好的参数初始化可以加速训练过程，提高模型的收敛速度和稳定性。常见的参数初始化方法包括零初始化、随机初始化、Xavier初始化和He初始化等。

① 零初始化：零初始化是将所有参数初始化为零。这种方法虽然简单，但在深度神经网络中通常不适用。因为如果所有神经元的初始权重相同，那么它们在训练过程中将会计算出相同的梯度，导致更新的权重仍然相同，无法有效地学习不同的特征。

② 随机初始化：随机初始化是将参数初始化为从小范围的随机分布中抽取的值。这种方法通过破坏对称性，帮助不同的神经元学习不同的特征。常见的随机初始化方法有均匀分布和正态分布两种。

③ Xavier初始化：Xavier初始化，也称为Glorot初始化，适用于使用Sigmoid或Tanh激活函数的神经网络。其初始化公式为：

$$w \sim \mu\left(-\sqrt{\frac{6}{n_{\text{in}}+n_{\text{out}}}}, \sqrt{\frac{6}{n_{\text{in}}+n_{\text{out}}}}\right) \tag{5-31}$$

其中，n_{in} 和 n_{out} 分别是输入和输出层的神经元数量。Xavier 初始化通过均匀分布的随机值设置权重，使激活值的方差保持一致，有助于梯度的有效传播。

④ He 初始化：He 初始化适用于使用 ReLU 激活函数的神经网络。其初始化公式为：

$$w \sim N\left(0, \sqrt{\frac{2}{n_{\text{in}}}}\right) \tag{5-32}$$

其中，$N(0,\sigma^2)$ 表示均值为零、方差为 σ^2 的正态分布。He 初始化通过更大的方差初化权重，以适应 ReLU 激活函数的特性，有效地避免了梯度消失的问题。

⑤ LeCun 初始化：LeCun 初始化适用于使用 Tanh 激活函数的神经网络。其初始化公式为：

$$w \sim N\left(0, \frac{1}{n_{\text{in}}}\right) \tag{5-33}$$

这种方法通过正态分布初始化权重，有助于保持激活值的方差一致。

良好的参数初始化能够防止梯度消失或爆炸，确保网络在训练过程中更快收敛。特别是在深度神经网络中，合理的初始化方法对于保持梯度的有效传播、稳定训练过程至关重要。

在实际的深度学习任务中，正则化与参数初始化常常结合使用，以实现最佳的模型性能。正则化帮助防止过拟合，提高模型的泛化能力；而参数初始化则有助于加速训练和稳定模型的收敛。例如，在训练深度卷积神经网络（CNN）时，通常会选择 He 初始化来初始化权重，并结合使用 Dropout 和 L2 正则化来防止过拟合。在递归神经网络（RNN）中，参数初始化和正则化的选择对于保持长期记忆和稳定训练尤为重要。通过合理的参数初始化和正则化设置，深度神经网络可以更好地学习数据特征，从而在各种任务中实现优异的性能。

5.1.5 深度神经网络的训练技巧

深度神经网络的训练是一项复杂且精细的任务，训练涉及许多技巧和策略，以确保模型能够高效学习并具备良好的泛化能力，这些方法可以显著提高模型的学习效果和性能。以下是一些常见且重要的训练技巧，它们包括学习率调节、批量归一化、数据增强、早期停止、迁移学习、正则化技术、模型集成、学习率调整计划、数据清洗与预处理、可视化与监控共十个方面。

(1) 学习率调节（learning rate adjustment）

学习率是控制神经网络训练过程中权重更新幅度的关键参数。设置得当的学习率可以使模型快速收敛到全局最优解，而不合适的学习率可能导致收敛不稳定或过慢。常见的学习率调整方法包括学习率衰减和自适应学习率优化器两种。学习率衰减是在训练过程中逐渐减小学习率，通常采用固定步长衰减或指数衰减，以确保在训练初期快速收敛，在后期细致优化模型参数。自适应学习率优化器如 Adam、RMSProp 则能根据梯度变化自动调整学习率，使其在高维数据和稀疏梯度情况下表现更为优异。

在深度学习的实际应用中，学习率的调整常常需要结合经验和实验进行。在一些情况下，结合学习率调节技术，如学习率预热（warmup）和学习率余弦退火（cosine annealing），可以进一步提升模型性能。学习率预热是指在训练初期逐步增加学习率到目标值，然后按照计划逐步减少。而学习率余弦退火则允许学习率在一定范围内周期性变化，这有助于模型逃离局部最小值，从而找到更好的全局最优解。

（2）批量归一化（batch normalization）

批量归一化是深度学习中的重要技术，用于加速训练并提高模型稳定性。它通过对每一层的激活值进行标准化处理，使这些激活值的均值为零、方差为一，从而减少内部协变量偏移问题。内部协变量偏移是指训练过程中每一层输入分布的变化，这种变化可能导致训练速度减慢和不稳定。批量归一化通过调整激活值，使网络在不同层次上能够以更稳定的方式学习特征，显著加速了模型的收敛速度。

此外，批量归一化还具有轻微的正则化效果，有助于防止过拟合。由于每个小批量数据的均值和标准差会有所不同，这种随机性为模型引入了一定的噪声，从而增强了模型的鲁棒性。批量归一化在实践中还能够减少模型对参数初始化的敏感性，使模型在不同的初始化条件下都能稳定地进行训练。这些优点使批量归一化成为深度学习模型中常用的技术之一。

（3）数据增强（data augmentation）

数据增强是一种扩展训练数据集的方法，通过对现有数据进行各种变换来生成新的训练样本。这些变换包括旋转、缩放、平移、镜像、剪裁和添加噪声等，旨在增加数据的多样性，帮助模型更好地泛化。数据增强特别适用于图像数据集，通过对图像进行多种变换，可以让模型学习到更多的特征变化，从而提高模型在实际应用中的表现。这些变换不仅增加了训练数据的数量，还有效地模拟了现实世界中可能遇到的各种情况。

在自然语言处理（NLP）领域，数据增强同样具有重要作用。常见的方法包括同义词替换、随机删除或插入词语等，这些方法可以增加语料的多样性，帮助模型学习更广泛的语言结构和表达方式。数据增强在防止过拟合方面也有显著效果，因为它增加了训练数据的复杂性，使模型不再只简单地记住训练数据的模式，而是学会提取更一般化的特征。这对于小数据集的训练尤其重要，因为数据增强能够有效提升模型的泛化能力。

（4）早期停止（early stopping）

早期停止是一种防止模型过拟合的策略，其监控验证集的性能指标，决定何时停止训练。当验证集的损失在若干个训练周期内不再下降时，早期停止会中止训练，保存当前最优的模型状态。这种方法的核心思想是避免模型在训练集上过度拟合，从而保持较好的泛化能力。具体来说，训练过程中的每个周期都会保存验证集损失的最小值，当损失值在多个周期内未能进一步降低时，训练即停止。

早期停止在实现时常设置一个耐心值，即在停止训练前允许的验证损失不改善的最大周期数。设定合理的耐心值，可以在防止过拟合的同时确保模型不会过早停止，从而获得最佳的泛化性能。早期停止是一种简单但非常有效的正则化方法，尤其适用于数据集较小或训练周期较长的情况。它不需要修改模型结构或损失函数，因此非常容易实施，并且对提升模型性能有显著帮助。

（5）迁移学习（transfer learning）

迁移学习是一种在新任务中利用已训练模型知识的技术，尤其在训练数据有限或新任务数据与已知任务数据存在相似性时尤为有效。迁移学习的基本思路是先在大规模数据集上训练一个通用模型，然后将该模型的权重部分或全部迁移到新任务中，再进行微调。例如，图像分类任务中常用的预训练模型如ResNet、VGG和Inception，这些模型在大型数据集，如ImageNet数据集，训练后能够捕捉到丰富的特征表示，可以应用于其他图像识别任务。

迁移学习的优势在于可以大幅减少训练时间，并提高新任务上的模型性能。特别是当目标任务数据量较小时，使用预训练模型的迁移学习能够显著提升模型的泛化能力。迁移学习的一个常见策略是冻结预训练模型的前几层，只微调最后几层以适应新任务的特定特征。这种方法不仅保留了预训练模型的通用特征提取能力，还可以专注于新任务的细节特征。此外，迁移学习还被广泛应用于自然语言处理领域，如 BERT 和 GPT 等模型，通过在大量文本数据上预训练，这些模型能够捕捉广泛的语言模式和知识，然后迁移到特定任务如情感分析、问答系统中等。

(6) 正则化技术

正则化是防止模型过拟合的一组技术，其通过在损失函数中引入约束来限制模型的复杂性。常见的正则化方法包括 L1 和 L2 正则化、Dropout，以及权重和梯度裁剪等方法。L1 和 L2 正则化通过在损失函数中添加参数权重的绝对值或平方和，限制权重的大小，从而防止模型过于依赖某些特定特征。Dropout 是另一种有效的正则化技术，它在训练过程中随机丢弃一部分神经元，以减少网络对某些特定路径的依赖，从而提高模型的泛化能力。

(7) 模型集成（ensemble learning）

模型集成是一种通过组合多个模型的预测结果来提高整体性能的技术。集成方法包括平均法、投票法和堆叠等几种。平均法是将多个模型的预测结果取平均，这种方法简单且有效，可以显著降低单个模型的误差。投票法则适用于分类任务，使用多个模型的预测结果进行投票，选择得票最多的类别作为最终预测结果。堆叠是一种更复杂的集成方法，它通过训练一个新的元学习器来学习如何组合基模型的预测结果，以进一步提升性能。

模型集成的优势在于它能够有效降低单一模型的偏差和方差，从而提升整体预测的稳定性和准确性。尤其是在单个模型的性能受限时，集成多个模型可以弥补单个模型的不足，捕捉到数据不同方面的特征。例如，在 Kaggle 等数据科学竞赛中，模型集成常被用作提升成绩的关键策略。此外，集成学习还可以帮助应对模型在不同数据分布下的泛化问题，通过组合不同模型的优点，提高对未知数据的适应能力。

(8) 学习率调整计划（learning rate scheduling）

学习率调整计划是指在训练过程中动态调整学习率的策略，这对模型的收敛速度和最终性能有重要影响。常见的调整计划包括余弦退火（cosine annealing）和循环学习率（cyclic learning rate）。余弦退火使用余弦函数的形式使学习率在训练过程中逐步减小，这有助于模型在训练早期快速探索全局最优解，并在训练后期进行精细优化。循环学习率则允许学习率在一定范围内周期性变化，帮助模型跳出局部最优解，找到更好的全局解。

学习率调整计划能够显著改善模型的训练效果。通过在训练早期使用较高的学习率，可以加快模型的初始收敛速度，同时避免陷入局部最优解。在训练后期，通过降低学习率，模型能够在接近最优解的地方进行细致调整，从而提高精度。这种调整策略特别适用于深度神经网络，因为深层网络的优化过程往往伴随着多次的非平稳变化。适当的学习率调整不仅可以加速训练过程，还能提高模型的最终性能。

(9) 数据清洗与预处理

数据清洗与预处理是模型训练前的重要步骤，用于确保数据质量和一致性。数据清洗通常包括处理缺失值、异常值和不平衡数据等。缺失值处理方法包括删除缺失数据的样本或特征、使用均值或中位数填充，或使用模型预测填补。异常值处理涉及识别和处理数据中的异常点，以避免模型被异常值影响。对于不平衡数据集，可以使用上采样、下采样或加权损失函数来平衡不同类别的数据，避免模型偏向多数类。

数据的预处理还包括数据归一化和标准化，这对于确保特征在同一尺度上非常重要。归一化可以将数据缩放到一个特定范围，如 [0,1]，而标准化则将数据转换为均值为零、方差为一的标准正态分布。这些处理步骤有助于加快模型的收敛速度，并防止某些特征在梯度下降过程中主导学习过程。此外，特征选择和特征工程也是数据预处理的重要部分，旨在选择最有用的特征和构建新的特征，以提高模型的预测能力。

(10) 可视化与监控

在模型训练过程中，监控模型的性能和行为是至关重要的，这可以通过多种可视化工具和技术来实现。TensorBoard 是一种广泛使用的可视化工具，能够实时显示模型的训练过程，包括损失值、准确率等指标的变化。此外，TensorBoard 还可以展示模型的结构、参数分布以及梯度信息，帮助开发者更好地理解和优化模型。通过这些可视化工具，开发者可以及时发现和纠正训练中的问题，如过拟合、欠拟合或梯度爆炸等。

5.2 深度神经网络

5.2.1 深度神经网络的结构

深度神经网络（deep neural network，DNN）是神经网络的一种类型，其特点是拥有多个隐藏层。这些层次化的结构使 DNN 能够学习和表示数据中的复杂模式和特征。DNN 的结构设计通常包括以下几个关键组成部分。

输入层（input layer）：输入层是 DNN 的第一层，它接收原始数据作为输入。每个输入神经元代表数据中的一个特征，例如图像中的像素值或文本中的词汇。输入层的大小取决于输入数据的特征维度。对于图像数据，输入层可能对应于每个像素的亮度值；对于文本数据，输入层可能对应于词汇或词嵌入。

隐藏层（hidden layers）：隐藏层是 DNN 的核心部分，由多个神经元组成，每个神经元通过权重与前一层的神经元相连。隐藏层的数量和每层神经元的数量是 DNN 设计中的重要超参数，直接影响模型的学习能力和计算复杂度。隐藏层的神经元通过激活函数将线性变换后的输入转换为非线性输出。这种非线性变换使 DNN 能够捕捉到输入数据的复杂模式和特征。

输出层（output layer）：输出层是 DNN 的最后一层，它将隐藏层提取的特征映射到最终的输出结果。输出层的结构根据具体任务的要求有所不同。例如，在分类任务中，输出层通常使用 Softmax 激活函数，将网络的输出转换为概率分布，每个神经元对应一个类。对于回归任务，输出层可能仅包含一个线性激活的神经元，用于输出预测值。输出层的大小和激活函数的选择直接影响模型的输出类型和格式。在多类别分类任务中，输出层的神经元数量等于类别的数量，而在二分类任务中，输出层通常只有一个神经元，并使用 Sigmoid 激活函数输出属于某一类别的概率。在生成任务或序列预测任务中，输出层可能具有更复杂的结构，以适应任务的特定需求。

权重和偏置（weights and biases）：在 DNN 中，权重和偏置是模型训练的主要参数。

权重决定了输入特征在输出中的贡献，而偏置是一个调整值，帮助模型在没有输入时提供输出。网络中的每个连接都有一个权重，与输入数据相乘后再加上偏置，形成该连接的加权和。这些参数通过训练过程中的反向传播算法进行调整，以最小化损失函数。权重的初始值选择对于训练过程有重要影响。常见的权重初始化方法包括 Xavier 初始化和 He 初始化，这些方法根据网络的层数和神经元数量来设置初始权重，以避免梯度消失或爆炸问题。偏置通常初始化为零或小的随机值。在训练过程中，这些参数会通过优化算法（如随机梯度下降、Adam 等）逐步调整，直到模型收敛到最优状态。

深度神经网络的结构设计：DNN 的结构设计是一个复杂且重要的过程，涉及选择隐藏层的数量、每层神经元的数量、激活函数类型等。设计得当的网络结构能够高效地学习数据中的模式，并具备良好的泛化能力。网络深度和宽度的选择通常需要结合经验和实验进行，不同的任务可能需要不同的结构。对于图像处理任务，较深的网络如 ResNet 等已经证明能够显著提高性能，而在其他任务中，网络的深度和宽度需要根据数据的特性和计算资源进行调整。

总之，深度神经网络的结构设计是深度学习中的核心环节。通过合理的网络结构设计，可以充分发挥深度学习的潜力，解决各种复杂的模式识别和数据分析问题。

5.2.2 激活函数的选择与作用

激活函数在深度神经网络中起着关键作用，它引入非线性，使网络能够学习复杂的数据模式。不同的激活函数有不同的特性和用途，选择合适的激活函数对于网络性能和训练稳定性至关重要。

激活函数的作用描述如下：

① 引入非线性：激活函数的主要作用是引入非线性变换。没有激活函数的网络只会执行线性变换，无法捕捉数据中的复杂非线性关系。而通过激活函数，神经网络可以逼近任意复杂的函数，从而具备强大的表达能力。

② 控制输出范围：激活函数可以限制神经元的输出范围。例如，Sigmoid 激活函数将输出限制在 [0,1] 范围内，适合用于概率输出。Tanh 函数的输出范围在 [−1,1]，可以使数据在正负值之间平衡。这种控制对数据的归一化和后续层的计算有帮助。

③ 增强模型的学习能力：通过激活函数的使用，神经网络可以更好地捕捉数据中的复杂结构和特征。这是因为激活函数能够引入非线性，使网络能够在不同层次上抽象和组合数据特征，从而提高模型的学习能力。

如 5.1 节中对激活函数的介绍，在实际应用中，选择合适的激活函数需要重点考虑以下因素：

① 任务的性质：激活函数的选择首先需要考虑任务的性质。在分类任务中，尤其是二分类问题，输出层通常使用 Sigmoid 激活函数，因为它能将输出映射到 [0,1] 范围，适合表示概率。多分类任务中，Softmax 激活函数被广泛使用，因为它能够将多维输出转换为一组概率分布，每个值代表模型预测的该类别的概率。对于回归任务，输出层通常使用线性激活函数，因为回归任务需要预测一个连续值，线性激活函数不会限制输出的范围，从而允许模型根据需要输出任意数值。这些选择确保了模型输出的形式和范围与任务要求相匹配。

② 网络深度：随着神经网络深度的增加，梯度消失和梯度爆炸问题可能会变得显著。

梯度消失问题会使网络中的梯度逐渐变小，导致前层权重更新缓慢甚至无法更新，最终使模型难以训练。而梯度爆炸问题则会导致梯度值过大，使模型参数更新不稳定。为了应对这些问题，ReLU 和其变体（如 Leaky ReLU 和 ELU）被广泛使用。ReLU 激活函数由于其非饱和特性，可以有效地避免梯度消失问题，同时提高计算效率。此外，Leaky ReLU 和 ELU 通过在负值区域引入小的负斜率或指数变换，进一步减轻了“神经元死亡”问题，从而使网络更稳定、更易训练。

③ 计算效率：在深度学习应用中，计算效率是激活函数选择的另一个重要因素。ReLU 及其变体由于计算简单，已经成为大多数深度神经网络的默认选择。ReLU 的计算只涉及对输入的正负性判断，运算速度快，特别适合在资源有限的环境中使用。相比之下，Sigmoid 和 Tanh 等激活函数需要进行指数运算，计算复杂度较高，因此在大规模深度神经网络中可能导致更高的计算开销和时间消耗。因此，选择计算简单且效果良好的激活函数，对于提升模型训练和推理速度非常重要。

④ 数据特性：数据的特性也是激活函数选择的一个关键考量因素。对于中心化的数据（均值接近零），Tanh 激活函数可能更合适，因为它的输出范围是 [−1,1]，这有助于保持数据的零均值分布，从而使训练过程更稳定。非中心化的数据可能更适合使用 ReLU，因为 ReLU 的非负输出特性不会影响数据的分布特征。此外，某些数据可能包含大量的负值或异常值，这时 Leaky ReLU 和 ELU 可能更为适用，它们能够在负值区域提供小幅度的负斜率，从而避免信息的丢失和梯度的零化。

总的来说，激活函数的选择对深度神经网络的性能、训练效率和稳定性有重大影响。ReLU 是目前大多数任务中的默认选择，其计算简单且有效地缓解了梯度消失问题。然而，在特定任务或数据场景下，其他激活函数如 Leaky ReLU、ELU 可能提供更好的性能。实验和调优是确定最佳激活函数的关键步骤，开发者通常需要根据任务的具体需求和数据特性进行测试和调整，以找到最适合的激活函数配置。

5.2.3　深度神经网络的训练技巧与调优

深度神经网络的训练和调优是确保模型在实际应用中能够有效且高效工作的关键步骤。以下是一些常见的训练技巧与调优策略，可帮助提升模型性能和训练效率。

（1）数据预处理与增强

数据预处理和增强是训练深度神经网络的首要步骤。数据预处理涉及对输入数据进行标准化和规范化，以提高训练的效率和稳定性。例如，将输入数据缩放到一个标准范围，如 [0,1] 或 [−1,1]，可以减少特征间的差异，帮助梯度下降算法更快速地收敛。此外，数据预处理还包括去除噪声和处理缺失值，这些措施可确保数据质量、提高模型训练的可靠性。数据增强则通过生成新的样本来扩大数据集的规模，增加样本的多样性。常见的数据增强方法包括图像的旋转、裁剪、翻转、缩放以及添加随机噪声等，这些操作可以帮助模型更好地泛化，从而减少过拟合的风险，并提高模型在实际应用中的鲁棒性。

（2）正则化技术

为了防止深度神经网络过拟合，正则化技术是必不可少的。L1 和 L2 正则化是最常见的两种方式。L1 正则化通过将权重的绝对值求和引入正则项，促使模型选择少量的重要特征，从而实现特征的稀疏化；而 L2 正则化通过对权重的平方和进行惩罚，能够防止权重值过大，使模型更加稳健。此外，Dropout 技术在训练过程中随机丢弃一部分神经元，从而避免模型过度依赖某些特定的神经元、提高模型的泛化能力。Batch Normalization 技术则通过标准化每一层的输入，使得训练过程更为稳定，帮助模型加速收敛，并且具有一定的正则化效果。

(3) 学习率调整

学习率是深度学习中最重要的超参数之一。选择合适的学习率对于网络的训练效果至关重要。学习率调度技术可以动态调整学习率，使其随着训练的进行而逐步减小，从而帮助模型更好地收敛。常用的学习率调度方法包括逐步减小学习率、使用指数衰减等。自适应优化算法（如 Adam、RMSprop 和 AdaGrad 等）根据每个参数的历史梯度自动调整学习率，可以有效提高训练效率和模型性能。使用这些算法时，可以避免手动调整学习率的烦琐过程，并且能够自适应地处理不同参数的更新速度。

(4) 提前停止

提前停止是一种防止模型过拟合的有效策略。在训练过程中，通过监控验证集上的性能指标，如损失值或准确率，能够及时判断模型是否开始过拟合。如果在连续若干个训练轮次中，验证集上的性能指标不再提升，说明模型可能已经过拟合。此时，可以中止训练，以防止模型在训练集上过度拟合，从而节省计算资源。提前停止不仅能提高训练效率，还可以防止模型在训练过程中的过拟合，从而提高其在未见数据上的表现能力。

(5) 超参数调优

超参数调优是深度学习模型优化的重要环节。超参数如网络的层数、每层的神经元数、学习率等，直接影响模型的训练效果和性能。网格搜索和随机搜索是常用的超参数调优方法。网格搜索通过遍历所有可能的超参数组合来寻找最佳配置，而随机搜索则通过随机抽样的方式测试不同的超参数组合，通常能更快地找到较优的参数组合。贝叶斯优化是一种更高效的超参数优化方法，它通过构建超参数的概率模型，根据已知的性能数据预测最优超参数配置，从而在较少的尝试中找到最佳参数组合。

(6) 模型集成

模型集成（ensemble learning）是一种通过结合多个模型的预测结果来提高整体性能的技术。常见的模型集成方法包括模型平均、加权融合和堆叠模型等。模型平均方法通过对多个模型的预测结果进行平均，可减少单一模型的偏差；加权融合方法则根据每个模型的性能为其预测结果分配权重，从而得到加权的最终预测结果；堆叠模型通过训练一个新的模型来组合多个基模型的预测结果，从而提升预测性能。模型集成可以有效降低单个模型的方差和偏差，提高预测准确性，并且在实际应用中表现出更强的鲁棒性。

(7) 深度神经网络架构优化

深度神经网络架构优化包括网络剪枝和网络结构搜索等技术。网络剪枝（network pruning）通过去除那些对模型输出贡献不大的神经元或连接，减少模型的复杂性和计算开销。剪枝后的模型在保持接近原始性能的同时，计算效率显著提高。网络结构搜索（neural architecture search，NAS）则通过自动化的方法寻找最优的网络结构，包括网络的层数、每层的神经元数量及其他超参数。NAS 可以利用算法自动优化网络结构，从而在复杂的搜索空间中找到最佳配置，提升模型的性能和效率。此外，使用并行计算和批处理技术能够显著加快深度神经网络的训练速度，使大规模训练任务变得更为高效。

（8）训练数据管理

训练数据的管理对于深度学习模型的性能至关重要。数据清洗是确保数据质量的第一步，主要包括去除数据中的噪声和异常值，以及处理缺失数据。高质量的数据有助于模型更准确地学习特征，从而提高预测性能。此外，数据平衡是处理类别不平衡问题的关键。对于类别分布不均的数据集，可以采用过采样（如 SMOTE）或欠采样技术，来调整训练数据中的类别比例，防止模型对某些类别的过度偏倚。这些数据管理策略不仅提高了训练的有效性，还增强了模型的泛化能力，使其在实际应用中表现得更加稳定和可靠。

（9）模型评估与调试

模型评估与调试是确保深度学习模型能够有效工作的关键步骤。交叉验证是一种常用的评估方法，它将数据集分为多个折叠，轮流使用其中的部分数据进行训练和验证，能够更准确地评估模型的性能。通过这种方法，可以检测模型是否存在过拟合或欠拟合问题，并根据评估结果调整模型参数。此外，模型调试过程中使用可视化工具（例如 TensorBoard）监控训练过程中的各项指标（如损失值、准确率和梯度变化等），能够帮助识别训练中的潜在问题，如梯度爆炸或消失，从而及时进行调整和优化。这些评估与调试方法确保了模型在实际应用中的可靠性和稳定性。

（10）批处理与并行计算

批处理与并行计算技术是提升深度学习训练效率的有效手段。批处理训练将数据分为多个批次，每次使用一个批次进行模型参数的更新，这样不仅能够提高计算效率，还能使训练过程更为稳定。批处理可以充分利用计算资源，并加快训练速度。在此基础上，并行计算通过在多个 GPU 或计算节点上同时训练模型，显著缩短了训练时间。数据并行和模型并行是常用的并行计算策略，通过分配数据和计算任务到不同的计算单元，可以有效处理大规模深度学习任务。这些技术的应用大大提高了训练速度和效率，使得大规模模型的训练变得可行。

深度神经网络的训练和调优是一个复杂且迭代的过程，涉及数据处理、模型优化、超参数调节等多个方面。通过应用上述训练技巧和调优策略，可以显著提高模型的性能、训练效率和泛化能力。成功的模型训练不仅需要对各种技术有深入理解，还需要结合具体任务和数据的特性不断地进行实验和调整。

5.2.4　深度神经网络的应用

深度神经网络由于其强大的表达能力和灵活性，已在各种应用任务中取得了显著的效果。以下是深度神经网络的部分应用领域和具体实例。

① 图像分类：图像分类是深度学习最早取得突破的领域之一。卷积神经网络通过其层次化的特征提取能力，能够自动识别和分类图像中的对象。例如，AlexNet、VGG 和 ResNet 等架构在 ImageNet 图像分类挑战中取得了优异的成绩。CNN 可以应用于各种图像分类任务，如人脸识别、医疗影像分析（如肿瘤检测）以及自动驾驶中的物体检测。随着技术的发展，深度学习已经能够处理更复杂的任务，例如细粒度的物体识别和图像中的多个物体分类。

② 自然语言处理：在自然语言处理领域，深度神经网络同样发挥了巨大的作用。

RNN、LSTM 和 Transformer 等网络架构能够处理和生成自然语言文本。例如，BERT（双向编码器表示转换器）和 GPT（生成预训练变换器）等模型在文本分类、情感分析、机器翻译和对话生成等任务中表现出色。BERT 可以用于文本的理解和信息抽取，而 GPT 可以生成连贯的自然语言文本。这些技术在自动翻译、语音助手和问答系统中得到了广泛应用。

③ 语音识别与合成：深度神经网络在语音识别和合成领域也取得了显著进展。声学模型使用深度学习技术来将音频信号转换为文本，例如使用深度卷积网络和 LSTM 网络来提高语音识别的准确性。生成对抗网络和其他深度生成模型在语音合成（文本到语音）中也取得了显著成果。例如，Tacotron 和 WaveNet 等模型能够生成自然且逼真的语音，广泛应用于语音助手、导航系统和语音翻译中。

④ 计算机视觉中的目标检测与分割：目标检测和分割任务涉及识别图像中的对象位置及其形状。深度神经网络，特别是区域卷积神经网络（R-CNN）系列、YOLO（you only look once，一次看一眼）和 SSD（single shot multibox detector，单次多框检测器），已经在这类任务中取得了重大进展。这些技术能够实现高精度的物体检测和像素级的图像分割。目标检测在自动驾驶、安防监控和工业检测等领域具有广泛的应用，而图像分割则在医学诊断中的医学影像分析和遥感图像分析中具有重要作用。

⑤ 强化学习：强化学习（RL）结合深度神经网络用于解决复杂的决策问题。深度 Q 网络（DQN）和深度确定性策略梯度（DDPG）等方法使用深度学习来处理高维状态空间和动作空间，已在游戏和机器人控制等领域取得了成功。DeepMind 的 AlphaGo 和 AlphaZero 通过强化学习在围棋和国际象棋中战胜了世界冠军，展示了深度强化学习在复杂策略游戏中的强大能力。强化学习还应用于自动驾驶、推荐系统和智能机器人等领域，以实现智能决策和自主学习。

⑥ 医疗健康：在医疗健康领域，深度神经网络正被广泛应用于疾病诊断和治疗方案的优化。例如，CNN 被用于分析医学影像，如 X 射线片、CT 扫描和 MRI，帮助检测异常如肿瘤或病变。深度学习也用于预测患者的疾病风险、制定个性化医疗方案和药物发现。深度学习技术能够处理大量医疗数据，挖掘出有用的特征和模式，从而提供更准确的诊断和个性化的治疗建议。

⑦ 推荐系统：推荐系统利用深度神经网络提供个性化的内容推荐。深度学习模型可以分析用户的行为数据、兴趣偏好和历史记录，从而生成个性化的推荐。例如，Netflix 和 Spotify 使用深度学习技术为用户推荐电影、电视剧和音乐。矩阵分解网络、神经协同过滤和图神经网络（GNNs）等模型可以处理复杂的用户-物品交互，提升推荐系统的准确性和用户体验。

深度神经网络的应用涵盖了从图像处理、自然语言处理、语音识别、目标检测和推荐系统等多个领域。这些应用展示了深度学习技术的广泛潜力和在实际场景中的强大能力。

5.3 卷积神经网络

卷积神经网络（convolutional neural network，CNN）专门设计用于处理具有网格结构的数据，尤其是图像数据。CNN 通过卷积层提取局部特征，再通过池化层减少特征的维度，逐层构建更高层次的特征表示。CNN 的层次结构使其非常适合图像分类、目标检测和图像分割等任务，经典的 CNN 架构包括 LeNet、AlexNet、VGG、ResNet 和 Inception 等，每种架构在卷积层和池化层的设计上都有不同的创新，显著提高了图像处理的效果和效率。卷积神经网络如图5-1所示。

卷积神经网络通常包含以下关键组成部分：

① 输入层：处理输入数据，如图像。对于彩色图像，输入层接收红色、绿色、蓝色三个通道的像素值。

② 卷积层：应用卷积核（滤波器）在输入数据上滑动、提取特征，卷积层输出多个特征图，每个特征图对应一个卷积核。

③ 激活函数：对卷积层的输出应用非线性变换（如ReLU），引入非线性特性，提高模型的表达能力。

④ 池化层：对特征图进行降维，通常使用最大池化或平均池化。这一步减小了特征图的尺寸，减少计算量，并提高模型对输入数据变动的鲁棒性。

⑤ 全连接层：将池化层输出的特征向量化，并连接到一个或多个全连接层，进行进一步的特征组合和分类。

⑥ 输出层：生成最终的输出，如类别标签。对于分类任务，输出层通常使用Softmax激活函数来生成概率分布。

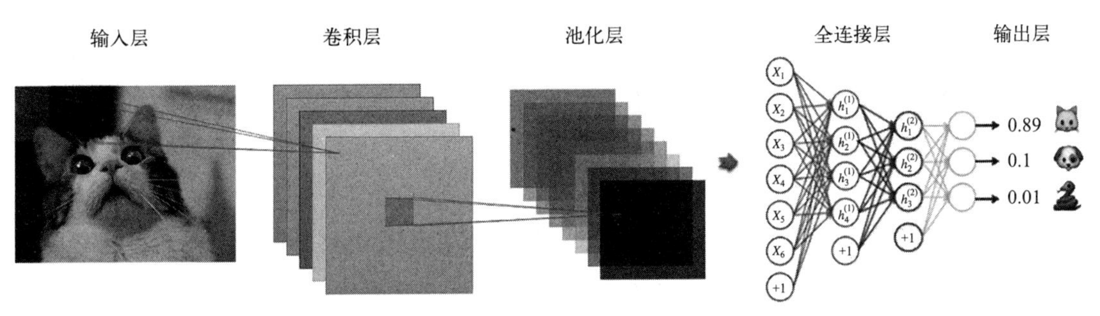

图5-1　卷积神经网络

5.3.1　卷积层的基本原理

卷积层是卷积神经网络的核心组件，它通过一系列卷积操作提取输入数据中的特征，广泛应用于图像处理、计算机视觉以及其他处理高维数据的任务中。卷积层的设计灵感源于生物视觉系统中的感受野（receptive field），其基本原理包括局部连接、权值共享和特征提取等核心概念。卷积层的基本原理可以通过以下几个关键概念理解：

① 局部连接：在传统的全连接层中，每个神经元与前一层的所有神经元相连，这种全连接结构在处理高维输入数据时，计算和存储需求非常庞大。卷积层通过局部连接的方式显著减少了计算量。具体而言，卷积层中的每个神经元仅与前一层的局部区域（即感受野）相连，而非全局。这种局部连接的方式使得卷积层可以专注于提取输入数据中的局部特征，例如图像中的边缘、角点和纹理等。这种方法不仅减少了计算复杂度，还提高了模型的泛化能力，因为局部特征往往在整个数据集中具有普遍性。

② 卷积操作与滤波器：卷积操作是卷积层的核心计算过程，它通过使卷积核（也称为滤波器或滤波核）在输入数据上滑动，对输入数据进行扫描和计算。卷积核是一个小矩阵（如3×3、5×5），其中的每个元素是一个学习参数，称为权值。每个卷积核在输入数据的局部区域上进行点积运算，然后将结果相加生成一个单一的输出值，这个过程称为特征映

射。卷积核在输入数据上的滑动步长和填充是两个重要的参数。步长决定了卷积核在输入数据上每次移动的像素数，而填充则是在输入数据周围添加额外的像素，以控制输出特征图的尺寸。通过调整卷积核的大小、步长和填充，卷积层能够提取出不同尺度和细节层次的特征，最后将所有位置的输出值排列成一个矩阵，这个矩阵称为特征图或激活图。特征图的每个元素反映了输入数据中某种特征的存在程度。

③ 权值共享：卷积层中的一个关键特点是权值共享，即同一个卷积核的参数在整个输入数据上进行共享应用。这意味着对于一个特定的卷积核，它在输入数据的不同区域提取特征时使用相同的参数。这一机制显著减少了模型的参数数量，从而降低了计算和存储的开销，同时也减少了过拟合的风险。权值共享的策略使得卷积层在不同位置上检测到相同的特征成为可能，例如一个特定的边缘或纹理，无论出现在图像的哪个位置，都可以被同一个卷积核识别出来。这种性质非常适合处理具有空间不变性的任务，如图像识别。

④ 多通道输入与输出：在处理彩色图像时，输入数据通常包含多个通道（如红、绿、蓝三色通道）。卷积层能够处理这种多通道输入，并生成多通道的输出。具体来说，每个卷积核会在所有输入通道上进行卷积操作，得到一个单一的输出通道。通过使用多个不同的卷积核，卷积层可以生成多个输出通道，每个输出通道对应一个特征图。这种多通道的处理方式使得卷积层能够同时捕捉到图像中的多种特征，例如不同颜色、边缘方向和纹理细节。多通道输出的特征图进一步输入到后续的卷积层或全连接层进行更高层次的特征提取和分类。

卷积层通过局部连接、权值共享和卷积操作，有效地提取和压缩输入数据中的特征信息，这些特征可以是图像中的边缘、角点或更复杂的图案。这些特性使卷积层成为处理图像、视频和其他高维数据的核心组件，广泛应用于各种计算机视觉任务中，如图像分类、目标检测和图像分割。卷积层的创新设计使其特别适合处理具有空间结构的数据，如图像和视频，它不仅降低了参数的数量，减少了计算复杂度，还增加了网络的泛化能力，为深度学习提供了强大的工具，推动了许多领域的技术进步。

5.3.2 池化层的作用与类型

在每次卷积操作之后，通常会应用非线性激活函数（如 ReLU、Sigmoid 或 Tanh）来引入非线性，从而增强网络的表达能力。ReLU 是最常用的激活函数之一，它将所有负值输出为零，正值保持不变，这种非线性变换不仅增加了模型的非线性特性，还能够有效缓解梯度消失问题，促进更深层网络的训练。激活函数的输出即为特征映射，表示卷积核在输入数据中检测到的特征的强度或存在性。多个特征映射叠加在一起形成特征图，包含输入数据的局部特征信息，并准备输入到后续的网络层。

在许多卷积神经网络架构中，卷积层通常后接池化层（pooling layer），其主要作用是对特征图进行降维和特征压缩，从而增强模型的效率和泛化能力。池化操作通过取局部区域内的最大值或平均值等方法，减少特征图的尺寸，从而降低计算量并控制模型的过拟合。最大池化（Max Pooling）是常用的池化方式，它能够保留局部区域内最显著的特征信息。池化层的使用不仅减少了特征图的尺寸，还增加了特征的平移不变性，使网络在输入数据有微小变动的情况下仍能保持稳定的输出，这种特性对于图像分类等任务尤为重要。

池化层的作用包括特征图降维、防止过拟合、增强位置不变性以及特征压缩等，具体描述如下：

① 特征图降维：卷积层在提取特征时会生成高维的特征图，尤其是当网络层数增加时，

特征图的尺寸和数量可能会急剧增长。这种增长会导致计算和存储资源的消耗大幅增加，尤其是在处理高分辨率的输入数据时。池化层通过在特征图的每个局部区域内应用池化操作，可显著减少特征图的尺寸。例如，最大池化操作只保留每个池化窗口中的最大值，而忽略其他值，从而实现降维。这种降维不仅减少了数据的体积，还帮助后续的网络层更有效地处理特征信息。通过降低特征图的尺寸，池化层降低了计算量和存储需求，提升了模型的运行效率。

② 防止过拟合：池化层在减少特征图尺寸的同时，还减少了网络中的自由参数数量。这对于防止过拟合至关重要。过拟合是指模型在训练数据上表现出色，但在测试数据上表现不佳，这通常是模型过于复杂、捕捉了训练数据中的噪声或特异性导致的。池化层通过降维，限制了网络对特定细节的敏感性，从而降低了模型复杂性。这种特征压缩过程类似于一种正则化形式，它迫使模型聚焦于全局性、鲁棒的特征，而不是细节上的噪声。这种减少过拟合的效果尤其在数据量较少或数据噪声较大的情况下表现得尤为显著。

③ 增强位置不变性：位置不变性是指模型的输入数据发生位置、方向或尺度等变化时仍能保持对特征的准确检测能力。池化层通过在特征图的局部区域内取最大值或平均值，使输出特征对输入数据的微小变动更具鲁棒性。例如，在最大池化操作中，即使输入图像中某个特征的位置稍微发生变化，只要该特征仍在池化窗口内，最大池化输出的特征值将保持不变。这样，模型能够忽略输入数据的精确位置变化，只专注于特征的存在。这种位置不变性对于处理图像识别、目标检测等任务非常有帮助，使模型对物体在图像中的位置、大小或方向的变化不敏感。

④ 特征压缩：池化层的特征压缩的作用不仅仅是简单地减少数据量，通过聚合局部区域内的特征值，池化操作能够捕捉到输入数据的关键特征信息，同时丢弃冗余和不重要的细节。例如，在图像处理中，最大池化操作通过保留每个池化窗口中的最大响应，能够集中注意力于图像中最显著的边缘、角点等特征。而平均池化则通过计算平均值保留区域的整体特征信息。这种特征压缩有助于模型的泛化能力，使其能够更好地处理未见过的测试数据。在深度神经网络中，经过多次池化操作后的特征图，可以被看作是原始输入数据的高层次抽象表示，这些抽象特征往往对任务目标有更直接的相关性。

⑤ 减少计算复杂度和存储需求：卷积神经网络在深度增加的过程中，特征图的数量和维度会大幅增加，导致计算复杂度和存储需求上升。池化层通过减少特征图的尺寸，显著降低了这些需求。例如，在一个典型的 CNN 中，经过几层卷积和池化后，特征图的尺寸可以从原始图像的几百或几千像素，降到仅仅几十或几百个像素。这种降维减少了后续层的计算量和所需的存储空间，使得深度神经网络能够在硬件资源有限的环境中高效运行。此外，池化操作的计算相对简单，通常仅涉及基本的最大值或平均值计算，因此在实际应用中，池化层的加入并不会显著增加计算负担。

池化层在卷积神经网络中扮演着至关重要的角色，它通过特征图降维、防止过拟合、增强位置不变性和特征压缩等多种方式，提升了模型的效率和性能，这些作用使池化层成为处理图像、视频等高维数据的不可或缺的组件。

池化层在卷积神经网络中有多种类型，每种类型都有其特定的用途和效果。常见的池化层类型包括最大池化（max pooling）、平均池化（average pooling）、全局池化（global pooling）以及其他一些变体。具体描述如下：

① 最大池化：最大池化是常用的池化方式之一，它在输入特征图的每个局部区域内选

取最大值作为输出，保留区域内最显著的特征，忽略其他不太重要的信息。最大池化的特点在于它能够突出最强的信号，因此在检测边缘、角点等显著特征时非常有效，这种方法有助于减少特征图尺寸，同时保持关键的特征信息。最大池化的计算过程描述为：选取一个固定大小的窗口（如2×2）在特征图上滑动，每次滑动时窗口覆盖一个局部区域；对窗口覆盖的区域内所有值进行比较，选取其中的最大值；将这些最大值排列成一个新的特征图，作为最大池化的输出。

② 平均池化：是一种通过计算局部区域内所有值的平均值来生成输出的池化方式，与最大池化不同，平均池化不会只关注最大值，而是平衡地考虑局部区域内所有的特征信息。这种方法在一些任务中能够更好地保留全局特征。平均池化的计算过程描述为：选取一个固定大小的窗口在特征图上滑动；计算窗口覆盖区域内所有值的平均值；将这些平均值组成新的特征图，作为输出。平均池化常用于需要保留输入数据整体信息的场景，例如一些回归问题或特征图大小不需要显著减小的情况。

③ 全局池化：全局池化包括全局最大池化（global max pooling）和全局平均池化（global average pooling）两种。它们类似于最大池化和平均池化，但作用于整个特征图，而非局部区域。这种池化方式特别适用于最后一层卷积层之后，作为一种降维手段，将整个特征图压缩成一个单一的值，从而直接与输出层连接。全局池化可以显著减少数据维度，是深度学习模型中常见的特征提取方法。全局最大池化计算整个特征图的最大值，得到一个标量值；全局平均池化计算整个特征图的所有值的平均值，得到一个标量值。全局池化有助于将空间特征直接转换为全局特征，使其可以直接与输出层连接，显著减少数据维度，并常用于分类任务中作为特征提取的最后一步。

除了上述常见的池化方法，还有一些其他的池化变体和技术，如：

① 分层池化（hierarchical pooling）：结合不同尺度的池化操作，以捕捉多层次的特征信息。

② 随机池化（stochastic pooling）：以一定的概率随机选取局部区域内的值作为池化输出，增强模型的鲁棒性和泛化能力。

③ 空间金字塔池化（spatial pyramid pooling，SPP）：通过在特征图上应用多个不同尺度的池化层，生成多尺度特征。这种方法可以处理输入图像的任意大小和比例，非常适合在对象检测和图像分割等任务中使用。

池化层的多种类型为卷积神经网络提供了灵活的特征降维和压缩工具，最大池化和平均池化是最常用的两种池化方式，分别注重于提取最显著的特征和保持全局特征信息。全局池化则用于将整个特征图信息整合为一个全局描述符，常用于深度神经网络的最后阶段。其他的池化变体也在特定应用中展现出独特的优势。通过选择和组合不同的池化方法，可以有效地提高模型的性能和适用性。在实际应用中，不同类型的池化层可以根据任务需求灵活选择和组合，以达到最佳效果。池化层的设计与使用，极大地促进了深度学习在计算机视觉等领域的快速发展和广泛应用。

5.3.3 常见的CNN架构

卷积神经网络在计算机视觉任务中得到了广泛应用，并催生了许多经典的网络架构，这些架构各具特色，在实际应用中有效解决了不同领域的挑战，推动了深度学习的发展。常见的CNN架构及其特点描述如下：

① LeNet：LeNet是由Yann LeCun等于1990年提出的，是最早的卷积神经网络之一。它主要用于手写数字识别，结构相对简单，包括两层卷积层、两层池化层和两层全连接层。LeNet的设计奠定了现代卷积神经网络的基础，采用卷积层、池化层和全连接层的基本架构，这种简单的架构展示了卷积神经网络在图像处理任务中的潜力，并为后续的网络设计提供了重要的启示。

② AlexNet：AlexNet是由Alex Krizhevsky等在2012年提出的，它在ImageNet大规模视觉识别挑战赛中取得了突破性成果。AlexNet的结构较LeNet更深，包括五个卷积层和三个全连接层，并引入了ReLU激活函数、Dropout和数据增强等技术。ReLU激活函数加速了训练过程，Dropout则通过随机丢弃神经元来防止过拟合，数据增强方法提高了模型的泛化能力。AlexNet的成功标志着深度学习在计算机视觉领域的广泛应用。

③ VGGNet：VGGNet是由Oxford的Visual Geometry Group提出的，其主要版本包括VGG16和VGG19，分别包含16层和19层。VGGNet以其简单统一的网络架构著称，每个卷积层都使用3×3的小卷积核，并通过叠加多个卷积层来增加网络深度。这种设计使VGGNet能够提取更复杂的特征，从而在多个计算机视觉任务中表现出色。尽管参数数量较大，但其优越的性能和可移植性使VGGNet成为许多应用中的标准选择。

④ GoogLeNet（Inception V1）：GoogLeNet由Google提出，以Inception模块为核心，是一种深度而高效的网络结构。Inception模块通过在同一层使用不同大小的卷积核和池化层，提取多尺度特征，同时减少计算量和参数数量。GoogLeNet通过使用1×1卷积来减少特征图的通道数，降低计算成本，并采用全局平均池化来代替全连接层，从而大幅降低了参数数量。其创新的架构设计使GoogLeNet在性能和效率之间达到了良好的平衡。

⑤ ResNet：ResNet是由Microsoft Research提出的残差网络，旨在解决随网络深度增加而出现的梯度消失问题。ResNet通过引入残差块（residual block），使网络能够学习到恒等映射，极大地增加了网络的深度而不会导致训练困难。残差连接允许信息跳过一个或多个层，从而使训练更加稳定。ResNet50、ResNet101、ResNet152等版本展示了其在不同深度下的强大性能，这种设计极大地推动了深度学习的发展。

⑥ Inception V3/V4：Inception V3和V4是对原始GoogLeNet的改进版本，进一步优化了Inception模块的设计。它们引入了因式分解卷积（factorized convolutions）、批量归一化（batch normalization）等技术，进一步提高了多尺度特征提取的能力。因式分解卷积将一个大的卷积核分解为多个小的卷积核，从而减少计算量和参数数量。批量归一化则有助于稳定训练过程，使Inception网络能够在更深的层次上进行训练，取更好的性能。

⑦ MobileNet：MobileNet是为移动设备和嵌入式系统设计的轻量级网络。它使用深度可分离卷积（depthwise separable convolutions）大幅减少了计算量和参数量，使它能够在资源受限的设备上运行。MobileNet的设计特别注重效率，使其在保持性能的同时，大幅降低了计算成本。MobileNetV2进一步引入了逆残差结构（inverted residuals）和线性瓶颈（linear bottleneck），在移动和嵌入式设备上表现尤为出色。

⑧ DenseNet：DenseNet是由Densely Connected Convolutional Networks提出的，它采用了一种密集连接（dense connectivity）的方式。每一层都直接接收所有前面层的特征图，从而增强了特征的传播和复用。DenseNet的这种设计减少了梯度消失问题，提高了信息流通性，并且在较少的参数量下依然具有强大的特征表示能力。这种高效的特征传递机制使得DenseNet在图像分类和语义分割任务中表现出色。

⑨ EfficientNet：EfficientNet 是由 Google Brain 提出的基于神经架构搜索（neural architecture search，NAS）的高效的网络架构。在设计上，EfficientNet 通过复合缩放（compound scaling）同时缩放网络的深度、宽度和分辨率，达到效率和效果的最佳平衡。该方法在减少计算量的同时，保持或提升了模型性能。EfficientNet 的高效性使其适用于各种计算资源配置。

这些经典的卷积神经网络架构各具特色，为解决计算机视觉领域的各种任务提供了丰富的工具箱。从简单的 LeNet 到复杂的 EfficientNet，每种架构都为深度学习的发展作出了重要贡献。选择合适的 CNN 架构取决于具体的应用场景、计算资源和性能需求。通过不断地创新和优化，这些网络架构在图像分类、目标检测、语义分割等任务中取得了显著的成就，并推动了人工智能技术的广泛应用。

5.3.4 卷积神经网络的训练技巧与调优

卷积神经网络的训练和调优是一个复杂且至关重要的过程，通过优化训练流程和网络参数，可以显著提高模型的性能和泛化能力。常见的 CNN 训练技巧和调优方法如下：

① 学习率调度：学习率是影响神经网络训练速度和稳定性的重要超参数。选择合适的学习率能够加速模型的收敛，而不合适的学习率可能导致训练振荡或过早收敛。常用的学习率调度策略包括固定学习率、逐步衰减、余弦退火和自适应方法等几种。固定学习率在整个训练过程中保持不变，虽然简单但缺乏灵活性；逐步衰减方法每隔一定数量的迭代或训练轮次将学习率减少一个固定比例，有助于模型在训练后期更加精细地调整权重；余弦退火方法让学习率在训练过程中呈余弦函数曲线变化，使学习率从初始值逐渐降低至接近零。

② 数据增强：数据增强是通过对训练数据进行各种变换来增加数据多样性的方法，如旋转、缩放、翻转、裁剪等。这种方法有助于防止模型过拟合，同时提高模型对不同输入样本的鲁棒性。数据增强不仅有效增加了训练数据的数量，而且模拟了现实中图像可能的变换，这对于提升模型的泛化能力至关重要。通过在训练过程中使用随机的数据增强技术，模型可以学习到更多的特征，适应性更强，从而在实际应用中表现得更加稳健。

③ 批量归一化：批量归一化是一种加速训练并提高模型稳定性的方法。它通过在每一层输入上做归一化处理，使输入的分布保持稳定，从而加速了训练过程。批量归一化不仅可以使训练过程更加快速稳定，还能起到一定的正则化作用，减少模型的过拟合倾向。通常，批量归一化被添加到卷积层和全连接层之后、激活函数之前。通过对每一层的输出进行归一化处理，模型的学习效率得到显著提升，训练时间缩短，同时还提升了模型的泛化能力。

④ 权重初始化：权重初始化对神经网络的训练稳定性和收敛速度有很大影响。合适的权重初始化可以避免梯度消失或爆炸问题，从而加速模型收敛。常用的初始化方法包括 Xavier 初始化和 He 初始化，它们根据网络层的输入和输出数量来设置权重的初始值范围，以保持输入输出的方差一致。预训练模型则是另一种常见的初始化方法，通过使用在大规模数据集上已经预训练好的模型权重进行初始化，可以帮助网络更快地收敛，并避免初始权重设置不当带来的问题。

⑤ 调整批量大小：批量大小是每次更新权重时使用的样本数。选择合适的批量大小对于模型训练的效率和性能至关重要。小批量可以使训练更加稳定，因为其每次更新权重时使用的数据样本较少，梯度估计较为准确，但训练时间较长；大批量可以加快训练速度，因为

其一次性处理更多的数据样本，但可能导致模型陷入局部最优。一般来说，中等大小的批量（如32或64）是一个较好的选择。此外，使用批量归一化后，可以适当增大批量大小，因为批量归一化在一定程度上缓解了批量过大的负面影响。

⑥ 模型架构调整：根据任务的复杂度和数据特点，选择合适的模型架构是训练CNN的关键。可以尝试增加或减少网络的深度和宽度，或调整卷积核的大小和数量，寻找最优的架构。例如，在较浅的网络中增加卷积层的数量可以提升模型的表达能力，而在深层网络中引入残差块或密集块可以有效缓解梯度消失问题。此外，选择适合的优化器和调整相关超参数也是重要的调优手段。通过多次实验和调整模型架构及超参数，能够显著提升CNN的性能，使其更好地适应特定的任务需求。

5.3.5　卷积神经网络在计算机视觉中的应用案例

卷积神经网络在计算机视觉领域中取得了广泛的应用。由于其在处理图像数据方面的卓越能力，其已成为许多计算机视觉任务的首选模型。以下是CNN在计算机视觉中的一些主要应用：

① 图像分类：图像分类是CNN较早的应用之一，也是经典的应用场景。CNN能够自动提取图像的层次化特征，从低级的边缘、纹理到高级的形状、对象类别。通过层层卷积和池化操作，CNN可以对输入图像进行逐步抽象，最终将其归类为预定义的类别之一。像ImageNet这样的大型数据集上的分类任务推动了CNN架构的创新，出现了例如AlexNet、VGG、GoogLeNet和ResNet等网络，这些网络在图像分类任务中表现卓越，极大地提高了计算机视觉的准确率。

② 目标检测：目标检测任务不仅要求识别图像中的对象，还需要定位它们的具体位置。CNN在目标检测中通常作为特征提取的基础网络，后续结合区域提议或全卷积网络（如YOLO、SSD）来进行检测。目标检测网络通过在图像的多个位置和尺度上检测特征，能够识别和定位图像中的多个对象。这些技术广泛应用于自动驾驶、安防监控和智能零售等领域，帮助系统实时识别和跟踪多个目标。

③ 图像分割：图像分割任务旨在将图像中的每个像素分类到特定的类别中，是一种精细化的视觉任务。CNN在图像分割中被广泛用于语义分割和实例分割。语义分割能够将图像中的每个像素分配到某个语义类别。实例分割除了提供语义类别外，还能区分同类的不同实例。图像分割技术在医学影像处理、自动驾驶和增强现实等领域有重要应用。

④ 图像生成与修复：CNN也被广泛应用于图像生成与修复任务，如生成对抗网络中的生成器部分。通过学习数据的分布，CNN可以生成高度逼真的图像，甚至创造全新的视觉内容。这种能力在图像修复、图像超分辨率和风格转换等应用中得到了展示。例如，使用深度学习技术可以修复损坏的图像或视频，填补缺失部分，或者将低分辨率图像增强为高分辨率。

⑤ 人脸识别与表情分析：人脸识别是CNN在计算机视觉中应用的另一个重要领域。CNN能够自动提取人脸的特征，用于身份验证、访问控制等场景。先进的人脸识别系统如FaceNet、DeepFace通过学习面部特征的特征表示，在身份识别和验证中取得了极高的准确率。此外，CNN也被用于表情分析，通过识别面部表情的变化，推断出情绪状态。这些技术在安防、社交媒体、情感计算等领域具有广泛的应用前景。

卷积神经网络凭借其强大的特征提取能力和适应性，在计算机视觉的各个子领域中取得了显著的成果。无论是图像分类、目标检测、图像分割、图像生成还是人脸识别，CNN 都展示了其不可替代的优势。随着深度学习技术的不断发展和计算资源的提升，CNN 的应用范围将继续扩大，为更多的实际问题提供有效的解决方案。

5.4 循环神经网络

5.4.1 循环神经网络的基本结构与工作原理

循环神经网络（recurrent neural network，RNN）是一类擅长处理序列数据的神经网络模型。它们在自然语言处理、时间序列预测、语音识别等任务中有广泛应用。RNN 的基本结构特点在于它们能够处理序列数据中的时间依赖性，捕捉序列中前后数据之间的关系。关于其基本结构及关键组件描述如下。

RNN 的核心思想是通过循环连接的神经元使信息在序列的不同时间步之间进行传递。与传统前馈神经网络不同，RNN 的输出不仅取决于当前输入，还取决于前一个时间步的输出，即隐藏状态，这种循环机制允许 RNN 对整个序列数据的上下文信息进行建模。RNN 的基本单元是一个循环神经元，其在每个时间步都有相同的结构和参数。RNN 的结构可以用以下公式描述：

① 隐藏状态更新公式：

$$\boldsymbol{h}_t=\sigma(\boldsymbol{W}_h\boldsymbol{x}_t+\boldsymbol{U}_h\boldsymbol{h}_{t-1}+\boldsymbol{b}_h) \tag{5-34}$$

其中，$\boldsymbol{h}_t$ 是时间步 t 的隐藏状态；$\boldsymbol{x}_t$ 是输入；$\boldsymbol{h}_{t-1}$ 是前一个时间步的隐藏状态；$\boldsymbol{W}_h$ 和 $\boldsymbol{U}_h$ 是权重矩阵；$\boldsymbol{b}_h$ 是偏置；σ 是激活函数（如 Tanh 或 ReLU 激活函数）。

② 输出公式：

$$\boldsymbol{y}_t=\sigma_y(\boldsymbol{W}_y\boldsymbol{h}_t+\boldsymbol{b}_y) \tag{5-35}$$

其中，$\boldsymbol{y}_t$ 是输出；$\boldsymbol{W}_y$ 是权重矩阵；$\boldsymbol{b}_y$ 是偏置；σ_y 是激活函数。

RNN 的隐藏层会在每个时间步更新，并将状态传递给下一个时间步，这种循环机制使 RNN 能够对序列中的每个时间步进行处理，同时保留序列的上下文信息。在实际应用中，这一机制使 RNN 能够处理时间序列数据中的依赖关系，捕捉序列的动态变化。与前馈神经网络类似，RNN 也通过定义损失函数来衡量预测结果与实际值之间的误差，并使用优化算法例如梯度下降来更新权重和偏置。由于序列特性，RNN 的损失函数通常是对整个序列预测的误差进行累加，常用的损失函数包括均方误差 MSE 和交叉熵损失等。因此，循环神经网络的基本结构使其在处理序列数据方面具有独特的优势，通过循环连接的神经元，RNN 能够捕捉序列数据中的时间依赖性，使 RNN 在自然语言处理、时间序列预测和语音识别等领域取得显著成果。

RNN 的工作原理主要体现在其处理序列数据时的特有机制，通过共享参数和隐藏状态在时间步之间传递信息，能够捕捉序列数据的时间依赖性，其在每个时间步上共享相同的参数。这意味着 RNN 可以看作是将同一个神经网络在每个时间步上重复使用，从而形成一个“展开”的网络。在这种展开视角下，RNN 在每个时间步都会接收当前的输入和前一个时间步的隐藏状态，并生成当前的隐藏状态和输出。

优化过程通常使用反向传播算法，通过时间反向传播（backpropagation through time，BPTT）来计算梯度并更新参数。在 BPTT 中，网络会将误差从最后一个时间步反向传播到第一个时间步，逐步更新权重和偏置。在处理长序列时，RNN的训练面临梯度消失和梯度爆炸的问题，这是因为在BPTT中，梯度的连乘操作会导致梯度指数级衰减或增长。梯度消失使网络难以学习到长时间的依赖关系，而梯度爆炸则会导致训练不稳定。通过在时间步之间共享参数和传递隐藏状态，RNN可以有效处理时间序列数据。然而，RNN也面临梯度消失和梯度爆炸问题，这些问题在长序列数据处理中尤为突出。

5.4.2 循环神经网络的训练技巧

有效的训练技巧可以显著提升RNN模型训练的性能和效率，常见的训练技巧包括以下几种：

① 梯度剪裁（gradient clipping）：梯度爆炸是RNN训练中一个常见的问题，尤其是在处理长序列数据时。当反向传播中的梯度值过大时，会导致参数更新过于剧烈，甚至引起数值溢出。梯度剪裁是一种有效的方法，通过限制梯度的最大值来防止这种情况的发生。具体做法是，当梯度的范数超过预设的阈值时，将梯度缩放到该阈值以内。梯度剪裁不仅可以防止梯度爆炸，还能使训练过程更加稳定。

② 使用改进的RNN架构：标准的RNN在捕捉长时间依赖关系时效果不佳，容易出现梯度消失问题。长短期记忆网络（long short-term memory，LSTM）和门控循环单元（gated recurrent unit，GRU）是两种常见的改进架构。LSTM通过引入输入门、遗忘门和输出门来控制信息的流动，从而有效地捕捉长时间依赖关系。GRU则是LSTM的简化版本，通过更新门和重置门实现类似功能。这些改进架构能够更好地处理长序列数据，减少梯度消失问题。

③ 正则化技术：正则化技术在防止模型过拟合、提高泛化能力方面起着重要作用。在RNN的训练中，常用的正则化技术包括Dropout和L2正则化。Dropout在训练过程中随机丢弃一部分神经元，防止过拟合。对于RNN，可以使用其变体如RNN Dropout和Variational Dropout。L2正则化通过在损失函数中加入权重的L2范数项，限制模型的复杂度。此外，早期停止在验证集性能不再提升时停止训练，也是一种有效的防止过拟合的方法。

④ 批标准化（batch normalization）：批标准化可以加速训练并提高模型性能。在RNN中，可以在时间步之间应用批标准化，这被称为“时间批标准化”（time batch normalization）。这种方法通过对每个时间步的激活值进行标准化，使训练过程更加稳定，减少内协变量偏移的问题，从而加快收敛速度并提高模型的泛化能力。

⑤ 使用合适的优化算法：选择合适的优化算法是提升RNN训练效率和性能的关键。常用的优化算法包括Adam、RMSProp和SGD with Momentum。Adam结合了动量法和RMSProp的优点，能够快速收敛，并且对超参数不太敏感。RMSProp通过对梯度平方的指数衰减平均进行归一化，可以有效应对梯度爆炸问题。SGD with Momentum在标准SGD基础上引入动量项，加快收敛速度并减少振荡。根据具体任务选择合适的优化算法，可以显著提升训练效果。

⑥ 数据预处理与增强：数据预处理和增强对于提高RNN性能同样重要。数据预处理步骤包括归一化、去噪和缺失值填补等。此外，数据增强可以通过增加数据的多样性来提高模型的泛化能力。例如，在自然语言处理任务中，可以使用同义词替换、句子顺序打乱等方法生成更多的训练样本。这些预处理和增强方法可以帮助模型更好地适应不同的数据特性，从

而提升整体性能。

⑦ 序列的填充与截断：在处理变长序列时，需要对序列进行填充和截断，以便批处理。常见的方法包括填充和截断两种。填充是将所有序列填充到相同的长度，通常使用特殊的填充标记（如零）进行填充。截断是将超过最大长度的序列截断，以保证所有序列长度一致。这样可以使得批处理更加高效，并且在训练过程中能够有效利用 GPU 加速计算。

⑧ 调整超参数：调整超参数是提高 RNN 性能的重要步骤。常见的超参数包括学习率、隐藏层的单元数、序列长度、批大小等。可以使用网格搜索或随机搜索等方法进行超参数优化。此外，还可以使用贝叶斯优化等先进方法来自动搜索最优超参数组合。通过系统的超参数调整，可以找到适合具体任务的最佳模型配置，从而提高训练效果和模型性能。

⑨ 增加层数和单元数：增加 RNN 的层数和每层的单元数可以提高模型的表示能力，从而更好地捕捉复杂的时间依赖关系。增加模型复杂度有助于提升对数据特征的捕捉能力，但也需要注意防止过拟合。因此，需要在增加层数和单元数的同时，配合使用正则化技术，如 Dropout 和 L2 正则化，以确保模型的稳定性和泛化能力。

⑩ 采用适当的损失函数：选择适当的损失函数对于特定任务至关重要。例如，对于分类任务，常用交叉熵损失；对于回归任务，常用均方误差损失。损失函数的选择直接影响模型的优化效果，因此需要根据具体任务进行选择。合适的损失函数不仅可以加快模型的收敛速度，还能提升模型的预测准确性和鲁棒性。

训练 RNN 模型需要综合考虑多种因素和技术，包括梯度剪裁、改进架构、正则化技术、优化算法、数据预处理、超参数调整等，这些训练技巧能够有效提高 RNN 的性能和训练效率，使其更好地适应实际应用中的各种时序数据处理任务。通过不断实验和调优，可以找到最适合具体任务的 RNN 训练策略，从而实现最佳的模型性能。

5.4.3 循环神经网络在自然语言处理中的应用

循环神经网络 RNN 在自然语言处理领域有着广泛的应用，由于其擅长处理序列数据和捕捉上下文信息，RNN 在许多 NLP 任务中表现出色。主要应用领域如下：

① 语言模型和文本生成。语言模型是自然语言处理中的一个基本任务，用于预测给定前文条件下的下一个单词或字符。RNN 通过其循环结构，可以有效地捕捉上下文信息，生成更加连贯和自然的文本。例如，基于 RNN 的语言模型可以用于自动写作、对话系统和诗歌生成等应用。通过训练模型学习大量文本数据的统计特性，RNN 能够生成符合语言规律的句子和段落。

② 机器翻译。机器翻译是将一种语言的文本自动翻译成另一种语言的任务。RNN 在机器翻译中主要采用编码器-解码器（encoder-decoder）架构。编码器将源语言序列编码为一个固定长度的向量表示，解码器根据这个向量生成目标语言序列。为了更好地捕捉长距离依赖关系，注意力机制（attention mechanism）常与 RNN 结合使用，使解码器在生成每个目标单词时，可以参考源语言序列的不同部分，从而提高翻译质量。

③ 语音识别。语音识别任务是将语音信号转换为文本。在该任务中，RNN 可以处理输入的语音特征序列，并将其转换为对应的文本序列。长短期记忆网络（LSTM）和门控循环单元（GRU）由于能够有效捕捉长时间依赖信息，被广泛应用于语音识别任务中。通过训练，RNN 模型可以学习语音和文本之间的映射关系，从而实现高准确度的语音识别。

④ 情感分析。情感分析是从文本中提取和识别情感信息的任务，广泛应用于社交媒体

分析、产品评论分析等领域。RNN通过其循环结构，能够捕捉句子中的上下文信息，从而更准确地理解文本的情感倾向。双向RNN（bidirectional RNN）同时考虑前向和后向的上下文信息，进一步提高了情感分析的准确性。

⑤ 命名实体识别。命名实体识别（named entity recognition，NER）是识别文本中具有特定意义的实体（如人名、地名、组织名等）的任务。RNN通过其序列处理能力，可以在文本中识别和分类不同类型的实体。基于RNN的NER模型通过标注训练数据，学习词语和实体之间的关系，能够在新的文本中自动标注命名实体。结合条件随机场（conditional random field，CRF）等技术，可以进一步提高NER任务的性能。

⑥ 语义角色标注。语义角色标注（semantic role labeling，SRL）是识别句子中词语的语义角色及其关系的任务。RNN在该任务中可以有效地捕捉句子结构和上下文信息，从而准确地标注语义角色。通过对大量标注数据的学习，RNN模型可以自动识别句子中的谓词和其相关的论元，帮助理解句子的语义结构。

⑦ 生成式对话系统。生成式对话系统是根据用户输入生成自然语言响应的系统。RNN通过其强大的序列生成能力，可以在对话系统中生成连贯、自然的对话响应。在对话系统中，RNN通常采用编码器-解码器架构，将用户输入编码为隐状态表示，然后解码器生成响应。结合注意力机制，RNN能够更好地理解和生成多轮对话，提升对话系统的交互体验。

⑧ 语法解析。语法解析是分析句子的语法结构，确定词语之间的关系。RNN在语法解析中可以通过捕捉句子的上下文信息，生成句子的语法树结构。依存解析（dependency parsing）和成分解析（constituency parsing）是两种常见的语法解析任务。通过对大量标注数据的训练，RNN模型可以准确地解析新的句子，生成其语法结构。

⑨ 文本摘要。文本摘要任务是将长文本压缩成简短的摘要，保留重要信息。RNN在该类任务中通过其序列建模能力，可以生成连贯的摘要。基于RNN的文本摘要模型通常采用编码器-解码器架构，通过注意力机制，模型可以更好地捕捉源文本的关键信息，从而生成高质量的摘要。自动文本摘要技术在新闻、文档处理等领域具有广泛应用。

⑩ 拼写和语法纠错。拼写和语法纠错是识别和纠正文本中拼写和语法错误的任务。RNN通过其序列处理能力，可以检测并纠正文本中的错误。在该任务中，RNN模型通常需要大量的带有错误和正确标注的训练数据，通过学习这些数据，模型可以自动识别和纠正文本中的拼写和语法错误，提高文本的质量和可读性。

综上，循环神经网络在自然语言处理中的应用十分广泛，其序列建模能力使其在各种NLP任务中表现优异，通过结合改进的网络架构和技术，如注意力机制、双向RNN等，RNN能够更好地理解和生成自然语言，提高任务的准确性和效果，随着技术的不断发展，RNN在自然语言处理中的应用前景将更加广阔。

5.4.4 循环神经网络在时间序列预测中的应用

时间序列预测是根据历史数据来预测未来数据的任务，常见于金融市场预测、气象预报、销售预测等领域。RNN因其具有能够处理序列数据和捕捉时间依赖关系的特性，在时间序列预测领域中得到了广泛应用，成为时间序列预测的有力工具。其应用较为广泛的领域描述如下：

① 金融市场预测：金融市场预测是时间序列预测中的一个重要应用领域，股票价格、汇率、期货等金融数据具有显著的时间依赖性和波动性。RNN通过其循环结构，能够有效

捕捉这些时间依赖关系，从而提供准确的预测。具体应用中，RNN 可以用来预测股票价格走势、识别交易信号、评估投资风险等。长短期记忆网络和门控循环单元在捕捉长时间依赖关系方面有优势，更适合处理复杂的金融数据。

② 气象预报：气象预报也是时间序列预测的典型应用之一，气象数据包括温度、湿度、降水量、风速等，这些数据的变化具有时间连续性和季节性特征。RNN 通过分析历史气象数据，可以预测未来的天气情况，如温度变化、降雨概率、风速等。在气象预报中，RNN 可以与其他模型（例如与物理模型、统计模型等）结合使用，提高预测精度和可靠性。

③ 销售预测：销售预测是商业领域中的重要应用，能够帮助企业制订生产计划、库存管理和市场策略。销售数据往往具有时间依赖性和季节性波动。RNN 通过对历史销售数据的学习，可以预测未来的销售趋势和波动情况，帮助企业优化库存和供应链管理。例如，零售企业可以利用 RNN 预测节假日期间的商品销售高峰，提前备货，避免断货或库存积压。

④ 电力负荷预测：电力负荷预测是电力系统中的一个关键任务，用于预测未来时间段的电力需求。准确的电力负荷预测可以帮助电力公司优化发电计划和电力调度，降低运营成本，确保电力系统的稳定运行。RNN 通过对历史电力负荷数据的分析，能够捕捉电力需求的时间依赖特性和波动规律，提供高精度的负荷预测。

⑤ 医疗健康监测：在医疗健康监测中，时间序列数据广泛存在于心电图、脑电图、血糖水平等生理信号中。RNN 可以用于分析这些时间序列数据，进行疾病预测和健康监测。例如，通过对心电图数据的获取学习，RNN 可以预测心脏病发作的可能性；通过对血糖水平的监测，可以预测糖尿病患者的血糖波动趋势，提供个性化的医疗建议。

⑥ 交通流量预测：交通流量预测是智能交通系统中的重要任务，旨在预测未来时段的交通流量，优化交通管理和控制。交通流量数据具有时间依赖性和复杂的时空相关性。RNN 通过对历史交通流量数据的分析，可以准确预测未来的交通流量变化，帮助城市交通管理部门制定合理的交通控制策略，缓解交通拥堵，提高交通效率。

⑦ 供应需求预测：在物流和供应链管理中，需求预测是关键任务之一。通过对历史需求数据的分析，RNN 可以预测未来的需求趋势和波动，帮助企业优化供应链管理和库存控制。准确的需求预测可以减少库存成本，提高客户满意度。例如，在线零售商可以利用 RNN 预测不同产品的需求变化，合理安排库存和物流配送，确保及时交付。

⑧ 环境监测：环境监测中，时间序列数据广泛存在于空气质量监测、水质监测、噪声监测等领域。RNN 可以用于分析这些时间序列数据，进行环境质量预测和预警。例如，通过对空气质量数据的学习，RNN 可以预测未来的空气污染情况，提供预警信息，帮助政府和公众采取预防措施；通过对水质数据的分析，可以预测水质变化趋势，保障水资源安全。

⑨ 设备维护和故障预测：在工业制造和设备管理中，时间序列数据广泛存在于设备运行状态监测中。RNN 可以用于分析这些时间序列数据，进行设备维护和故障预测。例如，对设备传感器数据进行学习，RNN 可以预测设备的故障发生时间，提前安排维护，减少设备停机时间，提高生产效率；对生产数据进行分析，可以优化生产流程，降低生产成本。

⑩ 能源消耗预测：在能源管理中，能源消耗预测是重要任务之一。通过对历史能源消耗数据的分析，RNN 可以预测未来的能源需求，优化能源供应和调度。例如，电力公司可以利用 RNN 预测不同季节和时段的电力需求变化，合理安排发电和供电计划，降低能源成本，保障电力供应的稳定性；在家庭能源管理中，可以预测家电的能源消耗，提供节能建

议，降低能源消耗。

循环神经网络在时间序列预测中的应用非常广泛，其强大的序列建模能力使其能够有效地捕捉时间依赖关系，提高预测的准确性和稳定性。通过结合改进的网络架构和技术，如长短期记忆网络、门控循环单元等，RNN 能够更好地适应不同领域的时间序列预测任务，提供高质量的预测结果。随着技术的不断发展，RNN 在时间序列预测中的应用前景将更加广阔。

5.5 长短期记忆网络

5.5.1 LSTM 单元的结构与功能

长短期记忆网络是一种改进的循环神经网络结构，专门设计用来解决标准 RNN 中的梯度消失和梯度爆炸问题。LSTM 通过引入门控机制来控制信息的流动，从而能够有效捕捉长时间依赖关系。LSTM 单元的结构和功能可以分为以下几个部分进行详细描述。

(1) LSTM 单元的结构

LSTM 单元的核心结构由三个门（输入门、遗忘门和输出门）和一个记忆细胞组成，如图 5-2 所示。每个门由一个带有激活函数的全连接层组成，用来控制信息的流动。具体来说，LSTM 单元的结构包括以下几个部分：

① 遗忘门（forget gate）：遗忘门决定记忆细胞中哪些信息需要被遗忘。遗忘门的输入是当前时刻的输入 x_t 和前一时刻的隐藏状态 h_{t-1}，通过一个带有 Sigmoid 激活函数的全连接层进行处理。遗忘门的计算公式如下：

$$f_t=\sigma(\boldsymbol{W}_{\mathrm{f}}[h_{t-1},x_t]+\boldsymbol{b}_{\mathrm{f}}) \tag{5-36}$$

其中，$\boldsymbol{W}_{\mathrm{f}}$ 是权重矩阵；$\boldsymbol{b}_{\mathrm{f}}$ 是偏置向量；σ 是 Sigmoid 激活函数；f_t 是遗忘门的输出。遗忘门通过 Sigmoid 函数将输入值映射到 0～1 之间，输出值决定了有多少信息从记忆细胞中被遗忘。输出数值越接近 0，信息遗忘得越多；数值越接近 1，信息遗忘得越少。这种机制确保了模型能够选择性地保留重要信息，过滤掉无关信息，从而提高记忆的有效性。

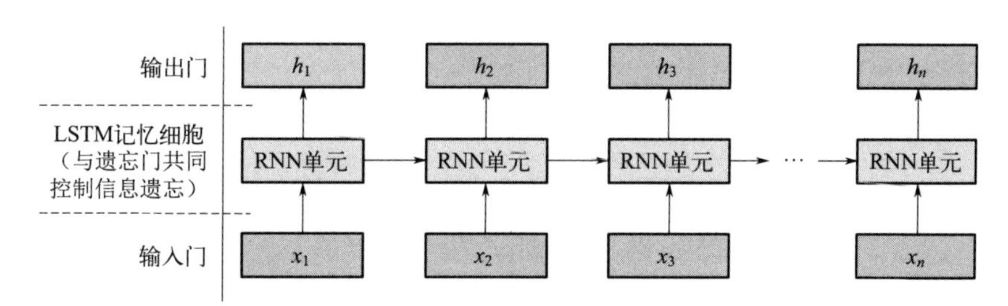

图 5-2 LSTM 结构

② 输入门（input gate）：输入门控制哪些新信息被写入记忆细胞。它由两个部分组成：一个带有 Sigmoid 激活函数的全连接层和一个带有 Tanh 激活函数的全连接层。输入门的计算公式如下：

$$i_t=\sigma(\boldsymbol{W}_{\mathrm{i}}[h_{t-1},x_t]+\boldsymbol{b}_{\mathrm{i}}) \tag{5-37}$$

$$\widetilde{C}_t=\mathrm{Tanh}(\boldsymbol{W}_{\mathrm{C}}[h_{t-1},x_t]+\boldsymbol{b}_{\mathrm{C}}) \tag{5-38}$$

其中，$\boldsymbol{W}_{\mathrm{i}}$ 和 $\boldsymbol{W}_{\mathrm{C}}$ 是权重矩阵；$\boldsymbol{b}_{\mathrm{i}}$ 和 $\boldsymbol{b}_{\mathrm{C}}$ 是偏置向量；$\widetilde{C}_t$ 是候选记忆细胞状态。输入门决定了新信息有多少将被加入到记忆细胞中。Sigmoid 函数的输出 i_t 控制了输入的比例，Tanh 函数则将新信息压缩到－1～1之间，确保了新信息的范围和尺度。这种双重控制机制使得输入门能够有效地调节新信息的加入，避免信息过载或丢失。

③ 记忆细胞（cell state）：记忆细胞通过遗忘门和输入门的控制来更新其状态。新的记忆细胞状态 C_t 的计算公式如下：

$$C_t = f_t C_{t-1} + i_t \widetilde{C}_t \tag{5-39}$$

其中，C_{t-1} 是前一时刻的记忆细胞状态；C_t 是当前时刻的记忆细胞状态。记忆细胞状态是 LSTM 单元的核心，它通过遗忘门和输入门的控制，选择性地保留过去的记忆并加入新的信息。这个过程确保了模型能够长期记忆重要信息，并及时更新和调整记忆细胞的内容，从而提高序列数据处理的准确性和鲁棒性。

④ 输出门（output gate）：输出门控制哪些信息被输出，并决定新的隐藏状态。输出门的计算公式如下：

$$o_t = \sigma(\boldsymbol{W}_{\mathrm{o}}[h_{t-1}, x_t] + \boldsymbol{b}_{\mathrm{o}}) \tag{5-40}$$

其中，$\boldsymbol{W}_{\mathrm{o}}$ 是权重矩阵；$\boldsymbol{b}_{\mathrm{o}}$ 是偏置向量；h_t 是当前时刻的隐藏状态。输出门决定了哪些部分的记忆细胞状态将作为输出传递到下一时刻。通过 Sigmoid 函数和 Tanh 函数的结合，输出门能够选择性地放大或抑制记忆细胞的内容，使隐藏状态能够有效地捕捉当前时刻的重要信息，并传递到下一个 LSTM 单元，这种机制使 LSTM 能够灵活地调整输出信息，提高模型的表达能力和适应性。

（2）LSTM 单元的功能

LSTM 单元通过上述结构实现了对信息流动的精细控制，能够有效地捕捉长时间依赖关系，并解决标准 RNN 中的梯度消失和梯度爆炸问题。具体来说，LSTM 单元的功能可以总结为以下几个方面：

① 解决梯度消失和梯度爆炸问题。LSTM 通过遗忘门、输入门和输出门的门控机制，有效地控制了梯度在反向传播过程中的流动。遗忘门可以选择性地遗忘不重要的信息，输入门决定了新信息的添加，输出门控制了输出信息。这些机制共同作用，防止了梯度的无效更新，使得梯度能够在长时间跨度内有效传播。通过这种方式，LSTM 克服了标准 RNN 在长序列数据处理中的固有缺陷，确保了模型在训练过程中能够保持稳定性和有效性。

② 捕捉长时间依赖关系。标准 RNN 在处理长时间依赖关系时表现不佳，而 LSTM 通过记忆细胞能够有效地存储和传递长时间信息。记忆细胞可以选择性地保存重要的信息并在多个时间步之间传递，从而捕捉长时间依赖关系。例如，在自然语言处理任务中，LSTM 能够理解和记忆长句子中的上下文关系，从而提高模型的性能。这种长时间依赖关系的捕捉能力使得 LSTM 在处理复杂的序列任务时表现出色，如语言建模、翻译和情感分析等。

③ 提高模型的表达能力。LSTM 的门控机制使其具有更强的表达能力，能够处理更复杂的序列数据。输入门、遗忘门和输出门的联合作用，使 LSTM 可以灵活地选择保留、更新或输出信息，从而更好地捕捉序列数据的特征。这使 LSTM 在处理各种序列任务（如语言模型、机器翻译、时间序列预测等）时表现出色。通过这种灵活的控制机制，LSTM 能够适应不同类型的数据和任务需求，提供高质量的预测和分类结果。

(3) LSTM 在实际应用中的优势

LSTM 由于其独特的结构和功能，在实际应用中具有显著优势。以下是 LSTM 在实际应用中的一些主要优势：

① 高效处理长序列数据。LSTM 能够有效处理长序列数据，捕捉长时间依赖关系，适用于各种长序列任务。例如，在自然语言处理任务中，LSTM 能够理解和生成长句子，捕捉上下文关系，从而提高翻译、摘要和对话生成的质量。在这些应用中，LSTM 通过其记忆细胞和门控机制，能够长期保留重要信息，避免信息的丢失和遗漏，从而提供更准确和可靠的结果。

② 灵活性和泛化能力。LSTM 的门控机制使其在处理不同类型的序列数据时具有较高的灵活性和泛化能力。无论是金融数据预测、气象数据预报，还是语音识别、视频分析，LSTM 都能通过学习数据的时序特征，提供高质量的预测和分类结果。LSTM 能够根据不同的任务需求，调整其门控机制，选择性地保留和更新信息，从而适应不同类型的数据和任务，提高模型的泛化能力和适应性。

③ 稳定的训练过程。LSTM 通过解决梯度消失和梯度爆炸问题，使得训练过程更加稳定。梯度能够在长时间跨度内有效传播，模型参数的更新更加合理，从而提高模型的收敛速度和性能。这使得 LSTM 在训练过程中表现出较好的稳定性和收敛性。通过这种稳定的训练过程，LSTM 能够快速适应训练数据，避免过拟合和欠拟合现象，从而提供更高质量的预测结果和模型性能。

LSTM 单元通过遗忘门、输入门和输出门的门控机制，有效地解决了标准 RNN 中的梯度消失和梯度爆炸问题，能够捕捉长时间依赖关系，具有较强的表达能力。LSTM 在处理长序列数据、提高模型的灵活性和泛化能力、稳定训练过程等方面表现出色，广泛应用于自然语言处理、时间序列预测、语音识别等领域。随着技术的发展，LSTM 在序列数据处理中的应用前景将更加广阔。通过不断地优化和改进，LSTM 将继续在各种复杂序列任务中发挥重要作用，为解决实际问题提供强大的技术支持。

5.5.2 记忆单元与遗忘门

LSTM 通过引入记忆单元和遗忘门来解决传统循环神经网络中的梯度消失和梯度爆炸问题，从而能够有效地捕捉长时间依赖关系。对记忆单元和遗忘门的结构与功能描述如下。

(1) 记忆单元

记忆单元（cell state）是 LSTM 网络的核心部分，它负责存储和传递长时间依赖信息。记忆单元通过一种类似于传送带的机制，使信息能够在多个时间步之间传递和更新。这种机制使 LSTM 能够有效地捕捉长时间依赖关系，并保持信息的连续性和一致性。记忆单元的状态通过遗忘门和输入门的控制进行更新。

记忆单元的主要作用是存储和传递长时间信息，避免信息在多次时间步的传递中逐渐丢失。记忆单元能够选择性地保留重要的信息，并在需要时进行更新和输出，从而提高模型的表达能力和性能。在处理序列数据，例如在进行自然语言处理、时间序列预测时，记忆单元能够有效地捕捉和记忆长时间的上下文关系，从而生成更加准确和连贯的预测结果。

(2) 遗忘门

遗忘门（forget gate）是 LSTM 单元中的一个关键组件，用来控制记忆单元中哪些信息需要被遗忘。遗忘门通过一个带有 Sigmoid 激活函数的全连接层来实现，对当前时刻的输入和前一时刻的隐藏状态进行处理，生成一个在 0～1 之间的值，表示信息保留的概率。

遗忘门的主要作用是选择性地遗忘记忆单元中不重要或无关的信息，从而保持模型的有效性和稳定性。在处理序列数据时，遗忘门能够过滤掉无关的历史信息，避免模型受到噪声和无关信息的干扰，从而提高预测的准确性和模型的性能。通过遗忘门，LSTM 能够灵活地控制信息的流动，使得模型在捕捉长时间依赖关系的同时，避免信息冗余和过拟合问题。

(3) 记忆单元与遗忘门的协同作用

记忆单元和遗忘门通过协同作用，实现了对信息流动的精细控制。遗忘门选择性地遗忘记忆单元中不重要的信息，而记忆单元通过输入门和候选记忆单元状态的更新，保留和更新重要的信息。通过这种机制，LSTM 能够在多个时间步之间有效地存储和传递长时间信息，从而捕捉长时间依赖关系，提高模型的表达能力和性能。

总的来说，记忆单元和遗忘门是 LSTM 网络中两个关键组件，它们通过精细的控制机制，实现了对长时间依赖关系的捕捉和信息流动的有效管理。在实际应用中，记忆单元和遗忘门的引入，使得 LSTM 在处理复杂序列数据时表现出色，并广泛应用于自然语言处理、时间序列预测、语音识别等领域。随着技术的不断发展，记忆单元和遗忘门的设计和优化将进一步提高 LSTM 网络的性能。

5.5.3 输入门与输出门

长短期记忆网络通过引入输入门和输出门，进一步增强了对信息流动的控制能力，使其能够更有效地处理序列数据。输入门负责控制新信息的写入，而输出门则决定哪些信息需要输出并作为当前时刻的隐藏状态。对输入门和输出门的结构与功能以及其在实际应用中的重要性描述如下。

(1) 输入门

输入门是 LSTM 单元中的一个关键组件，负责控制哪些新信息被写入到记忆单元中。输入门通过一个带有 Sigmoid 激活函数的全连接层和一个带有 Tanh 激活函数的全连接层来实现，这两个部分分别生成输入门的输出和候选记忆单元状态。

输入门的主要作用是控制新信息的写入，决定记忆单元状态的更新。输入门通过选择性地将新信息写入记忆单元，使模型能够灵活地捕捉和存储序列数据中的重要特征。在处理序列数据时，输入门能够有效地过滤噪声，保留对预测有用的信息，从而提高模型的准确性和鲁棒性。具体来说，输入门在自然语言处理中的应用尤为显著。例如，在语言模型中，输入门可以帮助网络在处理长句子时有选择地保留句子中的关键单词和短语，从而提高句子的语义理解和生成能力。

输入门还在其他领域有着广泛应用。例如，在时间序列预测中，输入门可以选择性地更新天气数据或股票价格中的重要信息，从而提高预测的精度。此外，在语音识别中，输入门可以帮助模型更好地捕捉语音信号中的关键信息，从而提高识别的准确性。

(2) 输出门

输出门是 LSTM 单元中的另一个关键组件，负责控制哪些信息从记忆单元中输出，并决定新的隐藏状态。输出门通过一个带有 Sigmoid 激活函数的全连接层来实现，对当前时刻的输入和记忆单元状态进行处理，生成一个控制信息输出的值。

输出门的主要作用是控制信息的输出，实现对序列数据特征的捕捉和特征表示。输出门通过选择性地输出记忆单元中的信息，生成新的隐藏状态，为后续时间步的计算提供基础。在处理序列数据时，输出门能够有效地提取和表征序列数据中的重要特征，从而提高模型的预测性能和表达能力。具体来说，输出门在文本生成任务中的应用尤为重要。例如，在机器翻译中，输出门可以帮助网络在生成翻译句子时输出适当的单词和短语，从而提高翻译的流畅性和准确性。

输出门还在其他应用中起着关键作用。例如，在图像描述生成中，输出门可以控制网络在生成图像描述时输出恰当的单词，从而生成连贯的描述。在语音合成中，输出门可以帮助网络生成连续且自然的语音信号，从而提高语音的自然程度和可理解性。

(3) 输入门与输出门的协同作用

输入门和输出门通过协同作用，实现了对信息流动的精细控制。输入门控制新信息的写入，使得记忆单元能够灵活地捕捉和存储重要的信息。输出门控制信息的输出，实现对序列数据特征的有效表征。通过这种协同作用，LSTM 能够在多个时间步之间有效地存储和传递信息，从而捕捉长时间依赖关系，提高模型的表达能力和性能。

输入门和输出门的协同作用在实际应用中表现出色。例如，在自然语言处理任务中，输入门和输出门共同作用，使得网络能够在处理长文本时选择性地保留和输出重要的信息，从而提高文本理解和生成能力。在时间序列预测中，输入门和输出门共同作用，使得网络能够在预测未来值时灵活地更新和输出重要的历史信息，从而提高预测的准确性和鲁棒性。

总的来说，输入门和输出门是 LSTM 网络中的两个关键组件，它们通过精细的控制机制，实现对信息流动的有效管理。在实际应用中，输入门和输出门的引入，使 LSTM 在处理复杂序列数据时表现出色，并广泛应用于自然语言处理、时间序列预测、语音识别等领域。随着技术的不断发展，输入门和输出门的设计和优化，将进一步提高 LSTM 网络的性能。

5.5.4 LSTM 在序列建模与预测中的应用

长短期记忆网络由于其独特的门控机制，能够有效地捕捉和保留长时间依赖关系，广泛应用于各种序列建模与预测任务中。LSTM 在几个主要应用领域中的作用和实现描述如下。

① 时间序列预测：LSTM 在时间序列预测中表现出色，时间序列数据通常具有时间依赖性和季节性变化，例如股票价格、天气数据和经济指标等。传统的线性回归或自回归模型（ARIMA）在捕捉复杂的非线性关系和长期依赖性方面存在局限性，而 LSTM 通过其门机制能够有效地捕捉这些特征。在金融市场预测中，LSTM 可以通过分析历史价格数据、交易量和其他市场指标，捕捉市场的长期趋势和短期波动，从而提供准确的预测。这有助于投资者制定更明智的交易策略。在天气预报中，LSTM 能够处理多个变量，如温度、湿度、风速等，通过长期历史数据预测未来天气情况。LSTM 的记忆能力使其能够捕捉季节性和周期性变化，提高预测的准确性。在电力负荷预测中，LSTM 可以通过历史用电数据和环境数据，如温度、节假日等，预测未来的电力需求，这对于电力公司优化电力供应和需求管理至关重要。

② 自然语言处理：在自然语言处理领域，LSTM 被广泛应用于各种任务中，包括语言建模、机器翻译和文本生成等。在语言建模中，LSTM 能够通过分析大规模文本数据，捕捉句子中的语法和语义关系，从而生成具有连贯性的文本。语言模型是许多 NLP 应用的基

础，例如自动文本补全和文本生成。在机器翻译中，LSTM 通过编码器-解码器架构，将源语言句子编码为上下文向量，然后解码为目标语言句子。LSTM 能够有效地捕捉长句子中的依赖关系，提高翻译质量。在情感分析中，LSTM 可以通过分析文本中的情感词汇和上下文关系，预测文本的情感倾向。例如，在社交媒体评论分析中，LSTM 能够准确识别正面和负面的情感，帮助企业了解客户的反馈。

③ 语音识别与合成：LSTM 在语音识别和合成任务中表现出色，主要是因为语音信号具有时间依赖性和连续性。在语音识别中，LSTM 分析连续的语音信号，识别语音中的语音单元如音素、词汇等，并将其转换为文本。LSTM 的长期记忆能力使其能够在长语音段中保持高准确率。在语音合成（text-to-speech，TTS）中，LSTM 通过生成连续的语音信号，实现文本到自然语音的转换。LSTM 能够捕捉文本中的语调和语义信息，使生成的语音更加自然流畅。

④ 行为预测与异常检测：LSTM 还应用于用户行为预测和异常检测中，通过分析用户行为序列，预测未来行为或检测异常行为。在用户行为预测中，LSTM 通过分析用户的历史行为，如点击、购买等操作，预测用户的未来行为。这有助于个性化推荐，提高用户满意度和销售额。在异常检测中，LSTM 通过分析系统日志和传感器数据，检测异常行为或故障。例如，在网络安全中，LSTM 能够检测异常的网络流量，识别潜在的安全威胁。

⑤ 股票价格预测：LSTM 通过分析历史价格数据和技术指标，如移动平均线、相对强弱指数等，捕捉市场的长期趋势和短期波动。训练好的 LSTM 模型可以预测未来几天的股票价格，为投资者提供决策支持。这种方法的优势在于，LSTM 能够处理复杂的非线性关系和多种市场因素，提高预测的准确性和可靠性。

⑥ 机器翻译：LSTM 通过编码器-解码器架构，将源语言句子编码为上下文向量，然后解码为目标语言句子。例如，将英语句子翻译成法语。在这种架构中，编码器 LSTM 将整个源语言句子压缩为一个固定大小的上下文向量，然后解码器 LSTM 使用这个向量生成目标语言句子。LSTM 的优势在于其能够有效捕捉长句子中的依赖关系，从而提高翻译质量。LSTM 在机器翻译中的应用显著改善了翻译系统的性能，使得机器翻译结果更加自然和准确。

⑦ 序列建模与预测：LSTM 独特的门控机制使其能够有效地捕捉和保留长时间依赖关系，适用于各种复杂的序列数据任务。从时间序列预测、自然语言处理到语音识别与合成，LSTM 展现了强大的建模能力和预测性能，成为许多深度学习应用中的重要工具。通过合理设计和训练，LSTM 能够提供准确和高效的预测结果，帮助解决实际问题，提高系统的智能化水平。无论是在金融市场预测中的趋势分析，还是在机器翻译中的语言处理，LSTM 都展示了其强大的适应性和应用价值。这使得 LSTM 成为现代深度学习中不可或缺的工具，推动了许多领域的技术进步和应用创新。

5.6 生成对抗网络

5.6.1 生成器的结构与工作原理

生成对抗网络（generative adversarial network，GAN）中的生成器通常是一个复杂的深度神经网络，其设计目的是将低维随机向量从标准正态分布中采样转换为高维的数据样本，模拟真实数据的分布。生成器的结构一般包括输入层、隐藏层和输出层三层。输入层接收低维随机向量，作为生成样本的初始数据。隐藏层通过一系列的线性变换和非线性激活函数，如 ReLU 或 Leaky ReLU，逐步增加数据的维度和复杂性，以逼近真实数据分布。在卷积生成器中，反卷积层（transposed convolutional layer）常用于上采样，生成高分辨率的图像。最后，输出层将上采样后的数据转换成目标数据的形状和维度。例如，对于图像生成任务，输出层的激活函数通常是 Tanh 函数，使输出值在［－1,1］之间，从而生成逼真的图像样本。这种多层结构使生成器能够捕捉和重现复杂的高维数据特征，从而提高生成数据的质量和真实性。

（1）生成器的工作原理

生成器的工作原理可以概括为以下几个步骤：生成器接收一个来自潜在空间的低维随机向量，这个向量通常从标准正态分布中采样；生成器通过一系列线性变换和非线性激活函数将这个随机向量逐步转换成高维的样本，在这个过程中，生成器的参数通过反向传播算法进行优化，使生成的样本尽可能接近真实数据；生成器输出一个与真实数据形状相同的样本，例如，在图像生成任务中输出一个二维图像矩阵。在 GAN 的训练过程中，生成器与判别器通过对抗训练不断优化。生成器生成的样本会被送到判别器中，判别器判断这些样本是生成的还是来自真实数据。生成器的目标是欺骗判别器，使其无法区分生成样本和真实数据，从而提高生成样本的质量。这种对抗训练机制推动了生成器不断改进，最终能够生成高度逼真的数据样本。

（2）生成器的优化

生成器的优化目标是最小化判别器对生成样本的判别损失，使生成的样本尽可能逼真。通过最小化损失函数，生成器不断调整参数，使生成的样本逐步逼近真实数据分布，生成器的优化过程通过反向传播和梯度下降算法实现。首先，生成器计算生成样本的判别结果，将生成样本输入到判别器中，计算判别器的输出。然后，根据生成器的损失函数计算损失值。最后，通过反向传播算法计算生成器参数的梯度，并使用梯度下降算法更新生成器的参数。这一系列优化步骤使生成器在对抗训练中不断提升自身的生成能力，生成的样本越来越逼真。

（3）生成器在 GAN 训练中的作用

在 GAN 训练中，生成器扮演着至关重要的角色。其主要任务是生成高质量的假样本，使判别器难以区分这些样本与真实数据。在训练初期，生成器生成的样本质量较低，但随着训练的进行，生成器不断从判别器的反馈中学习，提高生成样本的质量。通过对抗训练，生成器和判别器共同进步，生成器生成的样本越来越逼真，判别器的判别能力也越来越强。这个对抗过程推动了生成器和判别器的共同优化，最终实现生成高质量数据的目标。在实际应用中，GAN 的成功得益于生成器和判别器的有效协同工作，使 GAN 在图像生成、视频生成、文本生成等领域展现了强大的潜力。生成器通过不断提升生成样本的质量，为 GAN 的广泛应用奠定了基础，推动了许多领域的技术进步和应用创新。

5.6.2 判别器的结构与工作原理

生成对抗网络的判别器是关键组件之一，其任务是区分真实数据和生成数据。判别器通常是一个深度神经网络，其结构与传统的分类网络类似，包括输入层、隐藏层和输出层三层。判别器的输入层接收一个高维数据样本，例如图像生成任务中的二维图像矩阵。隐藏层通过一系列的卷积层或全连接层逐步提取输入数据的特征。每一层之后通常接一个非线性激活函数和池化层来增强网络的表达能力和降维效果。卷积层通过局部感知机制提取数据的局部特征，池化层则通过降维和提取主要特征来减少计算复杂度。输出层通常是一个单节点的全连接层，使用 Sigmoid 激活函数，将输出值映射到 0～1 之间，表示输入样本为真实数据的概率。判别器的结构设计旨在通过深层特征提取和分类，准确区分真实数据和生成数据，这一过程通过不断优化网络参数来实现，逐步提高判别器的判别能力和准确性。

(1) 判别器的工作原理

判别器的工作原理可以分为以下几个步骤：判别器接收一个输入样本，该样本可能来自真实数据集或生成器生成的数据。判别器通过一系列的卷积层或全连接层，对输入样本进行特征提取和降维。在每一层中，数据通过卷积操作提取局部特征，非线性激活函数增加模型的表达能力，池化层进一步降维和增强特征。在特征提取完成后，判别器将数据传递到输出层，通过 Sigmoid 激活函数计算输入样本为真实数据的概率。判别器的训练目标是最大化真实数据的判别概率，同时最小化生成数据的判别概率。不断优化判别器的参数，使其能够准确区分真实数据和生成数据，从而提高 GAN 的整体性能。判别器的输出是一个介于 0～1 之间的数值，表示输入数据为真实数据的置信度。这个概率值用于计算损失函数，以指导反向传播和参数更新，最终实现判别器的有效训练。

(2) 判别器的优化

判别器的优化目标是最小化其对真实数据的分类损失，同时最大化其对生成数据的分类损失。具体来说，判别器的损失函数可以表示为：

$$L_D = -\{E_{x \sim P_{\text{data}}}(\ln D(x)) + E_{z \sim P_z}(\ln\{1 - D[G(z)]\})\} \tag{5-41}$$

其中，$D(x)$表示判别器对真实数据 x 的判别概率，$D[G(z)]$表示判别器对生成数据的判别概率。判别器的参数通过反向传播算法进行优化，使其在区分真实数据和生成数据时具有更高的准确性。在每次训练迭代中，判别器首先接收一批真实数据和生成数据，计算它们的判别概率，然后根据损失函数计算梯度，并使用梯度下降算法更新参数。这个优化过程不断提高判别器的分类能力，使其能够更准确地识别生成样本，从而指导生成器改进生成数据的质量。优化过程中，判别器不仅需要提高对真实数据的识别准确度，还需要防止被生成器生成的假样本欺骗。通过对抗训练，判别器和生成器相互学习和改进，共同推动 GAN 性能的提升。

(3) 判别器在 GAN 训练中的作用

在 GAN 训练中，判别器的作用至关重要。判别器通过对真实数据和生成数据进行区分，不断向生成器提供反馈，推动生成器生成更加逼真的样本。训练过程中，判别器和生成器通过对抗训练相互竞争，判别器的目标是提高其对真实数据和生成数据的区分能力，而生成器的目标是生成能够欺骗判别器的高质量样本。这个对抗过程使生成器和判别器共同进步，生成器生成的样本越来越逼真，判别器的判别能力也越来越强。通过这种相互博弈的机制，GAN 能够在各种数据生成任务中表现出色。判别器的存在不仅提高了生成样本的质量，也推动了 GAN 在图像生成、文本生成、视频生成等领域的广泛应用。判别器在整个对抗训练过程中起到了监督和指导生成器改进的作用，使生成器逐步提升生成数据的真实性和质量。

(4) 判别器的实际应用与挑战

在实际应用中，判别器需要处理各种类型的数据，如图像、文本和音频等，因此其结构设计需要根据具体任务进行调整。例如，在图像生成任务中，判别器通常采用卷积神经网络结构，通过多层卷积和池化操作提取图像的局部和全局特征。而在文本生成任务中，判别器可能采用循环神经网络或转换器结构，捕捉文本中的时序和上下文信息。尽管判别器在GAN 中起着重要作用，但其训练过程也面临一些挑战，如模式崩溃和梯度消失等问题。这些问题可能导致判别器在训练中无法提供有效的反馈，从而影响生成器的性能。因此，在设计和训练判别器时，需要综合考虑网络结构、损失函数和优化策略等因素，确保 GAN 的稳定训练和高效性能。此外，判别器还需要处理生成器不断进化的生成样本，这要求判别器具备强大的学习能力和适应性，以应对生成器在训练过程中的各种变化和改进。

判别器作为生成对抗网络的关键组件，通过区分真实数据和生成数据，推动生成器不断改进生成样本的质量。判别器的结构通常包括输入层、隐藏层和输出层三层，旨在通过深层特征提取和分类，实现对数据的准确判别。判别器通过对抗训练，与生成器相互竞争，共同提升 GAN 的性能。尽管面临一些挑战，但通过合理的设计和优化，判别器在各种数据生成任务中展现出强大的应用潜力，推动了 GAN 在图像生成、文本生成等领域的广泛应用。通过不断进行对抗训练，判别器和生成器共同进步，最终实现高质量数据的生成，体现了GAN 的强大生成能力和广泛应用前景。

5.6.3 GAN 的对抗训练过程

GAN 的对抗训练过程是一种独特的训练方法，其通过生成器和判别器之间的相互博弈，实现数据生成。GAN 由两个主要部分组成：生成器和判别器。生成器的目标是生成逼真的假数据样本，以欺骗判别器；而判别器的目标是区分真实数据和生成数据。这个对抗过程类似于一个零和游戏，其中生成器和判别器相互竞争，不断提升各自的能力。通过这种对抗训练机制，GAN 能够生成高质量、逼真的数据样本，广泛应用于图像生成、文本生成等领域。

对抗训练过程主要包括以下几个步骤：

① 初始化网络参数：随机初始化生成器和判别器的参数。生成器的初始权重决定了其初始生成数据的质量，而判别器的初始权重决定了其初始判别能力。

② 训练判别器：在每次迭代中，判别器接收一批真实数据样本和生成器生成的假数据样本。判别器通过前向传播计算每个样本为真实数据的概率，然后计算判别器的损失函数。损失函数由两部分组成：一部分是判别器对真实数据的分类误差，另一部分是判别器对生成数据的分类误差。通过反向传播，判别器的参数得到更新，使其在区分真实数据和生成数据时更加准确。

③ 训练生成器：生成器的目标是生成能够欺骗判别器的假数据样本。生成器接收一批随机噪声作为输入，通过前向传播生成假数据样本，然后将这些样本输入判别器。判别器对生成样本的分类结果用于计算生成器的损失函数。生成器的损失函数反映了判别器被欺骗的程度，生成器通过反向传播更新参数，使其生成的样本越来越逼真。

④ 循环迭代：在每次迭代中，生成器和判别器交替训练，重复上述步骤。通过不断对抗训练，生成器和判别器共同进步，生成样本的质量和判别器的判别能力不断提升。

对抗训练的本质是一个不断循环的过程，通过多次迭代，生成器学会生成越来越逼真的样本，判别器学会更精确地区分真实数据和生成数据。在每一轮迭代中，判别器先更新以确保其能够准确识别真实数据和生成数据，接着生成器更新以提高其生成数据的质量，使其能够更好地欺骗判别器。

对抗训练过程中存在一些挑战，如模式崩溃和训练不稳定等问题。模式崩溃是指生成器在训练过程中生成的样本缺乏多样性，集中在少数模式上。训练不稳定则是指生成器和判别器在训练过程中难以达到平衡，导致生成样本质量波动较大。这些问题可以通过改进网络结构、优化算法和训练策略来缓解。例如，使用改进的 GAN 架构，如 Wasserstein GAN（WGAN）和双重生成对抗网络（CycleGAN），可以提高训练稳定性和生成样本的多样性。

训练不稳定的原因之一是生成器和判别器的学习速度不匹配，导致生成器和判别器的对抗过程失衡。为了解决这个问题，可以采用一些策略，如调整学习率、使用不同的优化算法、引入梯度惩罚等。此外，通过对生成器和判别器的架构进行调整，例如增加网络层数、使用不同的激活函数，也可以改善对抗训练的稳定性。

对抗训练过程使 GAN 在图像生成、文本生成、视频生成等领域展现出广泛的应用前景。通过不断地改进和优化，GAN 的生成能力和应用范围得到了显著扩展。例如，在图像生成领域，GAN 可以生成高分辨率、逼真的图像；在文本生成领域，GAN 可以生成连贯、具有语义意义的文本段落。未来，GAN 有望在更多领域发挥重要作用，如医学图像生成、自动驾驶仿真数据生成等。通过不断的技术创新和应用探索，GAN 的对抗训练过程将进一步推动生成模型的发展和应用。在医学图像生成中，GAN 可以用来生成高质量的医学影像数据，帮助医生进行更准确的诊断和治疗；在自动驾驶领域，GAN 可以生成大量的仿真驾驶数据，用于训练和测试自动驾驶系统，提高其安全性和可靠性。通过在这些领域中的应用，GAN 不仅提高了数据生成的效率和质量，还推动了相关技术的发展和进步。

对抗训练是 GAN 成功的关键，其通过生成器和判别器的相互博弈，实现高质量数据的生成。在训练过程中，生成器和判别器不断进化，提升各自的能力，使生成数据越来越逼真，判别器的判别能力也不断增强。尽管对抗训练过程中面临一些挑战，但通过合理的优化策略和改进，可以解决这些问题，实现高效稳定的训练。GAN 的对抗训练机制为数据生成提供了一种全新的方法，展现了广阔的应用前景和发展潜力。在未来，随着技术的不断进步和应用的不断拓展，GAN 的对抗训练过程将为更多领域带来革命性的变化和突破。GAN 的对抗训练不仅是一种创新的训练方法，也是一种有效的数据生成手段，推动了生成模型的发展和应用。在不断探索和创新的过程中，GAN 的对抗训练将继续发挥重要作用，为人工智能和深度学习领域带来更多的可能性和机遇。

5.6.4 GAN 的优化方法

（1）网络架构改进

优化生成对抗网络的一个重要方向是改进其网络架构，基础 GAN 模型在某些情况下容易出现训练不稳定和模式崩溃问题，改进网络架构可以在一定程度上缓解这些问题。常见的网络架构改进包括深度卷积生成对抗网络（DCGAN）、条件生成对抗网络（CGAN）和自注意力生成对抗网络（SAGAN）三种。

深度卷积生成对抗网络通过使用卷积层和反卷积层，提升了生成器和判别器的表现。卷积层有助于提取数据中的空间特征，使生成的图像更加清晰逼真。条件生成对抗网络通过在生成器和判别器中引入条件变量，使生成过程能够接收额外信息，从而生成符合特定条件的样本。这种方法在图像到图像的转换、文本到图像的生成等系列任务中表现优异。自注意力生成对抗网络引入了自注意力机制，使网络能够捕捉长距离依赖关系，生成更加细腻、结构更复杂的图像。

（2）损失函数调整

GAN 的损失函数设计对其训练效果有直接影响。传统 GAN 的损失函数存在一些缺陷，如训练不稳定和梯度消失问题。为此，研究人员提出了一些改进的损失函数，如 Wasserstein GAN（WGAN）、Least Squares GAN（LSGAN）和 Hinge Loss GAN。WGAN 引入 Wasserstein 距离，也称地球移动距离，来替代传统的 JS 散度度量，从而缓解了梯度消失问题。WGAN 的损失函数对生成器和判别器的训练更加平滑，增强了训练的稳定性。LSGAN 将传统 GAN 的对数损失函数替换为最小二乘损失函数，使判别器的输出值更加平滑，有助于生成器生成更加逼真的样本。Hinge Loss GAN 使用 Hinge 损失函数，提高了判别器的训练效率，减少了训练过程中梯度消失的风险。

（3）使用训练技巧

在 GAN 的训练过程中，采用一些特殊的训练技巧可以提高训练效果，避免常见的训练问题。常见的训练技巧包括批次归一化（batch normalization）、梯度惩罚（gradient penalty）、谱归一化（spectral normalization）、标签平滑（label smoothing）和随机梯度下降（SGD）优化器的选择五种。

批次归一化在生成器和判别器中都能提高训练的稳定性，缓解梯度消失和梯度爆炸问题。它通过标准化每一批次的数据，使网络的训练过程更加平稳。梯度惩罚在 WGAN-GP 中用于替代权重剪枝，进一步提升 WGAN 的稳定性。梯度惩罚通过在判别器的损失函数中添加梯度约束，确保梯度的有界性。谱归一化通过约束网络权重的谱范数，控制网络的输出范围，增强训练稳定性。标签平滑通过对真实数据标签进行轻微扰动，减少判别器对生成器的攻击，提高生成器的生成质量。最后，选择合适的优化器如 Adam 或 RMSProp，并调整学习率和动量参数，可以提高训练效率，减少训练时间。

（4）正则化方法

正则化方法可以有效防止过拟合，提升模型的泛化能力，是 GAN 优化中不可或缺的一部分。常见的正则化方法包括 Dropout、权重惩罚（weight penalty）和数据增强（data augmentation）三种。

在训练过程中，Dropout 通过随机丢弃部分神经元，防止过拟合。Dropout 在生成器和判别器中都能有效提高模型的鲁棒性。权重惩罚通过在损失函数中添加权重惩罚项，限制网络权重的大小，防止过拟合。这种方法有助于网络参数的平滑和稳定。数据增强通过对训练数据进行随机变换（如旋转、缩放、裁剪等），扩充训练数据集，提高模型的泛化能力。在 GAN 训练中，数据增强可以有效防止生成器生成过拟合的样本。

深度卷积生成对抗网络（DCGAN）是 GAN 的一种重要变体，其使用卷积层和反卷积层，提升了生成器和判别器的表现。卷积层能够提取数据中的空间特征，使生成的图像更加清晰逼真。在 DCGAN 中，生成器通过一系列的反卷积层将随机噪声转换为逼真的图像，而判别器则通过一系列的卷积层来判断输入图像的真实性。DCGAN 在生成高质量图像方面表现优异，被广泛应用于图像生成、图像修复等领域。

Wasserstein GAN（WGAN）引入 Wasserstein 距离来替代传统的 JS 散度度量，从而缓

解梯度消失问题。WGAN 的损失函数对生成器和判别器的训练更加平滑，增强了训练的稳定性。在 WGAN 中，生成器的目标是最小化 Wasserstein 距离，而判别器的目标是最大化 Wasserstein 距离。通过这种优化策略，WGAN 能够生成高质量的样本，并显著提高训练的稳定性。

（5）批次归一化

批次归一化在生成器和判别器中都能提高训练的稳定性，缓解梯度消失和梯度爆炸问题。它通过标准化每一批次的数据，使网络的训练过程更加平稳。在批次归一化过程中，每个小批次的数据都会被标准化，使其均值为 0，方差为 1。这样可以加快模型的收敛速度，提高训练效率。批次归一化在深度卷积网络中尤为有效，常用于 DCGAN 等变体中。

梯度惩罚在 WGAN-GP 中用于替代权重剪枝，进一步提升 WGAN 的稳定性。梯度惩罚通过在判别器的损失函数中添加梯度约束，确保梯度的有界性。具体而言，梯度惩罚项约束判别器在生成数据和真实数据之间的插值点处的梯度，使其接近 1。这样可以防止梯度爆炸和梯度消失问题，增强训练的稳定性和鲁棒性。

正则化方法可以有效防止过拟合，提升模型的泛化能力，是 GAN 优化中不可或缺的一部分。在训练过程中，Dropout 通过随机丢弃部分神经元，防止过拟合。Dropout 在生成器和判别器中都能有效提高模型的鲁棒性。权重惩罚通过在损失函数中添加权重惩罚项，限制网络权重的大小，防止过拟合。这种方法有助于网络参数的平滑和稳定。通过合理应用这些正则化方法，可以显著提高 GAN 的训练效果和生成质量。

数据增强通过对训练数据进行随机变换，如旋转、缩放、裁剪等，扩充训练数据集，提高模型的泛化能力。在 GAN 训练中，数据增强可以有效防止生成器生成过拟合的样本。例如，在图像生成任务中，通过对原始图像进行随机旋转、平移、裁剪等操作，可以生成更多样化的训练样本，从而提升生成器的生成能力和模型的泛化性。

总之，优化 GAN 的方法多种多样，从网络架构改进、损失函数调整、训练技巧到正则化方法，各种技术手段相辅相成，共同提升 GAN 的训练效果。通过合理应用这些优化方法，可以有效缓解 GAN 训练过程中的不稳定性、模式崩溃等问题，进一步提高生成数据的质量和多样性。未来，随着研究的不断深入和技术的不断进步，GAN 的优化方法将不断完善，为生成对抗网络的应用提供更为坚实的基础。GAN 的优化不仅需要技术的改进，更需要实践中的不断探索和积累。通过在实际应用中不断尝试和调整，研究人员和工程师能够发现更多优化 GAN 的方法和技巧。随着对 GAN 理论理解的深入和计算资源的提升，GAN 的优化方法将变得更加高效和实用，为各种生成任务提供强有力的支持。无论是在图像生成、文本生成还是其他生成任务中，优化方法的不断发展都将推动 GAN 技术的广泛应用和进步。

5.6.5 GAN 的应用

生成对抗网络在多个领域展现了强大的应用潜力，其在图像生成、修复与超分辨率中表现出色，可生成高质量的图像和填补缺失部分。在文本生成与翻译方面，GAN 能够生成自然流畅的文本，并提高翻译质量。GAN 还在数据增强与生成、音频处理、药物发现、生物信息学、游戏开发、虚拟现实等领域有广泛应用。它通过生成新样本、提升图像和音频质量、创造虚拟环境、生成药物化合物和基因序列，推动各行业的技术进步和创新。GAN 的多样化应用展现了其在提升技术水平和优化各领域操作中的巨大潜力，其在常见应用领域的功能描述如下：

① 图像生成：GAN 在图像生成领域表现出色，被广泛应用于各种图像生成任务。GAN 可以生成高分辨率、逼真的图像，甚至可以创造出从未存在过的虚拟人物和场景。举例来说，StyleGAN 是一种先进的 GAN 变体，它通过逐层生成和控制图像的风格细节，能够生成高质量的逼真人脸图像，这些图像在视觉上几乎无法与真实照片区分开来。这种技术在娱乐和媒体行业具有巨大潜力，不仅可以用于创建虚拟演员和角色，还可以用于照片增强和个性化头像生成。此外，GAN 在艺术创作中也展现了强大的潜力，通过学习艺术家的风格，GAN 可以生成具有特定艺术风格的作品，广泛应用于广告设计、游戏开发和电影制作等领域。例如，GAN 生成的艺术图像可以模仿梵高、毕加索等著名艺术家的风格，使艺术创作更加多样化和丰富。

② 图像修复与超分辨率：GAN 在图像修复与超分辨率任务中也发挥了重要作用。图像修复是指填补图像中的缺失区域，使其恢复完整。例如，在旧照片修复中，GAN 可以自动填补因损坏而丢失的部分，使照片焕然一新。GAN 通过学习大量图像的特征，能够生成自然逼真的填补内容，不仅提高了图像修复的效果，还大大减少了人工修复的工作量。图像超分辨率是将低分辨率图像转换为高分辨率图像的技术，SRGAN 是一种专门用于图像超分辨率的 GAN 模型，它通过深度卷积网络生成高质量的高分辨率图像，广泛应用于医学影像处理、卫星图像分析等领域。例如，在医学影像处理中，超分辨率技术可以提高影像的清晰度，有助于医生进行更准确的诊断；在卫星图像分析中，高分辨率图像有助于更详细地观察地球表面的变化。

③ 文本生成与翻译：GAN 在文本生成与翻译领域的应用也引起了广泛关注。通过学习大规模的文本数据，GAN 能够生成自然流畅的文本段落，应用于自动写作、对话生成等任务。例如，在自动写作中，GAN 可以生成新闻报道、小说章节等内容，提高了写作效率。SeqGAN 是一种用于序列生成的 GAN 变体，通过结合序列模型和对抗训练，SeqGAN 能够生成高质量的文本内容，适用于对话系统、自动摘要等。此外，GAN 在文本翻译中也展现了潜力，通过学习不同语言之间的对应关系，GAN 可以生成高质量的翻译文本，应用于机器翻译和跨语言信息检索等领域。例如，GAN 可以帮助翻译公司提高翻译效率和质量，或者帮助跨国公司进行多语言的客户服务。

④ 数据增强与生成：数据不足是深度学习中的常见问题，GAN 在数据增强与生成方面提供了有效的解决方案。通过生成新的样本，GAN 能够扩充训练数据集，提高模型的泛化能力。例如，在医学领域，获取大量带标签的医学影像数据非常困难，而 GAN 可以生成新的医学影像数据，解决数据稀缺的问题，提升诊断模型的性能。GAN 生成的模拟数据在自动驾驶、金融风险评估等领域也有重要应用。例如，自动驾驶系统需要大量的驾驶数据进行训练，GAN 生成的模拟驾驶数据可以丰富训练集，提高系统的鲁棒性和安全性；在金融领域，GAN 生成的模拟市场数据可以用于风险评估和投资策略优化，帮助投资者做出更明智的决策。

⑤ 音频生成与处理：GAN 在音频生成与处理领域也展现了强大的能力。通过学习大量的音频数据，GAN 可以生成高质量的音乐、语音和音效，应用于音乐创作、语音合成等场景。例如，WaveGAN 是一种用于生成原始音频波形的 GAN 模型，它能够生成逼真的音频样本，广泛应用于音乐生成和音频增强等领域。GAN 生成的音乐可以用于电影配乐、广告音效等创作，提高了音频制作的效率和创意。在语音转换中，GAN 通过学习源语音和目标

语音之间的映射关系，实现高质量的语音转换，应用于语音模仿、语音隐私保护等场景。例如，GAN 可以帮助用户改变自己的声音，保护隐私；也可以模仿名人的声音，用于娱乐和媒体行业。

⑥ 药物发现与生物信息学：GAN 在药物发现与生物信息学领域也展现了巨大的潜力。通过学习分子结构数据，GAN 能够生成新的化合物，预测其生物活性和药效，可完成新药发现和药物设计等任务。MolGAN 是一种专门用于生成分子图结构的 GAN 模型，它通过学习化学分子的特征和规律，能够生成具有特定药理性质的分子，促进药物研发过程的加速。例如，GAN 生成的新化合物可以在虚拟环境中进行测试，筛选出有潜力的药物候选物，减少了实验室的研究成本。此外，GAN 在基因组数据生成和蛋白质结构预测中也有应用，通过生成新的基因序列和蛋白质结构数据，GAN 推动生物信息学研究的发展。例如，GAN 可以帮助科学家生成新的基因序列，用于疾病研究和基因治疗；也可以预测蛋白质的三维结构，有助于理解其功能和作用机制。

⑦ 游戏开发与虚拟现实：GAN 在游戏开发与虚拟现实（VR）领域的应用也非常广泛。通过生成逼真的游戏场景和角色，GAN 可以提升游戏的视觉效果和玩家的沉浸感。例如，GAN 可以生成复杂的游戏场景，如城市、森林、宇宙等，使游戏画面更加生动逼真。在 VR 应用中，GAN 可以生成高度逼真的虚拟环境，增强用户的体验，使其感觉更加真实。此外，GAN 还可以用于生成游戏中的对话和剧情，提升游戏的互动性和趣味性。例如，GAN 可以生成多样化的对话，增强游戏角色的个性；也可以生成复杂的剧情，使游戏故事更加引人入胜。通过 GAN 的应用，游戏开发和虚拟现实技术将不断创新，为用户带来更加丰富多彩的体验。

⑧ 其他应用：除了上述领域，GAN 在许多其他应用中也展现了强大的能力。例如，在安全领域，GAN 被用于生成对抗样本，评估模型的鲁棒性和安全性。对抗样本是指经过精心设计的输入，可以欺骗机器学习模型，使其做出错误判断，GAN 生成的对抗样本可以用于测试模型的防御能力，增强系统的安全性。在金融领域，GAN 用于生成模拟市场数据，进行风险评估和投资策略优化。例如，GAN 生成的模拟数据可以模拟市场的不同波动情况，帮助投资者制定更有效的投资策略。在教育领域，GAN 可以生成教育资源和课件，提升教学效果和学生的学习体验。例如，GAN 生成的个性化课件可以满足不同学生的学习需求，提高教学质量。GAN 的应用前景广阔，随着技术的不断进步和应用场景的拓展，GAN 将为各个行业带来更多创新和变革。

第6章

强化学习算法

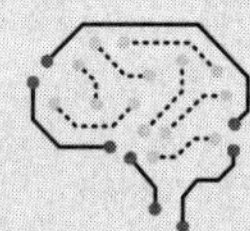

强化学习（reinforcement learning，RL）是一种机器学习方法，通过与环境交互来学习最优策略，以实现最大化累积奖励。与监督学习不同，强化学习不依赖于预先标注的训练数据，而是通过试错来探索和优化决策过程。在强化学习中，智能体（Agent）在环境中进行一系列动作，每个动作都会引发环境状态的变化，并获得相应的奖励。智能体的目标是学习一个策略，使得长期获得的奖励总和（通常称为回报）最大化。强化学习的核心组成包括状态、动作和奖励，这些要素共同决定了智能体如何选择最佳行为策略。

强化学习算法主要分为三类：值函数方法、策略优化方法和模型基方法。值函数方法如Q学习和SARSA，通过估计每个状态-动作对的价值来优化策略。策略优化方法如策略梯度方法直接优化策略函数，通过计算策略的梯度来提高奖励。模型基方法则构建环境的内部模型，用以预测未来的状态和奖励，从而改进策略的选择。每种方法都有其适用场景和优缺点，如值函数方法在离线训练中表现较好，而策略优化方法在处理复杂任务和大规模问题时更具灵活性。

尽管强化学习在许多领域，如游戏、机器人控制和自然语言处理等领域，取得了显著成果，但它也面临挑战，如训练过程的计算成本高、样本效率低和探索与利用的权衡问题。为了应对这些挑战，研究者们不断开发新的算法和技术，如深度强化学习，它结合了深度学习和强化学习的优点，通过深度神经网络处理高维输入数据，提升了模型的表现和应用范围。总的来说，强化学习是一种强大而灵活的工具，通过不断地探索和优化，强化学习能够在复杂和动态的环境中实现自主学习和决策。

6.1 马尔可夫决策过程

马尔可夫过程是概率论和随机过程理论中的重要概念，它描述了状态随时间转移的随机过程，具有特定的马尔可夫性质。下面详细地介绍马尔可夫过程的核心概念和特点。

6.1.1 核心概念

马尔可夫决策过程（Markov decision process，MDP）是一个用于建模和解决决策问题的数学框架，广泛应用于强化学习和决策理论中。MDP由五个基本元素组成：状态空间、动作空间、奖励函数、状态转移概率和策略。状态空间（S）是系统可能处于的所有状态的集合，而动作空间（A）是系统可以执行的所有动作的集合。在每个状态下，智能体可以选择一个动作，进而影响系统的状态转移。状态转移概率（P）描述了在给定当前状态和动作的情况下，系统转移到下一个状态的概率。这一过程通常与奖励函数（R）结合使用，奖励函数定义了在特定状态和动作下，智能体获得的即时奖励。策略（π）是一个策略函数，用于指定在每个状态下应选择哪个动作。通过优化策略，智能体能够最大化累积的长期奖励。MDP的核心在于其马尔可夫性质，即当前状态包含了所有必要的信息来预测未来状态的转移，并独立于过去的历史状态。这种性质简化了问题的求解，使得通过动态规划、蒙特卡罗方法或时间差分学习等技术，可以有效地进行策略优化和价值函数的估计。MDP的设计和解决不仅提供了理论基础，还在实际应用中，比如机器人控制、游戏策略和供应链管理等方面，展示了其广泛的实用性和强大的解决能力。

6.1.2 值函数

马尔可夫决策过程中的值函数是一个核心概念，它用于评估每个状态或状态-动作对的长期累积奖励期望。值函数在MDP中的定义有三种常见形式：状态值函数、状态-动作值函数、最优值函数。

(1) 状态值函数

状态值函数 $V(s)$ 定义为从状态 s 开始，按照某个策略（或最优策略）执行动作后，预期的长期累积奖励的期望值。具体而言：

$V^{\pi}(s)$ 表示在状态 s 下，按照策略 π 执行动作后的预期长期奖励。对于一个确定性策略 π，状态值函数可以通过以下贝尔曼方程（Bellman equation）进行递归定义：

$$V^{\pi}(s)=R[s,\pi(s)]+\gamma\sum_{s'\in\boldsymbol{S}}P[s'|s,\pi(s)]V^{\pi}(s') \tag{6-1}$$

其中，$R[s,\pi(s)]$是执行动作 $\pi(s)$后在状态 s 所获得的即时奖励；$P[s'|s,\pi(s)]$是从状态 s 执行动作$\pi(s)$ 后转移到状态 s'的概率；γ 是折扣因子，用于平衡即时奖励和未来奖励的重要性。

通过解这个方程，可以得到状态值函数 $V^{\pi}(s)$，它反映了在策略 π 下每个状态的长期价值。

(2) 状态-动作值函数 $Q(s,a)$

状态-动作值函数 $Q(s,a)$表示在状态 s 下，执行动作 a 后按照某策略（或最优策略）的预期长期累积奖励的期望值。具体而言：

$Q^{\pi}(s,a)$表示在状态 s 下，执行动作 a 后按照策略π 的预期长期奖励。

对于一个确定性策略 π，状态-动作值函数的贝尔曼方程为：

$$Q^{\pi}(s,a)=R(s,a)+\gamma\sum_{s'\in\boldsymbol{S}}P(s'|s,a)V^{\pi}(s') \tag{6-2}$$

其中，$R(s,a)$是执行动作 a 后在状态s 所获得的即时奖励；$P(s'|s,a)$是从状态 s 执行动作 a 后转移到状态 s'的概率；$V^{\pi}(s')$是在策略 π 下状态 s'的价值函数。

通过解这个方程，可以得到状态-动作值函数 $Q^{\pi}(s,a)$，它为每个状态和动作组合提供了在策略下的长期价值。

(3) 最优值函数 $V(s)$和 $Q(s,a)$

最优状态值函数 $V(s)$ 和最优状态-动作值函数 $Q(s,a)$ 分别定义为在所有可能的策略中，能够最大化长期奖励的价值函数。它们满足如下的最优贝尔曼方程：

$$V(s)=\max_{a\in\boldsymbol{A}}[R(s,a)+\gamma\sum_{s'\in\boldsymbol{S}}P(s'|s,a)V(s')] \tag{6-3}$$

$$Q(s,a)=R(s,a)+\gamma\sum_{s'\in\boldsymbol{S}}P(s'|s,a)\max_{a'\in\boldsymbol{A}}Q(s',a') \tag{6-4}$$

解这些方程可以得到最优策略下的最优值函数，它们指导着在每个状态或状态-动作对上的最佳决策选择。

总结来说，值函数在马尔可夫决策过程中扮演着重要角色，它们帮助确定最优策略，指导智能体在环境中作出最优决策。

6.1.3 策略

在马尔可夫决策过程中，策略是智能体在特定状态下选择动作的方式或规则。策略可以是确定性的（deterministic policy）或随机的（stochastic policy），它决定了智能体如何在环境中进行决策以达到长期最大化奖励的目标。

（1）确定性策略

确定性策略在强化学习中是一种决策规则，它为智能体在给定的每一个可能状态指定了一个唯一的动作。这意味着，无论智能体在特定状态下经历了多少次循环，确定性策略都会以相同的动作做出响应。这种策略的特点是简单、直接，易于理解和实现。

确定性策略通常通过一个映射函数来定义，该函数将每个状态映射到一个特定的动作上。这个映射可以是基于经验的规则，也可以是通过学习得到的，例如通过动态规划或强化学习算法。确定性策略的一个关键优势是其计算效率，因为它避免了在每个决策点上进行概率抽样。

然而，确定性策略也有其局限性。由于它不包含任何随机性，因此在面对那些需要灵活应对或探索未知领域的情况时，可能不如随机性策略有效。此外，确定性策略可能无法充分利用环境的随机性来发现更优的解决方案。

在实际应用中，确定性策略经常作为优化目标，特别是在策略梯度方法中，智能体通过梯度上升来优化策略参数，以提高期望回报。确定性策略的评估通常涉及计算其价值函数，即遵循该策略从特定状态开始所能获得的期望回报。

总结来说，确定性策略是强化学习中的一种基础策略形式，以其决策的一致性和计算的高效性在某些场景下表现出优势。尽管存在一些局限性，确定性策略在强化学习的理论和实践中仍占有重要地位，并且在很多情况下可以作为构建更复杂策略的基础。随着强化学习技术的发展，确定性策略的应用范围和效果也在不断扩展和提升。策略的目标是通过最大化长期累积奖励来优化智能体的行为。这意味着策略不仅要考虑即时奖励，还要考虑后续状态的预期价值。在确定性策略和随机策略中，智能体的决策都是基于当前状态及其对应的价值或概率分布制定的。

（2）随机性策略

随机性策略，又称为概率策略或软策略，在强化学习中是一种决策规则，它定义了智能体在给定状态下选择每个可能动作的概率分布。与确定性策略不同，随机性策略不保证在相同状态下总是选择同一个动作，而是根据预定义的概率分布来选择动作，这增加了策略的灵活性和适应性。

随机性策略的核心优势在于其能够平衡探索和利用。通过随机选择动作，智能体有机会尝试新的动作，从而发现可能导致更高回报的策略。同时，随机性策略也可以在已知的好策略和探索新策略之间进行平衡，这是通过调整动作概率分布来实现的。

在实现上，随机性策略可以通过各种方式来定义，例如使用 Softmax 函数来根据动作的价值来计算每个动作的概率。此外，随机性策略通常与策略梯度方法结合使用，智能体通过梯度上升来优化策略参数，从而调整动作的概率分布以最大化期望回报。

然而，随机性策略也面临一些挑战。例如，确定合适的探索策略可能很复杂，特别是在高维动作空间中。此外，随机性策略可能需要更多的样本来准确估计状态-动作对的价值，这可能导致学习过程变慢。

在实际应用中，随机性策略被广泛应用于各种强化学习问题，包括自动驾驶、机器人控制、游戏 AI 等。随着强化学习技术的不断进步，随机性策略在处理复杂、不确定的环境时显示出了强大的适应性和灵活性。

总结来说，随机性策略为智能体在不同状态下的动作选择引入概率，提供了一种有效的机制来平衡探索与利用，增强了智能体在多变环境中的适应能力。尽管存在实现上的挑战，但随机性策略的灵活性和有效性使其成为强化学习领域中一个极其重要的策略类型。随着算法的不断发展，随机性策略的应用将更加广泛，将推动智能决策系统在更复杂场景中的应用。

（3）最优策略

最优策略在强化学习中定义为能够带来最大期望回报的策略，它是智能体所有策略追求的目标，用以确保从任何初始状态出发都能获得最高的长期累积奖励。这种策略不仅确保了回报的最大化，而且具有时间一致性，即在任何时间点上都是最优选择。最优策略通常需要平衡探索新环境和利用现有信息之间的关系，并且可能依赖于对环境模型的准确了解。尽管求解最优策略可能面临诸如高计算复杂性、状态空间和动作空间的规模等挑战，但它在理论和实践中都是强化学习的核心。最优策略的泛化能力使其能够在未见过的状态上做出有效的决策，而随着强化学习技术的发展，求解最优策略的方法也在不断地进步。

在 MDP 中，最优策略是能够最大化期望总奖励的策略。有两种方式来描述最优策略：

① 最优状态值函数 $V^*(s)$：对于每个状态 s，最优状态值函数 $V^*(s)$ 定义了在最优策略下从状态 s 开始可以获得的最大长期累积奖励。

② 最优状态-动作值函数 $Q^*(s,a)$：对于每个状态动作对(s,a)，最优状态-动作值函数 $Q^*(s,a)$定义了在最优策略下执行动作 a 后从状态 s 开始可以获得的最大长期累积奖励。

计算最优策略通常涉及求解贝尔曼最优方程（Bellman optimality equation），这些方程描述了在最优情况下状态值函数和状态-动作值函数之间的关系。

策略在马尔可夫决策过程中起着关键作用，决定了智能体在环境中如何行动以达到最优效果。最优策略通过最大化长期奖励来指导决策过程，可以通过求解最优值函数来确定。

计算最优策略在强化学习中涉及多种算法和技术，目的是确定在特定马尔可夫决策过程中能够带来最大期望回报的行为准则。动态规划通过值迭代或策略迭代系统地更新价值函数；蒙特卡罗方法通过采样行为序列来估计状态价值；时序差分学习如 Q 学习和 SARSA 利用即时反馈更新价值函数；策略梯度和 Actor-Critic 方法通过优化策略参数来提高回报；深度强化学习结合神经网络处理高维问题；模型预测控制利用环境模型预测动作效果。计算过程中需平衡探索与利用，考虑策略表达能力和计算资源，以及环境特性。随着技术进步，新的算法不断涌现，为寻找复杂环境中的最优策略提供了更多解决方案。

6.1.4　解决 MDP 的方法

（1）动态规划方法

动态规划是一种数学优化方法，特别适用于求解马尔可夫决策过程（MDP）中的最优策略问题。它通过将复杂问题分解为更简单的子问题，并利用这些子问题的解来构建原问题的解，从而达到高效求解的目的。在强化学习中，动态规划主要有两种形式：值迭代和策略迭代。

值迭代是一种自底向上的算法，它从初始状态的价值函数开始，逐步迭代更新所有状态的价值函数，直到收敛到最优价值函数。这个过程是通过贝尔曼最优方程实现的，该方程提供了在给定策略下状态价值的递归定义。值迭代算法简单直观，易于实现，但当状态空间很大时，计算和存储成本可能会变得非常高。

策略迭代是一种自顶向下的算法，它从某个初始策略开始，交替进行策略评估和策略改进。在策略评估阶段，算法计算给定策略下的状态价值函数；在策略改进阶段，算法更新策略以确保在每个状态下选择最优动作。策略迭代通常比值迭代收敛得更快，特别是当初始策略接近最优策略时。然而，策略迭代可能需要更多的计算资源，因为它需要在每次迭代中评估整个策略。

两种方法都旨在找到最优策略，即在给定 MDP 的情况下最大化长期累积奖励。它们都是迭代算法，通过不断逼近来找到最优解。值迭代直接对价值函数进行迭代，而策略迭代则是在评估和改进策略的过程中间接优化价值函数。在实际应用中，选择哪种方法取决于具体问题的特点，如状态空间的大小、问题的结构以及所需的计算资源。

（2）蒙特卡罗方法

蒙特卡罗方法（Monte Carlo methods）是一类基于随机抽样和统计推断的计算方法，在许多领域中被广泛应用，特别是在数学、物理、经济学、工程学以及计算机科学等领域。

蒙特卡罗方法的核心思想是通过大量的随机样本来近似复杂问题的解，利用统计推断来获得结果的置信度。关键步骤包括：从问题的概率分布中随机抽样；对每个样本进行计算，得到一个结果；利用统计学方法对汇总结果进行推断，如置信区间、误差估计等。

蒙特卡罗方法在强化学习中以其独特的优点和一些固有的限制而著称。这种方法的优点主要体现在其对环境模型的独立性，即能够直接从与环境的实际交互中学习，无须事先了解环境的动态或奖励结构。蒙特卡罗方法特别适合于那些状态空间和动作空间非常大的问题，因为它不需要对整个空间进行完整的表示或搜索，而是通过随机抽样来获得近似期望和概率分布。

蒙特卡罗方法的另一个显著优点是其在处理连续动作空间时的灵活性。它可以很容易地适用于连续动作空间，通过采样来探索不同的动作并评估其效果。此外，蒙特卡罗方法的实现相对简单，易于理解和编程，使其成为研究和实际应用中的一个受欢迎的选择。

然而，蒙特卡罗方法也存在一些限制。首先，由于它依赖于随机抽样，蒙特卡罗方法可能会产生高方差的结果，这意味着估计可能需要大量的样本才能达到可接受的精度。这在计算资源有限的情况下可能成为一个问题。其次，蒙特卡罗方法通常需要大量的交互来积累足够的数据，这在实际应用中可能不可行，特别是在交互成本较高的环境中。此外，蒙特卡罗方法在探索和利用之间找到平衡可能是一个挑战。智能体需要探索足够的状态-动作对以发现最优策略，同时也需要利用已知的信息来提高其性能。这种平衡很难实现，尤其是在没有明确指导的情况下。最后，蒙特卡罗方法在处理稀疏奖励问题时可能会遇到困难，因为在稀疏奖励的环境中，智能体可能需要很长时间才能获得足够的正奖励来学习有效的策略。

总的来说，蒙特卡罗方法是一种强大的工具，适用于广泛的强化学习问题，尤其是在状态空间和动作空间较大或未知的情况下。为了解决其高方差和样本效率低的问题，研究者们正在探索各种改进方法，如重要性采样、优先级经验回放等，以提高蒙特卡罗方法的稳定性和效率。随着这些技术的发展，蒙特卡罗方法在强化学习中的应用前景将更加广阔。

蒙特卡罗方法利用随机抽样来解决问题，通过大量的随机抽样和统计推断来近似复杂问题的解；在数学和物理学中，蒙特卡罗方法常用于求解复杂的多维积分或解析解不存在的问题。例如，可以通过随机抽样来估计函数的积分值。在概率论和统计学中，蒙特卡罗方法用于估计难以解析计算的概率，或者用于蒙特卡罗马尔可夫链（MCMC）来进行贝叶斯推断。在优化领域，蒙特卡罗方法可以用于解决随机优化和全局优化问题，通过随机抽样来搜索最优解。在工程学和经济学中，蒙特卡罗方法被广泛用于模拟和仿真复杂系统的行为，如金融市场模拟、天气预测、交通流量模拟等。

（3）时序差分学习

时序差分学习（temporal difference learning）是强化学习中的一种重要方法，用于学习评估函数或策略。它结合了动态规划的思想和蒙特卡罗方法的思想，能够在不需要完整环境模型的情况下进行学习。

时序差分学习的核心是基于经验和奖励的反馈来更新对状态值或状态-动作值的估计。它通过不断观察和交互，根据当前状态的奖励和下一状态的预测值来更新当前状态的估计值。

具体而言，对于一个状态（s_t），在执行动作（a_t）后获得奖励（r_{t+1}），并观察到下一个状态（s_{t+1}），时序差分学习会利用如下的更新规则来调整状态值 $V(s_t)$ 或状态-动作值 $Q(s_t, a_t)$：

$$V(s_t) \leftarrow V(s_t) + \alpha[r_{t+1} + \gamma V(s_{t+1}) - V(s_t)] \tag{6-5}$$

其中，α 是学习率（也称为步长参数）；γ 是折扣因子，控制未来奖励的重要性。时序差分学习通过这种方式实现了对价值函数的逐步逼近，随着时间的推移，价值估计的误差会逐渐减小，直至收敛到贝尔曼方程的解。时序差分学习还具有减少方差的优点，因为它不是完全依赖于单个行为序列的回报，而是通过多个时间步的即时更新来平滑估计。

时序差分学习在许多实际应用中显示出了强大的适应性和有效性，但也有其自身的局限性。

优点方面，时序差分学习的核心优势在于它能够有效地处理延迟奖励问题。在传统的蒙特卡罗方法中，必须等到整个序列结束才能进行学习，而时序差分方法则可以在每一步获得学习信号，使其能够在环境中实时地更新价值函数，从而加快学习过程。此外，时序差分学习不需要对整个环境进行模型的了解，因此可以在模型不完全或不明确的情况下进行有效的学习。这种特性使得时序差分学习在动态和复杂环境中表现出色，例如在机器人控制和游戏策略中，时序差分学习能够快速适应不断变化的条件和策略。同时，时序差分学习算法相对简单，计算开销较小，这使得它能够处理大规模状态空间的学习问题。

缺点方面，时序差分学习也存在一定的挑战。首先，时序差分学习的收敛性可能会受到外界因素不稳定的影响，特别是在面对高维或复杂的状态空间时，学习过程可能会出现振荡或发散。其次，时序差分学习依赖于估计未来的奖励来更新当前的价值函数，这种预测的误差可能会累积，导致学习过程中的偏差。然后，时序差分学习算法通常需要精细调整参数，如学习率和折扣因子，以确保算法的稳定性和性能，这可能会增加调参的复杂性。最后，虽然时序差分学习不需要环境模型，但这也意味着它可能对环境的变化较为敏感，需要通过大量的试验和错误才能找到最优策略，这在实际应用中可能带来较高的计算成本和时间开销。

时序差分学习被广泛应用于各种强化学习任务中，如游戏玩法控制、机器人路径规划、金融交易策略等。它作为强化学习领域中的经典算法，为处理实时决策问题提供了有效的工具和理论支持。实际应用中，时序差分学习广泛用于游戏策略优化、机器人控制以及金融市场分析等领域。例如，在游戏 AI 中，时序差分学习可以帮助算法在动态变化的环境中迅速适应并优化策略，从而提升游戏性能。在机器人控制中，时序差分学习通过不断更新价值函数，帮助机器人在面对复杂任务时逐步改进其行动策略。在金融市场中，时序差分学习可以用来预测市场走势，优化交易策略。尽管时序差分学习具有显著的优点，它也面临一些挑战。学习过程中的不稳定性和参数调优的复杂性是主要问题。在处理高维状态空间或复杂环境时，时序差分学习可能出现振荡或发散现象，这需要通过精细调整学习率和折扣因子来克服。此外，时序差分学习的预测误差可能会累积，导致学习过程中的偏差。因此，在实际应用中，研究人员和工程师需要权衡其优缺点，根据具体问题和环境特点选择合适的算法参数和策略，以实现最优的学习效果。总体而言，时序差分学习是一种灵活且高效的强化学习方法，其在实际应用中的成功案例验证了其理论和实践中的强大潜力。

6.1.5 MDP 的扩展

MDP 是强化学习和决策理论中的基本模型，其描述了在一个给定的环境中，代理如何通过选择行动来最大化长期回报。然而，现实世界中的问题往往比标准 MDP 模型更复杂，这促使了 MDP 模型的不断扩展。部分可观测马尔可夫决策过程（POMDP）引入了不完全信息的概念，即代理无法完全观察环境的状态，而只能基于部分观测做决策。这使 POMDP 能够处理实际应用中信息不完全的问题，如机器人在复杂环境中的导航。动态贝叶斯网络（DBN）将时间序列数据和不确定性建模结合起来，适用于那些具有时间依赖性的动态系统，如金融市场和天气预测。此外，分层马尔可夫决策过程（hierarchical MDP，HMDP）通过将决策过程分解为多个层级，简化了复杂任务中的决策过程，提高了学习和规划的效率。多智能体马尔可夫决策过程（multi-agent MDP，MMDP）则扩展了 MDP 以适应多个代理之间的互动和协作，适用于多智能体系统中的协调与竞争问题，如自动驾驶汽车队伍或网络游戏中的多个角色协作。最后，逆向强化学习（inverse reinforcement learning，IRL）旨在通过观察专家行为来推断奖励函数，这对理解复杂的行为模式和策略具有重要意义。在这些扩展中，虽然模型变得更加复杂，但它们提供了更强大的工具来应对现实世界中多样化和动态的决策问题。通过这些扩展，MDP 模型能够在更广泛的应用场景中提供有效的解决方案，提升了决策理论的实际应用能力。

6.1.6 MDP 在强化学习中的应用

马尔可夫决策过程（MDP）在强化学习中的应用是多方面和深入的，它为智能体在不确定环境中做出最优决策提供了一个坚实的理论基础。MDP 广泛应用于游戏 AI，使计算机程序能够学习并掌握复杂的游戏策略；在机器人技术中，它助力机器人进行路径规划和运动控制；自动驾驶汽车使用 MDP 来做出安全有效的驾驶决策；在资源管理方面，MDP 优化资源分配，提高系统效率；健康医疗领域利用 MDP 来制定个性化治疗方案；推荐系统通过 MDP 来增强用户推荐的相关性；经济决策中，MDP 指导投资策略的制定。尽管 MDP 在处理高维状态空间、模型不确定性和稀疏奖励问题时面临挑战，但其系统性方法论使得智能体能够在复杂环境中进行有效的学习和规划。随着深度学习和强化学习算法的不断发展，MDP 的应用前景将更加广阔，推动智能决策系统的进步。

6.2 Q学习

Q学习（Q-learning）是一种强化学习算法，用于使智能体在与环境互动的过程中学习如何做出决策以获得最大的累积奖励。它属于无模型强化学习方法的一种，这意味着Q学习不需要事先了解环境的具体模型，只需通过与环境的交互来学习。

Q学习的目标是学习一个Q值函数，通常简称为Q表（Q-table），其中包含了在每个状态下采取每个动作所获得的期望累积奖励。这个Q表使智能体可以在每个状态下选择最佳的动作，从而最大化长期奖励。

6.2.1 核心思想

Q学习的核心思想可以总结为以下几个关键概念：在Q学习中，智能体与环境互动的过程可以被划分为一系列离散的时间步。在每个时间步中，智能体观察到环境的当前状态，这个状态可以是任何描述环境的信息。智能体在每个时间步都必须选择一个动作，以影响环境并获取奖励。动作可以是有限的一组选择，取决于具体的问题。在每个时间步，智能体执行一个动作后，环境会给予智能体一个奖励信号，表示这个动作的好坏。奖励可以是正数（表示好的行为）或负数（表示不好的行为），甚至是零。Q值函数是Q学习的核心，它表示在给定状态下采取特定动作所获得的期望累积奖励。Q值通常表示为$Q(s,a)$，其中s表示状态，a表示动作；在Q学习中，智能体需要学习Q值函数，以确定在每个状态下应该采取哪个动作来最大化累积奖励。但同时，智能体也需要保持一定程度的探索，以发现新的动作策略。

6.2.2 算法步骤

Q学习的算法可以概括为以下几个阶段：①初始化一个Q表，其中包含了所有状态和动作的Q值，Q值可以初始化为零或其他适当的值。②在每个时间步，智能体根据当前状态和Q表中的Q值来选择一个动作，这通常涉及探索和利用的权衡，以便在学习过程中不断探索新的动作策略。③智能体执行所选择的动作，并观察环境的响应。这包括获得奖励信号和新的状态。④根据观察到的奖励信号和新的状态，智能体更新Q值。这通常涉及使用Q学习的更新规则，如贝尔曼方程。⑤智能体不断地执行上述步骤，与环境互动，学习和改进Q值函数，直到达到停止条件。

6.2.3 贝尔曼最优方程

Q学习的贝尔曼最优方程是描述在强化学习中，如何通过递归地更新Q值来实现最优策略的方程。它是基于价值迭代的理论基础之一，用于寻找最优策略。

在Q学习中，我们定义状态s下采取动作a的Q值为$Q(s,a)$，表示在状态s下采取动作a所能获得的长期回报的估计。贝尔曼最优方程可以分为两个部分：即时奖励和未来回报的折现预期。

在状态s下采取动作a后，会获得即时奖励r，并转移到新状态s'。Q学习的基本更新规则如下：

$$\{Q(s,a) \leftarrow Q(s,a)+\alpha[r+\gamma \max_{a'} Q(s',a')-Q(s,a)]\} \tag{6-6}$$

其中，α 是学习率；γ 是折扣因子，用于平衡当前奖励和未来回报的重要性。

贝尔曼最优方程是用于描述 Q 学习中最优策略的更新方程，其表达了 Q 值的优化过程：

$$\{Q(s,a)=\max_{\pi} \mathbb{E}[r_t+\gamma \max_{a'} Q(s_{t+1},a') \mid s_t=s,a_t=a,\pi]\} \tag{6-7}$$

其中，$Q^*(s,a)$表示最优 Q 值，即在状态 s 下采取动作 a 的最优长期回报。

贝尔曼最优方程指导了 Q 学习算法在每一步如何更新 Q 值，以逐步逼近最优 Q 值函数。通过迭代地应用贝尔曼最优方程，最终可以找到最优的 Q 值函数，从而得到最优策略。

贝尔曼最优方程在 Q 学习算法中是理论的基石，通过理解和实现这一方程，可以有效地应用 Q 学习解决各种强化学习问题。

6.2.4 Q 学习的收敛性和优化

Q-learning 的收敛性和优化是理解该算法的关键部分。以下是关于 Q-learning 收敛性和优化的详细解释。

(1) 收敛性

Q-learning 在满足一些条件时是收敛的，即 Q 值函数会收敛到最优 Q 值函数，从而得到最优策略。这些条件如确定性策略贪心性质（greedy in the limit of exploration，GLIE），指在算法执行的过程中，智能体对动作的探索逐渐减少，最终趋向于采用贪心策略（即选择当前 Q 值最大的动作）。GLIE 确保了在足够长的时间内，Q-learning 能够探索到所有状态-动作对，从而保证学习到的 Q 值函数是最优的。

Q-learning 通常适用于状态空间和动作空间有限的问题。在无限状态或动作空间的情况下，Q-learning 可能需要额外的技巧或者近似方法来保证收敛性。

(2) 优化

Q-learning 的优化涉及如何设置学习率（α）和探索率（ϵ），以及如何选择奖励和折扣因子（γ）。这些因素直接影响算法的性能和收敛速度。

学习率控制每次 Q 值更新的幅度。通常情况下，学习率应该是一个小正数，以确保 Q 值的稳定性和收敛性。过大的学习率可能导致 Q 值不稳定或发散，而过小的学习率会导致学习速度缓慢。

探索率决定了智能体在学习过程中随机选择动作的概率。探索率初始阶段较高，之后逐渐降低到较小的值（比如贪心策略），以平衡探索和利用之间的关系。过高的探索率可能导致学习时间过长，而过低的探索率可能导致陷入局部最优解而无法找到全局最优策略。

奖励因子（γ）决定了未来奖励的折现程度。通常情况下，接近 1 的 γ 可以更好地考虑长期回报，但过高的 γ 可能会导致算法对未来奖励过于乐观，从而影响 Q 值的稳定性。

(3) 其他优化技巧

除了基本的参数调整外，还有一些其他技巧可以优化 Q-learning 的性能，例如：在经验回放中，智能体存储和重复利用之前的经验，以更有效地学习和提高算法的样本效率。对于状态空间或动作空间较大的问题，可以使用函数逼近方法（如神经网络）来估计 Q 值函数，以处理高维度问题和连续动作空间。

Q-learning 作为一种经典的强化学习算法，其收敛性依赖于合适的参数设定和 GLIE 条件的满足。优化 Q-learning 的关键在于调整学习率、探索率和折扣因子，并结合其他技术以提高算法的效率和稳定性。

6.2.5　Q 学习的探索与利用

Q 学习中的探索与利用策略是指在学习过程中如何平衡尝试新策略（探索）和选择当前认为最优的策略（利用）。这种平衡对于有效地收敛到最优策略至关重要。

常见的探索与利用策略如下。

（1）ε-greedy 策略

ε-greedy 策略是 Q 学习中最常见的探索与利用策略。在每次决策时，以 ε 的概率随机选择一个动作（探索），以 1－ε 的概率选择当前 Q 值最高的动作（利用）。

ε-greedy 策略在强化学习中广泛应用。其优点是它的简单性和实现方便。该策略通过在 ε 的概率下选择随机动作来鼓励探索，而在 1－ε 的概率下选择当前 Q 值最高的动作来利用已知信息，从而平衡探索与利用。这样，代理能够在学习过程中不断尝试新策略，避免陷入局部最优解，同时又能利用当前最佳知识来获得较好的回报。另一个优点是 ε-greedy 策略适应性强，不需要对环境的具体特性做出过多假设，因此具有较好的通用性。

然而，ε-greedy 策略也存在一些缺点。首先，ε 的选择对策略的效果有显著影响。较高的 ε 值虽然增加了探索的机会，但也可能导致过多的随机动作，从而降低学习效率和最终策略的质量；而较低的 ε 值则可能导致过早地陷入局部最优解，因为探索的机会有限。另一个缺点是，ε-greedy 策略的探索与利用之间的权衡是固定的，并且在整个学习过程中可能没有动态调整。这意味着在学习初期可能需要较高的 ε 来促进探索，而在后期则需要较低的 ε 来充分利用已知信息，但 ε 的静态设置可能无法很好地适应这些变化，从而影响学习的最终效果。总之，虽然 ε-greedy 策略因其简单而被广泛使用，但在实际应用中需根据具体情况调整 ε 值，并可能需要结合其他策略以优化学习过程。

（2）Softmax 策略

Softmax 策略根据动作的 Q 值分布进行选择，概率较高的动作被选中的概率更大，从而避免了 ε-greedy 中随机性过大的问题。Softmax 策略的温度参数决定了探索的程度。

Softmax 策略在强化学习中通过对动作的选择概率进行加权来平衡探索与利用。其优点之一是它提供了一种更为平滑的探索机制。与 ε-greedy 策略中的硬性随机选择不同，Softmax 策略通过将每个动作的 Q 值转化为概率分布，使得选择概率与动作的 Q 值成正比，从而避免了过多的随机性。具体来说，Softmax 策略通过应用 Softmax 函数来计算每个动作的选择概率，其中 τ 是温度参数，控制探索与利用的平衡。较高的 τ 值增加了选择动作的平等性，促进了更多的探索；而较低的 τ 值则使得选择概率更加集中于 Q 值较高的动作，从而增强利用。

然而，Softmax 策略也存在一些缺点。温度参数 τ 的选择对策略效果影响较大。一个不合适的 τ 值可能导致策略在探索和利用之间的平衡不佳，影响学习效率。较高的 τ 可能导致过多的随机选择，而较低的 τ 可能导致过早的策略收敛。此外，Softmax 策略计算相对复杂，因为它涉及指数运算和归一化，这在大规模状态空间或动作空间中可能增加计算开销。总的来说，虽然 Softmax 策略提供了平滑的概率分布和动态平衡的探索机制，但在实践中需要仔细调整温度参数以适应不同环境，并注意计算复杂度对大规模问题的影响。

(3) 上置信界策略

上置信界策略通过考虑每个动作的不确定性来进行决策，选择未来看起来最有希望的动作，以提高长期回报的预期。

上置信界（upper confidence bound，UCB）策略在强化学习和多臂老虎机问题中提供了一种有效的平衡探索与利用的方法。其主要优点是理论基础坚实且具有较好的性能保证。UCB 策略通过计算每个动作的上置信界来决定选择哪个动作，这种方法可以在每一步中动态地平衡探索和利用。具体来说，UCB 策略根据每个动作的平均奖励和该动作被选择的次数，计算一个上置信界，即

$$UCB_a = \overline{X}_a + \sqrt{\frac{2\ln n}{n_a}} \tag{6-8}$$

其中，$\overline{X}_a$ 是动作 a 的平均奖励；n 是总选择次数。n_a 是动作 a 的选择次数。这种方法确保了在理论上收敛于最优策略，并且通过逐步减少探索的幅度来实现高效的学习。

然而，UCB 策略也存在一些缺点。其实现依赖于对奖励分布的假设，通常假设奖励是有界的，这在实际应用中可能并不总是成立。UCB 策略在面对高维度问题时可能会面临计算复杂度的挑战，因为每个动作的上置信界需要不断更新，这可能导致较高的计算开销。此外，UCB 的表现强烈依赖于对置信界参数的设定，如果选择不当，可能会导致探索过多或过少，从而影响策略的最终效果。总的来说，UCB 策略因其理论保障和动态调整的能力较强而被广泛使用，但在实际应用中需要综合考虑计算成本和参数选择对策略性能的影响。

在学习初期，通常需要较高的探索，以确保发现可能的高回报策略。ε-greedy 策略是一个简单有效的选择。一旦学习接近收敛，可以逐渐减少探索率，增加利用最优策略的频率。

对于复杂动态的环境，可能需要更灵活的策略如 Softmax 或者 UCB 来平衡探索与利用的需求。

综上所述，选择适当的探索与利用策略需要综合考虑问题的特性、算法的实现复杂度和效果评估。

6.2.6 Q 学习的关键参数调优

在 Q 学习中，有几个关键的参数需要调优，以确保算法能够有效地收敛并找到最优策略。这些参数包括学习率（α）、探索率（ε）、折扣因子（γ）等。

(1) 调优参数的一般指导原则

① 学习率（α）。学习率决定了每次更新 Q 值时，新知识与旧知识的相对重要性。如果学习率设定过高，可能导致之前的经验被快速遗忘；如果设定过低，则学习过程可能会缓慢。网格搜索和随机搜索是常见的手动调优方法，前者系统化但计算开销大，后者效率较高但不能保证全局最优。学习率衰减从较大学习率开始，逐步减小以提高训练效率，自适应学习率方法如 Adam 和 RMSprop 动态调整每个参数的学习率，减少了手动调节需求。学习率调度器则根据训练过程动态调整学习率，优化训练过程。通常从一个小的学习率开始，随着学习的进行逐步调整。可以通过实验找到最优的学习率，使得算法在适当的速度内收敛到最

优策略。结合多种方法进行调优，能更好地提升模型的训练效果和最终性能。

② 探索率（ε）。探索率决定了算法在探索和利用之间的平衡。较高的探索率有助于发现新的高回报策略，但可能降低算法的效率；较低的探索率则倾向于利用已学到的策略。探索率（ε）的调优方法主要包括固定探索率、线性衰减、指数衰减、自适应探索和基于目标的调节五种方法。固定探索率简单但灵活性差，线性衰减从较高的探索率逐渐降低，适合初期广泛探索，指数衰减使探索率以指数函数减小，有助于长时间的探索。自适应探索根据智能体表现动态调整探索率，实现智能化调整。基于目标的调节则在达到特定表现指标后减少探索率。选择适当的调优方法取决于任务需求和环境复杂性。通常可以采用逐步减小的方式，以便在学习开始时有足够的探索，随着时间的推移逐渐增加利用已知策略的比例。

③ 折扣因子（γ）。折扣因子决定了未来奖励的重要性，即衡量当前奖励与未来奖励的相对重要性。较高的折扣因子意味着算法更关注未来奖励，反之则更侧重当前奖励。一般情况下，折扣因子根据具体问题来确定。如果问题中未来奖励对当前决策影响较大，则应选择较高的折扣因子；反之则选择较低的折扣因子。

④ 其他参数。除了上述主要参数外，还可能涉及状态空间的离散化方式（如果状态空间是连续的）、奖励的设计方式等。

(2) 调优步骤

① 深入理解问题的特性和要求，包括状态空间、动作空间和奖励结构等。

② 选择一组初始参数进行实验，以便了解算法在基本设定下的表现。

③ 通过实验评估不同参数设定下算法的性能表现，包括收敛速度、最终策略质量等。

④ 根据实验结果调整参数，逐步优化算法的性能。

⑤ 在真实环境或更复杂的模拟环境中验证优化后的参数设定，确保算法在各种情况下都能良好运行。

通过以上步骤，可以有效地调优Q学习算法的参数，使其能够在实际应用中达到最佳性能。

6.2.7 双Q学习

双Q学习是一种改进的强化学习算法，旨在解决传统Q学习中对Q值估计的过度乐观性（overestimation bias）问题。在传统的Q学习中，通过一个Q值函数来估计每个状态动作对的价值，但这种估计可能会偏向于高估真实价值，特别是在探索性环境下。双Q学习通过维护两个独立的Q值函数来解决这一问题。

双Q学习算法是强化学习中用于提高策略评估准确性的技术，它通过维持两个Q函数来降低因单一估计导致的偏差。算法的核心步骤包括初始化两个Q表、选择初始状态，以及在每个状态根据ε-greedy策略进行动作选择，以平衡探索和利用。执行动作后，智能体观察到相应的奖励和新状态，然后对两个Q函数进行更新。更新过程中，一个Q函数用于计算目标Q值，而另一个用于提供下一个状态的最大Q值估计。通过交替使用两个Q函数进行更新，算法减少了估计误差的累积，增强了学习过程的稳定性。这个过程在每个时间步重复，直到达到终止条件，如迭代次数或策略收敛。最终，智能体可以使用任一Q函数来评估或提取最优策略。双Q学习算法特别适用于动作空间较大或状态空间复杂的问题，虽然它增加了计算和存储的需求，但其在减少估计偏差和提高策略质量方面的优势，使其成为强化学习领域中一项重要的技术。

通过使用两个独立的Q值函数，双Q学习可以显著减少Q值的过度估计，提高策略评估的准确性。对于高度不确定的环境或者奖励结构变化频繁的任务，双Q学习通常能够提供更稳定和可靠的学习过程。

在实际应用中，双Q学习可以很容易地与传统Q学习框架集成，只需在更新Q值时交替使用两个Q值函数即可。此外，还可以通过动态更新策略或者基于经验的方法进一步优化算法的性能和效率。

总之，双Q学习作为Q学习的一个改进版本，有效地解决了传统Q学习中可能出现的过度估计偏差问题，是在强化学习领域中被广泛探讨和应用的算法之一。

6.2.8 分布式Q学习

分布式Q学习是一种强化学习的技术，旨在通过利用多个智能体或者多个计算节点来加速和扩展Q学习算法的训练过程。传统的Q学习算法是单个智能体在与环境交互时更新Q值函数，而分布式Q学习则将这一过程分布到多个智能体或者多个计算节点中去执行，从而提高效率和性能。

多个智能体或节点并行探索环境并更新各自的Q值，通过共享经验和Q值信息来提高学习效率和稳定性。智能体可以独立地异步更新Q值，同时通过全局同步机制或经验回放池来协调学习过程。该方法适用于大规模问题和多智能体环境，并能显著提高计算效率和扩展性。

每个智能体在自己的环境副本上进行Q值的更新和策略改进。多个计算节点同时处理不同的环境实例，共同学习Q值函数。智能体之间或节点之间可以共享经验数据，比如经验回放缓冲区中的样本，或者Q值的更新结果。可以通过通信协议或者共享参数来保持智能体的策略同步。每个智能体或节点负责处理一部分环境实例，减少了单个智能体或节点的负担，加快了学习速度。智能体之间或节点之间可以协作共同优化全局的Q值函数，提高了整体学习效果。

分布式Q学习的训练过程通常包括以下步骤：

① 初始化多个智能体或者多个计算节点，每个节点可能拥有自己的环境副本和Q值函数。

② 每个智能体或节点与其环境交互，收集经验数据（状态、动作、奖励、下一个状态）。

③ 将经验数据存储到共享的经验回放缓冲区中，供其他智能体或节点访问。

④ 智能体或节点根据自己的经验数据更新本地的Q值函数。

⑤ 如果使用神经网络作为Q值函数的逼近器，可能需要定期同步神经网络的参数，以保持策略的一致性和收敛性。

⑥ 重复以上步骤，直到算法收敛或达到预定的训练轮次。

分布式Q学习通过在多个学习代理或计算节点上并行执行Q学习算法，从而解决传统Q学习方法中单节点计算的局限性。其主要优势在于提高了训练效率和扩展性。由于多个代理可以同时在不同的环境实例上进行学习，这种并行化极大地加快了Q值的更新过程，特别是在复杂任务和大规模状态空间中表现尤为明显。此外，分布式Q学习能够有效利用计算资源，减少了单个节点的负担，从而提升了系统的整体处理能力。

然而，分布式Q学习也存在一些缺点。首先，系统的复杂性显著增加，需要协调多个学习代理和管理它们之间的数据传输和同步。不同代理间的异步更新可能导致学习不一致性，进而影响最终的策略性能。此外，分布式设置中的网络延迟和通信开销也可能成为瓶颈，特别是在大规模系统中，这些问题可能导致额外的时间和资源消耗。最后，算法的调参和故障处理在分布式环境中变得更加复杂，需要额外的机制来确保稳定性和可靠性。总体来说，尽管分布式Q学习在处理大规模问题时具有显著优势，但它也面临着实现和维护上的挑战。通过并行化计算，分布式Q学习能够显著加快训练速度，特别是在处理大规模状态空间或动作空间时尤为有效。

6.2.9　Q学习的应用领域

Q学习作为强化学习中一种核心的时序差分学习方法，已经在多个领域展现出其强大的应用潜力。从早期的Atari视频游戏到现代的自动驾驶汽车，Q学习帮助智能体在复杂环境中通过自我对弈和与环境的交互学习到高效的策略。

在机器人控制领域，Q学习被广泛用于训练自主机器人，以便它们能够在复杂和动态的环境中有效地执行任务。例如，在工业自动化中，机器人需要能够灵活地完成物体抓取、组装或搬运等任务。Q学习可以帮助机器人通过试错学习来优化其抓取策略，提升抓取成功率和效率。机器人通过与环境的交互不断更新其Q值函数，从而逐渐学会如何选择最优的动作来实现目标。

在自主导航方面，Q学习也表现出了极大的潜力。例如，移动机器人可以利用Q学习来规划路径，避开障碍物，并达到目标位置。在这种应用中，Q学习通过不断调整导航策略来适应环境的变化，确保机器人能够在复杂的环境中安全、有效地行驶。

游戏智能是Q学习的一个重要应用领域，尤其是在复杂的游戏中，如围棋、国际象棋和电子游戏。在这些游戏中，AI代理需要学会如何根据当前局面选择最佳动作，从而提高胜率。

例如，在电子游戏中，Q学习可以用于训练游戏中的非玩家角色（NPC），使其能够在游戏中做出更具挑战性和智能的决策。通过与玩家或环境的互动，Q学习可以帮助NPC不断优化其行为策略，使其能够适应不同的游戏情境，从而提供更有趣和富有挑战性的游戏体验。

在棋类游戏中，如国际象棋或围棋，Q学习可以用于训练AI对手，使其能够在面对不同的策略时做出优化决策。这种应用往往涉及高维状态空间和复杂的策略组合，但Q学习能够通过不断训练和学习来提高AI的棋艺水平。

在金融领域，Q学习被用于优化交易策略，帮助投资者在复杂的市场环境中做出更好的决策。金融市场通常具有高度的动态性和不确定性，传统的策略可能无法有效应对这些变化。Q学习能够通过不断学习市场状态和交易反馈来调整策略，从而提高投资回报率。

例如，Q学习可以用于优化股票交易策略。通过学习历史价格数据和市场动态，Q学习算法可以帮助交易者制定买入和卖出的最佳时机，最大化利润并减少风险。此外，Q学习还可以应用于算法交易系统中，通过实时分析市场数据来自动执行交易决策。

推荐系统利用Q学习来推荐个性化内容，从而提高用户满意度和系统效益。在推荐系统中，Q学习能够根据用户的历史行为和反馈不断调整推荐策略，以提供更加精准的推荐。

例如，在电子商务平台上，Q学习可以用于推荐商品。通过分析用户的浏览记录、购买历史和评分反馈，Q学习算法能够不断优化推荐策略，从而提高推荐的相关性和准确性。这种应用不仅能够提升用户体验，还能增加销售机会和平台的整体收益。

此外，Q学习也在智能制造、智能电网、环境监测、教育技术、社交网络分析、安全领域、航空航天以及农业技术等多个行业中发挥着重要作用。随着技术的不断发展，Q学习因其出色的性能和泛化能力，将在未来的智能系统设计和实现中扮演更加关键的角色。

6.3 深度强化学习

深度强化学习是强化学习和深度学习的结合。20世纪80年代至21世纪初，多层感知器和反向传播算法建立了深度学习的理论基础，随后在2006年，深度信念网络（DBN），为深度学习的实际应用打下了基础。2013年，深度Q网络（deep Q-network，DQN）首次将深度学习应用于强化学习，标志着深度强化学习的开端。随后，AlphaGo、AlphaGo Zero和AlphaZero的问世展示了深度强化学习在复杂决策中的能力。至今，深度强化学习在自动驾驶、机器人控制等领域不断拓展应用，研究者持续解决样本效率、探索与利用的平衡等挑战，推动着技术的进步和应用的广泛发展。

DQN是一种强化学习算法，由DeepMind于2015年首次提出。它结合了深度学习和Q学习两种技术，可以解决具有大量状态和动作的复杂问题。在传统的Q-learning中，我们用一个表（Q-table）来存储每个状态-动作对的Q值。然而，当状态和动作的数量非常大时，用表格存储的方式就会变得不现实，因为需要的存储空间和计算资源会非常大。DQN的出现解决了这个问题。在DQN中，我们使用一个神经网络（通常是一个深度神经网络）来近似Q值函数。网络的输入是一个状态，输出是对应于各个可能动作的Q值。通过这种方式，我们就可以在连续的状态空间和大规模的动作空间中工作。

（1）DQN中的关键技术

① 经验回放（experience replay）：为了打破数据之间的相关性并提高学习的效率，DQN会将智能体的经验（状态、动作、奖励、新状态）存储在一个数据集中，然后从中随机抽取样本进行学习。

② 目标网络（target network）：DQN使用了两个神经网络，一个是在线网络，用于选择动作；另一个是目标网络，用于计算TD目标（temporal-difference target）。这两个网络有相同的结构，但参数不同。在每一步学习过程中，我们使用在线网络的参数来更新目标网络的参数，但是更新的幅度较小。这样可以提高学习的稳定性。

（2）DQN中的神经网络

在DQN中，使用了两个不同的神经网络，这两个网络被称为在线网络（online network）和目标网络（target network）。这两个网络都是用来估计Q值的，但在学习过程的角色不同。

① 在线网络：在线网络用于根据当前的状态 s 选择智能体的动作 a。这个网络会不断地进行学习和更新，以尽可能地提高对Q值的估计。在每个时间步，智能体都会根据在线网络提供的Q值来选择动作，然后根据这个动作和环境的反馈来更新网络的参数。

② 目标网络：目标网络用于计算Q值更新公式中的TD目标（temporal-difference

target)，即下一个状态 s'的最大 Q 值。这个网络的参数不会在每个时间步中都进行更新，而是在一定的间隔后，才将在线网络的参数复制过来。这样可以使学习过程更加稳定，避免因为在线网络的快速更新导致振荡。

在线网络和目标网络的结构是相同的，都是用来估计 Q 值的深度神经网络。它们的输入是智能体的状态，输出是对应于各个可能动作的 Q 值。这种网络结构也被称为 Q 网络。

这两个网络在 DQN 的学习过程中都起到了重要的作用。在线网络负责智能体的决策，目标网络则保证了学习过程的稳定性。通过这两个网络的配合，DQN 能够有效地学习在复杂环境中的最优策略。

(3) 训练过程

在线网络和目标网络在 DQN 中的训练过程是稍有不同的，下面详细解释一下。

在线网络训练：在线网络的训练主要依靠智能体与环境的交互。每次当智能体在环境中执行一个动作并观察到结果（新状态和奖励）时，我们就可以获得一个样本（状态，动作，奖励，新状态），然后使用这个样本来更新网络的参数。我们希望网络预测的 Q 值［即$Q(s,a)$］接近于从这个样本中计算出的目标值，即“$r + \gamma *$ max_a' Q_target(s', a')”。这个目标值由实际得到的奖励和目标网络预测的未来奖励之和构成。我们可以使用梯度下降算法来最小化网络预测的 Q 值和这个目标值之间的差距（通常使用平方损失函数）。

目标网络训练：目标网络的训练实际上不涉及任何从数据中学习的过程，它的参数是直接从在线网络复制过来的。我们定期（每隔一定的步数）将在线网络的参数复制到目标网络。这样做的目的是增加学习的稳定性。在线网络在训练过程中参数会不断变化，如果我们直接使用在线网络来计算目标值，可能会导致目标值振荡，从而影响学习的稳定性。通过使用一个参数更新较慢的目标网络来计算目标值，可以有效地防止这种情况的发生。

在线网络和目标网络的配合使得 DQN 能够在复杂的环境中有效地学习。在线网络的参数通过与环境的交互不断更新，以逐渐逼近真实的 Q 值函数。而目标网络则提供了一个稳定的目标，帮助在线网络更稳定地学习。

(4) DQN 算法的大致流程

① 初始化：初始化在线网络和目标网络（它们具有相同的结构但是参数不同）；然后创建一个经验回放缓冲区。

② 探索与利用：智能体在每个时间步会选择一个动作。动作的选择可以是随机的（探索），也可以是根据在线网络预测的 Q 值选择的（利用）。通常，我们会使用一个策略（如 ε-greedy 策略），使智能体在初期更倾向于探索，在后期更倾向于利用。

③ 交互与存储：智能体根据选择的动作与环境交互，然后观察到新的状态和奖励。这个过程产生了一个转移（状态、动作、奖励、新状态），这个转移被存储在经验回放缓冲区中。

④ 学习：从经验回放缓冲区中随机抽取一批样本，然后使用这些样本来训练在线网络。具体来说，我们计算每个样本的目标值，然后通过最小化网络预测的 Q 值和这个目标值之间的差距来更新网络的参数。

⑤ 更新目标网络：每隔一定的步数，我们将在线网络的参数复制到目标网络。这样，目标网络的参数保持相对稳定，可使学习过程更加稳定。

⑥ 迭代：重复上述步骤（步骤②～⑤），直到满足停止条件（如达到最大步数或达到预定的性能标准）。

6.4 策略梯度方法

策略梯度方法是强化学习中的一种重要算法框架，主要用于直接优化智能体的策略，使其能够最大化长期累积奖励。策略梯度方法基于梯度上升的思想，通过计算策略关于期望回报的梯度来更新策略参数。这种方法不需要显式地学习价值函数，而是直接对策略进行优化。

基于策略梯度的 DRL 主要分为深度确定性策略梯度（deep deterministic policy gradient，DDPG）、信赖域策略优化（trust region policy optimization，TRPO）和异步优势行动者-评论家（asynchronous advantage actor-critic，A3C）三类，此外还有一些改进方法。

策略梯度中，策略分为随机性策略和确定性策略两种。随机性策略（Stochastic Policy）指的是在给定状态下，智能体以一定的概率分布选择动作的策略。这种策略不是确定性地选择单一动作，而是根据概率模型来选择可能的动作集合。而确定性策略是指在给定状态下智能体总是选择同一个动作的策略，而不会随机选择多个可能的动作。和策略相对应的，策略梯度也分为随机性策略梯度（stochastic policy gradient，SPG）和确定性策略梯度（deterministic policy gradient，DPG）两种。

6.4.1 策略梯度方法概述

策略梯度方法在强化学习领域中扮演着至关重要的角色，其核心目标是通过直接优化智能体的策略参数来最大化期望回报。与传统的基于价值的方法不同，策略梯度方法直接作用于策略本身，即学习一个参数化的策略函数，该函数能够根据当前状态输出一个概率分布，指导智能体选择动作。这种方法的优势在于能够提供一种端到端的解决方案，允许智能体通过梯度上升的方式直接学习最优策略。

策略梯度方法的关键在于利用梯度上升来调整策略参数，使得期望回报最大化。这要求我们能够准确地估计策略的梯度，即策略参数对期望回报的影响。通过策略梯度定理，我们了解到梯度可以通过期望回报与策略梯度的乘积来计算，这为梯度的估计提供了理论基础。在实际应用中，策略梯度方法可以通过多种方式实现，包括但不限于 REINFORCE 算法、Actor-Critic 方法以及深度策略梯度方法等。

为了提高策略梯度方法的稳定性和效率，研究者们提出了多种优化技术，如引入基线来减少梯度估计的方差，使用信任域策略优化（TRPO）和近端策略优化（PPO）等算法来保证策略更新的稳定性。此外，策略梯度方法在实际应用中也面临着一些挑战，例如策略梯度的高方差问题和稀疏性问题，以及探索与利用之间的平衡问题。

总的来说，策略梯度方法提供了一种强大的框架，使得智能体能够在复杂的环境中学习有效的策略，以实现长期的最大化回报。随着深度学习等技术的发展，策略梯度方法在游戏、自动驾驶、机器人控制等领域展现出了巨大的潜力和应用价值。

6.4.2 策略表示

(1) 参数化策略

参数化策略是强化学习中的一种关键概念，它将策略表示为一个数学函数，该函数接收环境状态作为输入，并输出在该状态下采取每个可能动作的概率。参数化策略的核心优势在于其灵活性和可扩展性，允许利用数学和计算工具来优化策略的性能。

在参数化策略中，策略通常由一组参数定义，这些参数可以通过学习过程进行调整。这些参数可以是神经网络的权重，也可以是其他类型的模型参数，它们共同决定了策略的行为。通过优化这些参数，我们可以使策略在给定状态下选择最佳动作的概率最大化，从而提高智能体的整体性能。

参数化策略的一个关键挑战是如何有效地估计和优化策略参数。在实践中，这通常涉及使用梯度下降或其他优化算法来调整参数，以最大化期望回报。策略梯度方法，特别是深度强化学习中的策略梯度方法，为这一过程提供了强大的工具。通过计算策略参数相对于期望回报的梯度，我们可以指导参数更新的方向，从而逐步改进策略。

此外，参数化策略还允许我们利用现代机器学习技术，如深度学习，来处理高维状态空间和复杂的决策任务。深度神经网络特别适用于此，因为它们能够从原始数据中学习复杂的特征表示，从而在视觉识别、自然语言处理等领域中实现突破。在强化学习中，深度神经网络可以作为策略的一部分，帮助智能体在复杂的环境（如视频游戏或模拟环境中）中做出决策。

然而，参数化策略也面临着一些挑战，包括如何选择合适的模型结构、如何避免过拟合以及如何平衡探索与利用。为了解决这些问题，研究者们提出了多种策略，如正则化技术、经验回放和多策略学习等。

总的来说，参数化策略为强化学习提供了一种强大的框架，使得智能体能够在复杂环境中学习有效的策略。随着技术的进步，参数化策略在自动控制、机器人导航、游戏等领域展现出了巨大的潜力，成为推动智能系统发展的关键因素之一。

(2) 非参数化策略

非参数化策略在强化学习中扮演着重要角色，它们不依赖于固定的模型或参数化形式，而是通过从经验中学习来形成策略。这种策略的核心优势在于其灵活性和对环境复杂性的适应性，特别是在面对高维或未知状态空间时。

非参数化策略的一个典型代表是Q学习，它通过学习一个动作价值函数Q来指导决策。在这个框架下，智能体不需要预先定义任何参数化的模型，而是通过与环境的交互来逐步构建一个状态-动作对的价值表。随着经验的积累，智能体能够发现哪些动作在特定状态下是最优的，从而实现有效的决策。

除了Q学习，还有其他非参数化方法，例如蒙特卡罗方法，它们直接从完整的行为轨迹中估计策略的期望回报。这些方法不需要对策略进行显式的参数化，而是通过统计分析来学习策略。这种方法在处理具有随机性或不确定性的环境时特别有用。

非参数化策略的另一个优点是它们通常具有较好的泛化能力。由于不依赖于特定的模型假设，这些策略能够更好地适应环境的变化，而不是被限制在某个固定的参数空间内。然而，这也带来了一些挑战，如计算效率和样本效率问题。在某些情况下，非参数化策略可能需要大量的样本来学习有效的策略，这在实际应用中可能是不切实际的。

此外，非参数化策略在探索和利用之间找到平衡也是一项挑战。由于没有明确的模型来指导探索，智能体可能需要依赖随机性或其他启发式方法来确保探索。这可能导致学习过程的不稳定性，特别是在早期阶段。

尽管存在这些挑战，非参数化策略在某些场景下仍然非常有价值。它们为强化学习提供了一种不依赖于特定模型假设的解决方案，允许智能体在复杂和动态的环境中学习有效的策略。随着算法和计算技术的发展，非参数化策略有望在自动控制、机器人导航、游戏 AI 等领域发挥更大的作用。

6.4.3 策略梯度算法

（1）REINFORCE 算法

REINFORCE 算法是强化学习中一种基础且直观的策略梯度方法，由 Richard Sutton 等在 1992 年提出。其核心思想是通过直接对策略参数进行梯度上升来优化策略，使智能体能够学习在给定状态下选择最佳动作的概率。

REINFORCE 算法的工作原理基于一个简单但强大的观察：如果一个策略能够产生高回报的行为序列，那么这个策略就是一个好的策略。因此，算法的目标是通过调整策略参数来增加产生高回报行为序列的概率。这可以通过计算策略的梯度并沿着梯度方向更新参数来实现。

在 REINFORCE 算法中，策略通常被参数化为一个概率分布，参数通过梯度上升来优化。算法的关键步骤包括：

① 初始化：随机初始化策略参数。

② 采样：根据当前策略，从环境中采样一系列行为序列。

③ 计算梯度：对于每个行为序列，计算策略的梯度，这通常涉及计算行为序列的回报和策略梯度的乘积。

④ 参数更新：使用梯度上升方法更新策略参数，以增加产生高回报行为序列的概率。

REINFORCE 算法的一个显著特点是其简单性和通用性。它不依赖于特定的环境模型或状态表示，适用于各种类型的强化学习问题。然而，REINFORCE 算法也存在一些局限性，最主要的是其高方差问题。梯度估计是基于单个行为序列的，这可能导致梯度估计的高方差，从而影响学习过程的稳定性和效率。

为了解决这个问题，研究者们提出了多种改进方法，如使用基线来减少方差，或者结合其他策略梯度方法，如 Actor-Critic 方法，来提高 REINFORCE 算法的性能。此外，REINFORCE 算法也可以与深度学习结合，形成深度 REINFORCE 算法，以处理高维状态空间和复杂的决策任务。

总的来说，REINFORCE 算法作为策略梯度方法的基石，为强化学习领域提供了一种直接优化策略的方法。尽管存在一些挑战，但其简单性和直观性使其成为理解和研究策略梯度方法的重要工具。随着算法的不断发展和改进，REINFORCE 算法及其变体在自动控制、机器人学习、游戏 AI 等领域展现出了广泛的应用潜力。

（2）Actor-Critic 方法

Actor-Critic 方法是强化学习中一种结合了策略评估和策略优化的算法框架，它通过两个组件——Actor 和 Critic——来实现有效的策略学习。Actor 负责生成动作，即在给定状态下选择最佳动作的概率分布；而 Critic 则负责评估当前策略的好坏，即估计在当前策略下从特定状态出发的预期回报。

Actor-Critic 方法的核心优势在于它能够同时进行策略的探索和评估，从而提高学习效率。Actor 通过梯度上升的方式不断优化策略参数，以增加产生高回报行为序列的概率。Critic 则通过学习一个价值函数来估计当前策略的回报，这个价值函数可以是状态价值函数（V）或动作价值函数（Q），它们分别估计从状态或状态-动作对出发的预期回报。

在 Actor-Critic 方法中，Critic 的评估结果被用作 Actor 更新策略的指导。具体来说，Critic 提供的价值估计可以作为基线，用于减少策略梯度估计的方差，从而提高学习过程的稳定性。此外，Critic 还可以提供关于环境动态的重要信息，帮助 Actor 更好地理解不同动作的潜在价值。

Actor-Critic 方法的一个关键挑战是如何平衡探索和利用。Actor 倾向于选择当前策略下回报最高的动作，这可能导致策略过于保守，缺乏足够的探索。为了解决这个问题，研究者们提出了多种策略，如 ε-greedy 策略、熵正则化等，以鼓励 Actor 进行探索。

此外，Actor-Critic 方法在实现上也面临一些技术挑战，比如如何选择合适的价值函数形式、如何同步更新 Actor 和 Critic 的参数等。随着深度学习技术的发展，深度 Actor-Critic 方法已经成为处理复杂强化学习问题的重要工具，它通过使用深度神经网络来近似价值函数和策略，从而处理高维状态空间和复杂的决策任务。

总的来说，Actor-Critic 方法通过将策略评估和优化相结合，提供了一种有效的策略学习框架，它在各种强化学习问题中展现出了广泛的应用潜力。随着算法的不断发展和优化，Actor-Critic 方法有望在未来的智能系统设计中发挥更大的作用。

（3）深度策略梯度方法

深度策略梯度方法是强化学习领域中一种结合深度学习技术与策略梯度优化的先进算法。这种方法利用深度神经网络强大的非线性拟合能力来近似策略函数，从而解决传统策略梯度方法在处理高维状态空间时的局限性。深度策略梯度方法的核心在于使用深度学习模型作为策略的参数化表示，使得智能体能够学习复杂的策略，以适应多变的环境。

在深度策略梯度方法中，策略通常由一个深度神经网络参数化，该网络将环境状态作为输入，并输出每个可能动作的概率。这种策略表示方式具有极大的灵活性，允许智能体在复杂的视觉或传感器输入中学习有效的策略。通过梯度上升的方式，智能体可以不断调整网络参数，以最大化期望回报。

深度策略梯度方法的一个关键优势是其能够处理大规模和高维的数据。在许多实际应用中，如自动驾驶、机器人导航和高级游戏 AI，状态空间通常是高维的，传统的强化学习方法难以有效处理。深度策略梯度方法通过深度学习模型的自动特征提取能力，能够从原始数据中学习到有用的特征表示，从而简化决策过程。

然而，深度策略梯度方法也面临着一些挑战。首先，深度学习模型的训练通常需要大量的数据和计算资源。其次，策略梯度方法固有的高方差问题在深度学习中可能更加显著，导致学习过程不稳定。为了解决这些问题，研究者们提出了多种技术，如经验回放、目标网络和熵正则化等，以提高学习过程的稳定性和效率。

深度策略梯度方法的另一个挑战是如何平衡探索和利用。在高维状态空间中，探索可能变得更加困难，因为智能体难以评估不同动作的潜在价值。为了促进探索，研究者们采用了多种策略，如添加噪声到动作选择过程中，或者使用基于不确定性的探索方法。

总的来说，深度策略梯度方法通过结合深度学习和策略梯度优化，为解决复杂的强化学习问题提供了一种强大的工具。随着计算资源的增加和算法的不断改进，深度策略梯度方法在许多领域展现出了巨大的潜力，包括但不限于游戏、机器人技术、自动驾驶和推荐系统等。随着技术的进一步发展，我们可以期待深度策略梯度方法在未来的智能系统中发挥更加重要的作用。

6.4.4 策略梯度方法的挑战与局限性

策略梯度方法虽然在强化学习领域取得了显著的进展，但仍然面临着一系列挑战和局限性。

① 策略梯度方法的一个主要挑战是高方差问题。策略梯度是基于单个或少量样本的回报来估计的，这可能导致梯度估计的方差非常高，从而使学习过程变得不稳定，甚至导致策略性能的退化。

② 策略梯度方法在探索与利用之间找到平衡也是一个难题。在强化学习中，智能体需要在探索未知领域以发现新的行为模式和利用已知信息以最大化即时回报之间做出权衡。策略梯度方法可能会偏向于利用已知的策略，从而限制了智能体探索新行为的能力。

③ 策略梯度方法在处理稀疏奖励问题时也面临挑战。在许多实际应用中，奖励信号可能非常稀疏，智能体需要在没有即时奖励的情况下长时间探索。这可能导致学习过程缓慢，甚至停滞不前。

④ 策略梯度方法的另一个局限性是其对环境模型的依赖性。在某些情况下，策略梯度方法需要对环境建立一个准确的模型，以便更好地估计策略的梯度。然而，在现实世界中，环境模型往往是未知的或难以获得的，这限制了策略梯度方法的应用范围。

⑤ 策略梯度方法的性能也受到策略表达能力的限制。如果策略函数的参数化形式不足以捕捉环境的复杂性，那么即使梯度估计准确，智能体也可能无法学习到最优策略。

⑥ 策略梯度方法的计算效率也是一个问题。随着状态空间和动作空间的增大，策略梯度方法的计算复杂度也会显著增加，这可能导致算法在大规模问题上变得不可行。

尽管存在这些挑战和局限性，策略梯度方法仍然是强化学习领域中一个非常重要的研究方向。通过不断研究和技术创新，研究者们正在努力克服这些问题，以提高策略梯度方法的稳定性、效率和适用性。随着深度学习和其他先进技术的融合，策略梯度方法有望在未来解决更多的复杂问题。

6.4.5 策略梯度方法的应用

策略梯度方法在强化学习领域具有广泛的应用，这些应用涵盖了从简单的控制任务到复杂的决策场景。由于其直接优化策略参数的特性，策略梯度方法特别适合于那些需要智能体自主学习如何在环境中行动以获得最大回报的问题。

在游戏领域，策略梯度方法已经被成功应用于各种电子游戏的 AI 玩家设计中，包括经典的 Atari 游戏、复杂的策略游戏以及实时战略游戏。这些 AI 玩家不仅能够与人类玩家竞争，甚至在某些情况下可以超越人类的表现。

机器人技术是策略梯度方法的另一个重要应用领域。在机器人导航、路径规划和操作任务中，策略梯度方法可以帮助机器人学习如何在复杂的环境中有效地移动和执行任务，提高其自主性和适应性。

自动驾驶汽车的发展也受益于策略梯度方法。通过学习如何在交通环境中安全驾驶，自动驾驶系统可以不断优化其决策过程，以应对各种交通情况和突发事件。

在推荐系统中，策略梯度方法可以用于优化用户交互，通过学习用户的行为模式和偏好来提供个性化的内容推荐，从而提高用户满意度和平台的参与度。

此外，策略梯度方法在健康医疗领域也有应用潜力，例如在患者治疗计划的制定中，智能体可以学习如何根据患者的反馈和治疗结果来调整治疗方案，以实现最佳的治疗效果。

金融市场的交易策略优化也是策略梯度方法的应用场景之一，智能体可以学习如何在不断变化的市场条件下做出投资决策，以最大化投资回报。

第7章

集成学习算法

7.1 单一与集成

7.1.1 理解单一模型与集成模型

单一模型与集成模型在机器学习中扮演着不同的角色。单一模型通常由单一算法构建，具有简单直观、计算效率高等特点，适用于简单任务和小规模数据集。然而，单一模型的泛化能力有限，对异常值和噪声较为敏感，可能无法很好地适应复杂的数据分布。

相比之下，集成模型通过组合多个单一模型，可充分利用各个模型的优势，提高整体泛化能力和性能稳定性。集成模型更适用于处理复杂任务和大规模数据集，能够降低单一模型的偏差和方差，具有更强大的泛化能力和更稳健的性能。在实际应用中，单一模型通常用于简单的任务和小规模数据集，例如简单的分类或回归问题。但在处理复杂任务和大规模数据集时，往往需要使用更复杂、更强大的模型或者结合多个模型构建集成模型来提高性能。

因此，选择合适的模型类型需要根据任务的复杂性、数据集的规模以及模型的性能指标等因素综合考虑，以达到最佳的模型性能。

单一模型与集成模型对比见表 7-1。

表 7-1 单一模型与集成模型对比

项目	单一模型	集成模型
简单直观程度	由单一算法构建,易于理解和解释	通过组合多个模型,相对较复杂但能充分利用各个模型的优势
计算效率	训练和预测速度相对较快,适用于小规模数据集	训练和预测速度较慢,适用于大规模数据集
对异常值敏感程度	对异常值和噪声比较敏感,可能导致模型的泛化能力差	通过多个模型的共同决策来降低异常值的影响,具有一定容忍性
泛化能力	受限于所选算法的特性,可能无法很好地适应复杂的数据分布	充分利用多个模型的优势,可提高整体泛化能力和稳定性

表 7-1 对比了单一模型与集成模型在简单直观程度、计算效率、对异常值敏感程度和泛化能力等方面的特点。在实际应用中，选择合适的模型类型需要根据任务的要求和数据的特点进行综合考虑。

7.1.2 集成学习算法

集成学习算法是一种将多个基本模型组合成一个更强大的模型的技术。其基本思想是通过组合多个弱学习器（也称为基本学习器）来构建一个更具泛化能力和预测性能的强学习器。集成学习算法通常可以分为两大类：Bagging 和 Boosting。

① Bagging：Bagging 算法从训练数据集中随机抽取多个子样本，然后训练多个基本学习器，并最终通过投票或平均等方式进行集成，以降低方差和提高模型的稳定性。应用较为广泛的 Bagging 算法包括随机森林和 Bagged 决策树等。

② Boosting：Boosting 算法串行地训练多个基本学习器，每个基本学习器都尝试纠正前

一个学习器的错误，从而逐步提高整体模型的性能。Boosting 算法通常会根据样本的权重调整，使得先前被错误分类的样本在下一个模型中得到更多的关注。常见的 Boosting 算法包括 AdaBoost、Gradient Boosting、XGBoost 和 LightGBM 等。

集成学习算法在实际应用中广泛用于分类、回归和异常检测等任务，并且在各个领域取得了显著的成果。它们通常能够提高模型的准确性、稳定性和泛化能力，因此受到了广泛关注和应用。

7.1.3 集成学习原理

集成学习的原理是通过组合多个弱学习器（弱模型）来构建一个更强大的模型，以提高整体的预测性能和泛化能力。其基本思想是“三个臭皮匠，顶个诸葛亮”，即通过集成多个模型的智慧来达到更好的结果。集成学习结构示意图如图 7-1 所示。

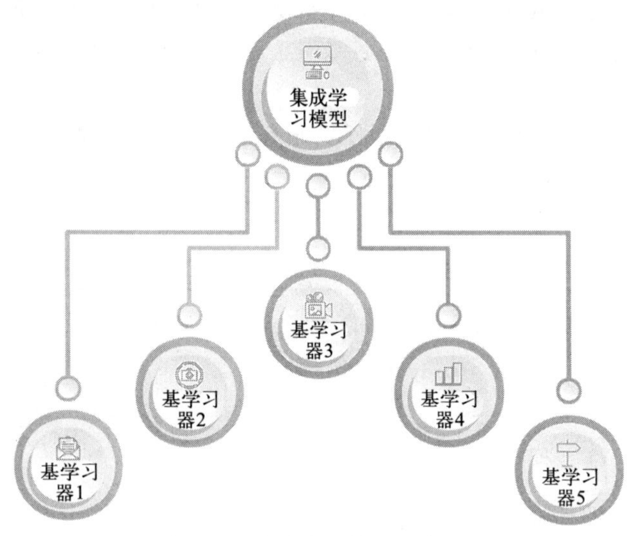

图 7-1 集成学习结构示意图

具体来说，集成学习的原理包括以下几个关键点：

① 多样性：集成学习的有效性依赖于弱学习器之间的多样性。这意味着每个弱学习器应该在不同的方面有所专长，以便在集成过程中能够提供互补的信息。多样性可以通过不同的算法、不同的特征选择、不同的样本采样等方式来实现。

② 集成方式：集成学习的常见方式包括 Bagging 和 Boosting。Bagging 算法通过并行地训练多个基本学习器，并最终通过投票或平均等方式进行集成，以降低方差和提高模型的稳定性；Boosting 算法通过串行地训练多个基本学习器，并根据样本的权重调整，使得先前被错误分类的样本在下一个模型中得到更多的关注，从而逐步提高整体模型的性能。

③ 集成策略：集成学习的常见策略包括平均法、投票法和学习法。平均法通过将多个模型的预测结果求平均来进行集成；投票法通过多数投票的方式来进行集成，即选择得票最多的类别作为最终预测结果；学习法则通过训练一个元模型来对多个基本模型的预测结果进行学习和整合。

通过以上原理，集成学习能够充分利用多个模型之间的互补性，从而提高整体模型的性能和泛化能力，适用于各种分类、回归和异常检测等任务。

7.1.4 集成学习中的特征选择

在集成学习中，特征选择是一个重要的步骤，它有助于提高模型的性能和泛化能力，减少模型的复杂度，加快模型的训练速度，以及降低过拟合的风险。特征选择的目的是从原始特征集中选择出最具有代表性和相关性的特征子集，以用于模型的训练和预测。在集成学习中，特征选择可以通过以下几种方式来实现：

① 基于模型的特征选择：通过训练基本模型并分析模型的特征重要性来选择特征。例如，在随机森林等算法中，可以利用特征的重要性指标，例如基尼重要性或平均不纯度减少等来评估特征的贡献度，进而选择重要的特征子集。

② 基于嵌入式方法的特征选择：在模型训练的过程中，利用正则化技术来惩罚不重要的特征，从而实现特征选择。例如，在逻辑回归模型中，可以使用 L1 正则化来压缩特征权重，自动选择对目标变量影响最大的特征。

③ 基于过滤式方法的特征选择：在训练模型之前，通过统计学方法或信息论方法来评估特征与目标变量之间的相关性，然后选择与目标变量相关性最高的特征。例如，可以使用皮尔逊相关系数、互信息等指标来评估特征与目标变量之间的线性或非线性相关性。

④ 基于包装式方法的特征选择：在模型训练的过程中，利用模型的性能指标，例如准确率等指标来评估特征子集的贡献度，然后选择性能最佳的特征子集。例如，可以使用递归特征消除等算法来逐步剔除对模型性能贡献较小的特征。

通过以上特征选择方法，可以有效地选择出最具代表性和相关性的特征子集，从而提高集成模型的性能和泛化能力。在实际应用中，特征选择的方法需要根据数据的特点、模型的类型和任务的要求来选择和调整。

7.1.5 集成学习中的超参数调优

在集成学习中，超参数调优是提高模型性能和泛化能力的关键步骤之一。超参数是在模型训练过程中需要手动设置的参数，这些参数并不会在训练过程中自动学习。在集成学习中，常见的超参数包括基本学习器的数量、学习率、基本学习器的类型、集成方法、子模型的深度等。

以下是一些常用的超参数调优方法：

① 网格搜索：网格搜索是一种基于穷举搜索的调优方法，它通过遍历指定的超参数组合来寻找最优的超参数组合。虽然网格搜索的计算量较大，但它可以保证找到全局最优的超参数组合。

② 随机搜索：随机搜索是一种基于随机抽样的调优方法，它通过在超参数空间中随机选择一组超参数来进行模型训练和评估。相对于网格搜索，随机搜索可以在有限的时间内找到较好的超参数组合，并且计算开销更小。

③ 贝叶斯优化：贝叶斯优化是一种基于贝叶斯方法的调优方法，它通过建立一个高斯过程模型来拟合超参数空间中的目标函数，并利用后验概率来指导下一次超参数的选择。贝叶斯优化通常可以在较少的迭代次数内找到较优的超参数组合。

④ 集成调优：集成调优是一种通过优化集成模型的结构和参数来提高模型性能的方法。例如，可以尝试不同的集成方法、不同的子模型类型、不同的子模型数量等来构建不同的集成模型，并选择性能最佳的模型作为最终模型。

超参数调优的过程通常需要结合交叉验证来评估不同超参数组合的性能，并选择表现最佳的超参数组合作为最终模型的参数。在实际应用中，需要根据数据的特点、模型的类型和任务的要求来选择合适的超参数调优方法。

7.2 Bagging 算法

7.2.1 Bagging 的基本原理

Bagging 是一种集成学习方法，其基本原理如下：

① 自助采样：Bagging 算法采用自助采样的方法从原始数据集中有放回地随机抽取多个子样本。这意味着每个子样本可能包含原始数据集中的重复样本，也可能不包含某些样本，从而使得每个子样本具有一定的差异性。

② 基本学习器的训练：对于每个子样本，使用同一种基本学习器，例如决策树、逻辑回归等进行训练。由于每个子样本的数据不同，因此每个基本学习器可能学到了数据的不同特点，从而增加了模型的多样性。

③ 集成预测：在训练好多个基本学习器之后，Bagging 算法通过投票或取平均的方式对所有基本学习器的预测结果进行集成。对于分类问题，通常采用多数投票的方式；对于回归问题，通常采用平均值的方式。最终的集成预测结果即为 Bagging 算法的输出。

Bagging 算法的核心思想是通过多次随机抽样和训练来增加模型的多样性，并通过集成多个模型的预测结果来降低模型的方差和提高模型的泛化能力。Bagging 算法通常适用于各种分类和回归问题，并且在实际应用中取得了广泛的成功。

7.2.2 Bagging 算法详解

Bagging 是一种著名的并行式集成学习方法，由其算法的实现原理可知，为了获得具有较大差异性的个体学习器，希望训练数据在不同的子集中具有一定的重叠性，而不是完全不同。如果每个子集都是完全不同的，那么每个基学习器将只能利用到数据的一小部分，甚至可能不足以进行有效学习。因此，需要在保持一定的重叠性的前提下，对训练数据进行采样。这样一来，我们可以期待获得具有较大差异性的基学习器，同时又能确保每个基学习器都能够充分利用训练数据进行有效学习，从而为集成模型的泛化性能提供更好的保证。

Bagging 算法直接基于自助采样法，对给定包含 m 个样本的数据集进行处理。具体来说，它通过以下步骤进行操作：首先，从初始数据集中随机选取一个样本放入采样集中；然后，将该样本放回初始数据集，使下次采样时该样本仍有可能被选中；如此重复进行 m 次随机采样操作，最终得到含 m 个样本的采样集。在这个过程中，初始训练集中的一些样本会在采样集里出现多次，而另一些样本则可能从未被选中。这种方式能够保证每次训练的子模型之间具有一定的差异性，从而提高了集成模型的泛化能力和鲁棒性。

基于此，我们可采样出 T 个含 m 个训练样本的采样集，然后基于每个采样集训练出一个基学习器，再将这些基学习器进行结合，这就是 Bagging 的基本流程。在对预测输出进行结合时，Bagging 通常对分类任务使用简单投票法，对回归任务使用简单平均法。若分类预测时出现两个类收到同样票数的情形，则最简单的做法是随机选择一个，也可进一步考察学习器投票的置信度来确定最终胜者。

Bagging 算法的具体步骤可以描述如下：

① 输入：训练数据集 $\boldsymbol{D}=\{(x_1,y_1),(x_2,y_2),\cdots,(x_n,y_n)\}$，基本学习器 L，Bagging 集成器的数量 M。

② 输出：Bagging 集成器 H。

③ 对于 $m=1,2,\cdots,M$，有：

a. 从数据集 $\boldsymbol{D}$ 中进行自助采样，得到大小为 n 的自助采样集 $\boldsymbol{D}_m$。

b. 使用自助采样集 $\boldsymbol{D}_m$ 训练基本学习器 L，得到模型 H_m。

④ 返回集成模型 H，其中 $H(x)$ 为所有 $H_m(x)$ 的平均值（回归问题）或多数投票（分类问题）。

Bagging 算法通过构建多个基本学习器并集成它们的预测结果，以降低模型的方差、提高模型的鲁棒性和泛化能力。

7.2.3 Bagging 算法的 Python 代码实现

图 7-2 是基于 Python 实现 Bagging 算法的示例代码。

```
from sklearn.tree import DecisionTreeClassifier
import numpy as np


class BaggingClassifier:
    def __init__(self, base_classifier, num_estimators):
        self.base_classifier = base_classifier
        self.num_estimators = num_estimators
        self.models = []

    def fit(self, X, y):
        for _ in range(self.num_estimators):
            indices = np.random.choice(len(X), size=len(X), replace=True)
            X_subset, y_subset = X[indices], y[indices]
            model = self.base_classifier()
            model.fit(X_subset, y_subset)
            self.models.append(model)

    def predict(self, X):
        predictions = np.zeros((len(X), self.num_estimators), dtype=int)
        for i, model in enumerate(self.models):
            predictions[:, i] = model.predict(X)
        return np.mean(predictions, axis=1).round().astype(int)
```

图 7-2 Bagging 算法代码图

这段代码使用 NumPy 库处理数组和矩阵，导入决策树分类器作为 Bagging 算法中的基本学习器，实现了一个简单的 Bagging 分类器类 BaggingClassifier，其中 base _ classifier 是基础学习器，num _ estimators 是集成中的模型数量。通过随机采样选取与原始数据集相同大小的样本索引，允许重复选择，即采用自助采样。在 fit() 方法中，对每个模型进行自助采样并训练基础分类器。在 predict() 方法中，对所有模型的预测结果进行平均，并将结果四舍五入取整，作为最终的集成预测结果。

7.2.4 Bagging 算法的优缺点及应用领域

(1) Bagging 算法的优点

① 降低方差：Bagging 通过集成多个模型的预测结果，可以降低模型的方差，提高模型的稳定性和泛化能力。

② 减少过拟合：由于 Bagging 算法在训练过程中引入了随机性，并且通过集成多个模型的预测结果来降低模型的方差，因此可以有效减少模型的过拟合程度。

③ 提高模型的鲁棒性：Bagging 算法通过集成多个模型的预测结果，可以提高模型的鲁棒性，使得模型对噪声和异常值的影响更小。

④ 适用于各种类型的基本学习器：Bagging 算法并不限定于特定类型的基本学习器，可以适用于各种类型的分类器和回归器，包括决策树、支持向量机等。

(2) Bagging 算法的缺点

① 增加计算成本：Bagging 算法需要训练多个模型，并且需要对每个模型的预测结果进行集成，因此会增加计算成本和存储空间。

② 降低可解释性：Bagging 算法集成了多个模型的预测结果，最终的预测结果可能相对复杂，导致模型的可解释性降低。

③ 可能增加偏差：尽管 Bagging 算法可以降低模型的方差，但有时也可能导致模型的偏差增加，特别是在基础模型过于简单或数据集过小的情况下。

④ 不适用于线性模型：Bagging 算法通常适用于具有一定的复杂度和多样性的基本学习器，因此对于线性模型等简单模型可能效果不佳。

(3) Bagging 算法的应用领域

① 医疗领域：Bagging 算法可以用于构建更稳定和准确的疾病诊断模型，通过集成多个诊断模型的结果，提高诊断的准确率和鲁棒性，Bagging 在基因表达数据的分析中用于分类和预测疾病，为个性化医疗提供支持。

② 金融领域：通过 Bagging 集成多个信用评分模型，可以提高信用评分的准确性，帮助金融机构更好地评估借款人的信用风险，Bagging 算法在检测金融交易中的欺诈行为方面表现优异，通过结合多个检测模型，可以更有效地识别异常交易。

③ 市场营销：Bagging 用于客户细分，能够更精确地将客户群体划分为不同的类别，帮助企业制定更有针对性的营销策略，通过集成多个预测模型，可以更准确地预测客户流失，帮助企业采取预防措施。

④ 工业生产：Bagging 算法在工业生产中的质量控制应用中，通过集成多个检测模型，可以更准确地预测产品缺陷和质量问题，Bagging 用于预测设备故障和维护需求，提高设备的运行可靠性和生产效率。

⑤ 环境科学：通过集成多个气象模型，Bagging 算法可以提高天气预报的准确性和可靠性。此外，Bagging 在生态监测中可以用于分析和预测环境变化，为环境保护提供科学依据。

⑥ 生物信息学：Bagging 用于基因分类任务，通过集成多个分类模型，可以提高基因分

类的准确性，通过集成多个预测模型，可以更准确地预测蛋白质的功能。

⑦ 教育领域：Bagging 算法用于预测学生成绩，能够结合多个预测模型，提高预测的准确性，帮助教育机构更好地了解学生的学习情况。Bagging 还可以用于分析学术成果，通过集成多个分析模型，可以更全面地评价学术研究的影响力。

⑧ 网络安全：Bagging 算法在网络安全领域的应用主要集中在网络入侵和恶意软件检测方面，在网络入侵检测系统中，通过集成多个检测模型，可以更有效地识别和防范网络攻击，而通过集成多个恶意软件检测模型，Bagging 可以提高恶意软件检测的准确性和及时性。

7.2.5 Bagging 算法的应用实例

Bagging 算法应用领域广泛，此处讨论 Bagging 机器学习算法在网络安全领域中恶意软件监测方面的应用。

随着互联网用户数据量逐渐庞大，用户在互联网上使用的应用种类多样化日渐凸显，事实上来自所有供应商的软件产品都存在可能导致安全问题的漏洞。恶意软件可能利用这些漏洞进行破坏。Bagging 方法是有效的恶意软件检测算法之一，其有效性可以通过减少假阴性和假阳性来增强，可以通过减少错误分类增强模型的性能。特征的 Shapley 值是特征贡献量的真实表示，并帮助检测模型的任何预测的顶级特征。将 Shapley 值转换为概率尺度，以与算法模型的预测值相关联，并通过训练过的模型检测任何预测的顶级特征。由训练过的模型假阴性和假阳性预测得出顶部特征的趋势可用于制定归纳规则。在这项工作中，在打包和增强方面表现最好的 Bagging 算法模型是由来自三个不同时期的三个恶意软件数据集的准确性和混淆矩阵决定的。

表 7-2 列出了十大软件生产商产品漏洞数量，表 7-3 列出了漏洞数排名前十的操作系统。

表 7-2　十大软件生产商产品漏洞数量

排名	生产商	产品数	漏洞数
1	Cisco	5623	4159
2	IBM	1335	5378
3	Oracle	971	8270
4	Microsoft	665	8391
5	Redhat	430	4058
6	Apple	140	5467
7	Google	128	6916
8	Debian	109	6022
9	Canonical	49	3180
10	FedoraProject	21	2885

表 7-3　漏洞数排名前十的操作系统

排名	生产商	产品数	漏洞数
1	Debian Linux	Debian	5572
2	Android	Google	3875
3	Ubuntu Linux	Canonical	3036
4	Mac Os X	Apple	2911
5	Linux Kernel	Linux	2722
6	Fedora	Fedora project	2538
7	iPhone OS	Apple	2522
8	Windows 10	Microsoft	2459
9	Windows Server2016	Microsoft	2233
10	Windows7	Microsoft	1954

许多检测恶意软件的算法模型都是基于静态、动态分析建立的，但这类模型无法得到恶意软件的顶级特征。使用 Bagging 算法的模型可以通过分析顶级特征和其他特征来预测恶意软件，同时将各种新颖的顶级特征可视化，用于零日恶意软件检测。

可视化的优点是它能够交互式地、直观地呈现大量的数据。条形图和瀑布图在 Shap 值和概率尺度上可视化显示了顶部特征。在这项工作中使用的可视化技术可以极大地帮助安全分析师对可疑的软件进行彻底的分析，并帮助他们有效地处理大量的恶意软件。ML 模型可能检测到恶意软件，但需要进一步改进，因为假阴性的错误分类可能导致漏检恶意软件。这提高了 Bagging 模型的效率，根据顶部特征的变化趋势可以确定正确的分类，从而提高算法模型的鲁棒性。

以利用静态恶意软件分析方法进行恶意软件检测为例，在静态分析中，提取到的样本特征可以分为两个主要部分。第一部分特性由便携式可执行文件（PE）标头组成，第二部分特性由从文件派生的特性组成。PE 头有一个 DOS 头、DOS 存根和 PE 头。PE 头有许多部分，如通用文件头、头文件信息、可选头、节头和许多目录，这些目录包括但不限于导入目录、资源目录、导出目录、异常目录等。恶意软件作者使用自定义工具构建可执行文件，导致 PE 头中的值不一致，这些不一致的字段可以帮助区分恶意软件和良性软件，因此，PE 头的字段作为特性包含。导入目录包含一个软件使用的动态链接库（DLL）和 API 的列表，一些可执行程序导出函数，用于与其他程序共享一个函数调用。资源目录中有一个包含图标、位图图像、菜单、字符串、对话框、配置文件、版本信息等的列表，恶意软件在 DLL 中使用特定的功能来实现其目标，因此，这些都被包括为特性。恶意软件的作者喜欢使用特定的图标、位图图像和字符串来识别他们的组。

在 sklearn 库中使用 Bagging 和 Boosting 机器学习算法模型对异常流量进行监测的框图如图 7-3 所示，使用了随机森林、Extratree、LightGBM 和 XGBoost 等方法的机器学习模型。使用该模型和现有的数据集可以区分未知的零日恶意软件和良性样本。

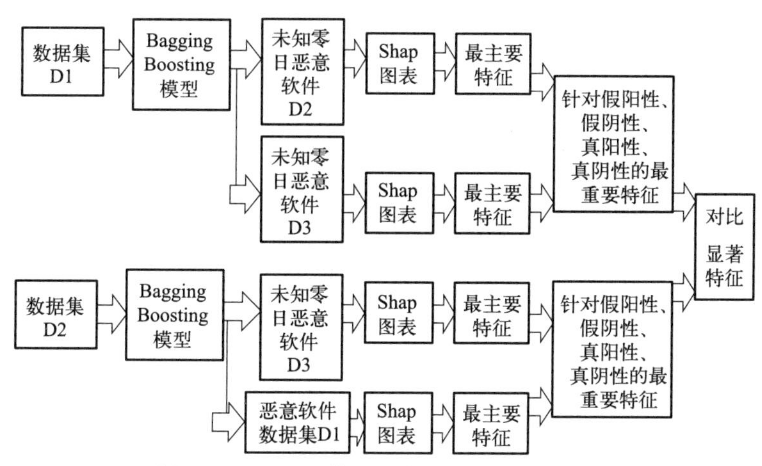

图 7-3 Bagging 算法异常流量监测结构框图

7.3 Boosting 算法

7.3.1 Boosting 的基本原理

Boosting 是一种集成学习方法，通过组合多个弱学习器来提升模型性能。其基本思想是依次训练多个弱学习器，每个学习器都重点关注那些被前一个学习器错误分类的样本。通过这种方式，模型能够逐步纠正错误，提高整体准确性。

Boosting 的过程首先是初始化样本权重，然后在每一轮训练中，根据当前权重训练一个新的弱学习器。训练完成后，计算该弱学习器的误分类率，并根据误分类率调整样本权重，使错误分类的样本在下一轮中得到更多关注。Boosting 算法模型训练后可以做到显著提高模型准确性，尤其在处理复杂数据集时能够捕捉更多复杂模式。然而，Boosting 也存在计算成本高、训练时间长和易于过拟合等缺点，特别是在缺乏适当正则化的情况下。

常见的 Boosting 算法包括 AdaBoost、gradient boosting 和 XGBoost 三种类型。具体介绍如下：

（1）AdaBoost（adaptive boosting）

AdaBoost 是最经典的 Boosting 算法，通过调整训练样本的权重来提高模型的性能。其基本思想是逐步构建一个强学习器，每一步迭代中都会训练一个新的弱学习器，并根据其表现调整样本的权重。最初，所有训练样本的权重是相等的，随着迭代的进行，被错误分类的样本权重会增加，使得后续的弱学习器能够更多地关注这些难分类的样本。

具体而言，AdaBoost 的过程如下：首先，根据当前的权重分布训练一个弱学习器，并计算其误分类率。然后，根据误分类率计算该弱学习器的权重，权重越高表示该弱学习器的效果越好。接着，调整训练样本的权重，对于被正确分类的样本，权重降低；对于被错误分类的样本，权重增加。这一过程会使得后续的弱学习器更加关注难分类的样本。通过多轮迭代，最终形成一个加权投票的强学习器。AdaBoost 的优点在于简单、易于实现，并且在许多实际应用中表现良好。由于其重点关注难分类的样本，AdaBoost 通常能够提高模型的准确性。然而，AdaBoost 也有其局限性，例如对噪声数据和离群点比较敏感，容易导致过拟合。此外，随着迭代次数的增加，其计算成本也会增加。尽管如此，AdaBoost 作为一种强大的集成学习方法，广泛应用于各种分类任务中。

（2）gradient boosting（梯度提升）

通过在每一步迭代中拟合前一步的残差（误差），逐步减少整体误差。gradient boosting 可以用于分类和回归任务，是一种基于梯度下降思想的集成学习方法。其基本原理是在每一轮迭代中，通过拟合前一轮的残差来逐步减少整体误差。

具体过程如下：首先，训练一个初始模型，然后计算该模型的预测误差。在接下来的每一轮迭代中，训练一个新的弱学习器来拟合这些残差，并将这个新学习器的预测结果加到前一轮的模型中，以此逐步逼近真实值。在 gradient boosting 的训练过程中，每个新弱学习器的目标是最小化损失函数的负梯度，这意味着它要最大限度地减少当前模型的误差。具体而言，在每一轮迭代中，当前模型的残差被看作新弱学习器的目标值，通过拟合这些残差，新弱学习器能够捕捉前一轮模型未能捕捉到的信息。训练完新的弱学习器后，将其预测结果乘以一个通常小于 1 的学习率并加到当前模型中，更新后的模型即为本轮迭代的结果。它可以用于回归和分类任务，能够捕捉数据中的复杂模式和关系。此外，gradient boosting 通过逐步减少误差，避免了简单模型带来的欠拟合问题。然而，其缺点也不容忽视，包括训练时间长、计算成本高以及易于过拟合，特别是在弱学习器数量过多或学习率设置不当时。因此，在实际应用中，通常需要对模型进行正则化，并使用交叉验证来选择最佳参数。

（3）XGBoost（extreme gradient boosting）

XGBoost 是梯度提升（gradient boosting）的优化实现，专注于提高计算效率和模型性能。它在保留传统梯度提升方法优势的基础上，通过工程优化和算法改进，显著提升了处理速度和精度。XGBoost 的核心理念是通过加权投票的方式将多个决策树模型组合起来，每个新树试图纠正前一个模型的误差，从而逐步提升整体预测效果。

XGBoost 的主要特点包括以下几个方面：首先，它使用了一种正则化方法，可以有效防止模型过拟合，提高模型的泛化能力。其次，XGBoost 采用了并行处理技术，在计算分支的过程中利用多线程，提高了训练速度。此外，XGBoost 支持稀疏数据处理，通过优化存储和计算方式，能高效处理大规模数据集。它还引入了学习率（shrinkage）和子采样（subsample）技术，通过逐步更新和随机采样，进一步提升了模型的稳健性和性能。在应用方面，XGBoost 广泛用于各种机器学习任务，如分类、回归、排序等。其高效性和优越的性能使其成为众多数据科学竞赛中的常用工具。由于其灵活性和可调性，用户可以根据具体问题的需求调整参数，以获得最优的模型表现。总体而言，XGBoost 通过一系列技术优化和改进，提供了一个功能强大、高效且易用的梯度提升工具。

7.3.2 Boosting 算法详解

Boosting 的核心思想是将多个弱分类器组合成一个强分类器，每个弱分类器的权重根据其性能进行调整，使得错误分类的样本在后续的分类器中受到更多关注。

以下是 Boosting 算法的一般步骤，具体以 AdaBoost（adaptive boosting）为例：

① 初始化样本权重。

a. 给每个样本赋予相同的初始权重。

b. 设定样本集$\{(x_1,y_1),(x_2,y_2),\cdots,(x_N,y_N)\}$，其中 y_i 是样本的标签，x_i 是样本的特征。

c. 初始化权重 $w_i=\frac{1}{N}$，每个样本初始权重相等。

② 训练弱学习器。重复以下步骤 M 次（即构建 M 个弱学习器）：

- 根据当前权重训练一个弱学习器 $h_t(x)$。
- 计算弱学习器的错误率：

$$\varepsilon_t=\sum_{i=1}^{N}\omega_i I[h_t(x_i)\neq y_i]$$

其中，$I(\cdot)$ 是指示函数，当条件为真时取值为 1，否则为 0。

- 计算弱学习器的权重：

$$\alpha_t=\frac{1}{2}\ln\left(\frac{1-\varepsilon_t}{\varepsilon_t}\right)$$

- 更新样本权重：

$$\omega_i \leftarrow \omega_i \exp[-\alpha_t y_i h_t(x_i)]$$

并对所有样本权重进行归一化，使其和为 1：

$$\omega_i \leftarrow \frac{\omega_i}{\sum_{j=1}^{N}\omega_j}$$

③ 构建最终模型。

最终模型是所有弱学习器的加权和：

$$H(x)=\text{sign}\left[\sum_{t=1}^{M}\alpha_t h_t(x)\right]$$

这就是 Boosting（以 AdaBoost 为例）的详细步骤。其他 Boosting 算法（如 gradient boosting）的基本思想类似，但在具体实现上有所不同。

Boosting 的核心在于样本权重的动态调整和弱学习器的加权组合。每轮迭代中，算法会根据当前模型的分类效果调整样本的权重。错误分类的样本权重会增加，使后续的弱学习器在训练时更多关注这些样本，从而逐步减少整体的分类错误率。此外，Boosting 根据弱学习器的分类性能分配权重，分类错误率越低的弱学习器权重越大，其在最终模型中的重要性越高。最终模型是所有弱学习器的加权和，其结合了多个弱学习器的优势，从而显著提升整体模型的泛化能力和分类效果。

7.3.3 Boosting 算法的 Python 代码实现

使用 Scikit-learn 库中的 DecisionTreeClassifier 作为弱学习器，以下是使用 Python 实现 AdaBoost 算法的代码：

```
import numpy as np
from sklearn.tree import DecisionTreeClassifier
from sklearn.metrics import accuracy_score

class AdaBoost:
    def __init__(self,n_estimators = 50):
```

```
        self.n_estimators = n_estimators
        self.alphas = []
        self.models = []
    def fit(self,X,y):
        n_samples,n_features = X.shape
        w = np.ones(n_samples) / n_samples

        for _ in range(self.n_estimators):
            model = DecisionTreeClassifier(max_depth=1)
            model.fit(X,y,sample_weight=w)
            predictions = model.predict(X)

            # Calculate error and model weight (alpha)
            error = np.sum(w * (predictions != y)) / np.sum(w)
            alpha = 0.5 * np.log((1 - error) / (error + 1e - 10))

            #  Update weights
            w * = np.exp(- alpha * y * predictions)
            w /= np.sum(w)

            # Save model and alpha
            self.models.append(model)
            self.alphas.append(alpha)

    def predict(self,X):
        model_predictions = np.array([alpha * model.predict(X) for model,alpha in
zip(self.models,self.alphas)])
        final_prediction = np.sign(np.sum(model_predictions,axis=0))
        return final_prediction

# 示例使用
if __name__ == "__main__":
    from sklearn.datasets import load_breast_cancer
    from sklearn.model_selection import train_test_split

    # 加载数据
    data = load_breast_cancer()
    X = data.data
    y = data.target
    y = np.where(y = = 0,-1,1)   # 将标签从 {0,1} 转换为 {-1,1}

    # 分割数据
    X_train,X_test,y_train,y_test = train_test_split(X,y,test_size=0.3,random_
state=42)
```

```
# 训练 AdaBoost 模型
model = AdaBoost(n_estimators=50)
model.fit(X_train,y_train)

# 预测并评估
y_pred = model.predict(X_test)
accuracy = accuracy_score(y_test,y_pred)
print(f"Accuracy: {accuracy:.4f}")
```

代码解释：

① 导入库：导入必要的库，包括 numpy 和 sklearn。

② AdaBoost 类：

a. 初始化 AdaBoost 类，设置弱学习器的数量 n_estimators。

b. fit 方法用于训练模型，逐步调整样本权重并训练弱学习器。

c. predict 方法用于预测新数据。

③ 模型训练过程：

a. 加载 sklearn 提供的原始待处理数据集并进行数据预处理。

b. 分割数据集为训练集和测试集两部分。

c. 训练 AdaBoost 模型并进行预测，最后计算模型的准确性。

以上代码实现了一个简单的 AdaBoost 模型，使用决策树作为弱学习器，通过逐步调整样本权重来提高整体模型的性能。

7.3.4 Boosting 算法的优缺点及应用领域

(1) 优点

① 提高准确性：通过组合多个弱学习器，Boosting 显著提高了模型的分类准确性和泛化能力，这些弱学习器的加权组合能够捕捉到更复杂的数据模式，减少单一模型的偏差。

② 灵活性：Boosting 可以使用多种不同类型的弱学习器，如决策树、线性模型、神经网络等，适应性强，这种灵活性使得 Boosting 能够在不同的任务和数据集上表现出色。

③ 自动化特征选择：Boosting 算法在训练过程中，会自动关注对分类贡献较大的特征，降低对不重要特征的关注度，从而在一定程度上进行特征选择，减少特征工程的工作量。

④ 处理偏斜数据：通过增加难分类样本的权重，Boosting 能够更好地处理类别不平衡的数据集，提高对少数类样本的识别能力，这在实际应用中，如欺诈检测、医学诊断等领域尤为重要。

⑤ 稳健性：相较于单一的复杂模型，Boosting 通过组合多个简单模型，能够更好地避免过拟合，即使某些弱学习器出现过拟合，整体模型也能通过加权平均来平滑这些错误。

⑥ 减少偏差：Boosting 的逐步改进机制使得每个新的弱学习器都是在前一轮的基础上进行的，从而不断减少模型的偏差，提高整体模型的性能。

⑦ 可解释性：使用决策树作为弱学习器时，Boosting 模型具有一定的可解释性，每个决策树的决策过程可以被追踪，这便于理解模型的决策逻辑。

(2) 缺点

① 对噪声敏感：如果数据集中包含噪声样本，Boosting 会倾向于对这些噪声样本赋予较高权重，从而影响模型性能，噪声样本在多个迭代中被不断放大，可能导致过拟合

② 计算开销大：Boosting 需要多次训练弱学习器，计算成本较高，训练时间较长，对于大型数据集或需要实时响应的任务，计算开销可能成为瓶颈。

③ 难以并行化：Boosting 是一个序列化的过程，每个弱学习器的训练依赖于前一轮的结果，因此难以并行化处理。

④ 复杂性增加：由于涉及多个弱学习器和权重调整，模型结构较为复杂，相较于单一模型更难解释。对于非技术人员，理解和解释 Boosting 模型可能存在困难。

⑤ 参数敏感：Boosting 算法中有多个超参数（如弱学习器的数量、学习率等）需要调优，选择不当可能影响模型效果，超参数调优需要大量实验和经验，增加了使用难度。

⑥ 欠拟合风险：如果弱学习器本身能力过于有限，组合后的模型可能依然存在欠拟合问题，难以捕捉数据中的复杂模式，在这种情况下，需要选择更强的弱学习器或调整算法参数。

⑦ 训练时间长：由于需要多次迭代训练弱学习器，Boosting 的训练时间相对较长，特别是在弱学习器复杂度较高或数据集较大时，这在实际应用中需要考虑计算资源和时间成本。

⑧ 内存占用高：在训练过程中需要存储多个弱学习器，内存占用较高，对于内存有限的系统，可能需要优化存储策略或选择内存占用较小的弱学习器。

(3) 应用领域

① 分类问题。a. 文本分类：Boosting 算法在文本分类任务中非常有效，例如垃圾邮件检测、情感分析、新闻分类等。通过结合多个弱学习器，Boosting 算法能够处理复杂的文本数据，并提高分类的准确性。b. 图像分类：在图像分类任务中，Boosting 算法可以有效地识别和分类图像中的不同对象。它可以用于从手写数字识别到复杂的自然场景分类等领域。c. 医疗诊断：Boosting 算法可以用于医疗数据的分类任务，例如通过分析患者的病历数据预测疾病，帮助医生做出诊断决策。

② 回归问题。a. 金融预测：在金融领域，Boosting 算法可以用于股票价格预测、市场趋势分析、风险评估等任务。它能够处理金融数据中的非线性关系，提高预测精度。b. 房价预测：Boosting 算法可以根据房屋的各种特征（如位置、面积、房龄等）进行房价预测，为房地产市场分析和投资决策提供支持。

③ 异常检测。a. 网络安全：在网络安全中，Boosting 算法用于检测网络流量中的异常行为，识别潜在的网络攻击或入侵行为，保护网络系统的安全。b. 信用卡欺诈检测：Boosting 算法通过分析信用卡交易数据，识别异常交易行为，帮助金融机构预防和减少欺诈损失。

④ 信息检索。a. 搜索引擎排序：Boosting 算法在搜索引擎中用于提升搜索结果的相关性，通过对大量网页和用户查询数据进行分析，优化搜索结果的排序。b. 推荐系统：在推荐系统中，Boosting 算法用于根据用户的历史行为和偏好，推荐相关的产品、电影、音乐等，提高用户满意度和参与度。

⑤ 医学影像分析。a. 肿瘤检测：Boosting 算法在医学影像分析中用于识别和分类肿瘤，

例如在CT或MRI图像中检测癌症病灶，辅助医生进行早期诊断。b. 疾病预测：通过分析医学图像数据（如心脏超声、X射线片等），Boosting算法可以预测疾病的发展趋势，帮助医生制定治疗方案。

⑥ 自然语言处理。a. 命名实体识别：Boosting算法在命名实体识别任务中用于识别文本中的实体名称（如人名、地名、组织名等），广泛应用于信息抽取和文本挖掘。b. 机器翻译：在机器翻译中，Boosting算法可以提升翻译的准确性，通过多次迭代优化翻译模型，生成更符合目标语言的译文。

⑦ 营销与广告。a. 客户细分：Boosting算法用于根据客户行为数据进行分类，将客户划分为不同的细分市场，帮助企业制定更精准的市场营销策略。b. 点击率预测：在在线广告中，Boosting算法用于预测广告的点击率，优化广告投放策略，提高广告的转化率和投资回报率。

⑧ 金融风险管理。a. 信用评分：Boosting算法在金融机构用于评估借款人的信用风险，通过分析借款人的历史还款记录、财务状况等数据，生成信用评分，帮助金融机构做出放贷决策。b. 市场分析：Boosting算法可以用于金融市场的趋势分析和波动预测，帮助投资者和金融机构做出更明智的投资决策。

⑨ 生物信息学。a. 基因表达数据分析：Boosting算法在生物信息学中用于分析基因表达数据，识别与特定疾病相关的基因表达模式，帮助科学家理解疾病机制。b. 蛋白质结构预测：通过分析蛋白质序列数据，Boosting算法可以预测蛋白质的三维结构，辅助药物设计和生物研究。

⑩ 游戏和人工智能。a. 棋类游戏：Boosting算法在棋类游戏中用于提升AI的决策能力，通过学习大量的棋局数据，优化AI的策略，提高其对弈水平。b. 机器人控制：在机器人控制中，Boosting算法用于路径规划和动作决策，通过不断优化控制策略，使机器人能够更灵活、高效地完成任务。

这些应用展示了Boosting算法在处理复杂数据和任务时的强大能力，适用于各种需要高精度和鲁棒性的领域。理解Boosting算法的优缺点，可以更好地在实际应用中选择合适的机器学习方法，并根据具体场景优化模型性能。

Boosting算法特别适合在处理大型数据集且特征较多的场景中使用。这是因为Boosting算法在逐步构建弱学习器的过程中，能够有效地进行特征选择和权重调整，从而自动识别和利用最具区分力的特征。这使得Boosting在处理高维数据时能够保持较高的效率和精度。此外，通过集成多个弱学习器，Boosting算法能够有效地捕捉数据中的复杂非线性关系，提升模型的整体性能。

在分类任务中，Boosting算法因其卓越的准确性而广受欢迎。对于那些对分类准确性要求较高的应用场景，例如医疗诊断、金融风险管理和网络安全，Boosting能够提供显著的性能提升。特别是在处理不平衡数据时，Boosting通过调整样本权重，使模型更加关注少数类样本，从而提高少数类的分类效果。这对于信用卡欺诈检测、异常行为检测等场景尤为重要，因为这些场景中的少数类样本通常代表了关键的异常事件，准确分类这些样本能够带来显著的业务价值。

7.3.5 Boosting算法的应用实例

Boosting算法应用领域广泛，本小节介绍利用Boosting算法模型进行物联网网络入侵检测的应用研究。物联网（IoT）设备的快速普及已经彻底改变了各个行业，使无缝连接、数据交换和自动化成为可能。然而，物联网技术的广泛采用也带来了新的安全挑战，特别是在网络入侵检测领域。物联网包括大量有限的和异构的设备，使三层物联网环境的每一层都代表潜在的表面攻击者以及可能遭受到的各种网络安全威胁。

当从传统网络转向基于物联网的网络时，威胁场景会发生变化，这种转变带来了特殊的挑战，并扩大了攻击面，使物联网网络更容易受到各种安全威胁。随着连接到网络的机器和智能设备数量的增加，物联网安全的漏洞也不断增加。物联网网络通常由大量具有不同硬件、操作系统和通信协议的互联设备组成，这种规模和异构性使得在所有设备上实现一致的安全措施具有挑战性，从而导致了潜在的漏洞。物联网设备的计算能力、内存和能源资源往往有限，这一限制使得在所有物联网设备上部署资源密集型的安全解决方案变得困难，例如健壮的加密或入侵检测系统。攻击者可以利用这些资源限制来发起攻击并破坏设备，此外，许多物联网设备缺乏适当的软件更新机制，这使已知漏洞很难被迅速修复。

检测和减轻物联网网络中的入侵对于保护敏感数据、确保隐私和维护物联网系统的完整性至关重要。网络入侵检测对提供物联网环境的实时保护起着至关重要的作用，它用于监控网络流量，区分正常和异常的网络行为。传统的网络入侵检测系统（NIDS）可能不适合解决物联网网络的安全问题，因此需要采用创新的方法来有效地检测和应对物联网网络入侵。将机器学习算法 Boosting 模型纳入防御体系结构，有助于实现更高的检测准确率，其核心思想是迭代地训练基础模型，然后将它们的预测结合起来，以提高整体集成模型的准确性。

通过研究多种改进优化后的机器学习算法在物联网网络入侵检测中的有效性，对多种基于助推的模型进行了全面的比较研究，即自适应提升（ADB）、梯度下降提升（GDB）、极端梯度提升（XGB）、分类提升（CAB）、雾梯度提升（HGB）和光梯度提升（LGB）等算法，并评估各算法在物联网网络安全背景下的有效性，以确定最适合和有效的入侵检测算法，研究的结果将有助于完善现有的物联网网络安全和入侵检测知识体系。上述各算法在不同的数据集上的检测准确率及各项数据对比如表 7-4 所示。

表 7-4　不同 Boosting 算法在不同数据集上的各项数据的对比

Boosting 算法	数据集	项目	特征号	准确率/%
XGB	Synthetic	Peer-to-Peer Botnet Detection	18	99.88
XGB	NSL-KDD	NIDS for Contiki-NG-Based IoT Networks	8	97
GXGB	N-BaIoT	Botnet attack detection in IoT	3	99.96
ADB	DS2OS	Anomaly detectionin IoT	13	95
ADB	NSL-KDD and NBaIoT	Attack detection in IoT	41	99.3
ELADB	IoT-23,BoT-IoT,Edge-IIoT	NIDS for Smartcities IoT	30	99.9

续表

Boosting 算法	数据集	项目	特征号	准确率/%
XGB	CIC-IDS2018，N-BaIoT，KDD Cup99	NIDS for Blockchain Enabled IoT Healthcare Applications	10	98.96
XGB	Elnouretal. HVAC dataset	Attack detection for HVAC	24	99.98
XGB/DT	UNSW-NB15	Botnet attack detection In IoT	40	94
ADBRUSELBA	N-BaIoT	Botnet attack detection In IoT	10	97.70
XGBLGB	BoT-IoT，IoT-23 CIC-DDoS-19	Attacks Identification：IoT attacks and DDoS attacks	35	94.49
LGBPSO-LGB GSA-LGB	IoT dataset	Identifycation of Malicious Accessin IoT Network	13	99.99
XGB	ToN-IoT	NIDSforIIoT	17	99.73
XGBLGB	DS2OS	NIDS for Smart home IoT	13	99.92

自适应增强算法 adaptive boosting 最初是为二元分类而开发的，它的树只有一个决策树桩，即一个节点和两个叶子。一些 Boosting 算法可能是计算密集型和资源需求型的，这可能会阻碍它们在资源受限的物联网环境中的使用。GDB 模型训练所花费的时间大约是 XGB 模型训练所用时间的 5 倍，这是因为 GDB 不支持多线程，而 XGB 算法支持多线程。

7.4 Stacking 算法

7.4.1 Stacking 的基本原理

Stacking 算法是一种集成学习方法，其通过将多个基模型的预测结果结合起来，以提高整体模型的预测性能。这种方法的核心思想是通过多个模型的集成，降低单一模型可能带来的偏差和方差，从而提高整体模型的泛化能力。在 Stacking 方法中，基本分类器是直接对数据进行学习的模型，如线性回归、决策树、支持向量机等。这些模型通过独立训练来生成各自的预测结果。然后，这些预测结果将作为元分类器的输入。元分类器通过对这些输入进行学习，试图捕捉不同基本分类器的优势和不足，从而得到一个综合的、更为准确的预测结果。

选择若干个不同类型的基模型，在训练数据集上分别进行训练。然后每个基模型在训练数据集上进行预测，生成多个预测结果，并将这些结果作为新的特征，构成一个新的数据集。接着使用新构建的数据集训练一个元模型。元模型通常是一个简单的模型，如线性回归或逻辑回归，用于学习如何结合基模型的预测结果。在测试阶段，先使用基模型对测试数据进行预测，然后将这些预测结果输入到元模型中，得到最终的预测结果。

Stacking 算法的优点在于通过结合多个基模型的预测结果，通常可以提高整体模型的性能，并减少单个模型过拟合的风险。然而，这种方法的计算复杂度较高，因为需要训练多个基模型和一个元模型，计算资源和时间开销较大。此外，选择合适的基模型和元模型以及调整它们的超参数可能较为复杂。假设一个二分类问题，可以选择逻辑回归、决策树和支持向量机作为基模型。在算法执行中首先训练这些基模型，然后将它们在训练集上的预测结果作为新特征，构建新的训练数据集。接着，使用新的训练数据集训练一个线性回归元模型。最后，在测试数据集上，使用基模型进行预测，并将预测结果输入元模型中，得到最终的预测结果。通过这种方式，Stacking 算法将多个基模型的优点结合起来，通常能够提高预测性能和稳定性。

Stacking 算法分类如下。

(1) 按模型类型分类

根据基本分类器的类型，Stacking 可以分为同质 Stacking 和异质 Stacking 两类。同质 Stacking 指的是所有基本分类器都是同类型的模型，例如，可以选择多个决策树模型或多个线性回归模型来构建同质 Stacking。这种方式的优点是模型的行为和特性比较一致，易于调优和解释。异质 Stacking 则是指基本分类器是不同类型的模型。例如，可以结合一个决策树模型、一个线性回归模型和一个支持向量机（SVM）模型。这种方式的优点是可以结合不同模型的优势，从而更好地捕捉数据的多样性特征，提高模型的鲁棒性和泛化能力。通过组合不同类型的模型，异质 Stacking 在处理复杂数据集时往往能够取得更好的效果。

(2) 按层次结构分类

根据层次结构的不同，Stacking 可以分为单层 Stacking 和多层 Stacking 两类。单层 Stacking 只有一层基本分类器，其输出直接传递给元分类器。这种结构比较简单，易于实现和理解。单层 Stacking 适用于大多数常见的应用场景，尤其是在数据量相对较小或模型数量较少的情况下。多层 Stacking 则有多层的基本分类器，输出逐层传递给上一级的基本分类器或元分类器。例如，两层 Stacking 结构中，第一层基本分类器的输出作为第二层基本分类器的输入，第二层基本分类器的输出再传递给最终的元分类器。多层 Stacking 通过增加模型的层次，可以进一步提高模型的表达能力和预测性能，但同时也增加了计算复杂度和调优难度。

(3) 按训练方式分类

根据训练方式的不同，Stacking 可以分为全数据 Stacking 和交叉验证 Stacking 两类。全数据 Stacking 中，所有的基本分类器在同一个训练集上进行训练。这样可以最大化利用所有的训练数据，提高模型的训练效果。然而，这种方法可能会导致过拟合问题，尤其是在训练数据量较小的情况下。交叉验证 Stacking 则使用交叉验证的方法，将数据分成多个子集，每个基本分类器在不同的子集上训练，交叉验证的预测结果作为元分类器的输入。交叉验证 Stacking 通过数据的分割和重复利用，可以有效地减小过拟合风险，提高模型的泛化能力。同时，它也能提供更稳健的模型性能评估，有助于选择和调优基本分类器和元分类器。

（4）按算法进行分类

常见的 Stacking 算法包括 Stacked Generalization 和 Blending 两种。Stacked Generalization 是经典的 Stacking 方法，通过将多个基本分类器的输出作为特征，输入到元分类器中进行预测。这种方法的优点是可以充分利用各个基本分类器的预测信息，提高模型的综合预测能力。Blending 是 Stacking 的一种变体，将训练集划分为两部分，第一部分用于训练基本分类器，第二部分用于生成基本分类器的预测结果，作为元分类器的输入。Blending 的方法可以简化训练过程，减少计算量。Stacking 方法在分类问题、回归问题、时间序列预测和推荐系统中有广泛应用。在分类问题中，Stacking 可以通过集成多个分类器提高分类准确性；在回归问题中，可以通过集成多个回归模型提高预测精度；在时间序列预测中，通过组合多个时间序列预测模型可以提升预测精度；在推荐系统中，通过集成多个推荐算法可以提高推荐的准确性。通过合理选择基本分类器和元分类器以及 Stacking 结构，可以显著提升模型的性能。

7.4.2　Stacking 算法详解

Stacking 算法的执行阶段按执行过程描述如下：

（1）数据准备

数据划分：将原始数据集划分为训练集和测试集两部分。训练集用于训练基础模型和元模型，测试集用于最终评估模型的性能。

交叉验证划分：将训练集进一步划分为多个交叉验证子集。这一步主要用于生成基础模型的预测结果，作为元模型的输入。

（2）训练基础模型

训练基础模型：对每个基础模型，在交叉验证的每一个子集上进行训练。例如，如果进行 K 折交叉验证，则将训练集分为 K 个子集，每个子集在其余 $K-1$ 个子集上训练，然后在剩下的子集上进行预测。

生成预测结果：对于每一个基础模型，分别将其在每个交叉验证子集上的预测结果保存下来。这样，每个基础模型都会生成一个关于训练集的预测结果，这些结果将作为元模型的输入。

（3）构建元模型训练数据

汇总预测结果：将所有基础模型在训练集上的预测结果汇总，形成一个新的特征矩阵。这个特征矩阵的每一列对应一个基础模型的预测结果，每一行对应一个训练样本。

构建元模型的训练数据集：使用汇总后的特征矩阵作为元模型的输入特征，原始训练集的标签作为元模型的目标值，构建元模型的训练数据集。

（4）训练元模型

使用上一步构建的元模型训练数据集训练元模型。元模型通常是一个简单的模型，例如线性回归或逻辑回归，其任务是结合基础模型的预测结果，生成最终的预测结果。

（5）预测过程

预测基础模型：对测试集使用基础模型进行预测。对测试集中的每一个样本使用已经训练好的基础模型进行预测，得到每个基础模型的预测结果。

生成元模型的输入：将基础模型在测试集上的预测结果汇总，形成一个新的特征矩阵，这个特征矩阵将作为元模型的输入。

预测最终结果：使用训练好的元模型，对上述特征矩阵进行预测，得到测试集的最终预测结果。

(6) 模型评估

性能评估：通过在测试集上评估最终预测结果的性能，计算模型的准确性、精度、召回率、F1 分数等指标。

通过以上步骤，Stacking 算法能够有效结合多个基础模型的优势，提升整体模型的预测性能。

7.4.3 Stacking 算法的 Python 代码实现

以下是使用 Python 和 Scikit-learn 库实现 Stacking 算法的示例代码，这段代码展示了如何将多个基础模型的预测结果作为特征，并使用一个元模型进行二次学习。使用常见的分类数据集 Iris 数据集。

步骤 1：数据加载和预处理。

```
import numpy as np
from sklearn.datasets import load_iris
from sklearn.model_selection import train_test_split,KFold
from sklearn.tree import DecisionTreeClassifier
from sklearn.svm import SVC
from sklearn.linear_model import LogisticRegression
from sklearn.metrics import accuracy_score

# 加载数据集
iris = load_iris()
X,y = iris.data,iris.target

# 划分训练集和测试集
X_train,X_test,y_train,y_test = train_test_split(X,y,test_size=0.2,random_state=42)
```

在这一部分，首先导入所需的库，包括 NumPy、Scikit-learn 的数据集模块、模型选择模块和各类模型。然后，加载 Iris 数据集。Iris 数据集是一个多类别分类数据集，包含四个特征和三个类别标签。接下来，使用 train_test_split 函数将数据集划分为训练集和测试集两部分，其中 20%的数据用于测试，80%的数据用于训练。random_state=42 确保了结果的可重复性。

步骤 2：定义基础模型。

```
# 基础模型
base_models = [
    ('decision_tree',DecisionTreeClassifier(random_state=42)),
    ('svm',SVC(probability=True,random_state=42))
]
```

在这一部分，定义了两个基础模型：决策树分类器和支持向量机（SVM）。决策树是一种简单且易于解释的模型，而 SVM 是一种强大的分类模型，可以处理高维数据。在 SVM 中，设置 probability＝True 以便能够输出概率估计值，这对于后续的元模型非常重要。random _ state＝42 确保模型的可重复性。

步骤 3：交叉验证。

```
kf = KFold(n_splits=5,shuffle=True,random_state=42)
```

在这一部分，使用 5 倍交叉验证（KFold）来评估基础模型的性能。交叉验证将数据集划分为多个子集，并在每个子集上训练和验证模型，从而有效利用数据并评估模型的性能。n _ splits＝5 表示将数据集划分为 5 个子集。shuffle＝True 表示在划分之前先打乱数据。random _ state＝42 确保结果的可重复性。

步骤 4：训练基础模型。

```
# 训练基础模型并生成预测结果
base_model_predictions_train = np.zeros((X_train.shape[0],len(base_models)))
base_model_predictions_test = np.zeros((X_test.shape[0],len(base_models)))

for i,(name,model) in enumerate(base_models):
    test_predictions = np.zeros((X_test.shape[0],kf.get_n_splits()))

    for j,(train_idx,val_idx) in enumerate(kf.split(X_train)):
        X_kf_train,X_kf_val = X_train[train_idx],X_train[val_idx]
        y_kf_train,y_kf_val = y_train[train_idx],y_train[val_idx]

        model.fit(X_kf_train,y_kf_train)
        base_model_predictions_train[val_idx,i] = model.predict_proba(X_kf_val)
[:,1]
        test_predictions[:,j] = model.predict_proba(X_test)[:,1]

    base_model_predictions_test[:,i] = test_predictions.mean(axis=1)
```

在这一部分，使用交叉验证来训练基础模型并生成预测结果。首先，初始化两个矩阵 base _ model _ predictions _ train 和 base _ model _ predictions _ test，分别用于存储基础模型在训练集和测试集上的预测结果。

对于每一个基础模型，使用交叉验证的每一折进行训练。在每一折中，将训练集划分为训练子集和验证子集两部分，使用训练子集训练模型，然后在验证子集上进行预测，并将预测结果保存到 base _ model _ predictions _ train 矩阵中。同时，在测试集上进行预测，并将结果保存到 test _ predictions 矩阵中。

最终，将 test _ predictions 矩阵中的结果取平均值，作为基础模型在测试集上的预测结果，并保存到 base _ model _ predictions _ test 矩阵中。

步骤 5：构建元模型的训练数据。

```
# 元模型
meta_model = LogisticRegression(random_state=42)
# 使用基础模型的预测结果作为特征来训练元模型
meta_model.fit(base_model_predictions_train,y_train)
```

在这一部分，构建元模型的训练数据集。元模型通常是一个简单的模型，例如逻辑回归。将基础模型在训练集上的预测结果作为特征，原始训练集的标签作为目标值，训练元模型。random _ state=42 确保结果的可重复性。

步骤 6：预测和评估。

```
# 预测并评估模型性能
meta_predictions = meta_model.predict(base_model_predictions_test)
accuracy = accuracy_score(y_test,meta_predictions)
print(f'Stacking 模型的准确率: {accuracy:.4f}')
```

在这一部分，使用训练好的元模型对测试集进行预测。具体而言，将基础模型在测试集上的预测结果作为输入特征，使用元模型进行预测。最后，使用准确率（accuracy）来评估 Stacking 模型的性能。通过 accuracy _ score 函数计算预测结果与真实标签之间的准确率，并打印出来。

通过上述步骤，实现了 Stacking 算法。这种方法结合多个基础模型的预测结果，利用元模型进行二次学习，有效地提高了模型的预测性能，并使用交叉验证进一步提升了模型的泛化能力。这个示例展示了 Stacking 算法在分类任务中的应用，但该方法同样适用于回归任务和其他类型的预测问题。根据具体应用场景，可以选择不同的基础模型和元模型，以达到最佳的预测效果。

7.4.4 Stacking 算法的优缺点及应用领域

Stacking 算法是一种有效的集成学习方法，结合多个基础模型的预测结果，通过一个元模型进行二次学习，能够显著提高模型的性能。下面详细介绍 Stacking 算法的优缺点。

（1）Stacking 算法优点

① 提高模型性能。Stacking 通过结合多个基础模型的预测结果，可以有效地利用每个模型的长处。例如，一个模型可能擅长捕捉数据中的线性关系，而另一个模型可能擅长捕捉非线性关系。将这些模型的预测结果结合起来，能够生成一个更为强大的综合模型，从而提高整体预测性能。在减少偏差和方差方面，基础模型各自的预测结果可能会存在一定的偏差和方差，但通过元模型的整合，这些偏差和方差可以相互抵消，从而生成一个更为稳定和准确的预测结果。

② 减少过拟合风险。在训练基础模型时，通常会使用交叉验证来生成预测结果，这有助于减少过拟合。交叉验证通过多次划分数据集并在不同的子集上进行训练和验证，可以确保模型对数据的每一部分都有充分的学习，减少了模型对训练集特定噪声的依赖。使用多个基础模型可以减少过拟合的风险，因为不同的模型可能对数据的噪声和异常值有不同的反应。通过组合这些模型的预测结果，可以平滑掉个别模型的极端预测。

③ 灵活性强。Stacking 算法不限制基础模型的类型，可以同时使用线性模型、非线性

模型、树模型、神经网络等，这种灵活性允许开发者根据具体问题的需求选择最合适的模型组合。通过组合不同的模型，开发者可以创造出新的、更强大的模型。比如，结合传统统计模型与现代机器学习模型，可以在保留解释性的同时提高预测准确性。

④ 适用于多种任务。Stacking不仅适用于分类任务，还可以应用于回归、时间序列预测、异常检测、推荐系统等多种机器学习任务。这种多任务适应性使得Stacking在各种应用场景中都能发挥作用。不同任务可能需要不同的模型组合，通过Stacking可以针对具体任务优化模型组合，达到最佳效果。

⑤ 自动特征选择。基础模型的预测结果作为新的特征输入到元模型，相当于隐式地进行了特征工程。元模型通过学习这些新特征，能够自动识别和利用最重要的特征组合，提高最终模型的表现。元模型可以自动选择重要特征，这简化了特征工程的过程，减少了人为干预的需求，使得模型开发流程更加高效。

（2）Stacking算法缺点

① 计算开销大。训练多个基础模型和元模型需要大量的计算资源和时间，特别是当基础模型复杂或数据集庞大时，这一问题尤为突出。例如，训练一个包含深度神经网络的Stacking模型，可能需要高性能计算设备和长时间的训练过程。需要多次处理和存储数据，包括基础模型的训练数据、预测结果和元模型的训练数据，增加了数据处理和管理的复杂性。

② 模型调优复杂。Stacking涉及多个模型的组合，每个模型都有自己的超参数需要调优。此外，元模型的超参数也需要调优。这使得整个调优过程变得复杂且耗时，可能需要大量的实验和验证来找到最佳配置。为了避免过拟合，通常在基础模型的训练过程中使用交叉验证，这进一步增加了调优的复杂性，可能会导致调优过程非常冗长。

③ 易于过拟合。如果基础模型本身就过拟合，那么即使使用Stacking，也可能会将这些过拟合的特性传递给元模型，特别是在训练数据量不足的情况下，基础模型的过拟合风险更大。如果元模型过于复杂，可能会捕捉到基础模型中的噪声，从而导致过拟合，选择适当的元模型和正则化技术是防止过拟合的关键。

④ 模型解释性差。Stacking综合了多个基础模型的预测结果，最终的预测结果是由多个模型的预测结果经过元模型处理后生成的。这种复杂的组合过程使得最终模型的解释性较差，不容易理解每个模型对最终预测结果的具体贡献。在一些需要高可解释性的领域，如医疗诊断和金融分析领域，难以解释的模型可能不被接受，这些领域通常需要清楚地解释模型的决策过程，以确保决策的透明性和可靠性。

⑤ 依赖于基础模型的质量。Stacking的性能高度依赖于基础模型的质量。如果基础模型本身性能较差，最终的Stacking模型可能无法达到预期效果。因此，选择和调优高质量的基础模型是成功应用Stacking的关键。基础模型需要有足够的多样性才能发挥Stacking的优势。如果所有基础模型都是类似的，Stacking的效果可能有限。因此，选择具有不同偏差和方差特性的基础模型非常重要。

Stacking算法通过结合多个基础模型的预测结果，可以显著提高预测性能，降低过拟合风险，并且适用于多种任务。然而，其计算开销大、模型调优复杂、易于过拟合、难以解释等缺点也需要在实际应用中加以考虑。在应用Stacking算法时，合理选择和调优基础模型和元模型、充分利用其优势、同时采取措施减小其缺点，是成功应用Stacking的关键，结合其他集成学习方法，如Bagging和Boosting，可以进一步提升模型的性能和稳定性。

（3）**Stacking 算法应用领域**

Stacking 算法是一种强大的集成学习方法，它通过结合多个基础模型的预测结果来提高预测性能和稳定性。由于其灵活性和强大的预测能力，Stacking 在许多实际应用领域中得到了广泛应用。以下是一些主要的应用领域及其详细描述。

① 金融领域。

a. 客户信用评分。银行和金融机构使用 Stacking 算法对客户的信用进行评分，评估其贷款违约的风险。信用评分是评估个人或企业信用风险的关键步骤，直接影响贷款批准、利率设置等决策。通过结合多个模型的预测结果（如逻辑回归、决策树、随机森林等），Stacking 算法能够更准确地预测信用风险。每个基础模型可能对不同特征和数据模式有不同的敏感性，综合这些模型的预测结果，可以更全面地捕捉客户的信用状况，从而提高评分的准确性和稳定性。

b. 股票市场预测。在股票市场中，预测股票价格和趋势是一个复杂的任务，涉及大量的历史数据和市场因素。Stacking 算法可以综合时间序列模型、回归模型、神经网络模型等多种模型的预测结果，提高预测的准确性和稳定性。通过综合不同模型的预测结果，可以更好地捕捉市场的复杂动态，帮助投资者做出更明智的投资决策，降低投资风险。

② 医疗和健康领域。

a. 疾病诊断。利用电子健康记录（EHR）和医学影像数据，Stacking 算法可以帮助医生诊断各种疾病，如癌症、心脏病等。精准的疾病诊断对于及时治疗和提高患者生存率至关重要。通过集成多种模型的预测结果（如卷积神经网络、支持向量机、随机森林等），Stacking 算法能够提高诊断的准确性和可靠性，减少误诊和漏诊的概率。不同模型对不同类型的数据和特征具有不同的识别能力，综合这些模型的预测结果，可以提供更全面的诊断信息，辅助医生做出更准确的判断。

b. 个性化治疗。根据患者的个体特征和病史，预测最佳的治疗方案，提供个性化的医疗服务。Stacking 算法可以结合多种模型的预测（如决策树、线性回归、深度学习模型等），提供更加个性化和精确的治疗建议。不同模型可以从不同角度分析患者数据，综合这些预测结果，可以为每个患者提供最佳的治疗方案，提高治疗效果和患者满意度。

③ 电商和推荐系统。

a. 个性化推荐。电商平台和内容提供商利用 Stacking 算法，为用户提供个性化的商品和内容推荐。个性化推荐系统能够提高用户体验，增加用户黏性和平台收入。通过综合协同过滤、内容过滤和基于深度学习的推荐模型，Stacking 算法能够提高推荐系统的准确性和用户体验。不同推荐模型擅长捕捉不同类型的用户行为和偏好，综合这些模型的推荐结果，可以更准确地预测用户的兴趣和需求，提供更合适的推荐内容。

b. 用户行为预测。预测用户在网站或应用上的行为，如点击、购买和留存，帮助企业优化营销策略和用户体验。Stacking 算法可以结合多种用户行为预测模型（如分类模型、回归模型、时间序列模型等），提高预测的准确性。通过综合不同模型的预测结果，可以更全面地分析用户行为，制定更有效的营销策略，提高用户参与度和转化率。

④ 自然语言处理。

a. 文本分类。对新闻文章、社交媒体帖子、客户反馈等进行分类，如情感分析、主题分类等。文本分类是信息检索、文本挖掘和自然语言处理中的重要任务。Stacking 算法可以结合多种文本分类模型（如朴素贝叶斯、支持向量机、神经网络等），提高分类的准确性和稳定性。不同模型对不同类型的文本特征和模式有不同的识别能力，综合这些模型的预测结果，可以更准确地进行文本分类，提高文本处理的效率和效果。

b. 机器翻译。将文本从一种语言翻译到另一种语言。机器翻译是跨语言交流和信息传播的重要工具。通过综合多种翻译模型（如基于规则的翻译、统计翻译、神经机器翻译等），Stacking 算法能够提高翻译的质量和流畅性，提供更自然和准确的翻译结果。不同翻译模型对不同语言和翻译规则有不同的适应性，综合这些模型的翻译结果，可以提高翻译的覆盖面和准确性。

⑤ 图像处理和计算机视觉。

a. 图像分类。对图像进行分类，如手写数字识别、面部识别和物体分类等。图像分类是计算机视觉中的基础任务，广泛应用于安全监控、自动驾驶、医疗影像分析等领域。Stacking 算法可以结合多种图像分类模型（如卷积神经网络、随机森林、支持向量机等），提高分类的准确性和鲁棒性。不同模型对不同类型的图像特征有不同的识别能力，综合这些模型的预测结果，可以更准确地进行图像分类，提高图像处理的效率和效果。

b. 图像分割。将图像划分为不同的区域，如医学影像中的器官分割、遥感图像中的地物分类等。图像分割在医学诊断、地理信息系统、自动驾驶等领域有着广泛应用。通过综合多种分割模型（如 U-Net、Mask R-CNN、全卷积网络等），Stacking 算法能够提高分割的精度和可靠性。不同模型对不同类型的图像特征和分割任务有不同的适应性，综合这些模型的分割结果，可以提高图像分割的覆盖面和准确性，为后续的分析和处理提供更可靠的基础。

⑥ 自动驾驶和智能交通。

a. 目标检测和跟踪。在自动驾驶汽车中，检测和跟踪行人、车辆及其他障碍物。目标检测和跟踪是确保自动驾驶安全和稳定运行的关键技术。Stacking 算法可以结合多种检测和跟踪模型（如 YOLO、SSD、Faster R-CNN 等），提高检测的准确性和实时性，确保自动驾驶系统的安全性和可靠性。不同模型对不同类型的目标和场景有不同的识别能力，综合这些模型的检测结果，可以更全面地捕捉和跟踪目标，提高自动驾驶的安全性。

b. 路径规划。为自动驾驶车辆规划最优路径，避免交通拥堵和事故。路径规划是自动驾驶系统中重要的一环，直接影响行车效率和安全。通过综合多种路径规划模型（如 A^* 算法、Dijkstra 算法、强化学习模型等），Stacking 算法能够提供更加准确和高效的路径规划方案，提高交通效率和行车安全。不同模型对不同类型的道路和交通状况有不同的适应性，综合这些模型的规划结果，可以更好地应对复杂的道路环境，提高路径规划的准确性和灵活性。

⑦ 工业和制造。

a. 预测维护。预测设备何时可能发生故障，以便提前进行维护。预测性维护能够减少设备停机时间，降低维护成本，提高生产效率。Stacking 算法可以结合多种预测模型（如时间序列模型、回归模型、神经网络等），提供更加准确的故障预测。通过综合不同模型的预测结果，可以更全面地分析设备运行状况，提前识别故障风险，制定更有效的维护计划，减少意外停机和维护成本。

b. 质量控制。在制造过程中实时监控产品质量，识别并纠正生产中的缺陷。质量控制是确保产品一致性和可靠性的关键环节。通过综合多种质量控制模型（如控制图、统计过程控制、机器学习模型等），Stacking 算法能够提高缺陷检测的准确性，确保产品质量的一致性。不同模型对不同类型的质量特征和生产工艺有不同的适应性，综合这些模型的检测结果，可以更准确地识别和纠正生产中的缺陷，提高产品质量和生产效率。

Stacking 算法凭借其综合多个模型优势的能力，在许多实际应用领域中得到了广泛应用。通过合理选择和调优基础模型和元模型，Stacking 算法能够显著提高预测性能，适应不同的应用场景。无论是在金融、医疗、电商、NLP、计算机视觉、自动驾驶还是工业制造中，Stacking 算法都展示出了其强大的适应性和优越性能。随着技术的发展和应用的深入，Stacking 算法有望在更多领域中发挥更大的作用，帮助解决复杂的预测和决策问题，推动各行业的技术进步和发展。

7.4.5 Stacking 算法的应用实例

在现代网络安全中，识别和检测加密流量的异常行为变得越来越重要。随着越来越多的数据被加密，传统的基于明文数据的检测方法变得无效。加密流量保护了用户的隐私，但也为恶意行为提供了掩护。因此，如何在保护隐私的前提下有效检测异常加密流量成为了一个重要的研究方向。网络安全公司希望部署一个高效的系统，通过识别和检测网络中的加密流量和异常行为来保护网络的安全。单一模型通常难以应对加密流量的复杂性和多样性，而采用 Stacking 算法进行优化可以提供更好的解决方案。

步骤如下：

① 数据准备。为了构建一个有效的加密流量识别和异常检测系统，首先需要准备相关的数据。可以使用常见的加密流量数据集，如 CICIDS 2017 数据集，该数据集包含了多种类型的网络流量记录，包括正常流量和标注了的异常流量。数据准备过程包括数据集的加载、特征提取和数据预处理。特征提取是关键的一步，提取的特征可以包括数据包大小、传输时间、协议类型、流量方向等，这些特征能够帮助模型更好地识别加密流量的模式。数据预处理则包括对特征进行缩放和标准化，以便模型能够更有效地训练和预测。代码如下：

```
import pandas as pd
from sklearn.model_selection import train_test_split
from sklearn.preprocessing import StandardScaler

# 加载数据集
data = pd.read_csv('CICIDS2017.csv')

# 选择特征和标签
X = data.iloc[:,:-1]
y = data['Label']

# 特征缩放
scaler = StandardScaler()
X = scaler.fit_transform(X)

# 拆分数据集为训练集和测试集
X_train,X_test,y_train,y_test = train_test_split(X,y,test_size=0.2,random_state=42)
```

② 基础模型选择。为了提高加密流量识别和异常检测的准确性，选择多种机器学习模型作为基础模型。每种模型都有其独特的优点和适用场景。决策树（Decision Tree）擅长处理类别型特征，能够快速生成分类规则，并且易于理解和解释。支持向量机（SVM）适用于高维特征空间，能够找到最佳分类超平面，在复杂的数据中表现优异。随机森林（Random Forest）通过集成多棵决策树，提升了模型的泛化能力和鲁棒性，能够有效地处理大规模数据。K 近邻（K-Nearest Neighbors，KNN）是一种基于实例的学习方法，能够处理非线性数据，在很多应用场景中表现出色。通过集成这些模型，可以充分利用它们各自的优点，提高整体的检测效果。

③ 元模型选择。在 Stacking 算法中，元模型与基础模型的预测结果结合，共同发挥作用。选择一个强大的模型作为元模型可以进一步提升系统的性能。梯度提升树（Gradient Boosting Machine，GBM）是一个优秀的选择，它擅长处理各种类型的特征，并且能够在基础模型的基础上进一步提升性能。GBM 通过不断迭代、加权基础模型的预测结果，逐步减少误差，从而提高整体的预测准确性。选择 GBM 作为元模型，可以有效地整合不同基础模型的优点，形成一个更强大的综合模型。

④ Python 代码实现。为了实现 Stacking 算法在加密流量识别和异常检测中的应用，可以使用 Python 编程语言。以下是一个完整的实现示例，包括数据加载、预处理、模型训练和评估的代码。其中首先定义了基础模型和元模型，然后训练 Stacking 模型，最后进行预测和评估。通过这种方式，可以在保护用户隐私的前提下，有效识别和检测加密流量中的异常行为。代码如下。

```
from sklearn.tree import DecisionTreeClassifier
from sklearn.svm import SVC
from sklearn.ensemble import RandomForestClassifier,GradientBoostingClassifier,Stack
ingClassifier
from sklearn.neighbors import KNeighborsClassifier
from sklearn.metrics import classification_report,accuracy_score

# 定义基础模型
base_models = [
    ('decision_tree',DecisionTreeClassifier()),
    ('svm',SVC(probability = True)),
    ('random_forest',RandomForestClassifier()),
    ('knn',KNeighborsClassifier())
]

# 定义元模型
stacking_model = StackingClassifier(estimators = base_models,final_estimator=Gradi
entBoostingClassifier())

# 训练 Stacking 模型
stacking_model.fit(X_train,y_train)
```

```
# 预测并评估
y_pred = stacking_model.predict(X_test)
accuracy = accuracy_score(y_test,y_pred)
report = classification_report(y_test,y_pred)

print(f'网络加密流量识别和异常检测的预测准确性:{accuracy:.2f}')
print('分类报告:')
print(report)
```

利用Stacking算法，网络加密流量识别和异常检测系统能够显著提高检测准确性，减少误报和漏报率。实际测试结果表明，该系统对多种类型的加密流量和异常行为表现出了高灵敏度和低误报率。准确性和分类报告显示了系统在各种类型流量中的性能，表明Stacking算法在复杂网络环境中具有很强的适应性。这样的系统能够及时识别和响应网络中的异常行为，从而提升整体网络安全水平。

采用Stacking算法进行加密流量识别和异常检测具有多方面的优势。首先是高准确性，通过集成多个基础模型，Stacking算法能够综合不同模型的优点，提高整体的检测准确性。其次是强鲁棒性，不同基础模型对不同类型的加密流量和异常行为具有不同的敏感性，结合它们的预测结果可以提高系统的鲁棒性，适应复杂的网络环境。低误报率也是一个重要优势，元模型能够学习基础模型的错误模式，降低误报率，从而提高系统的可信度。最后是扩展性强，可以根据需要增加或替换基础模型，以适应新的加密流量和特征，保持系统的先进性。

通过在网络加密流量识别和异常检测系统中应用Stacking算法，网络安全公司能够构建一个高效、准确、鲁棒的安全防护系统。该系统能够及时检测并响应各种加密流量中的异常行为，保护网络安全，减少潜在的经济损失和声誉损害。随着网络安全威胁的不断演变，Stacking算法将继续发挥其重要作用，帮助企业应对复杂多变的网络安全挑战。这种方法不仅提高了系统的检测能力，还为未来的技术发展提供了一个灵活且强大的解决方案。

7.5 元学习与学习器组合

7.5.1 元学习

元学习，也称为“学习如何学习”，是一种研究通过学习算法自身的性能和特性来改进学习过程的技术。元学习的目标是使机器学习模型具备更强的泛化能力、适应性和高效性，尤其是在数据有限或新任务不断变化的环境中。

(1) 元学习思想

元学习的核心思想是将学习过程分为两层：

① 基础学习：在基础学习层，学习器（基础模型）从数据中学习特定任务。这个阶段与传统的机器学习过程相似，重点在于从数据中提取特征并训练模型以进行预测或分类。

② 元学习：在元学习层，学习器从多个任务中学习，以改进基础学习器的性能。元学习器从不同任务的经验中获取知识，并将这些知识应用于新任务的学习过程中。这个阶段的

重点是提升模型对新任务的适应性和泛化能力。

元学习不仅仅关注单一任务的学习，还通过跨任务的学习来提高整体性能。这种方法特别适用于以下场景：

① 少样本学习：在样本数量有限的情况下，通过从相关任务中获取知识，提高少样本任务的学习效果。

② 任务多变的环境：在任务不断变化或任务种类繁多的环境中，元学习能够帮助模型快速适应新任务，减少重新训练的时间和资源消耗。

（2）元学习工作原理

元学习通过多个层次的学习过程来提高模型的性能：

① 任务级别的学习：元学习器通过多个不同但相关的任务来学习这些任务的共同特性。例如，通过学习不同的图像分类任务，元学习器能够捕捉图像分类任务中的共性特征，从而更好地适应新的图像分类任务。

② 跨任务的知识传递：元学习器将从一个任务中获得的知识应用到其他任务中，以提高新任务的学习效率。这种知识传递可以包括特征提取、模型参数和策略等。

③ 快速适应性：通过在少量样本上进行快速调整，元学习器能够快速适应新任务。例如，通过对少量样本进行微调，元学习器能够快速更新模型参数以适应新的数据分布。

④ 优化学习过程：元学习器可以优化模型选择、超参数设置和训练过程，从而提高整体性能。例如，通过自动选择最佳模型架构和优化超参数组合，元学习器能够提高模型的准确性和鲁棒性。

（3）元学习实现方式

元学习有多种实现方式，主要包括以下几种：

① 模型选择。元学习器通过选择最适合当前任务的基础模型来提高性能。可以使用不同的元学习算法来自动化模型选择过程，例如：a. 交叉验证：对多个模型进行评估，选择性能最优的模型。交叉验证通过将数据集划分为多个子集，反复训练和评估模型，确保选择出的模型在不同数据子集上的性能稳定。b. 贝叶斯优化：使用概率模型选择最佳模型。贝叶斯优化利用先验知识和观测数据，通过构建代理模型，找到最优模型和超参数组合。

② 超参数优化。元学习器通过优化模型的超参数来提高性能。常用的方法有：a. 网格搜索：对多个超参数组合进行遍历搜索，找到最优组合。网格搜索通过系统地探索预定义的参数空间，找到能够最大化模型性能的参数组合。b. 随机搜索：随机选择超参数组合进行评估，相比网格搜索，随机搜索可以在较大的参数空间内进行高效搜索，适用于高维参数优化。c. 贝叶斯优化：基于贝叶斯模型的高效超参数优化方法。贝叶斯优化通过构建代理模型，逐步探索和优化超参数，提高搜索效率和优化效果。

③ 元模型学习。元学习器通过训练一个元模型来整合多个基础模型的预测结果，提升整体性能。堆叠法是一种常见的元模型学习方法，通过将多个模型的预测结果作为输入，训练一个元模型，学习如何最佳地组合这些结果，从而提高整体预测性能。

④ 迁移学习。元学习器将从一个任务中学到的知识应用到另一个任务中，以加速新任务的学习过程。迁移学习的方法包括：a. 特征迁移：将预训练模型的特征提取层应用到新任务。特征迁移通过利用预训练模型在大规模数据集上的学习结果，减少新任务的特征工程工作量。b. 微调：在新任务的训练数据上微调预训练模型的参数。在新任务的数据上进行

少量训练、微调模型参数，模型可以更好地适应新任务的特征和数据分布。

⑤ 元强化学习。即元学习在强化学习中通过学习多个任务的策略，使智能体能够快速适应新环境。方法包括：a. 模型无关元学习（MAML）：优化初始参数，使得模型能够通过少量梯度更新快速适应新任务。MAML 通过在元任务上训练模型，使其初始参数具有良好的适应性，能够通过少量更新快速适应新任务。b. RL^2：通过递归学习，智能体能够从多个任务中提取元策略，RL^2 通过在多个任务上进行递归训练，学习通用策略，使智能体能够在新任务中快速应用和适应。

（4）元学习的应用领域

元学习在许多领域有广泛的应用，特别是在以下几个方面：

① 少样本学习。在样本数量有限的情况下，元学习能够通过从相关任务中获取知识，提高少样本任务的学习效果。少样本学习在许多实际应用中具有重要意义，例如：在医学图像数据有限的情况下，通过元学习从其他医学影像数据中学习特征，提高新医学图像的分类和检测精度，在少量标注数据下，通过元学习从其他自然语言任务中获取知识，提高新任务的语言理解和生成能力。

② 自动机器学习。元学习在自动化机器学习流程中发挥重要作用，通过自动选择模型、优化超参数和调优训练过程，提高模型性能并减少人工干预。自动机器学习在以下领域有广泛应用：在商业智能领域，通过自动化数据分析和模型选择，提高商业决策的准确性和效率；在金融市场中，通过自动化建模和预测，提高投资和风险管理的效果。

③ 迁移学习。元学习通过将预训练模型的知识迁移到新任务中，加速新任务的学习过程。迁移学习在以下领域表现突出：在计算机视觉领域，通过将预训练的图像分类模型应用到新图像分类任务，提高新任务的分类精度；在语音识别方面，通过将预训练的语音识别模型应用到新语言或口音的识别任务中，提高语音识别的准确性。

④ 在线学习。元学习能够快速适应动态变化的数据环境，适用于实时数据流处理和连续学习的场景。在线学习在以下领域有重要应用：在网络安全领域，实时检测和适应新的攻击模式，提高网络安全系统的响应速度和准确性；在个性化推荐系统应用中，基于用户行为不断变化的情况下，通过元学习可以实现快速适应用户偏好，提高个性化推荐系统的效果。

⑤ 多任务学习。元学习通过同时学习多个相关任务，提高整体学习效率和模型的泛化能力。在同时处理多个标签的分类任务时，通过元学习提高整体分类性能，同时在多个相关预测任务中，通过元学习提高预测的准确性和一致性。

元学习通过学习如何优化学习过程本身，显著提高了模型的泛化能力和适应性。通过自动化模型选择、超参数优化、模型组合和迁移学习，元学习在多样化和复杂的任务中表现出色。元学习在少样本学习、自动机器学习、迁移学习、在线学习和多任务学习等领域有着广泛的应用，为机器学习系统提供了强大的技术支持和创新动力。未来，元学习将继续推动机器学习领域的发展，为解决更加复杂和多变的问题提供有效的解决方案。

7.5.2 元学习的应用

元学习在多个应用领域展现出显著的优势，特别是在需要快速适应新任务和数据有限的情况下。

在医学图像分析领域，元学习能够通过学习相关任务中的知识，在少量标注数据的情况下实现高效的学习和预测。例如，在乳腺癌检测中，获取大量标注数据通常非常昂贵和困难，元学习通过从其他医学图像任务中获取经验，能够在少量乳腺癌图像的情况下快速训练出高效的检测模型。

自动化机器学习是另一个重要的应用领域。AutoML 通过自动选择模型、优化超参数和调优训练过程，减少了人工干预，提高了模型性能。元学习在 AutoML 中发挥关键作用，通过从历史任务中学习最佳的模型选择策略和超参数设置，提高了自动化搜索的效率和效果。这使得即使缺乏专业数据的科学家和企业也能构建高性能的机器学习模型。

在计算机视觉领域，元学习通过迁移学习大大提高了模型的训练效率和效果。传统的深度学习模型需要标注大量数据，而元学习能够利用预训练模型的知识，将其迁移到新任务中。在图像分类任务中，元学习能够通过预训练模型的特征提取层，将少量标注的商品图片转换为高层次特征表示，从而快速训练出高精度的分类器，极大地节省了数据标注成本和训练时间。

自然语言处理任务中，元学习同样表现出色。许多 NLP 任务，如文本分类、情感分析和问答系统，具有相似的特征和任务结构。元学习通过多任务学习，同时训练多个相关任务，捕捉任务之间的共性特征，提高了模型的泛化能力。在社交媒体分析平台中，元学习能够同时处理多个 NLP 任务，减少了为每个任务分别训练模型的成本，显著提高了整体系统的效率。

网络安全也是元学习的一个重要应用领域。在网络入侵检测和加密流量识别中，攻击模式不断演变，传统静态模型难以应对新型攻击。元学习通过从多个网络攻击任务中学习，能够快速适应新型攻击模式。在实时网络流量数据中，元学习器能够通过少量更新快速调整模型参数，提高了检测的准确性和响应速度，增强了网络安全系统的整体防护能力。

元学习在网络入侵检测及加密流量识别领域展现出巨大的潜力，能够在快速适应新攻击模式和检测复杂加密流量方面提供高效的解决方案。下面以元学习在网络安全领域中的入侵检测及加密流量识别的应用作为示例介绍其实现过程：

① 数据收集与预处理。首先需要收集大量的网络流量数据，包括正常流量和已知攻击流量。可以从现有的网络流量数据集（如 CICIDS 2017、UNSW-NB15 等）获取这些数据。这些数据集通常包含各种类型的网络攻击，如 DDoS 攻击、SQL 注入、恶意软件传播等。在数据收集后，进行数据清洗，去除重复数据、缺失值和异常值，并从原始网络流量数据中提取有意义的特征，如流量的包数量、传输速率、协议类型、源和目标 IP 地址等。最后对数据进行标准化处理，以确保特征值的范围一致，提高模型训练效果。

② 元学习器的训练。接下来需要准备多个元任务，每个任务对应不同类型的网络攻击，例如一个任务可以是检测 DDoS 攻击，另一个任务可以是检测 SQL 注入攻击。然后，使用模型无关元学习（MAML）方法，通过多个元任务训练一个元模型。元模型学习如何快速适应不同类型的攻击。具体实现过程包括定义元模型结构、设置训练参数、进行元任务训练和优化等步骤，确保元模型能够在少量更新下快速适应新任务。

③ 新任务的快速适应。在新任务中，收集少量的新型攻击流量数据，用于微调元模型。通过少量梯度更新，使元模型快速适应新任务。具体步骤包括准备新任务数据、使用新任务数据对元模型进行微调、调整模型参数等。由于元模型已经在多个相关任务上进行了训练，它能够快速学习新任务中的特征，提高检测准确性和响应速度。

④ 模型评估与优化。在完成新任务的快速适应后，需要在测试集上评估微调后的元模型的性能。使用准确率、召回率、F1 分数等指标来衡量模型的检测效果。根据评估结果，

进一步调整模型参数和训练策略，提高模型的检测精度和鲁棒性。这一过程包括模型预测、计算评估指标、调整模型参数等步骤，确保模型在实际应用中的高效性和可靠性。

⑤ 部署与实时监控。将优化后的元模型部署到网络安全系统中，实时监控网络流量，检测和识别网络攻击和异常加密流量。通过实时监控和数据流处理，确保系统能够及时发现和应对新型攻击。同时，持续监控模型的检测效果，收集新的攻击模式数据，并通过元学习快速更新模型，确保系统的实时性和可靠性。具体步骤包括模型部署、实时数据流处理、模型更新和维护等。

通过以上步骤，元学习能够在网络入侵检测和加密流量识别领域提供高效的解决方案。它不仅能够快速适应新型攻击模式，还能在数据有限的情况下，实现高精度的检测和识别，提升网络安全系统的整体防护能力。

总的来说，元学习通过在相关任务中获取知识，提升了模型的泛化能力和适应性，为解决复杂和多变的问题提供了强大的技术支持。无论是在医学、自动化机器学习、计算机视觉、网络安全还是自然语言处理等众多领域，元学习都为实现高效学习和精准预测提供了创新的解决方案和思路，未来，随着技术的不断发展，元学习将在更多领域展现其强大的应用潜力和广阔前景。

7.5.3 学习器组合

(1) 学习器组合的定义与概念

学习器组合是机器学习中的一种方法，通过结合多个基学习器来构建一个强学习器，以提高模型的整体性能和泛化能力。基学习器可以是同一种算法的不同实例，也可以是不同类型的算法。通过集成这些基学习器，可以减小单一模型的偏差和方差，从而提升预测的准确性和稳定性。学习器组合的方法利用了“集体智慧”的理念，即将多个弱学习器组合，最大程度发挥各个学习器的优势，最终形成一个性能更优的强学习器。

(2) 学习器组合的基本原理

学习器组合的基本原理是通过对多个基学习器的预测结果进行综合处理，获得比单个学习器更好的预测性能。每个基学习器在训练过程中可能会对不同的数据特征或模式产生不同的理解，组合这些理解可以更全面地捕捉数据的特性，从而提高模型的整体表现。具体来说，学习器组合方法通过对多个基学习器的结果进行平均、投票或加权平均等操作，使最终的预测结果能够减少随机误差，提升模型的稳定性和可靠性。

(3) 学习器组合的方法分类

学习器组合的方法主要包括三种：Bagging、Boosting 和 Stacking。在前面的介绍中已经详细描述了这三种算法的基本原理、算法思路以及实现过程等。Bagging 对训练数据进行有放回的随机采样，生成多个数据子集，然后在每个子集上训练基学习器，最后将这些基学习器的预测结果进行平均或投票；Boosting 逐步训练基学习器，每个基学习器都试图纠正前一个学习器的错误，最终将所有基学习器的预测结果进行加权平均；Stacking 训练多个不同类型的基学习器，并使用另一个模型，即元学习器来组合这些基学习器的预测结果，从而提高整体性能。这三种方法各有其优缺点和适用场景，组合使用可以进一步提升模型的效果。

7.5.4 学习器组合的应用

学习器组合在多个领域中得到了广泛应用，其主要目标是通过组合多个基学习器的预测结果来提升模型的整体性能和稳定性。以下是学习器组合在各个领域的具体应用。

① 医学图像分析。在医学图像分析领域，学习器组合被广泛应用于疾病诊断和病灶检测。例如，在乳腺癌检测中，传统的单一的模型可能无法捕捉到所有的病变特征，而通过学习器组合，可以结合多个模型的预测结果，提高诊断的准确性和可靠性。具体应用中，可以使用多个卷积神经网络作为基学习器，并通过 Bagging 或 Boosting 方法进行组合，从而提升对肿瘤区域的识别能力。

② 金融预测。金融预测是另一个重要的应用领域，学习器组合在股票价格预测、风险评估和信用评分等方面表现出色。由于金融数据具有高度的波动性和噪声，通过组合多个基学习器的预测结果，可以有效地减少单一模型的预测误差，提高预测的稳定性和准确性。例如，在股票价格预测中，可以结合线性回归、支持向量机和神经网络等不同类型的基学习器，通过 Stacking 方法进行组合，从而获得更为精确的预测结果。

③ 自然语言处理。在自然语言处理任务中，学习器组合同样展现出强大的应用潜力。NLP 任务如文本分类、情感分析和机器翻译等，通常涉及复杂的语言结构和大量的噪声数据。通过组合多个基学习器，可以提高模型对不同语言特征的捕捉能力，提升任务的整体性能。例如，在文本分类任务中，可以使用多个基于词袋模型、TF-IDF 和词嵌入的方法，通过 Boosting 或 Stacking 进行组合，增强分类的准确性和鲁棒性。

④ 图像识别。图像识别是学习器组合的经典应用领域之一。传统的单一图像识别模型可能无法充分捕捉图像的多样性和复杂性，而通过组合多个基学习器，可以提高识别的准确性和鲁棒性。例如，在人脸识别任务中，可以结合多个深度学习模型，如 VGG、ResNet 和 Inception，通过 Bagging 方法生成多个训练集，每个训练集在不同模型上进行训练，最后将这些模型的预测结果进行投票或加权平均，从而获得更高的识别率。

⑤ 网络安全。在网络安全领域，学习器组合被广泛用于入侵检测、恶意软件识别和加密流量分析。网络攻击模式复杂多变，单一的检测模型难以应对所有攻击类型。通过组合多个基学习器，可以提高对新型和复杂攻击的检测能力。例如，在入侵检测系统（IDS）中，可以结合决策树、随机森林和支持向量机等不同类型的基学习器，通过 Boosting 方法提高模型的检测精度和响应速度，从而增强网络防护能力。

综上，学习器组合通过结合多个基学习器的预测结果，显著提升了模型的准确性、稳定性和泛化能力，被广泛应用于医学影像分析、金融预测、自然语言处理、图像识别和网络安全等领域。下面介绍学习器组合在医学影像分析领域的应用步骤：

① 数据收集与预处理。在医学影像分析领域，学习器组合的应用首先需要大量的高质量医学影像数据。这些数据通常来自医院的放射科或公共医学影像数据库，如 LIDC-IDRI（肺癌图像数据库联盟影像数据库）或 ISIC（国际皮肤影像协作组织）等。在数据收集之后，需要对数据进行预处理，包括去除噪声、标准化、切割感兴趣区域（ROI）等操作。此外，还需要进行数据增强，通过旋转、翻转、缩放等方式生成更多的训练样本，增强模型的鲁棒性。

② 基学习器的选择与训练。在预处理后的数据上，选择多个基学习器进行训练。基学习器可以是同一种算法的不同实例，也可以是不同类型的算法。例如，可以选择卷积神经网络中的不同架构，如 ResNet、DenseNet 和 VGG，或者结合传统的机器学习算法，如支持向量机和随机森林。每个基学习器在独立的数据子集上或通过交叉验证进行训练，确保每个基学习器能够学习到数据的不同特征，提高整体的泛化能力。

③ 学习器组合的方法选择。在基学习器训练完成后，选择合适的学习器组合方法。常用的方法包括 Bagging、Boosting 和 Stacking。在医学影像分析中，Stacking 方法较为常见，因为它能够充分利用不同基学习器的优点，提升整体性能。具体来说，将每个基学习器的输出作为输入特征，训练一个元学习器（如逻辑回归、梯度提升决策树等），以进一步优化组合模型的预测结果。

④ 模型评估与优化。在组合模型构建完成后，需要在独立的验证集或测试集上进行评估。评估指标包括准确率、敏感性（召回率）、特异性、AUC-ROC 曲线等。通过这些指标，可以全面评估模型的性能，发现模型的不足之处。根据评估结果，进行进一步的模型优化，如调整基学习器的参数、改进数据预处理方法、选择更适合的组合方法等，以不断提升模型的预测能力和泛化性能。

⑤ 实际应用与临床验证。把优化后的组合模型应用于实际的临床场景。将模型集成到医院的影像诊断系统中，辅助医生进行疾病的早期检测和诊断。根据医生的反馈和实际应用效果，不断对模型进行迭代和改进。此外，进行临床验证，通过大规模的临床试验验证模型的有效性和可靠性，确保其在实际应用中的安全性和准确性。通过这些步骤，学习器组合在医学影像分析领域实现了从数据到临床应用的完整闭环，提升了医学影像分析的整体水平。

通过上述应用实例可以看出，学习器组合通过集成多个基学习器的优势，在多个领域中提高了模型的准确性、稳定性和鲁棒性。无论是医学图像分析、金融预测、自然语言处理、图像识别还是网络安全，学习器组合都为解决复杂问题提供了强大的技术支持，展现了其广泛的应用前景。

7.5.5 元学习与学习器组合的关系

元学习与学习器组合是两种不同但相关的机器学习方法，它们都旨在提高模型的泛化能力和性能。下面详细讨论元学习与学习器组合的各自优势及其相互关系。

元学习是一种学习如何学习的方法，通过从多个任务中学习知识，提高模型在新任务中的适应能力。元学习的核心思想是通过学习跨任务的经验来提高新任务的学习效率。以下是元学习的几个关键方面：

① 任务级学习：元学习模型在多个相关任务上进行训练，捕捉这些任务之间的共性和差异。通过在任务集上反复训练，元学习模型能够理解不同任务的特征和模式，从而在新任务上迅速适应和泛化。典型的例子包括 few-shot learning 和 meta-gradient descent。

② 模型初始化：元学习可以找到一种初始模型参数，使得在新任务上通过少量训练步骤就能快速达到良好性能。model-agnostic meta-learning（MAML）就是这种方法的代表。

③ 优化策略：元学习可以学习如何更好地进行模型优化，使得训练过程更加高效。例如，学习如何选择优化器的参数或者设计新的优化算法，使得在新任务上的训练更加快速和稳定。

④ 领域应用：元学习广泛应用于少样本学习、快速适应新环境的机器人控制、个性化推荐系统、医学图像分析、自然语言处理等领域。它特别适合那些需要在少量数据或有限时间内快速调整模型的情境。

学习器组合通过结合多个基学习器的预测结果，来构建一个性能更优的强学习器。以下是学习器组合的主要方法：

① Bagging：对训练数据进行有放回的随机采样，生成多个数据子集，在每个子集上训

练基学习器，然后将这些基学习器的预测结果进行平均或投票。Bagging 的代表性算法是随机森林，通过生成多棵决策树并对其结果进行投票，从而提高模型的稳定性和精度。

② Boosting：逐步训练基学习器，每个基学习器都试图纠正前一个学习器的错误，将所有基学习器的预测结果进行加权平均。Boosting 的代表性算法是 AdaBoost 和梯度提升决策树（gradient boosting decision trees，GBDT）。这些算法通过迭代地调整样本权重，使得模型能够更加关注难以预测的样本，从而提高整体性能。③Stacking：训练多个不同类型的基学习器，并使用一个元学习器来组合这些基学习器的预测结果。Stacking 方法能够充分利用不同模型的优点，通过多层次的组合提高整体性能。在 Stacking 中，基学习器的预测结果被用作元学习器的输入特征，元学习器通过学习这些特征之间的关系来进行最终预测。

元学习与学习器组合虽然有不同的侧重点，但它们在一些方面存在互补关系：

① 提升模型性能：两者都旨在提升模型的泛化能力和预测性能。学习器组合通过集成多个基学习器来减少误差，而元学习通过从任务中学习知识来快速适应新任务。结合这两种方法，可以进一步提高模型的整体性能。

② 元学习器作为组合方法：在 Stacking 方法中，元学习器用于组合多个基学习器的预测结果。这个元学习器可以被看作是元学习的一种应用，通过学习如何最有效地整合多个基学习器的输出来提升整体性能。例如，使用逻辑回归或神经网络作为元学习器，学习如何最佳地组合基学习器的输出。

③ 组合多个元学习模型：在一些复杂应用中，可以将多个元学习模型进行组合，利用学习器组合的方法进一步提高性能。例如，可以将不同元学习策略训练出的模型进行 Bagging 或 Boosting，以提高在少样本任务中的适应能力。这种方式可以同时利用元学习的快速适应能力和学习器组合的稳定性。

④ 应用领域的交叉：元学习和学习器组合在许多应用领域都有交叉。例如，在医学图像分析中，可以使用元学习方法来快速适应不同类型的医学图像，同时使用学习器组合方法来提高诊断的准确性。在金融预测中，可以使用元学习来快速调整模型以适应市场变化，同时使用学习器组合来提高预测的稳健性。

总的来说，元学习与学习器组合虽然在方法和应用上有所不同，但它们在提升模型性能、泛化能力以及应对复杂任务方面有着密切的联系和互补性。结合使用这两种方法，可以在许多实际应用中取得更好的效果，从而为解决复杂和多变的问题提供强大的技术支持。

第8章

特征工程与模型评估

特征工程和模型评估是机器学习中至关重要的两个过程，它们共同决定了模型的最终性能和有效性。特征工程主要包括特征选择、提取、转换和构造，通过这些步骤优化数据特征来提高模型的预测能力。特征选择涉及从大量特征中挑选最相关的部分，特征提取则通过方法如主成分分析将原始数据转化为更有意义的特征。特征转换包括标准化和归一化等操作，旨在处理数据中的尺度差异，而特征构造则是通过领域知识生成新的特征。模型评估则侧重于通过交叉验证和评估指标（如准确率、精确率、召回率、F1 分数和 AUC-ROC 曲线）来量化和优化模型的表现。交叉验证通过多次训练和评估减少偶然性，而各种评估指标帮助衡量模型的准确性、全面性和对正类样本的捕获能力。有效的模型评估还能够检测过拟合和欠拟合，确保模型在实际应用中具备良好的泛化能力。这两者相辅相成，确保了机器学习系统的高效性和可靠性。

8.1 数据预处理

在机器学习中，数据预处理是确保数据质量和模型效果的重要步骤之一。数据预处理在数据科学和机器学习中具有至关重要的地位，它直接影响模型的训练效果、预测精度以及最终的业务决策效果。数据预处理的过程涵盖数据清洗、特征选择、数据转换等多个方面，其目的是从原始数据中提取出高质量、干净、适合模型使用的数据特征。

数据预处理是确保模型训练有效性的关键步骤之一。原始数据往往存在各种问题，如数据缺失、异常值、数据不一致性等，这些问题如果不经过处理直接进入模型训练，会导致模型学习到错误的规律或者无法收敛到理想状态。通过数据预处理，可以消除这些问题，使模型在训练过程中能够更准确地捕捉数据的实际特征和模式，从而提高模型的准确度和稳定性。

数据预处理有助于提高数据的质量和一致性。在实际应用中，原始数据可能来自不同的来源、格式不统一、含有噪声或者错误。通过数据清洗和转换，可以统一数据格式、纠正错误，并且在保留数据本质的前提下，使数据更加干净和一致。这不仅有助于提升模型的训练效果，还能够为业务分析和决策提供更可靠的数据支持。

数据预处理能够提升模型的泛化能力。泛化能力指的是模型在面对未见过的数据时的表现能力。过度拟合是模型在训练集上表现很好，但在测试集或实际应用中表现较差的现象，往往是因为模型过多地学习了训练数据中的噪声或者特定的数据分布。通过特征选择、降维等方法，可以减少数据中的冗余信息和噪声，从而提升模型的泛化能力，使其在面对新数据时能够更加稳健和可靠。

另外，数据预处理对于解决数据不平衡问题也起到了重要作用。在实际数据中，不同类别的数据分布可能存在严重的不平衡，这会影响模型对少数类别的识别和预测能力。通过数据重采样、合成少数类别数据或者使用特定的损失函数等方法，可以有效地处理数据不平衡问题，提升模型对少数类别的识别能力，从而使模型在真实应用中更具实际意义。此外，数据预处理还能够为特定领域的问题定制化模型提供支持。不同领域的数据具有特定的特征和结构，通过针对性的数据预处理，可以提取出最具代表性和信息量的特征，为模型的训练和优化提供更有针对性的数据基础。例如，在医疗健康领域，对医疗影像数据进行预处理和特征提取，可以帮助医生更准确地进行疾病诊断和治疗决策。

数据预处理是特征工程中至关重要的一环，它涉及对原始数据进行清洗、转换和规范化，以确保数据的质量和一致性，从而提高机器学习模型的性能和准确性。这一过程包括多个关键步骤：

① 数据清洗指识别和处理数据集中的缺失值、异常值和不一致性。这可能涉及填充缺失值、删除异常值或使用预测模型来估计缺失数据。

② 数据类型转换确保数据以适当的格式存储，例如将文本转换为数值，或将日期和时间转换为可分析的格式。这通常包括对数值型、类别型和时间序列数据的适当处理。

③ 数据编码是将类别型特征转换为模型可以处理的数值型特征。这可能涉及标签编码、独热编码或其他编码技术，以表示类别的存在或顺序。

数据规范化和标准化是调整数据尺度的过程，可使所有特征对模型的影响更加均衡。规范化通常将数据缩放到［0，1］的范围内，而标准化则使数据具有零均值和单位方差。

数据离散化，如分箱，可以将连续特征转换为离散类别，以简化模型或减少特征维度。

在特征工程的初步探索中，进行特征相关性分析和特征重要性评估，以识别最有信息量的特征，并为后续的特征选择提供依据。

④ 数据集合理划分为训练集和测试集，是确保模型泛化能力的关键。训练集用于模型训练，而测试集用于评估模型性能。

处理类别不平衡问题的数据平衡技术，如过采样和欠采样，有助于提高模型对少数类的预测准确性。

⑤ 数据集成可以结合来自不同来源的数据，以提供更全面的数据视图，增强模型的预测能力。

数据预处理是一个多步骤的过程，它不仅涉及数据的清洗和转换，还包括特征的编码、规范化、离散化和平衡，以及数据集的划分和集成。通过这些步骤，可以显著提高数据的质量和机器学习模型的性能。

8.2 特征选择

特征选择是特征工程中的一个关键步骤，它涉及从原始数据集中选择最相关和最有信息量的特征子集，以用于模型训练。这个过程有助于提高模型的性能，减少计算成本，并可能提高模型的可解释性。

8.2.1 特征选择的作用

面对高维数据集时，特征选择能够帮助我们从大量的原始特征中识别出对预测目标最为关键的子集，从而去除那些冗余的、无关的噪声或特征，避免模型陷入过拟合的困境。

通过特征选择，可以减少模型训练所需的时间和资源，因为模型需要处理的特征数量减少了。这不仅加速了模型的训练过程，还减轻了存储和计算的负担。此外，特征选择有助于提高模型的泛化能力，因为去除不相关特征后，模型在新的、未见过的数据上的表现往往更加稳定和可靠。

特征选择还有助于提升模型的可解释性，这对于需要模型解释性的应用场景尤为重要，如医疗诊断、金融风险评估等。通过特征选择，可以更清晰地识别出影响预测结果的关键因素，为决策提供有力的数据支持。

8.2.2 特征选择的方法

（1）过滤式特征选择

过滤式特征选择是一种在模型训练之前进行的预处理步骤，它基于统计测试来评估各个特征与目标变量的相关性，从而选择出最有信息量的特征子集。这种方法的核心优势在于其计算效率，能够快速地从大量特征中筛选出有用的特征，尤其适用于大规模数据集。

过滤式特征选择的关键在于它独立于模型，这意味着它不会受到特定模型选择的影响，从而提供了一种无偏的特征评估方式。这种方法通常包括以下几个步骤：首先，对数据集中的每个特征进行统计测试，以确定它们与目标变量之间的关联程度；然后，根据测试结果设置阈值，选择那些超过阈值的特征；最后，将选定的特征用于后续的模型训练。

过滤式特征选择的通用性和快速性使其成为大规模数据集预处理的理想选择。相关系数测试用于识别与目标变量具有显著线性关系的特征；卡方检验针对类别型目标变量，评估特征值与目标类别之间的独立性；互信息衡量特征对目标变量的信息增益，帮助选择信息增益高的特征；而基于方差选择的方法通过去除方差低的特征来消除噪声。尽管过滤式方法可能无法完全捕捉到特征间的交互作用或非线性关系，但它作为特征工程流程的第一步，为后续的模型训练和分析提供了坚实的基础。通过合理应用这些方法，我们可以有效地提升模型性能，降低计算成本，并在一定程度上提高模型的可解释性。

过滤式特征选择的另一个优点是它的简单性和直观性，使结果易于理解和解释。然而，这种方法也有局限性，它可能无法捕捉到特征与目标变量之间的复杂关系，例如非线性关系或特征间的交互作用。

（2）包装式特征选择

包装式特征选择是一种基于模型的搜索策略，它将特征选择过程视为模型选择的一部分，直接依赖于特定模型的性能来评估特征的重要性。与过滤式方法不同，包装式方法不是预先确定特征的重要性，而是在模型训练过程中不断调整特征集合，以找到最优的特征子集。这种方法的优点在于它能够针对特定模型找到最合适的特征组合，但相应地，它的计算成本也较高，尤其是在特征数量众多的情况下。

包装式方法的核心思想是通过不同的特征子集来训练模型，并根据模型在某个验证集上的性能来评估特征的重要性。这通常要使用搜索算法，如贪婪搜索或启发式搜索，来遍历特征空间并找到最佳的子集。常见的包装式方法包括递归特征消除以及序列特征选择算法，递归特征消除通过逐步移除对模型贡献最小的特征来构建最优的特征集合；序列特征选择算法，如向前选择和向后消除，通过逐步添加或删除特征来优化模型性能。

包装式方法的一个关键优势是它能够考虑到特征之间的相互作用，这在过滤式方法中是难以实现的。然而，这种方法也有其局限性，包括可能的过拟合风险，因为特征选择过程可能会过度依赖于特定的数据集。此外，包装式方法的搜索空间可能非常庞大，特别是当特征数量很大时，可能导致搜索过程变得非常耗时。

为了克服这些挑战，研究人员开发了多种策略，如使用随机搜索或遗传算法来加速搜索过程，或者采用交叉验证来评估特征子集的稳定性和泛化能力。总的来说，包装式特征选择是一种强大的方法，能够为特定模型找到最优的特征集合，尽管它需要仔细规划和计算资源的投入。通过合理应用包装式方法，可以显著提高模型的预测性能。

(3) 嵌入式特征选择

嵌入式特征选择是一种在模型训练过程中自然进行的特征筛选方法，它与特定模型的构建过程紧密集成。这种方法的核心优势在于其能够直接针对所使用的模型优化特征集合，因为它考虑了特征在模型预测中的实际作用和重要性。

嵌入式特征选择通常利用模型的内在机制来评估特征的重要性。例如，L1 正则化通过向模型的损失函数添加一个正则化项，促使模型学习到更稀疏的权重向量，从而实现特征的自动选择，其中不重要的特征对应的权重会被压缩至零。决策树及其衍生算法，如随机森林和梯度提升树，通过计算特征在树构建过程中减少不纯度或增益，来评估特征的重要性。此外，某些类型的神经网络，如深度学习模型，可以在训练过程中通过观察网络层的激活情况来识别重要的特征。

这种方法的一个关键优势是它能够捕捉到特征之间的复杂交互作用，这是过滤式和包装式方法难以实现的。嵌入式特征选择还能够适应模型的非线性特性，因为它直接在模型训练过程中评估特征的重要性，而不是依赖于模型之外的统计测试。

然而，嵌入式特征选择也有其局限性。它可能对模型的选择和超参数设置较为敏感，且可能需要更多的调参工作来优化模型性能。此外，特征选择与模型训练同时进行，这可能会导致模型训练时间较长，特别是在处理大规模数据集或复杂模型时。

嵌入式特征选择因其与模型训练的紧密结合而成为一种强大的技术。通过合理应用嵌入式方法，可以构建出更加精确和高效的模型，尤其是在特征与模型高度相关且存在复杂交互作用的情况下。这种方法为特征选择提供了一种直接与模型预测能力相关联的途径，有助于提高模型的泛化能力和解释性。

(4) 混合方法

在某些情况下，可以结合过滤式、包装式和嵌入式方法的优点，形成混合特征选择方法，即混合方法。在混合方法中，过滤式特征选择通常作为预处理步骤，快速移除与目标变量相关性低的特征，从而减少后续步骤的计算负担。这一步骤简单快速，能够基于统计测试如相关系数、卡方检验等，识别出初步的特征重要性。

随后，包装式方法可以进一步优化特征子集，如使用递归特征消除或序列特征选择算法。包装式方法能够在模型训练过程中评估不同特征组合的效果，找到对模型性能贡献最大的特征集合。

嵌入式特征选择则与模型训练同时进行，利用模型自身的特性来评估特征的重要性。例如，L1 正则化能够在优化过程中减少不重要特征的权重，而决策树模型能够直接提供特征重要性的度量。

混合方法的一个关键优势是它能够平衡计算成本和特征选择的准确性。通过预筛选减少特征空间，再通过包装式和嵌入式方法深入挖掘特征的预测能力，这种方法能够在保持计算效率的同时，不牺牲特征选择的质量。

然而，混合方法也面临一些挑战，包括如何确定不同方法的组合顺序、如何平衡不同方法的优缺点，以及如何避免过拟合。为了应对这些挑战，研究人员可能会采用交叉验证来评估特征子集的稳定性和泛化能力，或者使用自动化的特征选择流程来减少人为偏差。

特征选择混合方法通过结合多种技术，提供了一种全面的特征评估和选择策略。这种方法能够适应不同的数据特性和模型需求，有助于构建出更加精确、高效且具有良好泛化能力

的模型。通过合理设计和应用混合方法，我们可以在特征工程中实现更深层次的数据理解和更优的模型

8.3　特征提取

特征提取是从原始数据中提取出对于解决特定问题最具代表性和区分性的特征的过程。在机器学习和数据科学中，原始数据往往是高维和复杂的，直接使用可能会导致模型性能下降或效率低下。因此，通过特征提取，可以将数据转换为更简洁、更易于理解和处理的形式，以便模型能够更好地进行学习和预测。

8.3.1　统计学方法

(1) 方差阈值法

方差阈值法是一种基于特征方差的简单特征选择方法。其核心思想是：如果一个特征的方差非常小（接近于零），则说明该特征在样本中的变化非常有限，可能对于区分样本的能力也非常有限，因此可以被认为是无用的特征，可以被剔除。

具体步骤如下：

① 计算每个特征的方差。

② 设定一个阈值，通常是一个较小的数值。

③ 剔除方差低于阈值的特征。

方差阈值法适用于那些特征方差较大的数据集。对于某些数据集，可能存在一些方差极低的特征，这些特征很可能只包含噪声或者是常量，对于建模过程没有实际贡献，因此可以通过方差阈值法有效地剔除这些特征，简化模型。

方差阈值法不考虑特征之间的关系，仅仅基于单个特征的方差进行选择，因此无法捕捉到特征与响应变量之间的复杂关系。

在实际应用中，如果特征的方差不同步，则需要对数据进行标准化或缩放，以避免方差大小对特征选择的影响。

(2) 相关系数法

相关系数是一种衡量两个变量之间线性关系强度和方向的统计量。在特征选择中，相关系数可以帮助确定每个特征与目标变量之间的关联程度，从而判断特征的重要性。

具体步骤如下：

① 计算每个特征与目标变量（通常是预测目标）的相关系数。

② 设定一个阈值，根据相关系数的绝对值决定是否选择该特征。

③ 选择相关系数高于阈值的特征作为最终的特征集合。

相关系数法适用于线性关系较为明显的数据集。通过相关系数，可以较为直观地了解每个特征与目标变量之间的关联程度，选择相关性较高的特征有助于提高模型的预测能力。

相关系数仅能捕捉到线性关系，对于非线性关系较强的数据，相关系数可能无法完全反映特征与目标变量之间的复杂关系。当特征之间存在多重共线性（即特征之间存在高度相关性）时，相关系数可能会受到影响，导致难以准确评估各个特征的独立贡献。

8.3.2 模型基础方法

(1) 递归特征消除

递归特征消除是一种通过递归地考虑特征子集来选择特征的方法。其基本思想是反复构建模型，并在每一轮选择剔除最不重要的特征，直到达到指定的特征数目或者性能指标。

具体步骤如下：

① 选择一个基础的机器学习模型作为评估器，该模型可以是任何可以提供特征重要性或系数的模型，如线性回归、支持向量机、随机森林等。

② 初始时，使用所有的特征来训练模型，并根据模型给出的特征重要性进行排序。

③ 剔除当前认为最不重要的特征（或者设定要剩余的特征数目），然后重新训练模型。

④ 在剩余的特征集上重复上述步骤，直到达到预设的特征数目或达到某种性能指标（如交叉验证分数）为止。

对于线性模型，可以使用特征的系数（如线性回归）或者基于特征重要性进行特征选择（如 Lasso 回归）。

对于树模型和集成学习模型（如随机森林）可以基于特征重要性来进行特征选择。在 RFE 中，使用这些模型时，每次迭代选择重要性较低的特征进行剔除。

递归特征消除主要优点包括：RFE 能够显著提升模型的预测精度和泛化能力，通过去除冗余或无关的特征，模型更加简洁且更具解释性；由于其逐步迭代的特性，RFE 能在特征选择过程中更好地考虑特征之间的相互作用，从而选出最具信息量的特征组合。

与此同时，RFE 的缺点也不容忽视。该方法计算复杂度较高，尤其在特征维度非常大的情况下，训练多个模型以评估各特征的重要性可能导致训练时间显著增加；RFE 对模型的依赖性较强，不同的基模型可能导致不同的特征选择结果，从而影响最终的选择效果；RFE 可能过度依赖于初始模型的表现，若模型的假设不准确或训练不充分，可能影响最终特征的选择。

递归特征消除在提高模型性能和可解释性方面有显著优势，但在处理高维数据时需要考虑其计算复杂度和对基模型的依赖性。

(2) 决策树和随机森林的特征选择

决策树通过节点分裂时的信息增益（或其他度量指标，如基尼系数）来评估特征的重要性。信息增益越大或基尼系数越小的特征，通常被认为越重要。

随机森林是通过集成多棵决策树来进行特征选择的。随机森林中的每棵树都会对数据进行随机抽样和特征选择，然后基于袋外数据误差或者基于每棵树的节点分裂情况来评估特征的重要性。

基于特征重要性的选择可以根据每个特征在模型中的贡献程度（如信息增益或基尼系数）进行，选择重要性较高的特征。

基于节点分裂次数的选择可以基于统计每个特征被用于节点分裂的次数进行，选择使用频率较高的特征。

树模型的特征选择方法简单直观，能够有效地评估和选择特征。对于高维稀疏数据或者具有多重共线性的数据，特征选择可能不够准确，需要结合其他方法进行优化。

8.3.3　模型降维方法

(1) 主成分分析

主成分分析通过线性变换将原始数据投影到一个新的特征空间中，新的特征空间中的特征称为主成分，这些主成分是原始特征的线性组合。

其实现步骤如下：

① 将原始数据进行标准化处理，使每个特征具有相同的尺度。

② 计算标准化后的数据的协方差矩阵。

③ 对协方差矩阵进行特征分解，得到特征值和对应的特征向量。

④ 按照特征值的大小选择最重要的前几个特征向量作为主成分，这些主成分保留了原始数据中最重要的信息。

⑤ 将原始数据投影到由选定的主成分构成的新特征空间中。

PCA 能够减少数据维度，去除数据中的冗余信息，同时保留大部分数据的变异性。

PCA 常用于数据预处理、降维可视化、特征压缩等领域，适用于各种数据类型和模型。

(2) 线性判别分析

线性判别分析是一种监督学习的降维技术，其目标是找到一个新的特征空间，使得在此空间中类别之间的距离最大化，类内的方差最小化。

实现步骤如下：

① 分别计算每个类别的均值向量和类内散布矩阵，以及所有类别的均值向量和类间散布矩阵。

② 对类间散布矩阵的逆矩阵与类内散布矩阵相乘后的矩阵进行特征值分解，得到特征值和特征向量。

③ 按照特征值的大小选择最重要的前几个特征向量作为新的特征空间。

④ 将原始数据投影到由选定的特征向量构成的新特征空间中。

LDA 不仅可以用于降维，还可以提高分类的准确性，因为考虑了类别信息。

LDA 常用于特征提取、模式识别、分类任务中，特别适合于数据有明显类别区分的情况。

8.3.4　文本数据的特征提取

文本数据的特征提取是自然语言处理中的关键步骤，旨在将文本信息转化为机器学习算法能够处理的数值特征。典型的特征提取方法包括词袋模型和词嵌入。词袋模型将文本表示为词汇的出现频率向量，忽略单词顺序和语境，适合于简单的文本分类任务。而词嵌入则通过将每个单词映射到高维空间的稠密向量，保留了语义信息和词汇之间的关系，适用于更复杂的语义分析和文本生成任务。有效的特征提取不仅能提高模型的准确性和泛化能力，还能帮助理解和处理自然语言，是构建高效文本处理系统的关键一环。

词袋模型是将文本表示为一个由词汇表中所有单词构成的向量，每个单词的出现次数作为向量的一个特征。这种模型忽略了单词顺序和语法，只关注单词出现的频率。

TF-IDF（term frequency-inverse document frequency，词频-逆文档频率）用于衡量单词在文档集合中的重要性。TF 表示单词在文档中的频率，而 IDF 衡量单词的普遍重要性，通过降低常见词语的权重来突出那些在文档集中出现频率较少但在特定文档中出现频繁的词语。

词嵌入是将单词映射到一个低维实数向量空间中，使语义上相似的单词在空间中距离较近。常见的词嵌入方法包括 Word2Vec、GloVe 和 FastText 等，它们通过大规模文本语料库学习单词的分布式表示。

8.3.5 图像数据的特征提取

图像数据的特征提取是计算机视觉中的重要步骤，旨在从图像中提取出对任务有意义的信息。特征提取过程通常包括以下几个关键步骤：首先，图像预处理阶段用于去除噪声、标准化图像大小或颜色，并可能进行增强处理以改善图像质量。然后，特征提取算法根据任务需求选择合适的特征，如边缘、角点、纹理等局部特征，或通过深度学习模型提取更高级的语义特征。最后，特征向量将这些特征转换为机器学习或深度学习模型能够理解和处理的数值形式。有效的特征提取不仅能够提高图像识别、分类和检测任务的准确性，还能减少数据维度，加速计算过程，是构建高效图像处理系统的关键一环。

卷积神经网络通过卷积层和池化层从图像中提取特征。卷积层可以识别图像中的边缘、纹理等低级特征，池化层则降低特征图的维度并保持重要信息。

可以使用在大型图像数据集上预先训练好的深度学习模型，如 VGG、ResNet 等，提取图像中高级别的语义特征，如物体的形状、结构等。

8.3.6 时间序列数据的特征提取

时间序列数据的特征提取是分析和预测时间相关数据的关键步骤。常见的特征提取方法包括统计特征（如均值、方差）、周期性特征（季节性成分）、频域特征（傅里叶变换）、自回归模型参数、时序模式（移动平均）、时间相关性特征（自相关函数）以及复杂特征（基于机器学习模型）。这些方法有助于揭示时间序列的整体分布、趋势、周期性和内部结构，为后续建模和预测提供有效的数据基础。

滞后特征是将当前时间点的数据延迟到之前的时间点作为特征。例如，可以将当前时刻的前一期、前两期等的数值作为特征，用于捕捉时间序列中的历史信息和趋势。

移动统计量通过在滑动窗口内计算统计指标来捕捉数据的趋势和周期性。常见的移动统计量包括滑动窗口平均值、标准差等。这些统计量有助于理解数据的变化和季节性特征。

8.3.7 数值型数据的特征提取

数值型数据的特征提取是数据分析和机器学习中的关键环节，它通过一系列技术和方法从原始数据中提炼出有助于模型理解和预测的关键信息。这些方法包括统计特征分析，如均值、方差等，来描述数据的中心趋势和离散程度；分位数分析，如四分位数，提供数据分布的更多细节；相关性分析，识别变量间的线性关系；主成分分析（PCA），一种降维技术，提取数据的主要变化方向；聚类分析，将数据点分组以发现数据的内在结构；时间序列分析，识别数据中的周期性和趋势；傅里叶变换，提取频率特征；差分，消除时间序列数据的趋势和季节性；窗口函数，如滑动平均，平滑数据以提取趋势；以及特征工程，包括特征构造、选择和转换，以提高模型性能。这些方法不仅要考虑数据的属性，还要考虑模型需求和预测任务的上下文，随着技术的发展，特征提取方法也在不断演进，以适应复杂的数据结构和分析需求。

8.3.8 特征提取在实际问题中的调优策略

在解决实际问题时，特征提取的调优策略至关重要。首先，利用领域知识是关键。深入了解问题背景和专家见解，才能够准确识别和提取最具相关性的特征，从而增强模型的预测能力。其次，特征选择与降维技术是优化的核心。通过特征选择方法，如统计学和基于模型的技术，可以剔除冗余和无关紧要的特征，提高模型的精确度和泛化能力；同时，降维技术如 PCA 或 LDA 则能有效减少数据复杂度，保留关键特征。然后，特征工程需要经过多次迭代优化，探索不同的特征转换和组合方法，以及利用统计分析和可视化工具来评估特征之间的相关性和与目标变量的关系。交叉验证在此过程中至关重要，它能够验证特征集合对模型性能的影响，确保选取的特征能够提升模型的泛化能力。最后，利用自动化特征工程工具进一步优化流程，如遗传算法或机器学习模型的特征选择算法，可以更高效地发现和优化特征集合。

综上所述，综合运用这些策略可以显著提升特征提取的效果，为解决实际问题中的数据分析和预测挑战提供可靠的支持和解决方案。

8.4 特征转换

特征转换是数据预处理中的一项核心技术，其目标是通过对原始数据进行一系列的处理，使数据更适合用于机器学习模型的训练和预测。

特征转换包括但不限于标准化、归一化、离散化、特征提取和特征选择等方法，每一种方法都有其独特的作用和适用场景。标准化是将数据的均值调整为 0，方差调整为 1，以消除不同特征之间的量纲差异。这种方法特别适合处理那些量纲不同或量级差异较大的特征，避免某些特征因尺度过大而主导模型训练过程。归一化则将数据缩放到一个固定的范围，如 [0,1]，使各特征在相同的尺度下进行训练，常用于激活函数对输入数据范围有要求的模型，如神经网络。离散化是将连续特征转换为离散类别，这对于处理非线性关系或分类问题有一定优势，它将特征划分为若干个区间，并为每个区间分配一个类别标签。

除了这些传统方法，还有其他许多特征转换技术，如特征工程中的交互特征生成、对数变换和多项式特征生成等。这些方法可以帮助捕捉特征之间的复杂关系，进一步提升模型的预测能力。特征转换的最终目标是使数据更符合模型的假设，提高模型的泛化能力和预测准确性。通过合理选择和应用特征转换技术，可以显著提高机器学习模型在实际应用中的表现。

特征转换在各种类型的机器学习模型中都有应用，包括线性回归、逻辑回归、支持向量机、神经网络等。随着自动化机器学习技术的发展，一些工具和库提供了自动化的特征转换流程，可以根据数据的统计特性自动选择最合适的转换方法。

特征转换应与模型选择紧密结合，不同的模型可能对特征的尺度和分布有不同的要求。转换后的特征需要评估其有效性，可以使用交叉验证等技术来测试不同转换方法对模型性能的影响。在进行特征转换时，还需要考虑数据的隐私和保护问题，确保转换过程不会泄露敏感信息。

随着深度学习等复杂模型的发展，特征转换的方法也在不断创新，例如通过神经网络进行特征的非线性转换。特征转换是特征工程中不可或缺的一部分，通过合理应用特征转换技术，可以显著提高模型的性能，减少训练时间，并提高模型的泛化能力。随着数据科学领域的不断发展，特征转换将继续发挥重要作用，以便更有效地从数据中提取有价值的信息。

8.5 特征构造

特征构造是特征工程中一个至关重要的环节，它通过创造性地转换和组合原始数据来生成新的特征，从而为机器学习模型提供更丰富的信息。这一过程不仅要求数据科学家具备对数据的深刻理解，还需要他们运用领域知识和创新思维来揭示数据中的潜在模式和关系。

特征构造的方法多种多样，包括但不限于多项式特征来捕捉非线性关系、交互特征来揭示变量间的相互作用、分箱技术将连续特征离散化，以及针对特定类型数据的特征提取技术，如文本的 TF-IDF、图像的边缘检测和音频的梅尔频率倒谱系数等。这些方法的应用可以显著提升模型对复杂现象的理解和预测能力。

在特征构造的过程中，数据科学家需要采取一系列策略，如基于领域知识的深入理解来构造特征，利用数据探索性分析来发现数据中的模式和趋势，以及根据模型的反馈来指导特征的生成。然而，特征构造也面临着挑战，如维度灾难和对创造性及领域知识的高度要求，这要求数据科学家在特征构造时必须谨慎，以避免过拟合，并确保模型的泛化能力。

特征构造的应用遍布各个领域，无论是金融风控中的交易模式识别、医疗诊断中的生物标志物发现，还是推荐系统中的用户偏好建模，特征构造都发挥着至关重要的作用。随着机器学习技术的发展，自动化特征构造技术，如特征学习和深度特征合成，正在变得越来越流行，它们利用先进的算法自动发现和构造特征，从而减少人工干预，提高效率。

特征构造与模型选择紧密相连，不同的模型可能需要不同类型或形式的特征。因此，构造的特征需要根据模型性能来评估其有效性，交叉验证等技术可以用来测试特征集合的稳定性和泛化能力。此外，在构造特征时，还需要考虑数据隐私和保护的问题，避免使用可能侵犯个人隐私或违反法律规定的特征。

特征构造是一个涉及创造性和技术能力的多维度过程，它要求数据科学家不仅要有扎实的技术能力，还要对数据有深刻理解和创新思维。通过精心设计的特征构造流程，可以从原始数据中提取更有价值的信息，为各种预测和分类任务提供支持。随着技术的不断进步，特征构造将继续在数据科学领域发挥重要作用，帮助我们更好地理解和利用数据。

8.6 模型评估及指标

8.6.1 模型评估的重要性和目的

模型评估在机器学习和数据科学领域中扮演着至关重要的角色。它不仅仅是简单地检验模型在训练数据上的表现，更是确保构建的模型能够在未知数据上具有良好的泛化能力。通过充分的模型评估，可以深入了解模型在不同数据分布和实际应用场景下的表现，从而有效地优化模型设计、改进算法选择、提高预测的准确性和稳定性。模型评估的目的之一是提高决策的可靠性和效果，无论是在医疗诊断、金融风险预测还是市场营销策略制定中，一个经过严格评估的模型能够为决策者提供准确的数据支持，帮助其做出明智的决策。此外，模型评估还有助于资源利用和成本效益的平衡，通过精确的模型预测和合理的资源配置，最大化投资回报率。在学术研究和技术创新方面，模型评估是验证新理论和算法有效性的关键步骤，通过公开透明的评估，推动整个领域的进步和创新。符合法律和道德要求也是模型评估不可或缺的一部分，特别是在涉及公共安全和社会责任的领域，例如司法决策和医疗健康管理，准确性和可靠性直接关系到公众利益和个体福祉。综上所述，模型评估不仅仅是技术层面的考量，更是对数据科学应用于现实问题的深刻思考和负责任的实践体现。

评估模型在新数据上的表现，而不仅仅是在训练数据上的表现。通过评估不同模型在相同任务上的表现，选择最佳模型应用于实际。评估指标可以帮助选择最佳的模型参数配置，以提高模型的性能。评估指标能够揭示模型在特定场景下的不足，为改进提供方向。

8.6.2 评估指标

评估指标是用来量化模型表现的工具，根据任务类型和模型类型可以分为多个类别。主要的评估指标包括：

（1）分类问题的评估指标

准确率：正确预测的样本数占总样本数的比例。

精确率：正类预测的准确性，即正确预测为正类的样本占所有预测为正类的样本的比例。

召回率：正类样本中被正确预测为正类的比例。

F1 分数：精确率和召回率的加权平均，用于综合评估模型的性能。

ROC 曲线和 AUC（area under curve，曲线下面积）：用于评估二分类模型的分类能力。

（2）回归问题的评估指标

平均绝对误差（MAE）：预测误差的平均绝对值。

均方误差（MSE）：预测误差的平均平方值。

均方根误差（RMSE）：MSE 的平方根，更加关注大误差的影响。

R^2 分数（R-squared score）：表示模型拟合数据的程度，取值范围 0～1，越接近 1 表示拟合效果越好。

（3）特定场景和任务的评估指标

不平衡数据集的评估指标，PR 曲线和 PR AUC，适用于评估在不平衡类别分布下的模型性能。

多类别分类的评估指标，多类别混淆矩阵、宏平均和微平均指标等。

8.7 交叉验证

8.7.1 交叉验证简介

交叉验证是一种评估机器学习模型泛化能力的统计方法。它通过反复将数据集划分为训练集和测试集，从而在有限的数据中有效评估模型的性能。交叉验证旨在减少由于数据划分不当而引入的偏差，提高模型在未知数据上的预测能力。交叉验证在机器学习中的作用非常重要，它可以提供对模型泛化能力的更可靠估计，减少数据划分带来的偶然性，可以检测模型是否过拟合或欠拟合，帮助选择最优的模型及其参数。

8.7.2 常见的交叉验证技术

(1) K 折交叉验证

K 折交叉验证将原始数据集随机分成 K 个子集，通常是等分。对于这 K 个子集中的每一个，依次将其作为验证集，其余作为训练集。在每次训练和验证后，记录模型在验证集上的性能指标，如准确率、精确度等。重复 K 次，每个子集都做一次验证集，其余子集做训练集。最终将 K 次验证结果的平均值作为模型的性能指标。K 值的选择一般取决于数据集的大小和具体应用场景。较常见的选择是 $K=5$ 或 $K=10$，这些值既能保证模型评估的稳定性，又不会带来过多的计算成本。

较大的 K 值会减小评估结果的方差，但增加偏差，因为每次训练集的重叠较多。较大的 K 值会增加计算开销，因为需要训练和验证更多的模型。

(2) 留一交叉验证

留一交叉验证是一种极端情况下的交叉验证方法，每个样本单独作为验证集，其余的样本作为训练集，因此生成的模型数量等于样本的数量。当样本数量增加时，模型评估结果的方差也会增加，因为每个模型仅在单个样本上进行评估。留一交叉验证因其计算成本高昂而不适用于大规模数据集，但在小数据集和特定问题场景下，它可以提供非常精确的模型性能评估。

8.7.3 交叉验证的实施步骤

交叉验证是评估机器学习模型泛化能力的一种重要方法。其实施步骤如下：

① 首先将原始数据集划分为训练集和测试集两部分，确保在训练过程中不涉及测试数据，以保证评估的客观性。

② 选择合适的交叉验证方法，如常用的 K 折交叉验证或留一交叉验证。每个交叉验证迭代中，将训练集数据用于模型训练，验证集数据用于评估模型性能。评估指标通常包括准确率、精确率、召回率、F1 分数等，根据问题的特性选择合适的指标。

③ 重复进行交叉验证迭代，记录每次验证的性能指标，最终计算平均性能和标准差来评估模型在不同数据子集上的稳定性和泛化能力。基于交叉验证的结果，可以进行模型选择或调整超参数，以优化模型性能。

④ 选定最佳模型在独立的测试集上进行最终评估，以估计模型在真实数据上的表现。

通过这一流程，交叉验证能够有效地减少因数据划分方式而引入的偏差，提高模型评估的可靠性和准确性，给模型选择和优化提供了科学依据和指导。

8.7.4 高级交叉验证技术

(1) 分层交叉验证

分层交叉验证是一种保证训练集和测试集中类别比例相似的交叉验证方法，特别适用于处理不平衡数据集。在不平衡数据集中，不同类别的样本数量差别很大，这可能导致模型在测试集上的表现不稳定或有偏差。

分层交叉验证确保每个交叉验证折中，训练集和测试集中类别的分布比例与整体数据集中的分布比例相同。

这种方法可以更准确地评估模型在不同类别样本上的性能，避免因为测试集中某一类别样本过少而导致评估结果不准确。

（2）时间序列交叉验证

时间序列数据具有时间上的相关性和顺序性，因此传统的交叉验证方法如随机划分或分层划分可能不适用。时间序列交叉验证考虑了数据的时间结构，以确保在模型训练和评估时不会违反时间顺序。时间序列交叉验证方法考虑到时间序列数据的顺序性，常见的方法包括：滚动窗口交叉验证、扩展窗口交叉验证、预留法、时间序列分层交叉验证。

① 滚动窗口交叉验证。滚动窗口交叉验证是一种针对时间序列数据的交叉验证技术，旨在保持时间序列数据的顺序性。该方法的核心是将时间序列数据划分为多个训练和测试窗口，并在这些窗口中进行模型的训练和评估。具体实施步骤如下：首先，定义一个固定大小的训练窗口和测试窗口。例如，训练窗口可能覆盖过去 12 个月的数据，而测试窗口则为接下来的 1 个月。接着，在第一个训练窗口内训练模型，并在紧随其后的测试窗口中进行预测和评估。然后，将窗口向前滚动一个时间步长（如一个月），更新训练集和测试集，再次进行模型训练和测试。这个过程不断重复，直到整个时间序列数据都被用作训练和测试。滚动窗口交叉验证的优势在于它能够保留时间序列的顺序性，并适应数据的动态变化。这种方法特别适合处理那些数据随时间变化的场景，如金融市场预测或气象数据分析。然而，滚动窗口交叉验证也有其局限性，例如固定大小的训练窗口可能无法捕捉到长期趋势的变化。

② 扩展窗口交叉验证。扩展窗口交叉验证是一种针对时间序列数据的交叉验证方法，它结合了滚动窗口的顺序性保持特性和逐步扩展训练集的优点。这种方法通过逐步增加训练窗口的大小来测试模型的稳定性和性能。实施步骤如下：首先，定义一个初始的训练窗口和测试窗口。初始时，训练窗口可能较小，而测试窗口固定。例如，开始时训练窗口可能覆盖过去 6 个月的数据，而测试窗口为接下来的 1 个月。模型在这个训练窗口内训练，并在测试窗口上进行评估。然后，将训练窗口扩大，比如增加到过去 9 个月的数据，同时测试窗口保持不变。再对新训练窗口中的数据进行模型训练，并在测试窗口中进行评估。这个过程重复进行，每次训练窗口的大小都会增加，而测试窗口始终覆盖相同的时间段，直到整个时间序列数据被处理完毕。扩展窗口交叉验证的优势在于它能够随着训练集的扩大捕捉到更多的数据特征，从而提高模型的泛化能力。这种方法能够有效地利用时间序列数据中的历史信息，有助于提高模型在长期预测中的准确性。然而，这种方法也可能导致训练时间的增加和计算资源的消耗，特别是在数据量较大时。

③ 预留法。预留法是一种常用于时间序列数据分析中的模型评估技术，它通过将时间序列数据划分为训练集和测试集两部分来评估模型的性能。其核心思想是在训练过程中保留一定的时间段作为验证集，以测试模型在未见数据上的表现。具体实施步骤如下：首先，将时间序列数据按时间顺序划分为两个主要部分——训练集和测试集。训练集用于模型的训练，而测试集则用于评估模型的预测性能。与交叉验证方法不同，预留法通常只进行一次训练和测试划分，而不是多次迭代。具体地，训练集通常包括数据序列的前部分，而测试集包括序列的后部分。例如，可以将前 80％的数据用作训练集，将后 20％的数据用作测试集。训练模型时，仅使用训练集中的数据，并在训练完成后使用测试集中的数据来评估模型的预测能力。预留法的优势在于其操作简便且直观，能够直接反映模型在未来未见数据上的表

现，从而为模型的实际应用提供有价值的参考。然而，预留法的局限性在于它只提供了一次训练和测试的评估结果，可能会受到数据划分的随机性影响，导致模型评估结果的不稳定性。因此，在数据有限的情况下，可能需要结合其他评估方法，如滚动窗口或扩展窗口交叉验证，以获得更可靠的模型性能评估。

④ 时间序列分层交叉验证。时间序列分层交叉验证是一种改进的交叉验证技术，专门针对时间序列数据的结构性特点进行设计，以提高模型评估的准确性和稳定性。其基本思路是结合时间序列数据的时间依赖性和分类问题中的分层特性，确保交叉验证过程中数据的时间顺序和类别分布都得到妥善处理。具体实施时，时间序列分层交叉验证首先将整个时间序列数据按照时间顺序划分为若干个时间段或窗口。每个时间段中，数据集被进一步按照类别标签进行分层，以确保每个训练集和测试集中类别的分布能够尽可能地保持一致。这种方法特别适用于那些类别分布不均衡的时间序列数据，例如金融市场数据中的不同市场状态或疾病传播数据中的不同病种。通过这种分层的方式，可以避免在某些时间段内类别样本过少或过多，从而提高模型评估的公平性和代表性。

实施时，时间序列分层交叉验证首先从时间序列的起始点开始，选择一个固定的时间段作为初始的训练集，并选择其后紧接的时间段作为测试集。在每次交叉验证的迭代中，训练集的时间窗口逐渐向前移动，测试集的时间窗口也随之调整，以覆盖不同的时间段。每次迭代中，都需要确保训练集和测试集中的类别分布与整个数据集中的类别分布一致，从而得到更准确的模型性能评估。通过这种方法，可以有效地利用时间序列数据中的时间结构，同时考虑数据的类别特性，使模型评估结果更加可靠。

8.8 调整模型参数

调整模型参数，通常被称为模型调参或超参数优化，是提高机器学习模型性能的重要步骤。

8.8.1 理解超参数和调优的重要性

超参数是在模型训练之前设定的参数，它们影响模型的学习过程和结果，但不能通过训练数据直接学习得到。典型的超参数包括学习率、正则化参数、批量大小等。相比之下，模型的参数是在训练过程中通过学习数据得到的，如神经网络的权重和偏置。

8.8.2 调优的目标

① 提升模型性能。优化超参数以使模型在验证集或测试集上的表现达到更高的精度和准确性。通过调整正则化参数等超参数，提升模型在新数据上的泛化能力，减少过拟合。

② 加快模型训练速度。调整学习率、优化器类型等超参数，加快模型在训练集上的收敛速度，节省计算资源。

③ 提高模型的稳定性和可靠性。调整超参数以确保模型的稳定性，避免出现梯度消失或爆炸等问题。通过优化超参数确保模型在不同训练轮次和数据子集上表现的一致性，提升模型的可靠性。

④ 探索不同的模型结构和配置。调整隐藏层结构、激活函数、损失函数等超参数，探索不同的模型配置以找到最优的模型结构。通过优化相关的超参数，选择对于特定任务最重

要的特征和数据表示方式。

⑤ 优化计算资源的使用。通过优化超参数，减少模型对内存和计算资源的需求，提高整体的计算效率。

⑥ 解释模型和结果。调优过程中观察超参数对模型行为和输出结果的影响，解释模型行为背后的原因和机制。

⑦ 实现特定的业务目标。根据具体的业务需求和目标，调整超参数以最大化模型对业务目标的贡献和影响力。

调优不仅仅是为了提高模型的性能指标，更是为了确保模型在实际应用中能够达到预期的效果和成果。在实际操作中，调优通常结合了自动化工具、交叉验证、实验设计等方法，以尽可能高效地找到最优的超参数组合，从而提升机器学习模型的整体效能和应用价值。

8.8.3 常见的超参数及其影响

学习率控制模型参数在每次迭代中的更新幅度。过高的学习率可能导致训练不稳定或错过最优解，而过低的学习率则可能导致训练收敛速度慢。

正则化参数用于控制模型的复杂度，有助于防止过拟合。正则化项通常包括 L1 正则化和 L2 正则化，其通过惩罚过大的模型权重来提高模型泛化能力。

批量大小定义了每次迭代训练时用于更新模型参数的样本数量。较大的批量大小可能提高训练速度，但也增加了内存需求和计算成本；较小的批量大小则有助于模型在训练数据上更好地泛化。

优化器参数（如动量、Adam 优化器中的 β1 和 β2）影响优化算法的行为，例如控制梯度更新的速度和方向。

网络结构相关的超参数（如隐藏层的神经元数量、层数）影响模型的复杂度和表示能力，直接影响模型在数据上的表现。

8.8.4 调优方法

学习调优是指在机器学习任务中，通过调整模型的超参数或者改进算法来优化模型的性能。以下是几种常见的学习调优方法。

(1) 网格搜索

网格搜索是机器学习中超参数优化的一种常见方法，它通过系统地遍历多种超参数的组合来寻找最佳的模型配置。这种方法简单直观，易于理解和实现，尤其适用于超参数数量较少的情况。

网格搜索的工作原理是在给定的参数网格中，尝试每一种可能的参数组合。这个参数网格由数据科学家根据经验和问题的特定需求设定，可以包括连续的数值范围或离散的值。例如，在训练决策树时，网格搜索可能会遍历不同的树深度、分裂所需的最小样本数等参数的不同值。

网格搜索的一个关键优势是它的全面性。由于它尝试了参数网格内的所有组合，因此能够保证找到的解是这个网格内的最优解。然而，这种方法的缺点也很明显。随着超参数数量的增加，需要评估的参数组合数量呈指数级增长，这会导致计算成本急剧上升。

为了提高网格搜索的效率，通常会与交叉验证结合使用。交叉验证不仅可以对模型性能进行更稳健的估计，还可以减少数据划分不同而导致的评估结果的方差。在每次网格搜索的迭代中，都会使用交叉验证来评估当前参数组合的性能。

网格搜索的另一个局限性是它假设最优解位于给定的参数网格中。如果实际最优解不在网格内，网格搜索可能无法找到最佳配置。此外，网格搜索对于参数的缩放敏感，如果不同参数的尺度差异很大，可能需要对每个参数分别进行标准化处理。

在实际应用中，网格搜索是一种很好的起点，特别是对模型的超参数空间不太了解时。然而，随着问题的复杂性增加，可能需要考虑使用更高效的搜索算法，如随机搜索或贝叶斯优化，这些方法可以在更少的迭代次数内找到接近最优的解。

(2) 随机搜索

随机搜索是另一种流行的超参数优化方法，与网格搜索相比，它采用了一种更为灵活和高效的搜索策略。在随机搜索中，不是简单地遍历预定义的参数网格中的所有点，而是在超参数的候选范围内随机选择参数组合进行尝试。

这种方法的核心优势在于其计算效率。由于避免了对整个参数空间的全面搜索，随机搜索通常可以更快地探索超参数空间，尤其是在参数空间很大或维度很高的情况下。随机搜索通过随机抽样的方式，有可能跳过一些不那么有希望的区域，直接找到接近最优的参数组合。

随机搜索的另一个优点是它可以很容易地与交叉验证结合使用，为每个随机选择的参数组合提供健壮的性能估计。这种方法可以快速识别出性能较差的参数区域，从而在未来的搜索中避开这些区域。

然而，随机搜索也有其局限性。它依赖于随机性，可能无法保证找到全局最优解，特别是当参数空间很大时。此外，随机搜索可能需要较多的尝试次数来确保覆盖到有希望的参数区域，这在实践中可能需要仔细平衡搜索的广度和深度。

在实际应用中，随机搜索通常作为网格搜索的一个补充或替代方案。当参数空间太大、网格搜索变得不可行时，随机搜索提供了一种有效的替代。而且，随机搜索可以很容易地实现并行化，利用现代计算资源的优势，同时评估多个参数组合。

随机搜索的效果很大程度上取决于超参数候选集的选择和搜索的迭代次数。合理地设置这些参数可以显著提高搜索的效率和效果。此外，随机搜索也可以与更高级的优化算法结合使用，例如使用贝叶斯优化来指导搜索过程，从而在随机搜索的基础上进一步提高优化的精度。

(3) 贝叶斯优化

贝叶斯优化是一种高效的超参数优化方法，它利用贝叶斯统计的原理来指导对超参数空间的搜索。与传统的网格搜索和随机搜索相比，贝叶斯优化在搜索效率和精度上具有显著的优势，尤其适用于高维和复杂的超参数空间。

贝叶斯优化的核心思想是构建一个概率模型来预测目标函数（通常是模型的性能评估指标）与超参数之间的关系。这个概率模型通常以高斯过程的形式实现，它能够捕捉超参数与性能之间的关系，并提供关于性能函数的均值和方差的预测。

在贝叶斯优化的初始阶段，首先在超参数空间中随机选取少量的点进行评估，这些评估结果用于训练概率模型。随后，算法利用这个模型来预测未知区域的性能，并找到最有可能提高性能的超参数组合进行下一步的评估。这种基于预测的方法使贝叶斯优化能够有针对性地探索参数空间，而不是盲目地尝试所有可能的组合。

贝叶斯优化的一个关键优势是它的“后悔”最小化能力。通过平衡探索和利用，算法能够有效地平衡在已知区域的进一步优化和对未知区域的探索。这种平衡是通过计算一个获取函数来实现的，常见的获取函数包括预期改进（expected improvement，EI）、高斯上界（gaussian upper confidence bound，GUCB）和最大方差减少（maximin variance reduction，MVR）等几种。

贝叶斯优化的另一个优点是它对超参数的尺度和分布不敏感，因为它依赖于超参数的相对差异而不是绝对值。这使贝叶斯优化在处理不同尺度的超参数时更为鲁棒。

然而，贝叶斯优化也有一些局限性。算法的性能在很大程度上依赖于高斯过程模型的选择和超参数。如果模型选择不当，可能导致预测不准确，从而影响优化效果。贝叶斯优化在计算上可能相对复杂，尤其是在处理大量超参数或高维数据时。此外，贝叶斯优化通常需要较多的计算资源和专业知识来实现和调整。

在实际应用中，贝叶斯优化已经被证明在多种机器学习任务中有效，包括深度学习、强化学习和传统机器学习模型的超参数调整。通过自动化的贝叶斯优化工具，如 Hyperopt、Spearmint 和 Optuna，研究人员和数据科学家可以更容易地将贝叶斯优化应用于实际问题。

（4）自动机器学习

自动机器学习是近年来人工智能领域的一项重要技术，旨在通过自动化机器学习的各个步骤，使更多的人能够轻松地构建和部署高效的机器学习模型，无须深入学习专业知识。自动机器学习是指利用机器学习和优化技术来自动化机器学习模型的设计和调整过程。传统上，构建一个有效的机器学习模型需要数据预处理、特征工程、模型选择、超参数调优等多个烦琐步骤，需要深厚的领域知识和技能。AutoML 的出现改变了这一局面，使更多的普通用户、数据科学家和工程师可以参与到机器学习应用的开发中来，加速了机器学习技术的传播和应用。

AutoML 系统通过一系列自动化步骤改变了传统的机器学习流程，旨在降低专业知识门槛，提高模型开发效率。它从数据预处理开始，自动进行特征工程，包括特征选择、构造和转换。接着，系统进行模型选择和超参数优化，尝试多种算法和参数配置，以确定最佳模型。通过模型训练与评估，使用交叉验证等方法确保模型的泛化能力。AutoML 进一步通过模型集成技术提高预测精度，并提供模型解释性，帮助用户理解决策过程。自动化部署和性能监控确保模型在生产环境中稳定运行，并根据反馈进行更新。用户交互界面和遵循标准的设计，使 AutoML 系统既强大又易于使用，推动了机器学习技术的普及和应用。

AutoML 技术通过自动化关键的机器学习流程，极大地扩展了机器学习技术的可及性和实用性。在金融领域，AutoML 被用于预测市场趋势和评估信用风险。零售和电子商务行业利用它来分析消费者行为，优化库存和提供个性化推荐。在图像识别领域，AutoML 正改变着医疗影像分析的游戏规则，同时在安全监控和社交媒体内容管理中扮演着重要角色。自然语言处理任务，如文本分类和情感分析，也因 AutoML 变得更加高效，这推动了智能助手和聊天机器人的发展。AutoML 在网络安全和金融交易监控中的应用提高了对欺诈行为的识别能力。在客户服务领域，AutoML 通过自动语音识别和自然语言理解，提升了服务自动化的智能水平。在医疗和生物技术领域中，AutoML 加速了药物发现和疾病诊断模型的开发，为个性化医疗方案的设计提供了支持。供应链优化和智能制造也因 AutoML 在预测分析和过程优化方面的能力而受益。个性化教育领域，AutoML 根据学生的学习进度提供定制化学习计划。而能源管理领域则利用它来优化能源分配。

AutoML的自动化特性不仅提升了模型开发的速度和效率，还降低了技术门槛，使非专业用户也能够享受到机器学习技术带来的便利。随着技术的不断进步，AutoML将进一步推动机器学习技术的创新和应用，扩展其在更多领域的应用潜力，实现更广泛的社会和经济影响。

AutoML其主要优势在于显著简化机器学习模型的构建和优化过程，使非专业人士也能够有效应用机器学习技术。通过自动化模型选择、超参数调优和特征工程，AutoML不仅降低了技术门槛，还能大幅提升开发效率和模型性能，节省了大量的人工调参和实验时间。此外，AutoML平台通常提供标准化的解决方案和最佳实践，这有助于提高模型的一致性，便于比较和复现结果。然而，AutoML也面临一些挑战。首先，自动化生成的模型可能缺乏透明性和可解释性，这在需要深入理解模型决策的应用场景中可能成为问题。其次，AutoML工具对数据的质量和数量有较高要求，数据稀缺或质量不佳可能会限制其效果。此外，训练和优化多个模型及其超参数组合需要大量计算，这对计算能力有限的用户构成挑战。同时，尽管AutoML能够提供通用解决方案，但在特定行业或问题中，可能仍需定制化的解决方案，这超出了自动化工具的能力范围。最后，AutoML工具可能存在过拟合的风险，即在训练数据上表现优秀但在实际应用中泛化能力不足。依赖AutoML的用户可能会忽视基础机器学习知识，从而在面对工具的局限性时缺乏足够的理解和应对能力。

AutoML的未来发展方向将围绕提升智能化水平、拓展应用范围、优化用户体验和强化模型性能等方面展开。未来的AutoML将更加智能化，通过集成更先进的算法和深度学习技术，能够自动识别和应用适合特定问题的数据处理和建模方法，从而提高模型的准确性和效率。AutoML工具将会拓展到更多领域和行业，包括医疗、金融和制造等，提供针对性强的解决方案，以适应不同领域的复杂需求。进一步地，提升用户体验将成为重点，AutoML将简化用户交互界面，降低使用门槛，让更多非技术背景的用户也能轻松上手，进而扩大其应用范围。此外，未来的AutoML还将致力于优化计算资源的利用，通过改进算法和采用更高效的计算架构，降低对高性能计算资源的依赖。模型的解释性和透明性也会得到重视，通过引入更先进的可解释性方法和工具，增强模型决策过程的透明度。AutoML将加强对数据质量和数据不足问题的应对能力，通过智能数据增强和自动化数据清洗技术，提高模型在数据稀缺或质量差的情况下的鲁棒性。AutoML的未来发展将使其更智能、灵活且广泛适用，进一步推动机器学习技术的普及和应用。

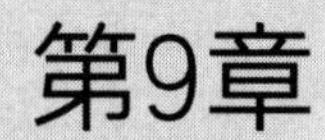

第9章 集成式机器学习应用

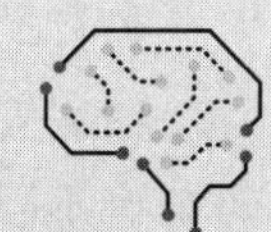

集成式机器学习在实际应用中表现出惊人的鲁棒性和适应性，广泛涵盖了分类、回归和聚类等多个领域。例如，在金融领域，随机森林的高准确性和对异常值的鲁棒性使其成为信用评分和欺诈检测的首选。而在医疗领域，AdaBoost 等 Boosting 算法成功应用于癌症诊断，其通过整合多个弱分类器提高了患者病情判断的准确性。这种广泛的应用表明集成式机器学习已成为解决实际问题的强有力工具。

集成式机器学习的独特之处在于通过结合多个弱模型，显著提升了整体性能。这不仅在处理大规模数据时表现出色，而且在面对复杂的非线性关系和噪声时更为鲁棒。例如，XGBoost 等梯度提升算法通过迭代优化，有效地克服了过拟合问题，提高了泛化能力。在实际应用中，这种性能提升不仅节省了计算资源，同时也使模型更加可靠，为决策支持和预测分析提供了可靠基础。

9.1 自然语言处理

自然语言处理是人工智能领域的一个重要分支，涉及计算机与人类语言之间的交互和通信。其目标是使计算机能够理解、解释、生成语言以及与人类语言进行自然而富有智慧的交互。NLP 不仅局限于处理语法和语义，还包括语音识别、文本生成、机器翻译等多个领域。

9.1.1 词嵌入

词嵌入是自然语言处理领域中一种将词汇映射到实数向量的技术。它的核心思想是通过一个稠密的向量空间来表示每个词，使语义相近的词在该空间中距离较近。这种表示方式有助于捕捉词汇之间的语义关系和语法结构，为机器学习模型更好地理解自然语言提供了基础。

（1）语义相似性的探索

词嵌入的一项重要特性是能够捕捉词汇之间的语义相似性。通过将词映射到一个稠密的向量空间，我们能够观察到在这个空间中语义相近的词具有相似的向量表示。如“king”和“queen”“monarch”和“princess”之间的向量距离较近，反映了它们之间的语义联系。这种语义相似性不仅提供了更好的词汇理解，而且为信息检索、推荐系统等应用场景提供了有力支持。语义相似性代码如图 9-1 所示。

（2）语法结构的细致剖析

词嵌入技术不仅仅局限于捕捉词汇的语义关系，它还能够细致地剖析语法结构。例如，“run”和“running”在词嵌入空间中可能有相近的向量表示，这反映了它们之间的词形变化关系。这对于词性标注、句法分析等任务至关重要。我们将深入研究如何利用词嵌入来提高对语法结构的理解，并在实际应用中取得更精准的文本处理效果。语法结构剖析示意图如图 9-2 所示。

（3）上下文语境的综合利用

词嵌入的另一个重要特点是能够反映词在不同上下文中的含义。同一个词在不同语境中可能有不同的向量表示，使模型能够更好地理解多义性。我们将深入研究如何利用上下文信息来改进文本理解的质量，以及在对话系统、机器翻译等应用场景中的具体实践。上下文预警分析图如图 9-3 所示。

```
from sklearn.feature_extraction.text import CountVectorizer
import numpy as np
from scipy.linalg import norm

def tf_similarity(s1, s2):
    def add_space(s):
        return ' '.join(list(s))

    s1, s2 = add_space(s1), add_space(s2) #在字中间加上空格
    cv = CountVectorizer(tokenizer=lambda s: s.split()) #转化为TF矩阵
    corpus = [s1, s2]
    vectors = cv.fit_transform(corpus).toarray() #计算TF系数
    return np.dot(vectors[0], vectors[1]) / (norm(vectors[0]) * norm(vectors[1]))

s1 = '你在干嘛呢'
s2 = '你在干什么呢'
print(tf_similarity(s1, s2))

```

图 9-1　语义相似性代码

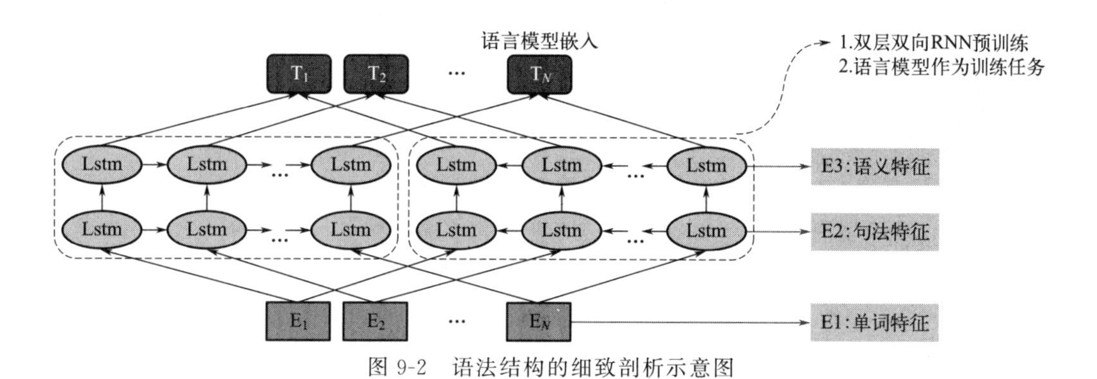

图 9-2　语法结构的细致剖析示意图

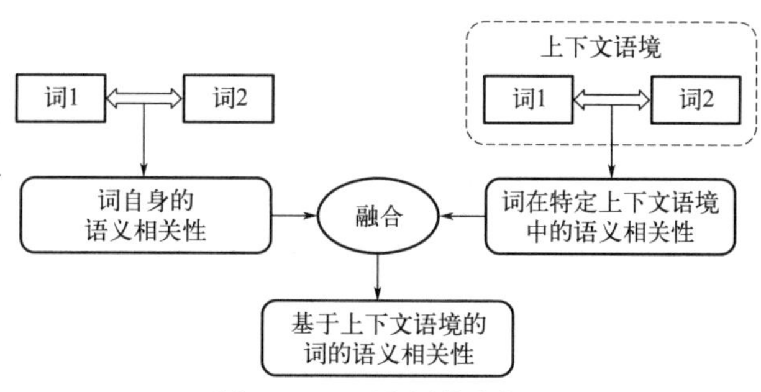

图 9-3　上下文语境分析图

（4）应用案例分析

信息检索与推荐系统：在信息检索领域，通过利用词嵌入的语义相似性，我们可以改善搜索引擎的检索效果，提供更准确和相关的搜索结果。推荐系统也能从中受益，通过理解用户查询和文档的语义关系，提供更个性化的推荐服务。

情感分析与情感推断：在情感分析任务中，词嵌入技术有助于更全面地理解文本中的情感色彩。通过分析词汇在情感空间中的分布，我们可以进行情感推断，深入挖掘文本背后的情感变化和情感极性。

对话系统的优化：在对话系统中，理解上下文语境对于正确回应用户的问题至关重要。词嵌入技术可以帮助系统更好地理解用户的意图，实现更自然、智能的对话体验。

9.1.2 文本分类

文本分类是机器学习中的关键任务，旨在将文本数据划分到预定义的类别中。其基本流程包括数据收集、预处理、特征提取、模型选择、训练、评估和应用。常见的文本分类算法有朴素贝叶斯、支持向量机、卷积神经网络、循环神经网络和 BERT 等算法。

(1) 朴素贝叶斯算法

① 算法原理：朴素贝叶斯算法是基于贝叶斯定理的分类算法，它假设特征之间相互独立。在文本分类中，朴素贝叶斯通常用于计算文本属于某一类别的概率。具体而言，对于给定的文本文档和类别，朴素贝叶斯算法通过计算每个词在类别下的条件概率，再根据贝叶斯定理计算文档属于每个类别的概率。最后，选择概率最高的类别作为文本的分类结果。

② 实际应用案例：垃圾邮件过滤是朴素贝叶斯在文本分类中的经典应用之一。垃圾邮件过滤器使用朴素贝叶斯算法学习正常邮件和垃圾邮件中的词汇分布，以便能够准确地分类新收到的邮件。例如，一个包含大量药品、赌博等词汇的邮件更有可能被分类为垃圾邮件。

(2) 支持向量机

① 算法原理：支持向量机是一种监督学习算法，其主要思想是找到一个超平面，将不同类别的文本分开，并使两类文本之间的间隔最大化。在文本分类中，支持向量机通过将文本映射到高维空间，以便更好地划分不同类别。SVM 的优势之一是它能够处理高维数据，因此在文本分类中，可以使用词频、TF-IDF 等表示文本的高维特征进行分类。

② 实际应用案例：文本情感分析是支持向量机在实际应用中的一个典型例子。通过训练支持向量机模型，可以将情感分为正面、负面或中性。在社交媒体中，分析用户评论的情感倾向对于了解用户对产品或服务的看法非常有帮助。

(3) 卷积神经网络

① 算法原理：卷积神经网络在图像处理中取得了巨大成功，而在文本分类中，它同样能够捕捉文本中的局部特征。通过卷积层和池化层，CNN 能够提取文本的局部信息，并通过全连接层进行分类。在文本分类任务中，CNN 可以通过学习卷积核在文本中的滑动，捕捉不同长度的短语或词组的特征，从而更好地理解文本。

② 实际应用案例：新闻分类是卷积神经网络在文本分类中的典型应用之一。通过使用 CNN，模型可以自动学习新闻文本中的各种局部特征，包括标题、关键字等，从而将新闻分类为不同的主题或类别。

(4) 循环神经网络

① 算法原理：循环神经网络是一类能够处理序列数据的神经网络。在文本分类中，RNN 通过记忆前文信息，能够处理不定长的文本序列。RNN 通过不断更新隐藏状态，能够捕捉文本中的上下文信息，因此在处理自然语言的时候非常有优势。

② 实际应用案例：情感分析是循环神经网络在文本分类中的典型应用。通过学习文本

序列中的上下文关系，RNN 可以更好地理解句子中的情感倾向，从而对文本进行情感分类。

（5）BERT（bidirectional encoder representations from transformers，双向变换器解码器表示模型）

① 算法原理：BERT 是一种预训练模型，通过双向上下文信息学习单词的表示。BERT 通过大规模无监督学习在大量文本上进行预训练，然后通过微调适应于特定任务。BERT 模型结构示意图如图 9-4 所示。

② 实际应用案例：搜索引擎结果排序是 BERT 在文本分类中的实际应用之一。通过将用户的搜索查询与搜索结果文本进行匹配，BERT 能够更准确地理解用户查询的意图，从而提高搜索结果的质量。

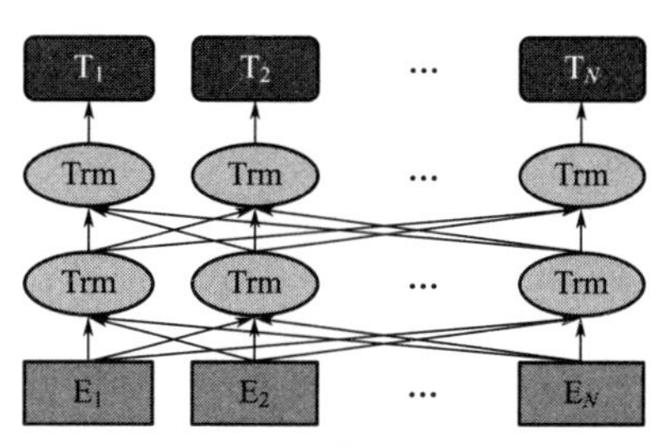

图 9-4　BERT 模型结构示意图

文本分类是自然语言处理中的一个核心任务，而不同的算法在文本分类中发挥着各自的优势。从传统的朴素贝叶斯、支持向量机，到深度学习中的卷积神经网络、循环神经网络，再到预训练模型 BERT，每个算法都在不同场景下取得了显著的成功。

9.1.3　情感分析

情感分析是自然语言处理领域的一个关键任务，旨在识别和理解文本中的情感倾向。这一任务对于了解用户对产品、服务、事件等的情感反馈具有重要意义。机器学习算法在情感分析中得到了广泛应用，为企业、社交媒体分析、市场调研等提供了强大的工具。

（1）数据驱动的情感建模

机器学习在情感分析中的首要任务是通过大规模标记好的数据进行训练，以建立情感分类模型。这种数据驱动的方法使得模型能够学习文本数据中隐藏的情感特征和模式。通过使用丰富的情感标签，机器学习算法能够更好地理解情感在语境中的表达方式，从而提高情感分析的准确性。

实际应用案例：微博情感分析。

微博是用户在短文本中表达情感的重要平台。通过采集大量用户发表的推文，并使用机器学习算法进行情感分析，可以深入理解用户对各种话题的情感倾向。这对于品牌在社交媒体上的声誉管理和市场调研具有重要价值。

以新品上市为例，通过监测微博评论并利用机器学习算法进行情感分析，企业可以及时了解消费者对新产品的反馈，为产品改进和市场推广提供有针对性的建议。类似地，品牌活动和社会活动在微博上引发的情感反响也可以通过机器学习进行分析，帮助企业更好地理解公众对其活动的态度。在娱乐领域，如影视剧热播时，通过机器学习对微博用户评论的情感分析，制片方能够了解观众的口碑反馈，为后续剧集制作提供指导。甚至在疫情时期，通过微博情感分析，政府和监测机构能够深入了解公众的情感状态，指导政策宣传和危机管理。这些实例展示了机器学习在微博情感分析中的实际应用，为各个领域的决策者提供了深刻的用户情感理解。

（2）情感词汇的挖掘和特征选择

机器学习在情感分析中发挥关键作用的一方面是情感词汇的挖掘和特征选择。情感词汇是情感分析的基础，通过机器学习算法，可以自动挖掘语料库中的情感词汇，并通过特征选择的方法提取出最具代表性的特征。这种方法可以有效地捕捉情感信息，使得模型更加精准地判断文本的情感倾向。

实际应用案例：产品评论情感分析，如图 9-5 所示。

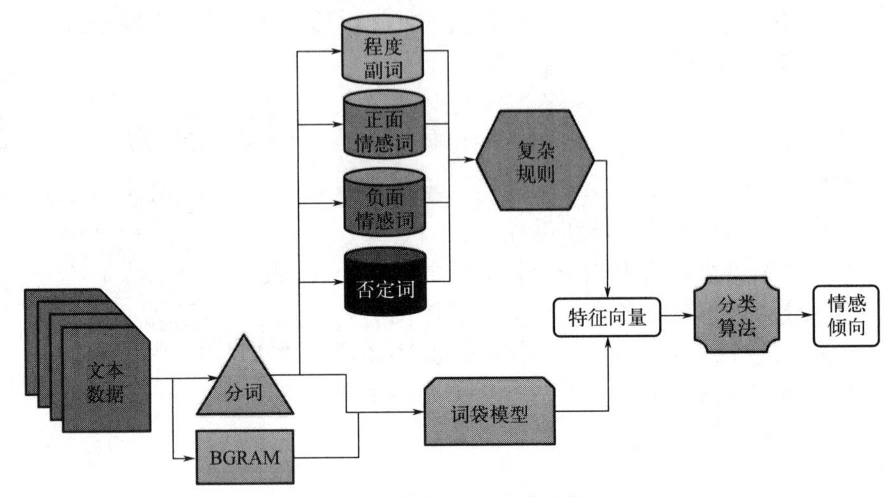

图 9-5　产品评论情感分析

在诸多电商平台上，大量用户会在产品页面发表评论。使用机器学习算法挖掘产品评论中的情感词汇，可以建立针对不同产品的情感分析模型。这有助于企业了解产品在市场上的受欢迎程度和用户满意度。

在淘宝这一电商平台上，用户的购物体验和对商品的评价对于商家至关重要。机器学习算法可以通过以下方式应用于淘宝平台：

① 情感词汇挖掘：通过对淘宝商品评价进行文本挖掘，机器学习算法可以识别和提取出其中的情感词汇，这些词汇包括正面情感（如好评、满意、喜欢）和负面情感（如差评、不满、不喜欢）。通过构建情感词典，算法能够辨别用户评论中所包含的情感色彩。

② 特征选择：机器学习还可以进行特征选择，筛选出对情感分析最具代表性的特征。这可能包括用户评分、评论长度、购买日期等。通过确定哪些特征最能影响情感分析的结果，商家可以更有针对性地改进产品或服务。

③ 情感分析模型建立：基于挖掘到的情感词汇和选定的特征，机器学习算法可以构建情感分析模型。该模型能够自动判断用户评价的情感倾向，是正面、负面还是中性。商家可以通过分析模型输出，量化用户满意度，并及时回应负面评价以提升服务品质。

④ 实时监测和反馈：情感分析模型可以实时监测用户评价，及时发现和处理用户的反馈。商家可以设置实时通知系统，一旦有负面情感较强的评价出现，商家立即得到提醒，并有针对性地进行客户服务，提高用户体验。

京东是中国领先的综合性在线购物平台。以下是机器学习算法在京东平台上的应用示例：

① 情感词汇挖掘：机器学习算法可以对京东商品评价进行情感词汇的挖掘。通过分析用户评价，算法能够识别出包含正面和负面情感的词汇，例如“品质好”“服务满意”以及“质量差”“售后不及时”等。

② 特征选择：算法可以进行特征选择，确定对情感分析最具影响力的特征。用户评分、评论长度、购买频率等特征可能对情感分析有重要影响，通过选择这些关键特征，商家能更有针对性地改进产品和服务。

③ 情感分析模型建立：在挖掘情感词汇和选定特征的基础上，机器学习算法构建情感分析模型。该模型可以在大规模用户评价中进行自动化情感判别，帮助商家快速了解用户满意度，并作出相应改进。

④ 实时监测和反馈：情感分析模型可以实时监测用户评价，及时发现和处理用户的反馈。商家可以通过设置实时报警系统，迅速响应负面情感评价，采取措施改进服务，提升用户体验。

拼多多以团购模式和低价商品为特色，用户评价对于拼多多的商业模式和用户体验至关重要。以下是机器学习算法在拼多多平台上的应用示例：

① 情感词汇挖掘：机器学习算法通过对拼多多团购商品评价进行情感词汇挖掘，能够识别用户对团购价值和商品质量的情感。这包括积极的情感词汇如“价格超值”“物美价廉”，以及消极的情感词汇如“团购骗人”“商品质量差”。

② 特征选择：使用算法进行特征选择，确定对情感分析最具代表性的特征。用户评分、团购频率、评论长度等特征可能对情感分析有显著影响，通过选择这些关键特征，商家能更有针对性地改进商品和服务。

③ 情感分析模型建立：通过挖掘情感词汇和选定特征，机器学习算法构建情感分析模型。该模型能够自动判断用户对团购商品的情感倾向，帮助商家了解用户的需求和满意度。

④ 实时监测和反馈：情感分析模型可以实时监测用户评价，及时发现和处理用户的反馈。商家可以通过设置实时报警系统，迅速响应负面情感评价，采取措施改进服务，提升用户体验。

综合来看，通过在淘宝、京东、拼多多等电商平台上应用机器学习算法进行情感分析，电商企业可以更好地了解用户需求，提高商品和服务的质量，增强用户满意度，进而促进销售和品牌建设。

(3) 多模态情感分析

随着社交媒体和互联网的发展，文本以外的多模态数据（如图像、音频、视频）在情感分析中扮演着越来越重要的角色。机器学习通过整合多模态数据，能够更全面地理解情感信息。例如，结合文本和图像信息进行情感分析，可以更准确地捕捉用户在社交媒体上的情感表达。多模态情感分析如图 9-6 所示。

实际应用案例：优酷视频评论情感分析。

优酷作为中国领先的短视频平台，汇聚了大量用户生成的内容。优酷上的视频评论不仅包含文本，还可能包括图像或链接。机器学习算法可以整合文本、图像信息，从而更全面地分析观众对视频的情感反馈。这对于优化视频内容、提高用户留存率具有实际应用意义。

机器学习算法可以通过深入分析视频评论，结合文本、弹幕和点赞数量等多模态信息，实现更精准的情感分析。算法可以提取视频评论中的文本信息，分析用户对视频内容的言论，通过自然语言处理技术识别评论中的情感词汇，了解用户对视频的喜好或批评。例如，评论中出现的正面词汇可能表明用户对内容感到满意，而负面词汇则可能反映出用户的不满。机器学习还可以分析弹幕的情感信息。弹幕作为实时互动的形式，通常反映了观众对视频的即时情感体验。通过捕捉弹幕中的情感符号、表情等信息，算法可以更全面地理解观众

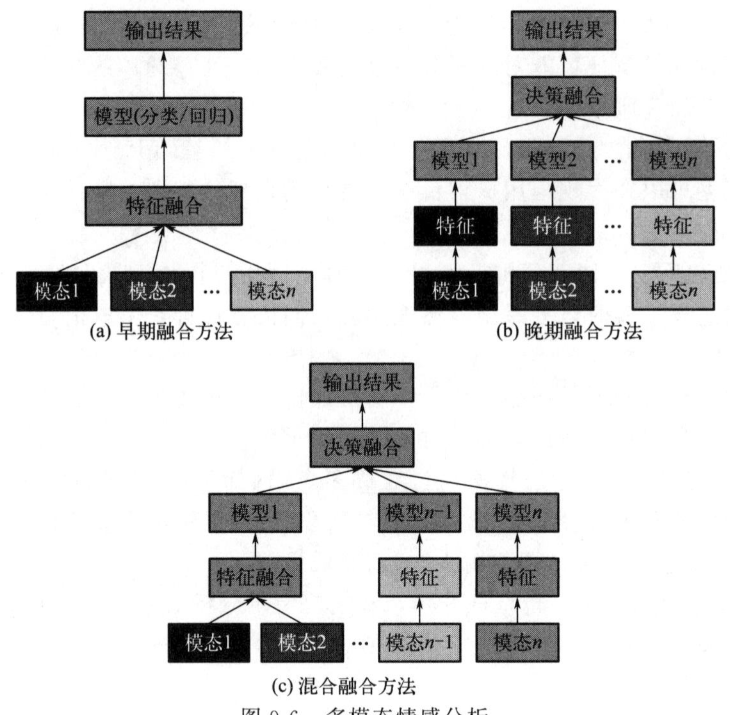

图 9-6 多模态情感分析

在观看过程中的情感反馈。此外，点赞数量和评论转发等社交互动数据也是重要的情感分析指标。机器学习可以结合这些数据，分析用户对视频内容的喜好程度。例如，点赞数量较多可能表示视频受欢迎，而评论转发的频率可能反映出用户愿意分享的情感体验。

通过综合分析这些多模态信息，优酷可以更深入地了解用户对不同类型视频的情感反馈，为内容推荐、创作者培养以及广告投放提供更有针对性的数据支持。这样的情感分析不仅有助于提高用户体验，也为平台运营和内容创作提供了有力的决策参考。

(4) 情感时序分析

情感在文本中常常是动态变化的，因此机器学习在情感时序分析中的应用变得至关重要。通过考虑文本数据的时序性，机器学习算法可以更好地捕捉情感的演变过程。这对于分析用户在不同时间点的情感变化、追踪事件的舆情波动等具有重要意义。情感时序分析如图 9-7 所示。

实际应用案例：股票市场情感分析。

机器学习在分析金融新闻和社交媒体上的评论时，可以考虑时间序列信息。通过建立情感时序分析模型，可以更好地预测市场情绪波动，为投资者提供决策支持。

雪球作为一款专注于股市和金融信息的应用，充分利用用户在平台上的新闻浏览记录、观点发布和社区互动等多样化数据，通过应用情感时序分析，借助机器学习算法深入挖掘用户情感变化。具体而言，雪球收集用户互动行为数据，并通过点赞、评论等行为标注情感极性，形成标记好的情感数据集。基于这些数据，利用循环神经网络或长短期记忆网络等算法建立情感时序分析模型。通过对用户实时行为进行分析，监测用户对不同新闻或观点的情感变化，并根据分析结果向用户推荐更符合其情感倾向的新闻、观点或投资策略。这一应用场景使雪球可以在用户体验和投资决策方面提供更为智能、个性化的服务，同时也提升了用户参与度和市场分析能力。

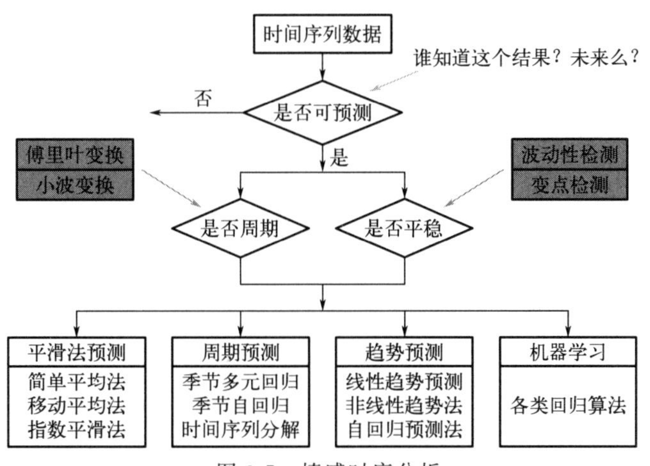

图 9-7　情感时序分析

通过情感时序分析，雪球实现了实时市场情绪监测，能够提前捕捉市场情绪波动，为投资者提供及时的市场参考。此外，应用场景还包括个性化投资建议和舆情预警。雪球根据用户情感时序分析的结果，为用户量身定制个性化的投资建议，更好地满足用户的投资偏好。同时，通过对用户评论和互动的情感分析，雪球能够快速发现和应对可能引起市场波动的重大新闻事件，为用户提供更及时的舆情预警服务。这种综合运用情感时序分析的方法不仅提升了用户体验，也为雪球在金融信息领域赋予了更强大的数据分析和市场监测能力。

(5) 面向领域的自适应

通用的情感分析模型可能无法适应不同领域、行业或文化中的文本表达方式。为了提高模型的适用性，机器学习在面向领域的自适应方面发挥了关键作用。通过引入领域相关的特征和语料库，模型能够更好地适应不同领域中的情感表达。

实际应用案例：医学领域情感分析。

医学领域的文本通常包含特定的术语和表达方式，通用的情感分析模型可能无法准确捕捉医学文本的情感。通过引入医学领域的语料库和领域特定的情感词汇，机器学习可以构建更适用于医学文本的情感分析模型，用于分析患者病历或医学研究文章中的情感。

例如，在某省推行的健康项目中，面向领域的自适应情感分析对于优化健康服务至关重要。通过机器学习算法，可以深入了解患者对医疗服务的情感体验，为健康项目提供实时的用户反馈和改进建议。

① 构建健康语料库：收集包括健康平台上患者的健康日记、医生建议以及患者在社交媒体上的评论等多样化的医疗相关文本，构建具有地域特色的语料库。

② 地域医学词汇挖掘：利用自然语言处理技术，挖掘地域医学领域的专业术语和情感相关词汇，建立地域特有的情感词典。

③ 模型训练：使用面向健康领域的语料库和地域特有的情感词典，训练情感分析模型。模型需要能够理解地方性疾病、传统医疗习惯等方面的特殊信息。

④ 实时用户反馈分析：应用该模型对健康平台上患者的实时反馈进行情感分析。例如，分析患者在健康上的评论，了解他们对健康服务、医生建议等方面的情感倾向。

⑤ 健康服务优化：根据患者反馈的情感信息，健康项目管理团队可以及时调整健康服

务流程、改进信息传递方式，提高患者满意度。例如，如果模型分析显示患者对某项健康服务较为满意，可以进一步推广该服务，提升整体健康项目的效果。

(6) 情感生成模型

除了情感分析，机器学习还在情感生成领域展现了强大的潜力。情感生成模型通过学习大量文本数据，能够生成具有特定情感色彩的文本。这种生成模型在情感化内容的自动生成、广告文案的优化等方面具有广泛的应用前景。

实际应用案例：广告文案情感生成。

广告文案的情感色彩直接影响用户的购买决策。机器学习生成模型可以学习不同情感下的文本生成模式，帮助企业优化广告文案，使其更符合目标受众的情感需求，提升广告效果。

在电商平台上，情感生成模型为广告文案的个性化和情感化提供了强大的工具。这种模型通过学习用户行为和反馈数据，能够生成具有特定情感色彩的广告文案，从而更好地吸引目标受众。以一家销售健康食品的店铺为例，利用机器学习算法对用户历史行为进行分析，了解用户的偏好、购买历史以及对不同情感的响应。通过对店铺中的商品进行情感分析，确定每个商品所具有的情感特征，如健康、美味、天然等。接着，情感生成模型结合用户画像和商品情感分析的结果，生成个性化的广告文案。例如，对注重健康的用户生成强调产品天然、健康、滋补的广告文案。生成的广告文案进行 A/B 测试，监测用户的点击率、转化率等指标，并根据实际效果对模型进行优化。这一过程可不断提升广告文案的情感吸引力，使得广告更能匹配用户需求，提高用户互动和购买意愿。

这一案例展示了情感生成模型在电商广告领域的应用，个性化的情感化广告文案提升了广告的吸引力和用户互动效果，为电商平台的营销策略带来实质性的提升。从用户画像的深度分析到广告文案的生成和实际效果的监测与优化，机器学习在情感生成模型中的多层次应用使得广告更具针对性和感染力，为企业提供了一种高效而精准的广告营销手段。

(7) 跨语言情感分析

在全球化背景下，跨语言情感分析成为一个备受关注的问题，如图 9-8 所示。机器学习通过处理多语言数据，实现了在不同语言之间的情感分析。这对于国际企业、社交媒体平台等具有全球用户的应用场景具有重要价值。

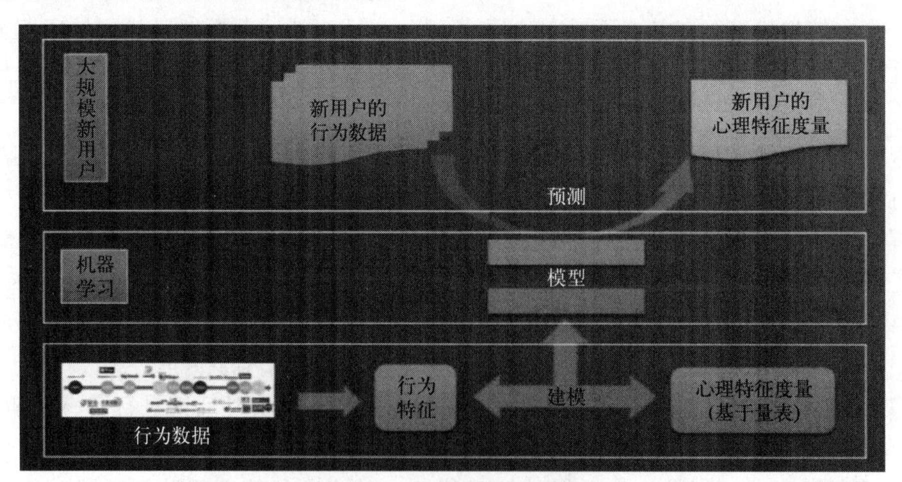

图 9-8　跨语言情感分析

社交媒体平台具有全球用户，而用户发表的内容可能涉及多种语言。机器学习可以通过处理多语言数据，使得情感分析模型更具通用性，适用于全球范围内的社交媒体内容。

在中国企业进军国际市场时，需要全面了解全球用户对其产品或品牌的情感反馈。机器学习在跨语言情感分析中为企业提供多语言社交媒体评论的深度洞察，以指导国际市场战略和品牌管理。以下是一个具体的案例。

案例背景：中国某科技公司华为准备将其智能手机产品推向国际市场，覆盖多个国家和地区。在制定市场策略之前，他们需要了解全球用户对其产品的情感反馈，以及各个国家市场的特定偏好和需求。

① 跨语言情感分析的应用过程：在中国企业进军国际市场时，机器学习在跨语言情感分析中的应用过程是一个多步骤的流程。首先，通过机器学习算法对各种社交媒体平台上的评论进行抓取和整理，确保涵盖多语言、多文化的用户意见。其次，利用自然语言处理技术，对多语言评论进行分词、情感识别等处理，以确保准确捕捉用户情感。然后，通过机器学习算法，建立针对多语言情感分析的模型，使其具备对不同语言和文化背景下情感表达的理解能力。最后，将情感分析结果按地域进行分类，分析各国用户对产品的整体情感趋势，并提取出关键的用户意见和洞察。

② 跨语言情感分析的实际应用价值：首先，这有助于市场定位的优化。根据不同国家用户的情感反馈，企业能够调整产品在各个市场的定位，提供更符合当地用户需求的产品。然后，这对于品牌声誉管理至关重要。企业能够及时发现并解决在某个国家市场上可能出现的负面情感，从而保护品牌声誉。最后，这种分析为全球广告策略的制定提供了支持。通过根据用户的情感反馈优化广告语言和表达方式，企业能够提高广告在国际市场上的吸引力，取得更好的市场效果。综合而言，机器学习在跨语言情感分析中的应用为企业提供了全面了解全球用户的情感态度的机会，为制定国际市场战略提供了有力支持。

（8）解释性与可解释性

随着机器学习模型的复杂性增加，解释性与可解释性成为研究的热点。在情感分析中，用户往往需要理解模型的决策过程。因此，机器学习算法在提高模型解释性方面的研究对于用户信任和接受度至关重要。

案例：金融投资决策支持。

在金融领域，投资者对于模型决策的解释性要求很高。机器学习算法在提高模型可解释性方面的研究可以应用于量化投资决策。例如，通过解释模型在分析财务新闻时是如何识别关键信息和情感极性的，可帮助投资者更好地理解市场动态，从而做出更明智的投资决策。

在中国的互联网金融领域，机器学习算法的解释性和可解释性对于监管机构和投资者而言至关重要。考虑到金融决策的重要性，模型的解释性能够向决策制定者提供更清晰的决策依据，同时也能增强用户对金融产品的信任。

① 解释性应用：在金融监管方面，监管机构可以利用机器学习算法对互联网金融平台上的用户评论、新闻报道等信息进行情感分析。解释模型的决策过程可以帮助监管机构更好地理解市场情绪和投资者情感，及时发现潜在的风险和问题。同时，对投资者而言，机器学习可以用于分析互联网金融新闻和社交媒体评论，通过解释模型的结果，投资者可以更全面地了解市场趋势和投资者情感，有助于做出正确决策，减少信息不对称导致的风险。另外，对于金融机构提供的理财产品，机器学习用于根据用户的历史行为和评论进行个性化推荐。解释模型能够向用户清晰解释为何推荐某一特定产品，增强用户对产品推荐的理解和接

受度。

② 可解释性应用：在金融领域，可解释性的应用包括解释每个特征对情感分析的影响程度。这使决策者能够了解到底是哪些关键因素影响了模型的结果，有助于更好地理解市场的关键驱动因素。可解释性也包括模型的决策路径的解释，即模型是如何从输入到输出做出决策的。这对于决策者和投资者来说是非常关键的，因为他们需要了解模型是如何根据不同的信息做出情感分析的。此外，机器学习模型的参数对于模型的性能和预测能力有很大影响。通过解释模型参数，可以帮助理解模型是如何学习到数据中的模式的，从而增强对模型的信任度。综合解释性和可解释性的应用，机器学习在互联网金融舆情分析中的模型决策过程将更加透明，有助于各方更好地理解和信任模型的结果，从而推动金融决策和监管的科技化发展。

9.1.4 机器翻译

（1）神经机器翻译

神经机器翻译（NMT）是近年来取得显著进展的翻译模型，如图 9-9 所示。基于深度学习的神经网络架构，NMT 模型能够学习并理解源语言和目标语言之间的复杂关系。该模型将整个句子作为一个整体进行翻译，相较于传统的统计机器翻译，取得了更高的翻译准确度。

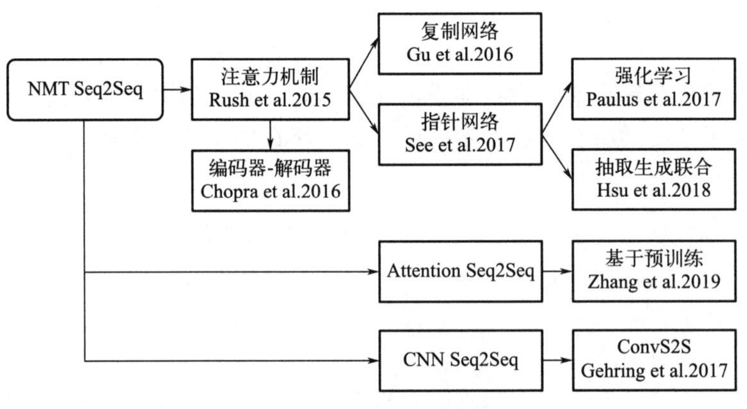

图 9-9 神经机器翻译

有道翻译官是基于神经机器翻译技术的杰出例子。通过深度学习算法，有道翻译官能够自动学习从一种语言到另一种语言的映射，无须手工制定规则。用户只需输入需要翻译的文本，就可以获得准确而流畅的翻译结果。

例如，当用户输入一句英文“Hello，how are you today?”，有道翻译官能够将其准确翻译成中文“你好，你今天好吗?”。这背后的神经机器翻译模型通过学习大规模的平行语料库，不断提升翻译质量，使得用户在跨语言交流中享受到更便捷、高效的体验。有道翻译基于神经机器翻译如图 9-10 所示。

神经机器翻译的优势在于能够捕捉长距离的语义信息，处理上下文和复杂结构，使得翻译结果更加自然。这种技术的成功应用推动了机器翻译领域的快速发展，使翻译质量在实际应用中取得了巨大的提升。

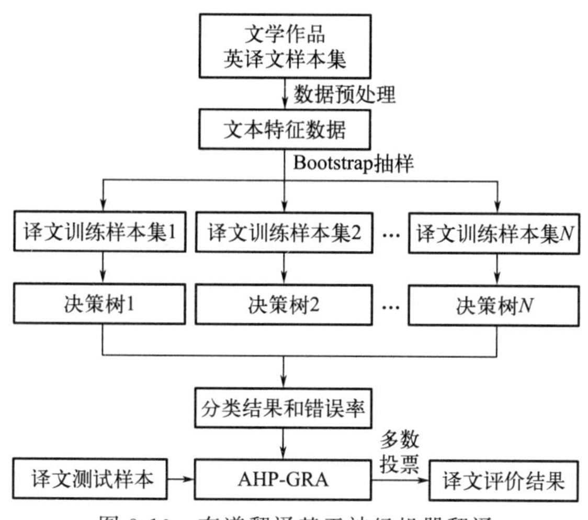

图 9-10 有道翻译基于神经机器翻译

(2) 注意力机制

注意力机制是神经机器翻译的一个重要组成部分。通过在翻译过程中对输入句子的不同部分分配不同的注意力权重，模型能够更加关注源语言句子中与当前翻译步骤相关的信息。这种机制使模型能够更灵活地处理长句子和复杂语境，提高翻译的质量。

考虑一种中英文翻译任务，例如将一句中文“今天天气真好”翻译为英文“The weather is really nice today”。在传统的神经机器翻译中，模型可能会将整个中文句子的信息直接映射为一个固定长度的向量，然后再生成相应的英文句子。而引入了注意力机制后，模型不再一次性处理整个句子，而是在每个翻译步骤时，选择性地关注源语言句子的不同部分。以中文句子“今天天气真好”翻译为英文为例，有以下三个阶段：

a. 编码阶段：模型首先通过编码器将中文句子映射为一个序列的隐藏状态，每个隐藏状态包含了源语言句子的不同信息。

b. 解码阶段：在生成每个英文单词的过程中，注意力机制允许模型选择性地关注源语言句子的不同部分。例如，在生成“The”时，模型可能更关注中文句子中表示时间的部分“今天”；而在生成“weather”时，注意力可能会转移到中文句子中描述天气的部分“天气”。

c. 生成阶段：这种选择性的关注使得模型能够更好地捕捉源语言句子中与当前翻译步骤相关的信息，从而提高翻译的质量。

通过这种方式，注意力机制使得模型能够更加灵活地处理长句子和复杂语境，有效地提高了翻译的准确性和流畅度。这种个性化、动态的关注机制为机器翻译系统注入了更强大的语义理解和表达能力。

(3) 迁移学习

迁移学习通过使用在一个任务上学到的知识来改善另一个相关任务上的性能，迁移学习与传统机器学习对比如图 9-11 所示。在机器翻译中，迁移学习可以先在大规模通用语料上训练模型，然后在特定领域或语言对上进行微调，从而提高翻译的效果。这种方法在数据稀缺的情况下非常有用。

实际应用案例：英语到中文的迁移学习。

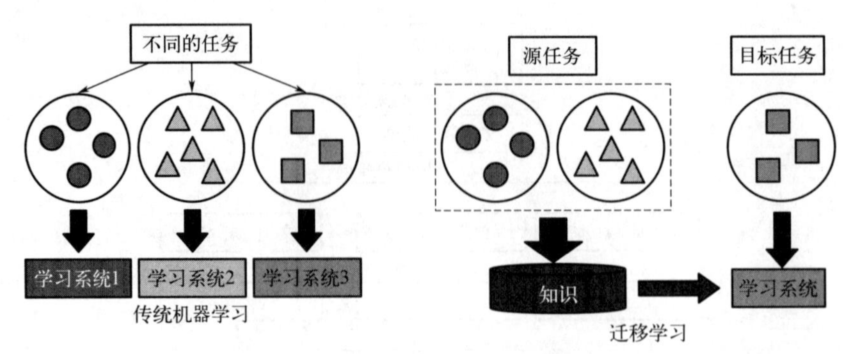

图 9-11 迁移学习与传统机器学习对比

假设有一个已经在大规模的英语到法语翻译任务上训练好的神经机器翻译模型。现在我们面临一个英语到中文的翻译任务，而在这个任务上的数据相对有限，则可以使用迁移学习，步骤如下：

① 基础模型训练：利用英语到法语的大规模数据集训练一个基础的神经机器翻译模型。这个模型在英语到法语的翻译任务上具有较好的性能。

② 特定领域微调：在英语到中文的翻译任务上，使用迁移学习方法对已经训练好的模型进行微调。此时，我们使用英语到中文的领域相关数据，如医学、法律或技术文档，对模型进行优化。

③ 迁移知识应用：基于在英语到法语翻译任务上学到的语言结构和翻译知识，模型能够更快地适应英语到中文任务。这种迁移知识的应用使得模型在新任务上的性能相较于从零开始训练的模型有了明显提升。

迁移学习的优势在于提高数据效率。由于在英语到法语的翻译任务上已经进行了大量训练，模型更有效地利用了有限的英语到中文的数据。同时，通过在特定领域进行微调，模型能够更容易地适应新任务的领域专业术语和特殊语境，提高了翻译的质量。最重要的是，迁移学习加速了训练过程，由于已经学到了通用的语言表示和翻译规律，模型在新任务上的训练时间得到了显著缩短。这个实际案例展示了迁移学习如何在机器翻译中取得更好的效果，同时提高了对有限数据的利用率。

（4）多语言翻译

机器学习算法使实现多语言翻译变得更为可行。单一模型能够处理多种语言对的翻译任务，而无须为每一种语言对都训练一个独立的模型。这样的多语言翻译模型可以提高资源利用效率，同时通过在不同语言对之间共享知识，提高翻译质量。

实际应用案例：科大讯飞。

科大讯飞是中国领先的语音与人工智能技术公司，其在多语言翻译领域的应用展示了机器学习在实际场景中的强大效果。科大讯飞的机器翻译系统采用了基于神经网络的深度学习技术，实现了多语言翻译任务。通过在大量语料库上进行训练，该系统能够处理多种语言对之间的翻译任务，并具有良好的通用性。具体有以下应用场景：

① 会议交流：科大讯飞的多语言翻译系统在国际会议上发挥着重要作用。与会者可以使用该系统进行实时语言翻译，实现不同语言之间的无缝沟通。这为国际合作、学术交流等提供了便利，避免了语言障碍对交流的限制。

② 跨境商务：在跨境商务领域，科大讯飞的多语言翻译系统为企业提供了便捷的翻译

服务。企业可以使用该系统快速翻译与国际合作伙伴的邮件、合同等文档，确保沟通的准确性和效率。

③ 文化交流：通过科大讯飞的多语言翻译系统，人们可以更轻松地了解和分享世界各地的文化。在旅行、文学、影视等方面，用户可以使用翻译系统来跨越语言障碍，更好地欣赏和理解不同文化的精髓。

科大讯飞的多语言翻译系统具备多语言支持，涵盖了中文、英文、法文等全球主要语言，为用户提供广泛的语言选择。其采用神经网络和注意力机制，实现了更加准确和自然的实时翻译，用户在对话中能够更流畅地切换语言。系统在不同领域的语料库上进行训练和微调，具备一定的领域适应性，尤其在商务、科技、医疗等专业领域，提供更高质量的翻译服务。通过这些特色功能和实际应用的优势，科大讯飞多语言翻译系统为全球用户提供了便捷、高效的翻译服务，极大地促进了跨语言沟通的便利性和实用性。

（5）自监督学习

自监督学习是一种无监督学习的方法，其中模型从自身生成的数据中进行学习，如图9-12所示。在机器翻译中，可以使用自监督学习来构建一个自编码器，将输入句子映射到一个潜在空间，再从该潜在空间生成目标语言句子。这种方法有助于模型学到语言结构和表示，从而提高翻译效果。

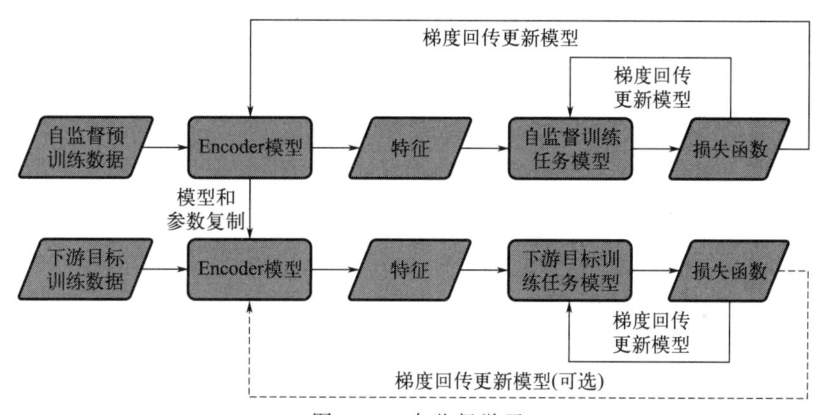

图9-12　自监督学习

在实际应用中，微信是一个典型的多语言翻译的例子。通过引入机器学习算法，微信实现了用户之间的多语言即时翻译，使不同语言用户之间的沟通变得更加便捷。微信翻译采用神经机器翻译模型，该模型通过深度学习技术，能够学习并理解不同语言之间的复杂关系。用户在微信中输入的文字由神经机器翻译模型翻译成目标语言。微信翻译支持多种常见的语言，如中文、英文、西班牙文等，用户可以在应用中选择自己的语言和对话对象的语言，系统会根据选择进行相应的翻译。提供实时翻译功能的微信翻译使得用户能够即时理解对方的意思，促进了跨语言沟通的便利性。在旅行、国际商务、跨文化交流等场景中，微信翻译发挥了重要作用，为用户提供了一个实用的工具，促使全球用户之间的交流更加顺畅，也为不同语言背景的人们搭建了沟通的桥梁。这个案例充分展示了机器学习在实现多语言翻译方面的成功应用。

（6）领域自适应

机器学习算法可以通过领域自适应来适应不同领域或特定应用场景的翻译需求，如

图 9-13 所示。通过在目标领域的相关数据上进行微调，模型能够更好地适应特定领域的术语和语境，提高翻译的准确性和流畅度。

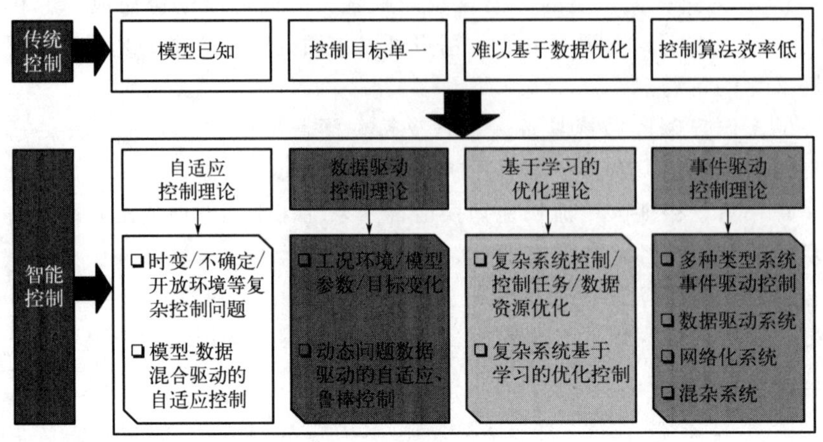

图 9-13　领域自适应

实际应用案例：法律文件翻译。

法律文件中包含大量的法律术语和特定领域的用语，通用的翻译模型可能难以准确翻译法律文件。在这种情况下，机器学习的领域自适应发挥了重要作用。

一家国际律师事务所在处理跨国案件时，需要将大量的法律文件从一种语言翻译成另一种语言。采用通用翻译模型可能无法正确理解和翻译法律文件中的特殊术语和法律条款。通过使用领域自适应，该事务所可以在法学领域相关的数据集上对翻译模型进行微调，使其更好地适应法律文件的翻译需求。这种领域自适应的机器翻译系统可以为国际律师事务所提供更高效、准确的翻译服务。

9.1.5　智能客服

机器学习在智能客服领域的应用涵盖了多个关键方面，为提高客户服务效率和用户体验提供了强有力的支持。

(1) 自动问答系统

虚拟助手和聊天机器人是智能客服领域中的关键应用，利用深度学习技术，特别是循环神经网络和变换器等模型构建的自动问答系统如图 9-14 所示。这些系统能够理解用户的自然语言输入，提供实时的响应，同时能够学习和适应不断变化的用户需求。

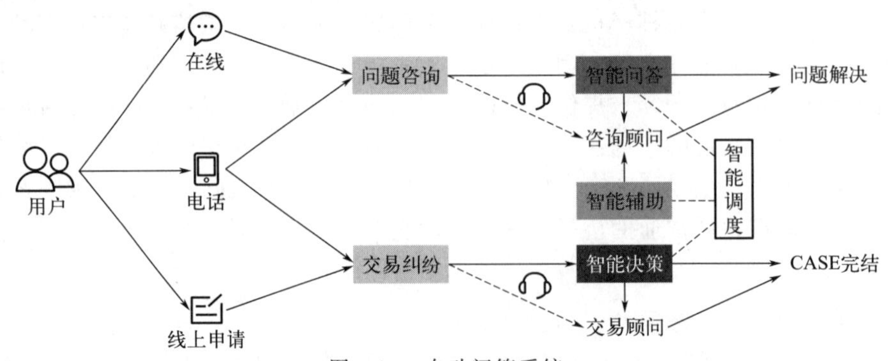

图 9-14　自动问答系统

实际应用案例：百度度秘智能语音助手。

百度度秘是百度推出的智能语音助手，以其在自然语言处理和语音识别方面的先进技术而著称。度秘能够回答用户的提问、执行语音指令，实现日常任务的语音操作。其中，自动问答系统使得度秘能够处理用户提出的问题，并基于海量的知识库和搜索引擎结果，提供精准的回答。例如，用户可以询问天气、交通状况、百科知识等，度秘会根据用户的提问进行语义理解，并给予相应的回答。

（2）任务自动化

虚拟助手的另一个重要功能是任务自动化，即根据用户的语音或文本指令，执行特定的任务，如图 9-15 所示。这包括预订服务、查询信息、发送消息等。通过与各种服务的接口对接，虚拟助手能够通过自然语言交互完成多项任务。

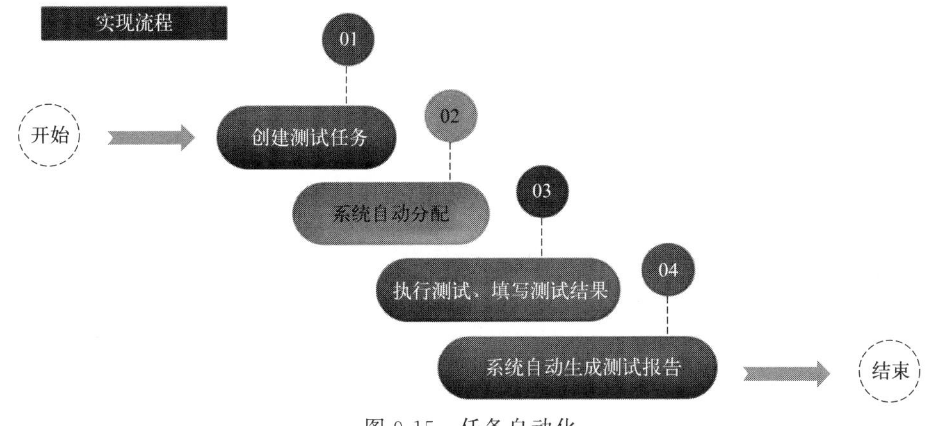

图 9-15　任务自动化

实际应用案例：阿里巴巴的“阿里小蜜”。

阿里巴巴的虚拟助手“阿里小蜜”在淘宝、天猫等平台上得到了广泛应用。用户可以通过语音或文本与小蜜进行交流，提出购物需求、查询订单信息等。小蜜不仅能够理解用户的指令，还能够通过接口与电商平台进行实时交互，为用户提供购物建议、促销信息，并完成购物流程中的一系列任务。

（3）智能客服

聊天机器人在智能客服中扮演着重要的角色。它们能够处理大量的用户查询，解决常见问题，并在必要时将问题转交给人工客服。通过不断学习用户反馈，聊天机器人能够提高问题解决的准确性和效率。

实际应用案例：腾讯的腾讯客服助手。

腾讯的客服助手在其多个平台上提供在线客服支持。这个聊天机器人能够理解用户的提问，解答关于产品、服务、账户等方面的问题。它不仅提供事先设定好的常见问题解答，还能够根据用户的输入动态生成回答。当遇到超出其能力范围的问题时，它会智能地将问题转交给人工客服，实现无缝的用户体验。

这些虚拟助手和聊天机器人的应用为用户提供了更便捷、快速的服务体验，同时也为企业降低了客服成本，并提高了客户服务的效率。在国内，这些技术的不断创新和应用推动了智能客服领域的发展。

9.2 图像处理与计算机视觉

图像处理和计算机视觉是计算机科学领域中两个密切相关且不断发展的领域，它们致力于使计算机系统能够理解、分析和处理图像信息。图像处理主要关注对图像进行数字化处理和改变，以提取有用的信息或改善图像质量。而计算机视觉则更加注重赋予计算机系统对图像的理解和感知能力，以进行高级的视觉任务。

在图像处理中，常见的任务包括图像增强、降噪、边缘检测、图像合成等。这些技术在医学影像、数字摄影、广告设计等领域得到了广泛应用。通过数字化的方式，图像处理使得我们能够更灵活地操作和改善图像，提高图像的质量和信息获取效率。

计算机视觉则涉及更高级的图像理解和模式识别。这包括对象检测、物体识别、人脸识别、姿态估计等任务。计算机视觉的应用领域非常广泛，包括自动驾驶、安防监控、医学影像诊断、虚拟现实等。深度学习的兴起为计算机视觉注入了新的活力，使得模型能够自动学习特征并在大规模数据中进行更准确的预测。

(1) 图像分类

图像分类是计算机视觉中的核心任务之一，旨在将输入的图像准确地分配到预定义的类别中。百度图像搜索作为国内领先的图像搜索引擎，致力于利用先进的图像分类技术为用户提供便捷、准确的图像搜索服务。百度图像搜索采用深度学习技术，特别是卷积神经网络（CNN），通过对大量图像数据进行训练，使模型能够在训练中学习图像的特征和上下文信息。该系统工作流程包括用户上传图像或输入关键词、图像分类和特征提取、相似图像匹配以及最终搜索结果展示。

在实际应用方面，百度图像搜索为用户提供了多种功能，包括：物体识别，允许用户通过拍摄物体照片找到相似或相关的商品、信息或购物链接；名人识别，用户可上传名人照片，系统准确识别并提供相关的名人信息、新闻或社交媒体链接；风景识别，用户可以搜索地标或风景，系统返回相关的旅游信息和地图位置。

(2) 目标检测

目标检测在计算机视觉领域扮演着关键角色，旨在从图像或视频中定位和标识感兴趣的物体。这涉及识别物体类别并确定其在图像中的位置，通常使用深度学习模型实现高效而准确的目标检测。

大华智能监控系统是目标检测技术的典型应用。该系统采用先进的计算机视觉算法，通过监控摄像头捕捉到的视频流，实时检测图像中的人、车等目标。除了提供对特定区域的实时监测外，该系统还能自动报警或触发其他响应，提高了监控系统的智能性和实用性。

技术细节方面，大华智能监控系统采用深度学习算法。系统需要学习从图像中提取特征并理解物体的空间关系，以准确确定目标的位置和类别。

该系统在城市安防、交通管理、商业场所等多个领域有广泛应用。例如，在交通监控中，它能实时检测交叉口的车辆和行人，优化交通信号灯的控制；在商场中，监测人流，提供实时的安全监控和流量统计。这些实际应用展示了目标检测技术在提高城市管理和公共安全方面的卓越潜力。

(3) 图像生成

图像生成任务旨在使用机器学习模型生成新的图像，这可以包括从头开始创造图像，也可以是对现有图像进行修改，如图 9-16 所示。生成对抗网络是一种强大的图像生成技术，其结构包括生成器和判别器，通过对抗训练生成真实风格的图像。

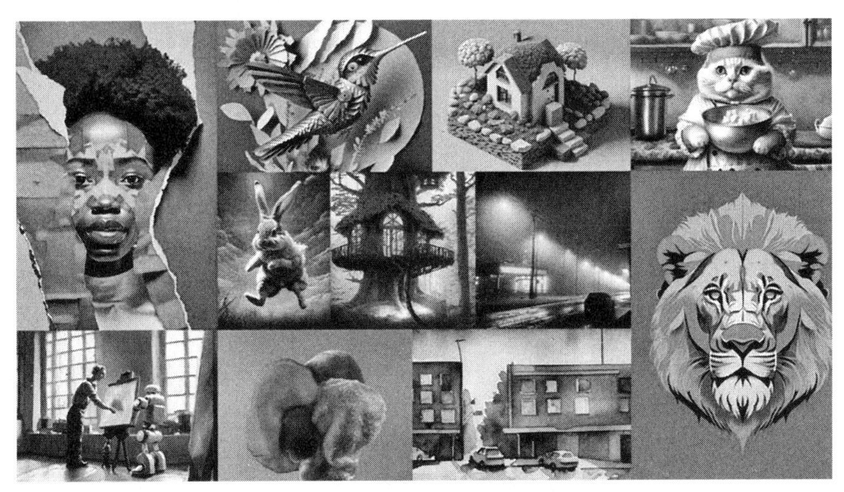

图 9-16　图像生成

在实际应用方面，腾讯会议中的背景虚化功能采用图像生成技术，可以在视频通话中实时生成虚化的背景，保护用户隐私。这项技术使用深度学习模型，通过分析图像中人物和背景的关系，将背景模糊处理，实现用户自定义的虚化效果。

这些实际应用案例展示了图像分类、目标检测和图像生成在国内的广泛应用。这些技术的成功应用不仅提高了生产力，还为用户提供了更智能、更安全、更有趣的图像处理和计算机视觉体验。

9.3　生物信息学与医疗

生物信息学在医疗领域的蓬勃发展为疾病诊断与预测、生物医学数据分析、医疗图像分析以及个性化治疗与健康管理等方面带来了变革。

(1) 疾病诊断与预测

疾病诊断与预测是生物信息学在医疗领域中的关键应用之一，如图 9-17 所示。通过整合大规模基因组学、转录组学和蛋白质组学数据，生物信息学为医生提供了更准确的疾病诊断和预测工具。机器学习和深度学习算法的应用使得研究人员能够分析复杂的生物数据，从而实现对多种疾病的早期诊断和个体化治疗方案制定。

实际应用案例：乳腺癌早期诊断。中国科学院与华为联合开展的项目中，利用深度学习算法对乳腺癌患者的基因组数据进行分析，通过对数千个患者的基因信息建模，成功实现了对乳腺癌早期发现的精准预测。

(2) 生物医学数据分析

生物医学数据分析是生物信息学的核心领域之一，包括基因组、转录组、蛋白质组等多

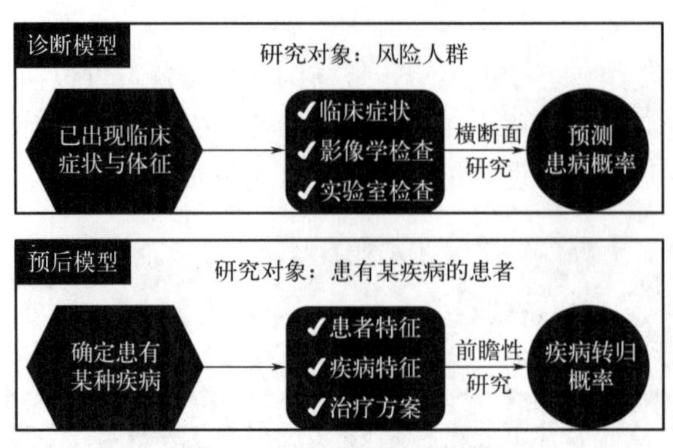

图 9-17　疾病诊断与预测

种数据的处理和解释。这项工作可帮助科学家更深入地理解基因的功能、揭示疾病的发病机制，并为新药研发提供关键信息。生物医学数据分析如图 9-18 所示。

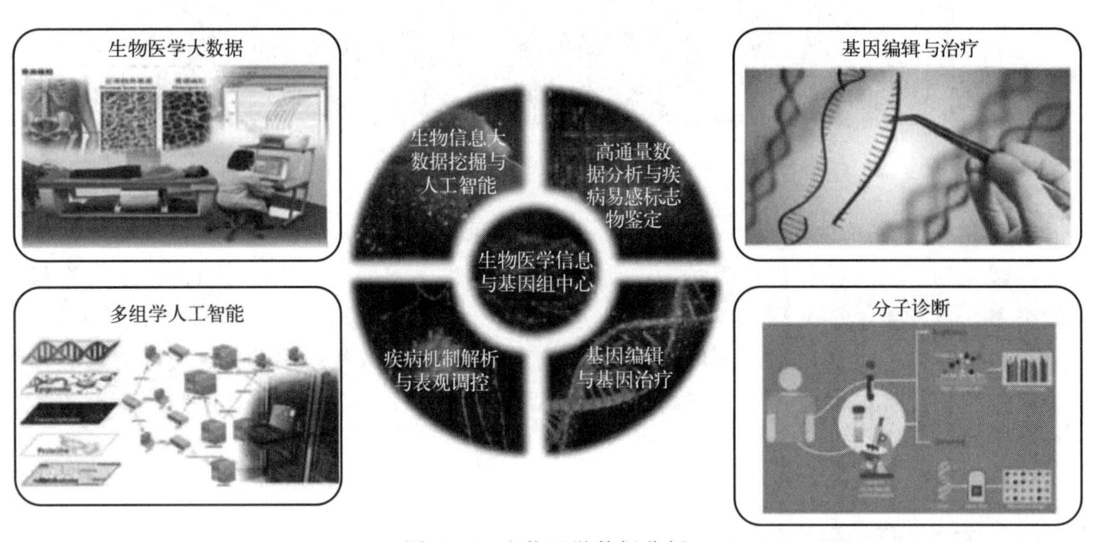

图 9-18　生物医学数据分析

实际应用案例：药物研发的基因组学分析。生物技术公司可以通过生物医学数据分析，对肿瘤患者的基因组数据进行深入研究，识别出可能的治疗靶点。这些数据帮助企业加速新药物的研发过程，提高了治疗效果和药物的个体化应用。

(3) 医疗图像分析

医疗图像分析是生物信息学在医学影像领域的重要应用，如图 9-19 所示。借助计算机视觉和深度学习技术，医生可以更精准地诊断和治疗疾病，同时提高医学影像的解读速度。

实际应用案例：脑部疾病的影像诊断。医院可以采用深度学习算法对脑部 MRI 图像进行分析，实现对脑瘤、中风等疾病的高效诊断。这种图像分析技术大大提高了医生对脑部疾病的诊断准确性，为患者提供更及时、有效的治疗方案。

(4) 个性化治疗与健康管理

个性化治疗与健康管理利用生物信息学中的大数据和人工智能技术，通过对个体基因信

图 9-19 医疗图像分析

息、生活方式等多方面数据的分析，为患者提供个性化的治疗方案和健康管理建议，如图 9-20 所示。

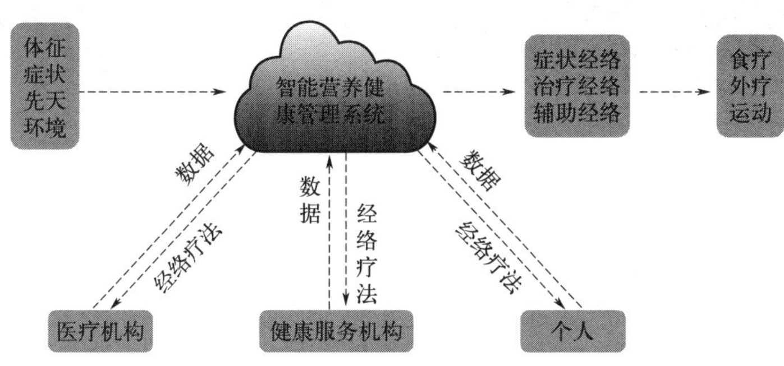

图 9-20 个性化治疗与健康管理

实际应用案例：个体化抗癌治疗。一家医疗机构通过对患者的基因组数据进行分析，为癌症患者制定了个体化的治疗方案。通过了解患者的基因变异情况，医生可以选择更精准的药物，提高治疗效果，同时减少不必要的药物副作用。

这些实际应用案例展示了生物信息学在医疗领域的多方面应用，为疾病的诊断、治疗和健康管理提供了创新性的解决方案。这些技术的不断发展有望为未来医疗带来更多突破，实现更个性化、精准的医疗服务。

9.4 通信流量与信息安全

通信流量与信息安全是当今数字化社会中至关重要的领域之一，数据的加密、预处理、识别、分类以及异常检测等技术在保障通信安全和数据隐私方面发挥着关键作用。以下将对通信流量加密原理、加密流量预处理、加密流量识别、加密流量分类、异常流量检测和实时流量处理这几方面的内容进行详细阐述，并提供相关案例。

(1) 通信流量加密原理

通信流量加密是保障通信安全的基本手段之一，通过使用加密算法对数据进行加密，保障数据在传输过程中不被窃听和篡改，如图 9-21 所示。

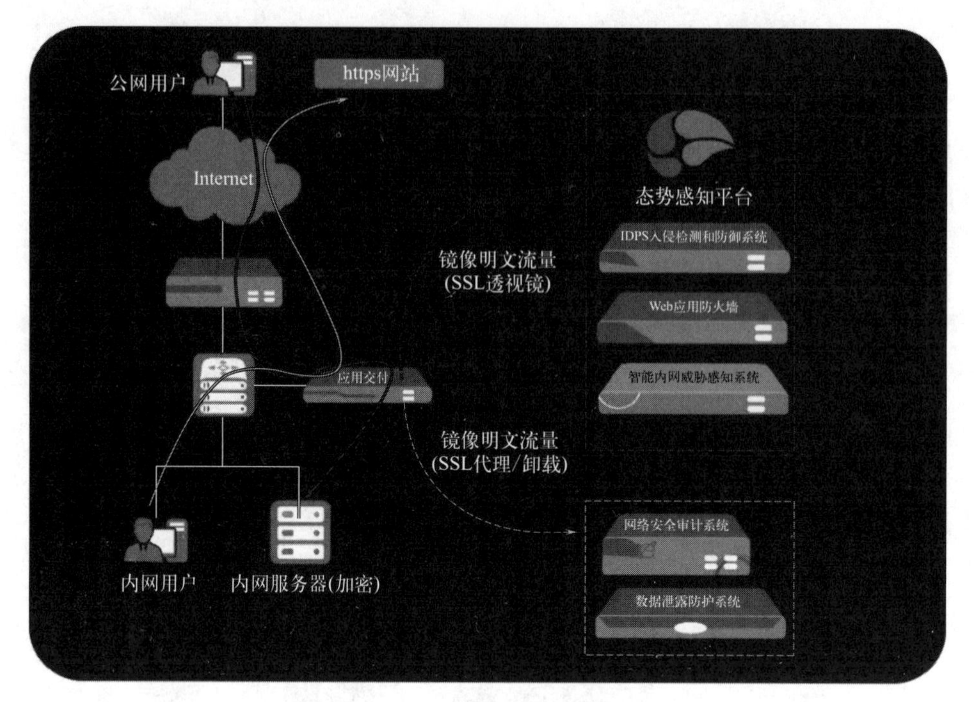

图 9-21 通信流量加密原理

具体原理：对称加密与非对称加密。常用的加密方法包括对称加密和非对称加密两类。对称加密使用同一个密钥对数据进行加密和解密，速度快但密钥管理困难；非对称加密使用公钥和私钥配对进行加密和解密，安全性高但速度较慢。常见的加密算法包括 AES、RSA 等类型。

(2) 加密流量预处理

加密流量预处理是在加密通信流量进入系统之前对其进行预处理和解析，以便后续进行有效的流量分析和安全监测，如图 9-22 所示。

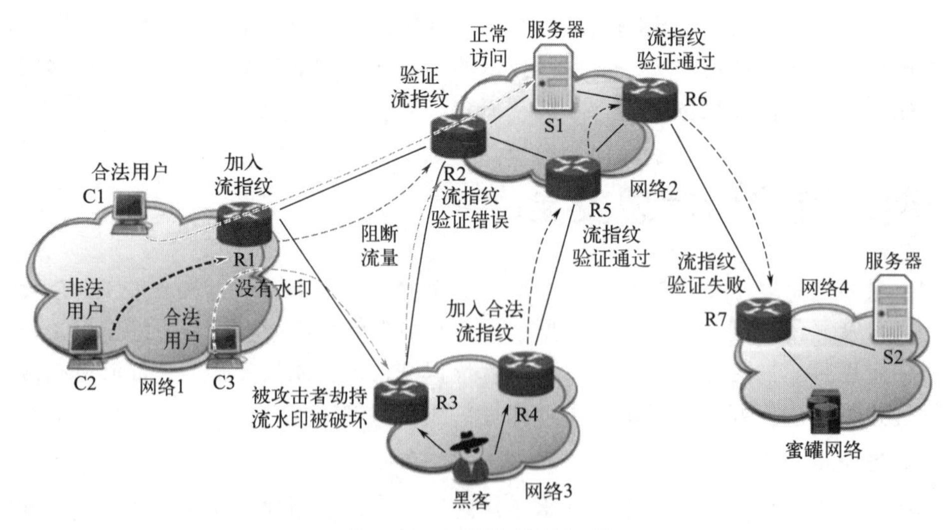

图 9-22 加密流量预处理

具体方法：传输层安全协议（TLS）解密与安全套接层（SSL）拆包。通常加密流量预处理涉及对传输层安全协议和安全套接层进行解密和拆包操作。通过解密 TLS/SSL 加密的流量，可以获得原始的通信数据，从而进行后续的流量识别和分析。

（3）加密流量识别

加密流量识别是指对加密通信流量进行分析和识别，以确定流量所属的通信协议或应用类型，从而进行后续的安全检测和管理，如图 9-23 所示。

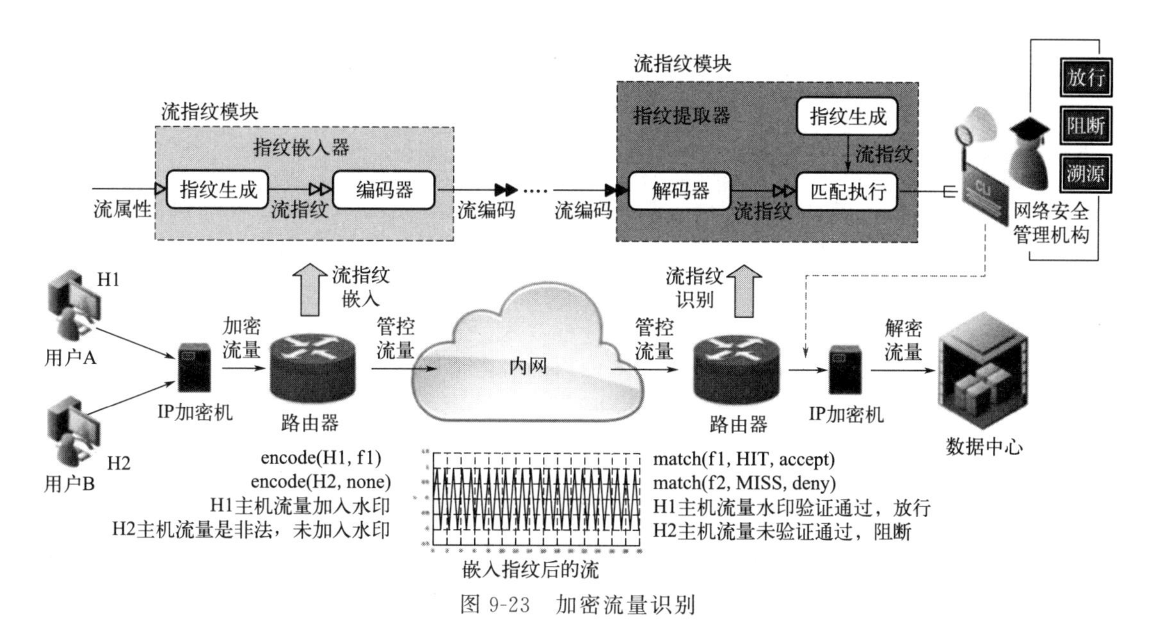

图 9-23 加密流量识别

具体方法：流量特征提取与机器学习分类。加密流量识别通常涉及对流量的特征提取和机器学习分类两方面内容。通过提取流量的统计特征、行为特征和频谱特征等，然后使用机器学习算法对流量进行分类，确定其所属类型。

（4）加密流量分类

加密流量分类是指将加密通信流量按照通信协议、应用类型或用户行为等特征进行分类和归纳，以便进行后续的流量管理和安全控制。

具体方法：协议指纹识别与行为分析。加密流量分类通常涉及使用协议指纹识别技术和行为分析技术。通过识别流量的协议指纹和分析用户行为，可以准确确定流量的类型，并进行相应的管理和控制。

（5）异常流量监测

异常流量监测是指对网络通信中的异常流量进行实时监测和识别，以发现可能存在的网络攻击、恶意行为或异常情况。

具体方法：基于机器学习的异常检测与规则引擎检测。异常流量监测通常使用基于机器学习的异常检测算法和规则引擎技术。通过对流量的行为特征和统计特征进行分析，发现与正常流量行为不符的异常情况，并及时采取相应的安全措施。

（6）实时流量处理

实时流量处理是指对通信流量进行实时监测、分析和处理，以及时发现和应对网络安全威胁和异常情况。

具体方法：流量监控与实时响应。实时流量处理通常包括流量监控、实时分析和实时响应等环节。通过建立实时流量监控系统和快速响应机制，可以及时发现和应对网络安全威胁，保障通信系统的安全性和稳定性。

9.5 金融与电子商务

金融与电子商务领域的发展对于现代社会的经济活动具有重要意义。在这个领域，数据科学和机器学习技术的应用正在不断提升经济活动的效率、降低成本并改善用户体验。

(1) 欺诈检测与安全金融

欺诈检测与安全金融是金融领域中至关重要的任务之一，利用数据科学和机器学习技术可以实现对各种欺诈行为的及时识别和防范，从而保护用户资产安全和金融系统的稳定。

具体案例：蚂蚁金服的风控系统。蚂蚁金服作为中国领先的金融科技公司，拥有强大的风控系统。他们利用机器学习算法和大数据分析技术，对用户的交易行为和资金流动进行实时监测，识别和预防各类欺诈行为，保障了用户的资金安全。

(2) 库存供应链优化

在电子商务领域，库存供应链的优化对于降低成本、提高效率和优化用户体验至关重要。利用数据分析和预测技术，可以更好地管理库存、预测需求和优化供应链流程。

具体案例：京东的智能仓储系统。京东作为中国最大的电商平台之一，拥有先进的智能仓储系统。他们利用大数据分析和人工智能技术，实时监控库存情况和订单需求，优化仓储布局和物流运输，提高了库存周转率和订单处理效率。

(3) 价格优化

价格优化是电子商务领域中提高销售额和盈利能力的重要手段，通过数据分析和动态定价策略，可以根据市场需求、竞争对手和用户行为调整产品价格，实现最优化的定价策略。

具体案例：唯品会的动态定价策略。唯品会是中国知名的特卖电商平台，他们采用机器学习算法和实时数据分析技术，根据用户行为和商品供需情况，动态调整商品的定价策略。这种个性化的定价策略有效提高了销售额和用户满意度。

(4) 个性化推荐

个性化推荐是电子商务领域的一项重要应用，通过分析用户的兴趣、偏好和行为，为用户推荐个性化的商品和服务，提高用户购物体验和购买转化率。

具体案例：拼多多的社交推荐系统。拼多多是中国知名的社交电商平台，他们利用大数据分析和用户社交网络关系，构建了个性化的商品推荐系统。通过推荐与用户兴趣相关的商品和团购活动，拼多多成功提高了用户参与度和购买转化率。

9.6 交通与物流

交通与物流是社会运行的重要组成部分，利用数据科学和机器学习技术，可以优化交通运输系统、提高物流效率，并实现智能化管理。以下将对交通流量预测、物流路径规划、自动驾驶技术和智能交通系统进行详细阐述，并提供具体案例。

（1）交通流量预测

交通流量预测是交通管理和规划的重要任务，通过数据分析和机器学习技术，可以准确预测道路和交通节点的流量情况，为交通管控和路况优化提供参考依据。

具体案例：百度地图的交通拥堵预测。百度地图作为中国较大的在线地图服务提供商之一，其利用用户位置数据和实时交通信息，采用机器学习算法预测城市交通拥堵情况。通过实时更新的交通拥堵指数和路况预测，帮助用户选择最佳路线，缓解交通压力。

（2）物流路径规划

物流路径规划是物流运输中的关键环节，通过数据分析和智能算法，可以优化物流路径，降低运输成本和时间，提高物流效率。

具体案例：阿里巴巴的智能物流调度系统。阿里巴巴作为中国领先的电商平台，建立了智能物流调度系统，通过分析订单数据和配送网络，实现了智能化的物流路径规划。系统可以根据不同地区的订单量和货物类型，动态调整车辆和路线，实现最优化的物流配送方案。

（3）自动驾驶技术

自动驾驶技术是未来交通领域的重要发展方向。自动驾驶技术利用机器学习和人工智能技术，实现车辆自主感知和决策，提高交通安全性和效率，如图9-24所示。

图9-24 自动驾驶技术

具体案例：蔚来汽车的自动驾驶系统。蔚来汽车是中国新能源汽车制造商中的领先企业，他们开发了一套自动驾驶系统，采用深度学习算法和传感器技术，实现了车辆的自主导航和避障。该系统在城市道路和高速公路上进行了多次测试，并取得了良好的效果。

（4）智能交通系统

智能交通系统利用先进的技术手段，实现对交通流量、车辆和行人的智能监控和管理，提高交通管理效率和道路安全性，如图9-25所示。

具体案例：深圳的智慧交通建设。深圳作为中国智慧城市建设的先行者之一，积极推动智慧交通建设。他们利用大数据分析和人工智能技术，实现了交通信号灯的智能控制、车辆的智能识别和违章监测等功能，有效提高了交通效率和道路安全性。

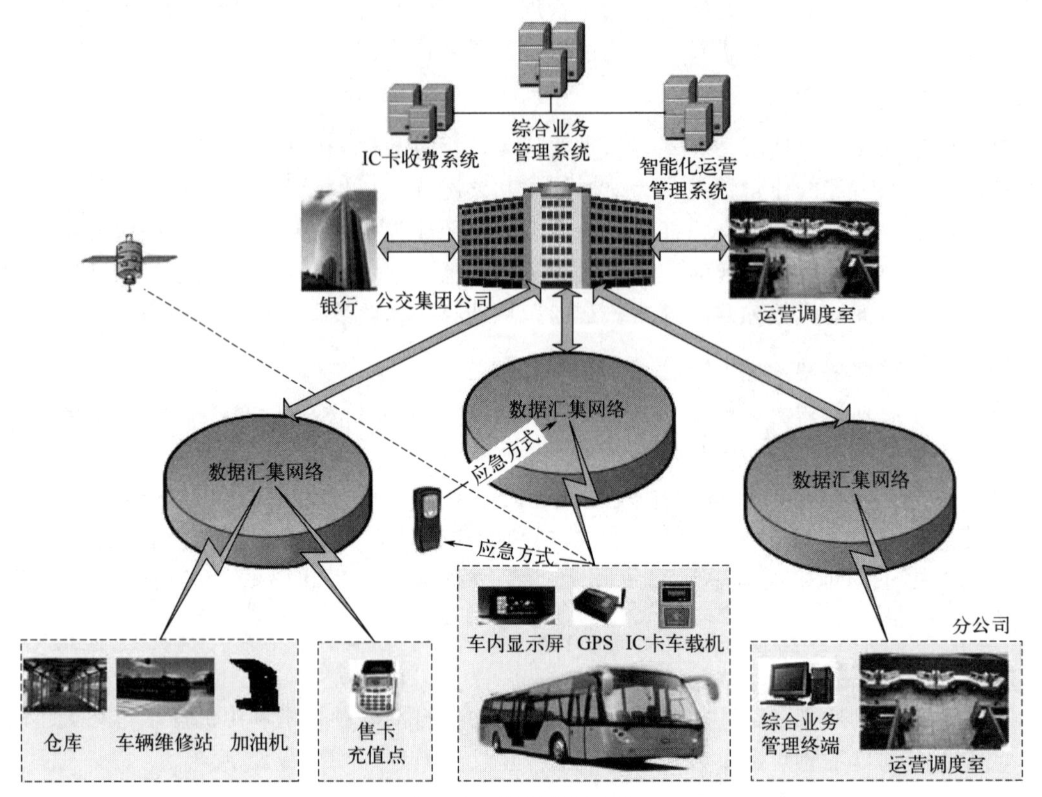
综合业务
管理系统
IC卡收费系统
智能化运营
管理系统
银行
公交集团公司
运营调度室
数据汇集网络
数据汇集网络
数据汇集网络
应急方式
应急方式
车内显示屏
GPS
IC卡车载机
分公司
仓库
车辆维修站
加油机
售卡
充值点
综合业务
管理终端
运营调度室

图 9-25 智能交通系统

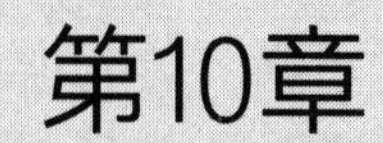

机器学习算法实现

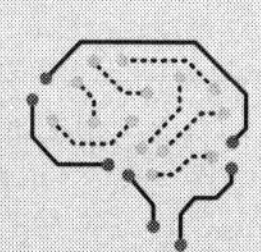

10.1 Spark 机器学习算法实现

10.1.1 分类

(1) 逻辑回归

```
import org.apache.spark.ml.classification.LogisticRegression
val training = spark.read.format("libsvm").load("data/mllib/sample_libsvm_data.txt")
val lr = new LogisticRegression().setMaxIter(10).setRegParam(0.3).setElasticNetParam(0.8)
val lrModel = lr.fit(training)
println(s"Coefficients: ${lrModel.coefficients} Intercept: ${lrModel.intercept}")
val mlr = new LogisticRegression().setMaxIter(10).setRegParam(0.3).setElasticNetParam(0.8).setFamily("multinomial")
val mlrModel = mlr.fit(training)
println(s"Multinomial coefficients: ${mlrModel.coefficientMatrix}")
println(s"Multinomial intercepts: ${mlrModel.interceptVector}")
```

上述代码段展示了如何在 Apache Spark MLlib 中使用逻辑回归模型进行二元分类和多类分类的示例。首先，代码使用 Scala 语言导入了 LogisticRegression 类，并加载了 LIBSVM 格式的训练数据。其次，创建并配置了逻辑回归模型，包括设置最大迭代次数、正则化参数和弹性网参数。然后，模型被拟合到训练数据上，并打印出了系数和截距。最后，多类分类代码还演示了如何设置逻辑回归模型使用多项式分布，并打印了多类分类模型的系数矩阵和截距向量。这段代码需要在配置好的 Apache Spark 环境中运行，并且需要将示例中的数据路径替换为实际的数据文件路径。

(2) 决策树分类

```
import org.apache.spark.mllib.tree.DecisionTree
import org.apache.spark.mllib.tree.model.DecisionTreeModel
import org.apache.spark.mllib.util.MLUtils
val data = MLUtils.loadLibSVMFile(sc,"data/mllib/sample_libsvm_data.txt")
val splits = data.randomSplit(Array(0.7,0.3))
val (trainingData,testData) = (splits(0),splits(1))
val numClasses = 2
val categoricalFeaturesInfo = Map[Int,Int]()
val impurity = "gini"
val maxDepth = 5
val maxBins = 32
val model = DecisionTree.trainClassifier(trainingData,numClasses,categoricalFeaturesInfo,impurity,maxDepth,maxBins)
```

```
    val labelAndPreds = testData.map { point =>   val prediction = model.predict(point.
features)   (point.label,prediction) }
    val testErr = labelAndPreds.filter(r => r._1 ! = r._2).count().toDouble / testDa
ta.count()
    println(s"Test Error = $testErr")
    println(s"Learned classification tree model:\n ${model.toDebugString}")
    model.save(sc,"target/tmp/myDecisionTreeClassificationModel")
    val sameModel = DecisionTreeModel.load(sc,"target/tmp/myDecisionTreeClassifica
tionModel")
```

上述代码实现了利用 Apache Spark 的 MLlib 库训练和评估一个决策树分类模型。通过 MLUtils 加载 LibSVM 格式的数据集，并将其随机分割为 70%的训练集和 30%的测试集两部分。使用 trainClassifier 方法训练决策树模型，指定类别数量、特征分类信息、基尼系数作为不纯度衡量标准、最大深度和离散化桶数。在模型训练完成后，通过比较实际标签与预测标签的方式来评估模型性能，并计算测试错误率，最后打印出测试错误率和学习到的决策树的详细结构。此外，训练好的模型被保存到指定路径，并提供加载功能以便验证模型能够再次读取。这段代码全面演示了决策树的训练、评估和持久化流程。

（3）随机森林分类

```
    import org.apache.spark.mllib.tree.RandomForest
    import org.apache.spark.mllib.tree.model.RandomForestModel
    import org.apache.spark.mllib.util.MLUtils
    val data = MLUtils.loadLibSVMFile(sc,"data/mllib/sample_libsvm_data.txt")
    val splits = data.randomSplit(Array(0.7,0.3))
    val (trainingData,testData) = (splits(0),splits(1))
    val numClasses = 2
    val categoricalFeaturesInfo = Map[Int,Int]()
    val numTrees = 3 // Use more in practice.
    val featureSubsetStrategy = "auto" // Let the algorithm choose.
    val impurity = "variance"
    val maxDepth = 4
    val maxBins = 32
    val model = RandomForest.trainRegressor(trainingData,categoricalFeaturesInfo,
      numTrees,featureSubsetStrategy,impurity,maxDepth,maxBins)
    val labelsAndPredictions = testData.map {point =>
    val prediction = model.predict(point.features)   (point.label,prediction) }
    val testMSE = labelsAndPredictions.map{ case(v,p) => math.pow((v - p),2) }.mean()
    println(s"Test Mean Squared Error = $testMSE")
    println(s"Learned regression forest model:\n ${model.toDebugString}")
    model.save(sc,"target/tmp/myRandomForestRegressionModel")
    val sameModel = RandomForestModel.load(sc,target/tmp/myRandomForestRegression
Model")
```

以上这段代码实现了使用 Apache Spark 的 MLlib 库进行随机森林分类模型的训练和评估。首先，它加载了 LibSVM 格式的数据集，并将数据随机分割为 70％的训练集和 30％的测试集两部分。然后，通过调用 RandomForest. trainClassifier 方法训练随机森林模型，设置了参数如类别数量、特征分类信息、树的数量、特征子集策略、基尼系数作为不纯度度量、最大深度和最大离散化桶数。训练完成后，使用测试集对模型进行评估，通过比较实际标签与预测结果计算测试错误率，并打印出错误率和学习到的随机森林模型的结构。最后，代码将训练好的模型保存到指定路径，并提供加载功能，以便后续验证模型的可用性。整体而言，这段代码展示了随机森林模型的训练、评估与持久化的完整流程。

(4) 梯度增强树分类

```
import org.apache.spark.mllib.tree.GradientBoostedTrees
import org.apache.spark.mllib.tree.configuration.BoostingStrategy
import org.apache.spark.mllib.tree.model.GradientBoostedTreesModel
import org.apache.spark.mllib.util.MLUtils
val data = MLUtils.loadLibSVMFile(sc,"data/mllib/sample_libsvm_data.txt")
// Split the data into training and test sets (30% held out for testing)
val splits = data.randomSplit(Array(0.7,0.3))
val (trainingData,testData) = (splits(0),splits(1))
val boostingStrategy = BoostingStrategy.defaultParams("Classification")
boostingStrategy.numIterations = 3 // Note: Use more iterations in practice.
boostingStrategy.treeStrategy.numClasses = 2
boostingStrategy.treeStrategy.maxDepth = 5
// Empty categoricalFeaturesInfo indicates all features are continuous.
boostingStrategy.treeStrategy.categoricalFeaturesInfo = Map[Int,Int]()
val model = GradientBoostedTrees.train(trainingData,boostingStrategy)
val labelAndPreds = testData.map { point =>
  val prediction = model.predict(point.features)
  (point.label,prediction)
}
val testErr = labelAndPreds.filter(r => r._1 != r._2).count.toDouble / testData.
count()
println(s"Test Error = $testErr")
println(s"Learned classification GBT model:\n ${model.toDebugString}")
model.save(sc,"target/tmp/myGradientBoostingClassificationModel")
val sameModel = GradientBoostedTreesModel.load(sc,
 "target/tmp/myGradientBoostingClassificationModel")
```

这段代码使用 Apache Spark 的 MLlib 库实现了梯度提升树分类模型的训练和评估。首先，它加载了 LibSVM 格式的数据集并将其随机拆分为 70％的训练集和 30％的测试集两部分。其次，定义了提升策略，并设置参数，包括迭代次数、类别数量和最大树深度，表示所有特征为连续特征。然后，调用 GradientBoostedTrees. train 方法训练 GBT 模型。训练完成后，使用测试集评估模型，通过比较实际标签与预测结果计算测试误差，并输出误差值及模型结构。最后，训练好的模型被保存到指定路径并提供了加载方法，以便后续验证模型的有效性。这段代码全面展示了GBT模型的训练、评估与持久化的完整过程。

(5) 朴素贝叶斯分类

```
import org.apache.spark.mllib.classification.{NaiveBayes,NaiveBayesModel}
import org.apache.spark.mllib.util.MLUtils
val data = MLUtils.loadLibSVMFile(sc,"data/mllib/sample_libsvm_data.txt")
val Array(training,test) = data.randomSplit(Array(0.6,0.4))
val model = NaiveBayes.train(training,lambda = 1.0,modelType = "multinomial")
val predictionAndLabel = test.map(p => (model.predict(p.features),p.label))
val accuracy = 1.0 * predictionAndLabel.filter(x => x._1 == x._2).count() / test.count()
model.save(sc,"target/tmp/myNaiveBayesModel")
val sameModel = NaiveBayesModel.load(sc,"target/tmp/myNaiveBayesModel")
```

以上这段代码使用Apache Spark的MLlib库实现了朴素贝叶斯分类模型的训练和评估。首先，它加载了LibSVM格式的数据集，并将其随机分割为60%的训练集和40%的测试集两部分。然后，通过调用NaiveBayes.train方法训练朴素贝叶斯模型，使用了lambda参数（平滑因子）和模型类型（多项式）。训练完成后，代码对测试集进行预测，并计算预测准确率：通过比较预测结果与实际标签，统计正确预测的比例。最后，训练好的模型被保存到指定路径，并提供了加载方法，以便后续使用。这段代码完整地展示了朴素贝叶斯模型的训练、评估与持久化的过程。

10.1.2 回归

(1) 流动线性回归

```
import org.apache.spark.mllib.linalg.Vectors
import org.apache.spark.mllib.regression.LabeledPoint
import org.apache.spark.mllib.regression.StreamingLinearRegressionWithSGD
val trainingData = ssc.textFileStream(args(0)).map(LabeledPoint.parse).cache()
val testData = ssc.textFileStream(args(1)).map(LabeledPoint.parse)
val numFeatures = 3
val model = new StreamingLinearRegressionWithSGD()
  .setInitialWeights(Vectors.zeros(numFeatures))
model.trainOn(trainingData)
model.predictOnValues(testData.map(lp => (lp.label,lp.features))).print()
ssc.start()
ssc.awaitTermination()
```

这段代码使用Apache Spark的流处理功能实现了一个线性回归模型，能够对实时数据进行训练和预测。首先，它通过textFileStream方法读取训练和测试数据，数据格式为LabeledPoint，其中包含标签和特征。指定了特征的数量（numFeatures = 3），并创建了一个StreamingLinearRegressionWithSGD模型，初始化权重为零。然后，将训练数据传递给模型进行训练，并对测试数据进行预测，打印出预测结果。最后，启动 Streaming 上下文并等待其终止。这段代码展示了如何在流数据环境中使用线性回归模型进行机器学习任务。

（2）决策树回归

```
import org.apache.spark.mllib.tree.DecisionTree
import org.apache.spark.mllib.tree.model.DecisionTreeModel
import org.apache.spark.mllib.util.MLUtils+
val data = MLUtils.loadLibSVMFile(sc,"data/mllib/sample_libsvm_data.txt")
val splits = data.randomSplit(Array(0.7,0.3))
val (trainingData,testData) = (splits(0),splits(1))
val categoricalFeaturesInfo = Map[Int,Int]()
val impurity = "variance"
val maxDepth = 5
val maxBins = 32
val model = DecisionTree.trainRegressor(trainingData, categoricalFeaturesInfo,
impurity,maxDepth,maxBins)
val labelsAndPredictions = testData.map { point =>   val prediction = model.predict
(point.features)  (point.label,prediction)}
val testMSE = labelsAndPredictions.map{ case (v,p) => math.pow(v - p,2) }.mean()
println(s"Test Mean Squared Error = $testMSE")
println(s"Learned regression tree model:\n ${model.toDebugString}")
model.save(sc,"target/tmp/myDecisionTreeRegressionModel")
val sameModel = DecisionTreeModel.load(sc,"target/tmp/myDecisionTreeRegression
Model")
```

这段代码使用 Apache Spark 的 MLlib 库构建并评估一个决策树回归模型。首先，代码加载并解析一个 LibSVM 格式的数据文件，并将数据集分为训练集（70%）和测试集（30%）两部分。其次，设定了决策树的参数，包括类别特征信息、纯度标准（方差）、最大深度及最大分箱数。然后，代码训练决策树回归模型，并在测试集上进行评估，计算测试集的均方误差（MSE）。最后，模型被保存到指定路径，并展示了如何加载已保存的模型。总结来说，这段代码实现了决策树回归的训练、评估和持久化过程。

（3）梯度树回归

```
import org.apache.spark.mllib.tree.GradientBoostedTrees
import org.apache.spark.mllib.tree.configuration.BoostingStrategy
import org.apache.spark.mllib.tree.model.GradientBoostedTreesModel
import org.apache.spark.mllib.util.MLUtils
val data = MLUtils.loadLibSVMFile(sc,"data/mllib/sample_libsvm_data.txt")
// Split the data into training and test sets (30%  held out for testing)
val splits = data.randomSplit(Array(0.7,0.3))
val (trainingData,testData) = (splits(0),splits(1))
```

```
val boostingStrategy = BoostingStrategy.defaultParams("Regression")
boostingStrategy.numIterations = 3 // Note: Use more iterations in practice.
boostingStrategy.treeStrategy.maxDepth = 5
// Empty categoricalFeaturesInfo indicates all features are continuous.
boostingStrategy.treeStrategy.categoricalFeaturesInfo = Map[Int,Int]()
val model = GradientBoostedTrees.train(trainingData,boostingStrategy)
val labelsAndPredictions = testData.map { point =>
  val prediction = model.predict(point.features)
  (point.label,prediction)
}
val testMSE = labelsAndPredictions.map{ case(v,p) => math.pow((v - p),2)}.mean()
println(s"Test Mean Squared Error = $testMSE")
println(s"Learned regression GBT model:\n ${model.toDebugString}")
model.save(sc,"target/tmp/myGradientBoostingRegressionModel")
val sameModel = GradientBoostedTreesModel.load(sc,
  "target/tmp/myGradientBoostingRegressionModel")
```

这段代码使用 Apache Spark 的 MLlib 库构建并评估一个梯度提升树（gradient boosted trees，GBT）回归模型。首先，它加载并解析一个 LibSVM 格式的数据文件，并将数据集分为训练集（70%）和测试集（30%）两部分。其次，使用默认的提升策略配置，设定迭代次数为 3（实际应用中应使用更多迭代）、决策树的最大深度为 5，并表明所有特征为连续特征。然后，代码训练 GBT 模型，并在测试集上评估模型的表现，计算测试集的均方误差（MSE）。最后，模型被保存到指定路径，并展示了如何加载已保存的模型。总结来说，这段代码实现了梯度提升回归模型的训练、评估和持久化过程。

（4）保序回归

```
    import org.apache.spark.mllib.regression.{IsotonicRegression,IsotonicRegression
Model}
    import org.apache.spark.mllib.util.MLUtils
    val data = MLUtils.loadLibSVMFile(sc,"data/mllib/sample_isotonic_regression_
libsvm_data.txt").cache()
    val parsedData = data.map { labeledPoint =>   (labeledPoint.label,labeledPoint.
features(0),1.0)}
    val splits = parsedData.randomSplit(Array(0.6,0.4),seed = 11L)
    val training = splits(0)
    val test = splits(1)
    val model = new IsotonicRegression().setIsotonic(true).run(training)
    val predictionAndLabel = test.map { point =>   val predictedLabel = model.predict
(point._2)  (predictedLabel,point._1)}

    val meanSquaredError = predictionAndLabel.map { case (p,l) => math.pow((p - l),2)}.
mean()
```

```
println(s"Mean Squared Error = $meanSquaredError")
model.save(sc,"target/tmp/myIsotonicRegressionModel")
val sameModel = IsotonicRegressionModel.load(sc,"target/tmp/myIsotonicRegres
sionModel")
```

这段代码使用 Apache Spark 的 MLlib 库构建并评估一个保序回归（Isotonic Regression）模型。首先，它加载并解析一个 LibSVM 格式的数据文件，并将其缓存以提高性能。接着，数据被转换为包含标签、特征和权重的元组，并分为训练集（60%）和测试集（40%）两部分。然后，代码基于训练数据训练保序回归模型。在模型训练完成后，测试数据被用于生成预测标签，并与真实标签进行比较。通过计算预测值和真实值之间的均方误差（MSE），评估了模型的表现。最后，训练好的模型被保存到指定路径，并展示了加载已保存的模型的方法。总结来说，这段代码实现了保序回归模型的训练、评估和持久化过程。

10.1.3 协同过滤

```
import org.apache.spark.mllib.recommendation.ALS
import org.apache.spark.mllib.recommendation.MatrixFactorizationModel
import org.apache.spark.mllib.recommendation.Rating
val data = sc.textFile("data/mllib/als/test.data")
val ratings = data.map(_.split(',') match { case Array(user,item,rate) =>
  Rating(user.toInt,item.toInt,rate.toDouble)
})

val rank = 10
val numIterations = 10
val model = ALS.train(ratings,rank,numIterations,0.01)
val usersProducts = ratings.map { case Rating(user,product,rate) =>
  (user,product)
}
val predictions =
  model.predict(usersProducts).map { case Rating(user,product,rate) =>
    ((user,product),rate)
  }
val ratesAndPreds = ratings.map { case Rating(user,product,rate) =>
  ((user,product),rate)
}.join(predictions)
val MSE = ratesAndPreds.map { case ((user,product),(r1,r2)) =>
  val err = (r1 - r2)
  err * err
}.mean()
println(s"Mean Squared Error = $MSE")
```

```
model.save(sc,"target/tmp/myCollaborativeFilter")
val sameModel = MatrixFactorizationModel.load(sc,"target/tmp/myCollaborative
Filter")
```

这段代码使用 Apache Spark 的 MLlib 库构建并评估一个基于交替最小二乘法（alternating least squares，ALS）的协同过滤推荐模型。首先，它加载并解析用户评分数据，转换为 Rating 对象的集合。其次，设定模型参数（如矩阵的秩和迭代次数），构建推荐模型。然后，代码通过生成用户与产品的配对并预测其评分来评估模型表现，计算预测评分和真实评分之间的均方误差（MSE）。最后，训练好的模型被保存到指定路径，并展示了如何加载已保存的模型。总结来说，这段代码实现了协同过滤推荐模型的训练、评估和持久化流程。

10.1.4 聚类

（1）K-均值

```
import org.apache.spark.mllib.clustering.{KMeans,KMeansModel}
import org.apache.spark.mllib.linalg.Vectors
val data = sc.textFile("data/mllib/kmeans_data.txt")
val parsedData = data.map(s => Vectors.dense(s.split(' ').map(_.toDouble))).cache()
val numClusters = 2
val numIterations = 20
val clusters = KMeans.train(parsedData,numClusters,numIterations)
// Evaluate clustering by computing Within Set Sum of Squared Errors
val WSSSE = clusters.computeCost(parsedData)
println(s"Within Set Sum of Squared Errors = $WSSSE")
clusters.save(sc,"target/org/apache/spark/KMeansExample/KMeansModel")
val sameModel = KMeansModel.load(sc,"target/org/apache/spark/KMeansExample/KMe
ansModel")
```

这段代码使用 Apache Spark 的 MLlib 库构建并评估一个 K 均值聚类模型。首先，它加载并解析数据文件，将每行数据转换为稠密向量，并缓存以提高性能。然后，设定聚类数目（2 类）和迭代次数，使用 K 均值算法对数据进行聚类。通过计算聚类后的类内平方误差和（within set sum of squared errors，WSSSE）评估聚类的效果。最后，训练好的聚类模型被保存到指定路径，并展示了加载已保存的模型的方法。总结来说，这段代码实现了 K 均值模型的训练、评估和持久化过程。

（2）高斯混合

```
import org.apache.spark.mllib.clustering.{GaussianMixture,GaussianMixtureModel}
import org.apache.spark.mllib.linalg.Vectors
val data = sc.textFile("data/mllib/gmm_data.txt")
val parsedData = data.map(s => Vectors.dense(s.trim.split(' ').map(_.toDouble))).
cache()
val gmm = new GaussianMixture().setK(2).run(parsedData)
```

```
    gmm.save(sc,"target/org/apache/spark/GaussianMixtureExample/GaussianMixtureModel")
    val sameModel = GaussianMixtureModel.load(sc,"target/org/apache/spark/Gaussian
MixtureExample/GaussianMixtureModel")
    for (i <- 0 until gmm.k) {
      println("weight = %f\nmu = %s\nsigma = \n%s\n" format
        (gmm.weights(i),gmm.gaussians(i).mu,gmm.gaussians(i).sigma))}
```

这段代码使用 Apache Spark 的 MLlib 库构建一个高斯混合模型（Gaussian mixture model，GMM）进行数据聚类。首先，它加载并解析数据文件，将每行数据转换为稠密向量并缓存以提高性能。然后，通过设定聚类数目（2 类）并运行高斯混合算法对数据进行聚类。模型训练完成后，它将聚类模型保存到指定路径，并展示了加载已保存的模型的方法。最后，代码输出每个正态分布组件的权重、均值和协方差矩阵。这段代码实现了高斯混合聚类模型的训练、评估和持久化过程，并提供了模型参数的详细信息。

(3) 幂迭代聚类

```
    import org.apache.spark.mllib.clustering.PowerIterationClustering
    val circlesRdd = generateCirclesRdd(sc,params.k,params.numPoints)
    val model = new PowerIterationClustering()
      .setK(params.k)
      .setMaxIterations(params.maxIterations)
      .setInitializationMode("degree")
      .run(circlesRdd)
    val clusters = model.assignments.collect().groupBy(_.cluster).mapValues(_.map
(_.id))
    val assignments = clusters.toList.sortBy { case (k,v) => v.length }
    val assignmentsStr = assignments
      .map { case (k,v) =>
        s"$k -> ${v.sorted.mkString("[",",","]")}"
      }.mkString(",")
    val sizesStr = assignments.map {
      _._2.length}.sorted.mkString("(",",",")")
    println(s"Cluster assignments: $assignmentsStr\ncluster sizes: $sizesStr")
```

这段代码使用 Apache Spark 的 MLlib 库中的幂迭代聚类（power iteration clustering）算法对生成的圆形数据进行聚类。首先，通过 generateCirclesRdd 函数生成包含指定参数（聚类数和点数）的圆形数据集。其次，创建一个幂迭代聚类模型，设置聚类数、最大迭代次数和初始化模式，并运行该模型。然后，代码收集聚类分配结果，将每个点分配到相应的聚类，并将结果按聚类编号排序输出，展示每个聚类中包含的点 ID 和聚类的大小。最后，代码打印出聚类分配信息和每个聚类的大小信息。总之，这段代码实现了对圆形数据集的聚类，并以易于理解的格式展示了聚类结果。

(4) 潜在狄利克雷分配

```
    import org.apache.spark.mllib.clustering.{DistributedLDAModel,LDA}
    import org.apache.spark.mllib.linalg.Vectors
    val data = sc.textFile("data/mllib/sample_lda_data.txt")
    val parsedData = data.map(s => Vectors.dense(s.trim.split(' ').map(_.toDouble)))
    val corpus = parsedData.zipWithIndex.map(_.swap).cache()
    val ldaModel = new LDA().setK(3).run(corpus)
    println(s"Learned topics (as distributions over vocab of ${ldaModel.vocabSize}
words):")
    val topics = ldaModel.topicsMatrix
    for (topic <- Range(0,3)) {
      print(s"Topic $topic :")
      for (word <- Range(0,ldaModel.vocabSize)) {
        print(s"${topics(word,topic)}")
      }
      println()
    }
    ldaModel.save ( sc," target/org/apache/spark/LatentDirichletAllocationExample/
LDAModel")
    val sameModel = DistributedLDAModel.load(sc,"target/org/apache/spark/LatentDirichle
tAllocationExample/LDAModel")
```

这段代码使用 Apache Spark 的 MLlib 库实现了潜在狄利克雷分配（LDA）模型，以对文本数据进行主题建模。首先，它加载并解析数据文件，将每行数据转换为稠密向量，并为每个文档分配唯一的 ID。然后，利用 LDA 模型将文档聚类为三个主题。输出部分展示了每个主题在词汇表中的分布情况，即每个主题中各个词的权重。最后，代码展示了如何保存和加载训练好的 LDA 模型。总体而言，该代码实现了对文本数据的主题建模，提供了主题的详细信息以及模型的持久化功能。

(5) 二等分 K 均值

```
    import org.apache.spark.mllib.clustering.BisectingKMeans
    import org.apache.spark.mllib.linalg.{Vector,Vectors}
    def parse(line: String): Vector = Vectors.dense(line.split(" ").map(_.toDouble))
    val data = sc.textFile("data/mllib/kmeans_data.txt").map(parse).cache()
    val bkm = new BisectingKMeans().setK(6)
    val model = bkm.run(data)
    println(s"Compute Cost: ${model.computeCost(data)}")
    model.clusterCenters.zipWithIndex.foreach { case (center,idx) =>
      println(s"Cluster Center ${idx}: ${center}")
    }
```

这段代码使用 Apache Spark 的 MLlib 库中的二分 K 均值（Bisecting K means）算法对数据进行聚类。首先，代码定义了一个解析函数，将每行数据转换为稠密向量，并加载指定的数据文件，生成一个可缓存的 RDD。然后，创建一个二分 K 均值模型并将数据聚类为 6 个簇。最后，代码输出计算成本以及每个聚类的中心。总体而言，该代码实现了对数据的聚类，评估了模型的效果，并展示了各聚类中心的位置。

(6) 流式 K 均值

```
import org.apache.spark.mllib.clustering.StreamingKMeans
import org.apache.spark.mllib.linalg.Vectors
import org.apache.spark.mllib.regression.LabeledPoint
import org.apache.spark.streaming.{Seconds,StreamingContext}
val conf = new SparkConf().setAppName("StreamingKMeansExample")
val ssc = new StreamingContext(conf,Seconds(args(2).toLong))
val trainingData = ssc.textFileStream(args(0)).map(Vectors.parse)
val testData = ssc.textFileStream(args(1)).map(LabeledPoint.parse)
val model = new StreamingKMeans()
  .setK(args(3).toInt)
  .setDecayFactor(1.0)
  .setRandomCenters(args(4).toInt,0.0)
model.trainOn(trainingData)
model.predictOnValues(testData.map(lp => (lp.label,lp.features))).print()
ssc.start()
ssc.awaitTermination()
```

这段代码实现了在 Apache Spark 中进行流式聚类，使用的是流式 K 均值算法。首先，设置 Spark 应用的配置和流处理上下文，指定流处理时间间隔。其次，它从给定路径读取训练数据和测试数据，并将其解析为稠密向量和标记点。然后，创建流式 K 均值模型，设定聚类数量、衰减因子以及随机中心的数量。模型通过训练数据进行训练，并对测试数据进行预测，输出每个数据点的聚类结果。最后，启动流处理并等待终止。总体而言，该代码实现了实时数据聚类，对流数据进行动态聚类分析。

10.1.5 降维

(1) 奇异值分解

```
import org.apache.spark.mllib.linalg.Matrix
import org.apache.spark.mllib.linalg.SingularValueDecomposition
import org.apache.spark.mllib.linalg.Vector
import org.apache.spark.mllib.linalg.Vectors
import org.apache.spark.mllib.linalg.distributed.RowMatrix
val data = Array(
  Vectors.sparse(5,Seq((1,1.0),(3,7.0))),
```

```
    Vectors.dense(2.0,0.0,3.0,4.0,5.0),
    Vectors.dense(4.0,0.0,0.0,6.0,7.0))
  val rows = sc.parallelize(data)
  val mat: RowMatrix = new RowMatrix(rows)
  val svd: SingularValueDecomposition[RowMatrix,Matrix] = mat.computeSVD(5,computeU =
true)
  val U: RowMatrix = svd.U
  val s: Vector = svd.s
  val V: Matrix = svd.V
```

这段代码使用 Apache Spark 的 MLlib 库进行奇异值分解。首先，定义了一个稀疏向量和两个密集向量的数据集，并将其并行化为一个 RDD。其次，将该 RDD 转换为一个行矩阵。然后，调用 computeSVD 方法计算前 5 个奇异值及其对应的奇异向量，并选择计算 U 矩阵。最后，将 U 矩阵、奇异值向量和 V 矩阵分别存储在变量中。总体而言，该代码实现了矩阵的奇异值分解，为后续的矩阵分析和降维提供了基础。

(2) 主成分分析

```
  import org.apache.spark.mllib.linalg.Matrix
  import org.apache.spark.mllib.linalg.Vectors
  import org.apache.spark.mllib.linalg.distributed.RowMatrix
  val data = Array(
    Vectors.sparse(5,Seq((1,1.0),(3,7.0))),
    Vectors.dense(2.0,0.0,3.0,4.0,5.0),
    Vectors.dense(4.0,0.0,0.0,6.0,7.0))
  val rows = sc.parallelize(data)
  val mat: RowMatrix = new RowMatrix(rows)
  val pc: Matrix = mat.computePrincipalComponents(4)
  val projected: RowMatrix = mat.multiply(pc)
```

这段代码使用 Apache Spark 的 MLlib 库进行主成分分析。首先，定义了一组稀疏和密集的向量数据，并将其并行化为一个 RDD。其次，将该 RDD 转换为一个行矩阵。然后，计算前 4 个主成分，并将其存储在一个局部密集矩阵中。最后，通过将原始行矩阵与主成分矩阵相乘，将数据投影到由前 4 个主成分所生成的线性空间中。总体而言，该代码实现了数据的降维，提供了一种压缩及分析高维数据的方式。

10.2 Flink 机器学习算法实现

10.2.1 环境准备

安装 Flink1.17 版本，在 pom 文件中添加依赖。

10.2.2 分类

(1) KNN

```
import org.apache.flink.ml.classification.knn.Knn;
import org.apache.flink.ml.classification.knn.KnnModel;
import org.apache.flink.ml.linalg.DenseVector;
import org.apache.flink.ml.linalg.Vectors;
import org.apache.flink.streaming.api.datastream.DataStream;
import org.apache.flink.streaming.api.environment.StreamExecutionEnvironment;
import org.apache.flink.table.api.Table;
import org.apache.flink.table.api.bridge.java.StreamTableEnvironment;
import org.apache.flink.types.Row;
import org.apache.flink.util.CloseableIterator;
public class KnnExample {
    public static void main(String[] args) {
        StreamExecutionEnvironment env = StreamExecutionEnvironment.getExecutionEn
vironment();
        StreamTableEnvironment tEnv = StreamTableEnvironment.create(env);
DataStream<Row>trainStream =
                env.fromElements(
                        Row.of(Vectors.dense(2.0,3.0),1.0),
                        Row.of(Vectors.dense(2.1,3.1),1.0),
                        Row.of(Vectors.dense(200.1,300.1),2.0),
                        Row.of(Vectors.dense(200.2,300.2),2.0),
                        Row.of(Vectors.dense(200.3,300.3),2.0),
                        Row.of(Vectors.dense(200.4,300.4),2.0),
                        Row.of(Vectors.dense(200.4,300.4),2.0),
                        Row.of(Vectors.dense(200.6,300.6),2.0),
                        Row.of(Vectors.dense(2.1,3.1),1.0),
                        Row.of(Vectors.dense(2.1,3.1),1.0),
                        Row.of(Vectors.dense(2.1,3.1),1.0),
                        Row.of(Vectors.dense(2.1,3.1),1.0),
                        Row.of(Vectors.dense(2.3,3.2),1.0),
                        Row.of(Vectors.dense(2.3,3.2),1.0),
                        Row.of(Vectors.dense(2.8,3.2),3.0),
                        Row.of(Vectors.dense(300.,3.2),4.0),
                        Row.of(Vectors.dense(2.2,3.2),1.0),
                        Row.of(Vectors.dense(2.4,3.2),5.0),
                        Row.of(Vectors.dense(2.5,3.2),5.0),
                        Row.of(Vectors.dense(2.5,3.2),5.0),
                        Row.of(Vectors.dense(2.1,3.1),1.0));
        Table trainTable = tEnv.fromDataStream(trainStream).as("features","label");
```

```
        DataStream<Row> predictStream =
                env.fromElements(
                        Row.of(Vectors.dense(4.0,4.1),5.0),Row.of(Vectors.dense(300,42),
2.0));
        Table predictTable = tEnv.fromDataStream(predictStream).as("features","label");
    Knn knn = new Knn().setK(4);
    KnnModel knnModel = knn.fit(trainTable);
    Table outputTable = knnModel.transform(predictTable)[0];
    for (CloseableIterator<Row> it = outputTable.execute().collect(); it.hasNext();
) {
        Row row = it.next();
     DenseVector features = (DenseVector) row.getField(knn.getFeaturesCol());
     double expectedResult = (Double) row.getField(knn.getLabelCol());
     double predictionResult = (Double) row.getField(knn.getPredictionCol());
     System.out.printf(
             "Features: %-15s \tExpected Result: %s \tPrediction Result: %s\n",
             features,expectedResult,predictionResult);
        }
    }}
```

这段代码演示了如何使用 Apache Flink 的 Table API 和 DataStream API 结合 KNN（K 最近邻）算法进行机器学习模型的训练和预测。首先，它定义了一组训练数据和预测数据，这些数据以 Row 对象的形式表示，其中包含特征向量（Vectors.dense）和对应的标签值。训练数据和预测数据分别通过 DataStream 转换成 Table 对象，以便在 Flink 的 Table API 中使用。其次，代码创建了一个 Knn 对象，并设置了 K 值为 4，这表示在寻找最近邻时将考虑最近的 4 个邻居。然后，使用训练数据通过调用 fit 方法训练了 KNN 模型，并得到了一个 KnnModel 对象。之后，使用训练好的 KnnModel 对象对预测数据进行转换，得到包含预测结果的 Table 对象。最后，通过遍历这个 Table 对象，提取并打印了每个预测结果的特征向量、期望结果（即真实标签）和预测结果。这个过程展示了从数据准备、模型训练到预测结果提取的完整流程。

（2）线性 SVC

```
import org.apache.flink.ml.classification.linearsvc.LinearSVC;
import org.apache.flink.ml.classification.linearsvc.LinearSVCModel;
import org.apache.flink.ml.linalg.DenseVector;
import org.apache.flink.ml.linalg.Vectors;
import org.apache.flink.streaming.api.datastream.DataStream;
import org.apache.flink.streaming.api.environment.StreamExecutionEnvironment;
import org.apache.flink.table.api.Table;
import org.apache.flink.table.api.bridge.java.StreamTableEnvironment;
import org.apache.flink.types.Row;
import org.apache.flink.util.CloseableIterator;
```

```
public class LinearSVCExample {
  public static void main(String[] args) {
      StreamExecutionEnvironment env = StreamExecutionEnvironment.getExecutionEn-
vironment();
      StreamTableEnvironment tEnv = StreamTableEnvironment.create(env);
      DataStream<Row> inputStream =
              env.fromElements(
                      Row.of(Vectors.dense(1,2,3,4),0.,1.),
                      Row.of(Vectors.dense(2,2,3,4),0.,2.),
                      Row.of(Vectors.dense(3,2,3,4),0.,3.),
                      Row.of(Vectors.dense(4,2,3,4),0.,4.),
                      Row.of(Vectors.dense(5,2,3,4),0.,5.),
                      Row.of(Vectors.dense(11,2,3,4),1.,1.),
                      Row.of(Vectors.dense(12,2,3,4),1.,2.),
                      Row.of(Vectors.dense(13,2,3,4),1.,3.),
                      Row.of(Vectors.dense(14,2,3,4),1.,4.),
                      Row.of(Vectors.dense(15,2,3,4),1.,5.));
      Table inputTable = tEnv.fromDataStream(inputStream).as("features","label","
weight");
      LinearSVC linearSVC = new LinearSVC().setWeightCol("weight");.
      LinearSVCModel linearSVCModel = linearSVC.fit(inputTable);
       Table outputTable = linearSVCModel.transform(inputTable)[0];
       for (CloseableIterator<Row> it = outputTable.execute().collect(); it.hasNext
(); ) {
          Row row = it.next();
          DenseVector features = (DenseVector) row.getField(linearSVC.getFeaturesCol());
          double expectedResult = (Double) row.getField(linearSVC.getLabelCol());
          double predictionResult = (Double) row.getField(linearSVC.getPredictionCol());
          DenseVector rawPredictionResult =
                  (DenseVector) row.getField(linearSVC.getRawPredictionCol());
          System.out.printf(
                  "Features: %-25s \tExpected Result: %s \tPrediction Result: %s \tRaw
Prediction Result: %s\n",
                  features,expectedResult,predictionResult,rawPredictionResult);
      }
   }
}
```

这段Java代码示例展示了如何在Apache Flink中使用线性支持向量机（LinearSVC）模型进行分类任务。首先，设置了Flink的执行环境和表环境，生成了包含特征、标签和权重的输入数据流。其次，创建了一个LinearSVC对象，并设置了权重列。然后，代码训练了LinearSVC模型，并使用该模型对输入数据进行预测。最后，代码遍历输出表，提取并打印了特征、预期结果、预测结果和原始预测结果。这个过程展示了从数据生成到模型训练，再到预测和结果展示的完整流程。

（3）逻辑回归

```
import org.apache.flink.ml.classification.logisticregression.LogisticRegression;
importorg.apache.flink.ml.classification.logisticregression.LogisticRegressionModel;
import org.apache.flink.ml.linalg.DenseVector;
import org.apache.flink.ml.linalg.Vectors;
import org.apache.flink.streaming.api.datastream.DataStream;
import org.apache.flink.streaming.api.environment.StreamExecutionEnvironment;
import org.apache.flink.table.api.Table;
import org.apache.flink.table.api.bridge.java.StreamTableEnvironment;
import org.apache.flink.types.Row;
import org.apache.flink.util.CloseableIterator;
public class LogisticRegressionExample {
   public static void main(String[] args) {
       StreamExecutionEnvironment env = StreamExecutionEnvironment.getExecutionEn
vironment();
       StreamTableEnvironment tEnv = StreamTableEnvironment.create(env);

       DataStream<Row> inputStream =
              env.fromElements(
                     Row.of(Vectors.dense(1,2,3,4),0.,1.),
                     Row.of(Vectors.dense(2,2,3,4),0.,2.),
                     Row.of(Vectors.dense(3,2,3,4),0.,3.),
                     Row.of(Vectors.dense(4,2,3,4),0.,4.),
                     Row.of(Vectors.dense(5,2,3,4),0.,5.),
                     Row.of(Vectors.dense(11,2,3,4),1.,1.),
                     Row.of(Vectors.dense(12,2,3,4),1.,2.),
                     Row.of(Vectors.dense(13,2,3,4),1.,3.),
                     Row.of(Vectors.dense(14,2,3,4),1.,4.),
                     Row.of(Vectors.dense(15,2,3,4),1.,5.));
         Table  inputTable  =  tEnv.fromDataStream (inputStream) .as ( " features ","
label","weight");


       LogisticRegression lr = new LogisticRegression().setWeightCol("weight");
       LogisticRegressionModel lrModel = lr.fit(inputTable);
       Table outputTable = lrModel.transform(inputTable)[0];
       for (CloseableIterator<Row> it = outputTable.execute().collect(); it.hasNext
(); ) {
          Row row = it.next();
          DenseVector features = (DenseVector) row.getField(lr.getFeaturesCol());
```

```
            double expectedResult = (Double) row.getField(lr.getLabelCol());
            double predictionResult = (Double) row.getField(lr.getPredictionCol());
            DenseVector rawPredictionResult = (DenseVector) row.getField(lr.getRawPre
dictionCol());
            System.out.printf(
                    "Features: %-25s \tExpected Result: %s \tPrediction Result: %s \tRaw
Prediction Result: %s\n",
                    features,expectedResult,predictionResult,rawPredictionResult);
        }
    }
}
```

这段Java代码演示了如何在Apache Flink的机器学习库中实现逻辑回归（logistic regression）模型，用于分类任务。首先，初始化Flink的流执行环境和表环境，创建了一个包含特征、标签和权重的数据流，并将其转换为Flink表。然后，代码通过设置权重列来配置逻辑回归模型，并使用提供的数据训练模型。训练完成后，模型被用于对输入数据进行预测，生成预测结果和原始预测结果。最后，代码遍历输出表，打印出每个实例的特征、预期标签、预测标签和原始预测值。该段代码展示了从数据准备到模型训练，再到预测和结果展示的完整机器学习流程。

（4）朴素贝叶斯

```
import org.apache.flink.ml.classification.naivebayes.NaiveBayes;
import org.apache.flink.ml.classification.naivebayes.NaiveBayesModel;
import org.apache.flink.ml.linalg.DenseVector;
import org.apache.flink.ml.linalg.Vectors;
import org.apache.flink.streaming.api.datastream.DataStream;
import org.apache.flink.streaming.api.environment.StreamExecutionEnvironment;
import org.apache.flink.table.api.Table;
import org.apache.flink.table.api.bridge.java.StreamTableEnvironment;
import org.apache.flink.types.Row;
import org.apache.flink.util.CloseableIterator;
public class NaiveBayesExample {
    public static void main(String[] args) {
        StreamExecutionEnvironment env = StreamExecutionEnvironment.getExecutionEn
vironment();
        StreamTableEnvironment tEnv = StreamTableEnvironment.create(env);
        DataStream<Row> trainStream = env.fromElements(
                        Row.of(Vectors.dense(0,0.),11),
                        Row.of(Vectors.dense(1,0),10),
                        Row.of(Vectors.dense(1,1.),10));
        Table trainTable = tEnv.fromDataStream(trainStream).as("features","label");
        DataStream<Row> predictStream = env.fromElements(
```

```
                        Row.of(Vectors.dense(0,1.)),
                        Row.of(Vectors.dense(0,0.)),
                        Row.of(Vectors.dense(1,0)),
                        Row.of(Vectors.dense(1,1.)));
        Table predictTable = tEnv.fromDataStream(predictStream).as("features");
        NaiveBayes naiveBayes = new NaiveBayes()
                        .setSmoothing(1.0)
                        .setFeaturesCol("features")
                        .setLabelCol("label")
                        .setPredictionCol("prediction")
                        .setModelType("multinomial");
        NaiveBayesModel naiveBayesModel = naiveBayes.fit(trainTable);
        Table outputTable = naiveBayesModel.transform(predictTable)[0];
        for (CloseableIterator<Row> it = outputTable.execute().collect(); it.hasNext
(); ) {
            Row row = it.next();
             DenseVector features = (DenseVector) row.getField(naiveBayes.getFeaturesCol
());
             double predictionResult = (Double) row.getField(naiveBayes.getPredictionCol
());
            System.out.printf("Features: %s \tPrediction Result: %s\n",features,pre
dictionResult);
        }
    }
}
```

这段 Java 代码示例提供了一个简单的程序，演示了如何在 Apache Flink 中实现朴素贝叶斯（NaiveBayes）模型进行分类任务。首先，设置了 Flink 的流执行环境和表环境，生成了用于训练和预测的数据流，并将这些数据流转换为 Flink 表。其次，代码创建了一个 NaiveBayes 对象，配置了平滑参数、特征列、标签列、预测列和模型类型。然后，程序使用训练数据训练了朴素贝叶斯模型，并用该模型对预测数据进行分类预测。最后，程序遍历输出表，提取并打印了每个实例的特征和预测结果。该示例展示了朴素贝叶斯模型在 Flink 中从训练到预测的完整应用过程。

10.2.3 聚类

（1）K-means

```
import org.apache.flink.ml.clustering.kmeans.KMeans;
import org.apache.flink.ml.clustering.kmeans.KMeansModel;
import org.apache.flink.ml.linalg.DenseVector;
import org.apache.flink.ml.linalg.Vectors;
import org.apache.flink.streaming.api.datastream.DataStream;
```

```
import org.apache.flink.streaming.api.environment.StreamExecutionEnvironment;
import org.apache.flink.table.api.Table;
import org.apache.flink.table.api.bridge.java.StreamTableEnvironment;
import org.apache.flink.types.Row;
import org.apache.flink.util.CloseableIterator;
 public class KMeansExample {
    public static void main(String[] args) {
        StreamExecutionEnvironment env = StreamExecutionEnvironment.getExecutionEn
vironment();
        StreamTableEnvironment tEnv = StreamTableEnvironment.create(env);
        DataStream<DenseVector> inputStream =
                env.fromElements(
                        Vectors.dense(0.0,0.0),
                        Vectors.dense(0.0,0.3),
                        Vectors.dense(0.3,0.0),
                        Vectors.dense(9.0,0.0),
                        Vectors.dense(9.0,0.6),
                        Vectors.dense(9.6,0.0));
        Table inputTable = tEnv.fromDataStream(inputStream).as("features");
         KMeans kmeans = new KMeans().setK(2).setSeed(1L);
           KMeansModel kmeansModel = kmeans.fit(inputTable);
            Table outputTable = kmeansModel.transform(inputTable)[0];
        for (CloseableIterator<Row> it = outputTable.execute().collect(); it.hasNext
(); ) {
           Row row = it.next();
           DenseVector features = (DenseVector) row.getField(kmeans.getFeaturesCol());
           int clusterId = (Integer) row.getField(kmeans.getPredictionCol());
           System.out.printf("Features: %s \tCluster ID: %s\n",features,clusterId);
        }
    }
}
```

这段 Java 代码是一个使用 Apache Flink 机器学习库中的 K-means 算法进行聚类分析的示例程序。首先，初始化 Flink 的流执行环境和表环境，生成了一个包含几个二维向量的数据流，并将其转换为 Flink 表。其次，创建了一个 KMeans 对象，设置了聚类的数量（K 值）和随机种子以确保结果的可复现性。然后，训练了 K-means 模型，并用该模型对输入数据进行聚类预测。最后，程序遍历输出表，提取并打印了每个数据点的特征和对应的聚类 ID，从而展示了 K-means 聚类从训练到预测的完整流程。

（2）AgglomerativeClustering

```
import org.apache.flink.ml.clustering.agglomerativeclustering.AgglomerativeCluste
ring;
```

```
import org. apache. flink. ml. clustering. agglomerativeclustering.AgglomerativeCluste
ringParams;
import org. apache. flink. ml. common. distance. EuclideanDistanceMeasure;
import org. apache. flink. ml. linalg. DenseVector;
import org. apache. flink. ml. linalg. Vectors;
import org. apache. flink. streaming. api. datastream. DataStream;
import org. apache. flink. streaming. api. environment. StreamExecutionEnvironment;
import org. apache. flink. table. api. Table;
import org. apache. flink. table. api. bridge. java. StreamTableEnvironment;
import org. apache. flink. types. Row;
import org. apache. flink. util. CloseableIterator;

/** Simple program that creates an AgglomerativeClustering instance and uses it for
clustering. * /
public class AgglomerativeClusteringExample {
    public static void main(String[] args) {
        StreamExecutionEnvironment env = StreamExecutionEnvironment.getExecution
Environment();
        StreamTableEnvironment tEnv = StreamTableEnvironment. create(env);
        DataStream<DenseVector> inputStream = env. fromElements(
                Vectors. dense(1,1),
                Vectors. dense(1,4),
                Vectors. dense(1,0),
                Vectors. dense(4,1. 5),
                Vectors. dense(4,4),
                Vectors. dense(4,0));
        Table inputTable = tEnv. fromDataStream(inputStream). as("features");
        AgglomerativeClustering agglomerativeClustering =
            new AgglomerativeClustering()
                . setLinkage(AgglomerativeClusteringParams. LINKAGE_WARD)
                . setDistanceMeasure(EuclideanDistanceMeasure. NAME)
                . setPredictionCol("prediction");
        Table[] outputs = agglomerativeClustering. transform(inputTable);
        for (CloseableIterator<Row> it = outputs[0]. execute(). collect(); it. hasNext(); ) {
            Row row = it. next();
            DenseVector features =
                (DenseVector) row. getField(agglomerativeClustering. getFeaturesCol());
        int clusterId = (Integer) row. getField(agglomerativeClustering.getPredic
tionCol());
        System. out. printf("Features: %s \tCluster ID: %s\n",features,clusterId);
        }
    }
}
```

这段 Java 代码示例展示了如何在 Apache Flink 中使用凝聚式聚类（agglomerative clustering）算法进行数据聚类。首先，设置了 Flink 的流执行环境和表环境，创建了一个包含二维特征向量的数据流，并将其转换为 Flink 表。其次，代码实例化了一个 AgglomerativeClustering 对象，并设置了聚类参数，包括链接方法（使用 Ward 的方法）、距离度量（使用欧几里得距离）以及预测列的名称。然后，程序使用这个凝聚式聚类对象对输入数据进行聚类操作。最后，程序遍历聚类结果表，提取并打印了每个数据点的特征和分配的聚类 ID，从而展示了从数据准备到聚类分析，再到结果展示的完整流程。

10.2.4 评估

二元分类计算器示例代码如下：

```
import org.apache.flink.ml.evaluation.binaryclassification.BinaryClassificationEvalua
tor;
import org.apache.flink.ml.evaluation.binaryclassification.BinaryClassificationEvalua
torParams;
import org.apache.flink.ml.linalg.Vectors;
import org.apache.flink.streaming.api.datastream.DataStream;
import org.apache.flink.streaming.api.environment.StreamExecutionEnvironment;
import org.apache.flink.table.api.Table;
import org.apache.flink.table.api.bridge.java.StreamTableEnvironment;
import org.apache.flink.types.Row;
public class BinaryClassificationEvaluatorExample {
    public static void main(String[] args) {
        StreamExecutionEnvironment env = StreamExecutionEnvironment.getExecutionEn
vironment();
        StreamTableEnvironment tEnv = StreamTableEnvironment.create(env);

        // Generates input data.
        DataStream<Row> inputStream =
                env.fromElements(
                        Row.of(1.0,Vectors.dense(0.1,0.9)),
                        Row.of(1.0,Vectors.dense(0.2,0.8)),
                        Row.of(1.0,Vectors.dense(0.3,0.7)),
                        Row.of(0.0,Vectors.dense(0.25,0.75)),
                        Row.of(0.0,Vectors.dense(0.4,0.6)),
                        Row.of(1.0,Vectors.dense(0.35,0.65)),
                        Row.of(1.0,Vectors.dense(0.45,0.55)),
                        Row.of(0.0,Vectors.dense(0.6,0.4)),
                        Row.of(0.0,Vectors.dense(0.7,0.3)),
                        Row.of(1.0,Vectors.dense(0.65,0.35)),
                        Row.of(0.0,Vectors.dense(0.8,0.2)),
                        Row.of(1.0,Vectors.dense(0.9,0.1)));
```

```
        Table inputTable = tEnv.fromDataStream(inputStream).as("label","rawPredic
tion");
        BinaryClassificationEvaluator evaluator =
                new BinaryClassificationEvaluator()
                        .setMetricsNames(
                                BinaryClassificationEvaluatorParams.AREA_UNDER_PR,
                                BinaryClassificationEvaluatorParams.KS,
                                BinaryClassificationEvaluatorParams.AREA_UNDER_ROC);
        Table outputTable = evaluator.transform(inputTable)[0];
        Row evaluationResult = outputTable.execute().collect().next();
        System.out.printf(
                "Area under the precision- recall curve: %s\n",
                 evaluationResult.getField(BinaryClassificationEvaluatorParams.AREA_
UNDER_PR));
        System.out.printf(
                "Area under the receiver operating characteristic curve: %s\n",
                 evaluationResult.getField(BinaryClassificationEvaluatorParams.AREA_
UNDER_ROC));
        System.out.printf(
                "Kolmogorov- Smirnov value: %s\n",
                evaluationResult.getField(BinaryClassificationEvaluatorParams.KS));
    }
}
```

这段 Java 代码演示了如何在 Apache Flink 中使用二元分类评估器（binary classification evaluator）来评估二元分类模型的性能。首先，初始化了 Flink 的流执行环境和表环境，随后生成了一个包含标签和原始预测值的数据流，并将其转换为 Flink 表。其次，代码创建了一个 BinaryClassificationEvaluator 对象，并设置了要评估的指标名称，包括精确率-召回率曲线下面积（area under PR）、接收者操作特征曲线下面积（area under ROC）和 Kolmogorov-Smirnov 值。然后，使用这个评估器对象对输入表进行评估，并提取评估结果。最后，程序打印出了评估结果，包括各个评估指标的值，从而展示了从数据生成到评估指标计算，再到结果展示的完整二元分类模型评估流程。

10.3 PyTorch 机器学习算法实现

10.3.1 线性回归

```
import torch
import torch.nn as nn
import torch.optim as optim
class LinearRegressionModel(nn.Module):
```

```
    def __init__(self):
        super(LinearRegressionModel,self).__init__()
        self.linear = nn.Linear(1,1)
    def forward(self,x):
        return self.linear(x)
x_data = torch.tensor([[1.0],[2.0],[3.0]])
y_data = torch.tensor([[2.0],[4.0],[6.0]])
model = LinearRegressionModel()
criterion = nn.MSELoss()
optimizer = optim.SGD(model.parameters(),lr=0.01)
for epoch in range(1000):
    optimizer.zero_grad()
    outputs = model(x_data)
    loss = criterion(outputs,y_data)
    loss.backward()
    optimizer.step()
predictions = model(x_data)
print(predictions)
```

这段代码中，首先导入必要的 PyTorch 模块，然后创建了一些示例数据。接着定义了一个简单的线性回归模型，该模型只包含一个线性层。该示例使用了均方误差作为损失函数，并选择了随机梯度下降（SGD）作为优化算法。

在训练循环中，我们对模型进行了多次迭代，每次迭代都执行前向传播、计算损失、执行反向传播，并更新模型的权重。我们还定期打印出损失值以监控训练过程。

最后，我们通过将模型设置为评估模式来测试模型，并使用 torch.no_grad() 上下文管理器来禁用梯度计算，因为我们在测试时不需要更新模型的权重。

10.3.2 逻辑回归

```
import torch
import torch.nn as nn
import torch.optim as optim
class LogisticRegressionModel(nn.Module):
    def __init__(self):
        super().__init__()
        self.linear = nn.Linear(1,1)
    def forward(self,x):
        x = self.linear(x)
        return torch.sigmoid(x)
x_data = torch.tensor([[1.0],[2.0],[3.0],[4.0]])
y_data = torch.tensor([[0.0],[0.0],[1.0],[1.0]],dtype=torch.float32)
model = LogisticRegressionModel()
```

```
criterion = nn.BCELoss()
optimizer = optim.SGD(model.parameters(),lr = 0.01)
for epoch in range(1000):
    optimizer.zero_grad()
    outputs = model(x_data)
    loss = criterion(outputs,y_data)
    loss.backward()
    optimizer.step()
predictions = model(x_data)
print((predictions > 0.5).int())
```

上述代码展示了使用 PyTorch 库实现逻辑回归模型的过程。首先，定义了一个继承自 nn. Module 的 LogisticRegressionModel 类，其中包含一个线性层和 Sigmoid 激活函数，用于输出概率预测。接着，创建了简单的输入数据 x _ data 和对应的二进制标签 y _ data。模型通过指定损失函数 nn. BCELoss 和优化器 optim. SGD 进行 1000 次迭代训练，每次迭代包括梯度清零、前向传播、损失计算、反向传播和参数更新。训练完成后，模型对输入数据进行预测，通过阈值 0.5 将连续的预测值转换为二进制分类结果。整个流程简洁地演示了在 PyTorch 中从数据准备到模型训练、评估的完整过程。

10.3.3 多层感知器

```
import torch
import torch.nn as nn
import torch.optim as optim
class MultilayerPerceptron(nn.Module):
    def __init__(self):
        super(MultilayerPerceptron,self).__init__()
        self.layers = nn.Sequential(
            nn.Linear(784,128),
            nn.ReLU(),
            nn.Linear(128,64),
            nn.ReLU(),
            nn.Linear(64,10)
        )
    def forward(self,x):
        x = x.view(x.size(0),-1)  # Flatten the input tensor
        return self.layers(x)
x_train = torch.randn(100,784)  # Example training data
y_train = torch.randint(0,10,(100,))  # Example training labels
model = MultilayerPerceptron()
criterion = nn.CrossEntropyLoss()
optimizer = optim.Adam(model.parameters(),lr=0.001)
```

```
for epoch in range(5):  # Simplified training loop for demonstration
    optimizer.zero_grad()
    outputs = model(x_train)
    loss = criterion(outputs,y_train)
    loss.backward()
    optimizer.step()
predicted = torch.max(outputs.data,1)
  print(f'Predicted labels: {predicted}')
```

上述代码定义了一个使用 PyTorch 构建的多层感知器模型，用于分类任务。多层感知器是一种简单的前馈神经网络，由多个线性层和非线性激活层堆叠而成。

代码首先导入必要的 PyTorch 模块。然后定义了一个 MultilayerPerceptron 类，它包含一个 Sequential 容器，这个容器按顺序包含三个线性层和两个 ReLU 激活层，最后是一个输出层，输出维度为 10，适用于具有 10 个类别的分类问题。

在初始化模型之后，创建了模拟的训练数据 x _ train 和标签 y _ train。接着实例化了模型、损失函数（交叉熵损失，适用于多分类问题）和优化器（Adam 优化器，这是一种基于自适应估计的梯度下降方法）。

训练循环运行了 5 个 epoch，每个 epoch 中，首先清除之前的梯度，然后执行前向传播计算预测输出，接着计算损失，执行反向传播来计算梯度，最后使用优化器更新模型参数。

训练结束后，使用 torch.max 函数找到预测输出中概率最高的类别，从而获取预测的类别标签，并打印出来。

10.3.4 卷积神经网络

```
import torch
import torch.nn as nn
import torch.optim as optim

class CNN(nn.Module):
    def __init__(self):
        super(CNN,self).__init__()
        self.conv1 = nn.Conv2d(1,32,kernel_size=3,stride=1,padding=1)
        self.conv2 = nn.Conv2d(32,64,kernel_size=3,stride=1,padding=1)
        self.fc1 = nn.Linear(64 * 7 * 7,128)
        self.fc2 = nn.Linear(128,10)
        self.pool = nn.MaxPool2d(kernel_size=2,stride=2,padding = 0)
        self.relu = nn.ReLU()

    def forward(self,x):
        x = self.pool(self.relu(self.conv1(x)))
        x = self.pool(self.relu(self.conv2(x)))
```

```
        x = x.view(-1,64 * 7 * 7)
        x = self.relu(self.fc1(x))
        x = self.fc2(x)
        return x

model = CNN()
criterion = nn.CrossEntropyLoss()
optimizer = optim.SGD(model.parameters(),lr=0.01,momentum=0.9)

inputs = torch.randn(64,1,28,28)
labels = torch.randint(0,10,(64,))
outputs = model(inputs)
loss = criterion(outputs,labels)
optimizer.zero_grad()
loss.backward()
optimizer.step()
```

上述代码定义了一个卷积神经网络，包括两个卷积层（conv1 和 conv2）、一个池化层（pool）、两个全连接层（fc1 和 fc2），以及激活函数（ReLU）。首先，通过卷积层提取特征，并通过池化层减少空间维度。然后，特征被展平，经过全连接层进行分类。最后，使用交叉熵损失函数和随机梯度下降优化器进行训练。代码示例中创建了一个 CNN 模型，生成了假数据，计算了损失，并进行了一次反向传播和优化步骤。

10.3.5　循环神经网络

```
import torch
import torch.nn as nn
import torch.optim as optim
class RNN(nn.Module):
    def __init__(self,input_size,hidden_size,output_size):
        super(RNN,self).__init__()
        self.rnn = nn.RNN(input_size,hidden_size,batch_first=True)
        self.fc = nn.Linear(hidden_size,output_size)
        def forward(self,x):
        out,_ = self.rnn(x)
        out = self.fc(out[:,-1,:])
        return out
input_size = 10
hidden_size = 20
output_size = 1
model = RNN(input_size,hidden_size,output_size)
criterion = nn.MSELoss()
optimizer = optim.Adam(model.parameters(),lr=0.001)
```

```
inputs = torch.randn(5,10,input_size)
labels = torch.randn(5,output_size)
outputs = model(inputs)
loss = criterion(outputs,labels)
optimizer.zero_grad()
loss.backward()
optimizer.step()
```

上述代码定义了一个循环神经网络，包括一个 RNN 层和一个全连接层。网络接收一个输入序列，通过 RNN 层进行特征提取，并通过全连接层进行最终预测。创建了一个 RNN 模型，并使用均方误差损失函数和 Adam 优化器进行训练。示例中生成了随机数据，计算了模型的预测输出和损失，并进行了反向传播和参数优化。

10.3.6 长短期记忆网络

```
import torch
import torch.nn as nn
import torch.optim as optim
class LSTM(nn.Module):
    def __init__(self,input_size,hidden_size,output_size):
        super(LSTM,self).__init__()
        self.lstm = nn.LSTM(input_size,hidden_size,batch_first=True)
        self.fc = nn.Linear(hidden_size,output_size)
        def forward(self,x):
        out,_ = self.lstm(x)
        out = self.fc(out[:,-1,:])
        return out
input_size = 10
hidden_size = 20
output_size = 1
model = LSTM(input_size,hidden_size,output_size)
criterion = nn.MSELoss()
optimizer = optim.Adam(model.parameters(),lr=0.001)
inputs = torch.randn(5,10,input_size)
labels = torch.randn(5,output_size)
outputs = model(inputs)
loss = criterion(outputs,labels)
optimizer.zero_grad()
loss.backward()
optimizer.step()
```

上述代码定义了一个 LSTM（长短期记忆）神经网络，包括一个 LSTM 层和一个全连接层。LSTM 层用于处理序列数据，提取时间序列中的特征，而全连接层则将 LSTM 层的输出映射到最终的预测结果。代码创建了一个 LSTM 模型，并使用均方误差损失函数和 Adam 优化器进行训练。示例中生成了随机数据，计算了模型的预测输出和损失，并进行了反向传播和参数优化。

10.3.7 门控循环单元

```
import torch
import torch.nn as nn
import torch.optim as optim
class GRU(nn.Module):
    def __init__(self,input_size,hidden_size,output_size):
        super(GRU,self).__init__()
        self.gru = nn.GRU(input_size,hidden_size,batch_first=True)
        self.fc = nn.Linear(hidden_size,output_size)
        def forward(self,x):
        out,_ = self.gru(x)
        out = self.fc(out[:,-1,:])
        return out
input_size = 10
hidden_size = 20
output_size = 1
model = GRU(input_size,hidden_size,output_size)
criterion = nn.MSELoss()
optimizer = optim.Adam(model.parameters(),lr=0.001)
inputs = torch.randn(5,10,input_size)
labels = torch.randn(5,output_size)
outputs = model(inputs)
loss = criterion(outputs,labels)
optimizer.zero_grad()
loss.backward()
optimizer.step()
```

上述代码定义了一个 GRU（门控循环单元）神经网络，包括一个 GRU 层和一个全连接层。GRU 层用于处理序列数据并提取特征，全连接层将 GRU 层的输出映射到最终的预测结果。代码创建了一个 GRU 模型，并使用均方误差损失函数和 Adam 优化器进行训练。示例中生成了随机数据，计算了模型的预测输出和损失，并进行了反向传播和参数优化。

10.3.8 Transformer 模型

```
import torch
import torch.nn as nn
import torch.optim as optim
```

```
class TransformerModel(nn.Module):
    def __init__(self,input_dim,model_dim,num_heads,num_layers,output_dim):
        super(TransformerModel,self).__init__()
        self.embedding = nn.Embedding(input_dim,model_dim)
        self.transformer = nn.Transformer(d_model = model_dim,nhead=num_heads,
num_encoder_layers=num_layers,num_decoder_layers=num_layers)
        self.fc = nn.Linear(model_dim,output_dim)
        def forward(self,src,tgt):
        src = self.embedding(src)
        tgt = self.embedding(tgt)
        output = self.transformer(src,tgt)
        output = self.fc(output[-1])
        return output
input_dim = 1000
model_dim = 512
num_heads = 8
num_layers = 6
output_dim = 1
model = TransformerModel(input_dim,model_dim,num_heads,num_layers,output_dim)
criterion = nn.MSELoss()
optimizer = optim.Adam(model.parameters(),lr = 0.001)
src = torch.randint(0,input_dim,(10,32))
tgt = torch.randint(0,input_dim,(20,32))
labels = torch.randn(32,output_dim)
outputs = model(src,tgt)
loss = criterion(outputs,labels)
optimizer.zero_grad()
loss.backward()
optimizer.step()
```

上述代码实现了一个基础的 Transformer 模型，用于处理序列数据。TransformerModel 类包含了三个主要部分：嵌入层、Transformer 模块和全连接层。嵌入层（nn. Embedding）将输入和目标序列的每个词转换为固定维度的向量，使得模型可以处理词汇的稠密表示。Transformer 模块（nn. Transformer）负责序列的编码和解码，通过自注意力机制和前馈神经网络捕捉序列中的长期依赖关系。Transformer 的配置包括 model_dim（模型维度）、num_heads（注意力头的数量）、num_encoder_layers 和 num_decoder_layers（编码器和解码器层的数量）。全连接层（nn. Linear）将 Transformer 的输出映射到最终的预测结果。模型的训练过程使用了均方误差损失函数（nn. MSELoss）和 Adam 优化器（optim. Adam）。在训练阶段，首先生成了随机的输入序列和目标序列，然后通过模型进行前向传播，计算预测值与真实标签之间的损失，最后通过反向传播优化模型参数。

10.3.9 BERT

```
import torch
import torch.nn as nn
import torch.optim as optim
from transformers import BertModel,BertTokenizer

class BERTClassifier(nn.Module):
    def __init__(self,num_labels):
        super(BERTClassifier,self).__init__()
        self.bert = BertModel.from_pretrained('bert-base-uncased')
        self.dropout = nn.Dropout(0.3)
        self.fc = nn.Linear(self.bert.config.hidden_size,num_labels)

    def forward(self,input_ids,attention_mask= None):
        outputs = self.bert(input_ids=input_ids,attention_mask=attention_mask)
        pooled_output = outputs.pooler_output
        pooled_output = self.dropout(pooled_output)
        logits = self.fc(pooled_output)
        return logits

tokenizer = BertTokenizer.from_pretrained('bert-base-uncased')
model = BERTClassifier(num_labels=2)
criterion = nn.CrossEntropyLoss()
optimizer = optim.Adam(model.parameters(),lr=2e-5)

input_text = "Hello,BERT!"
inputs = tokenizer(input_text,return_tensors='pt')
labels = torch.tensor([1]).unsqueeze(0)
outputs = model(input_ids = inputs['input_ids'],attention_mask=inputs['attention_
mask'])
loss = criterion(outputs,labels)
optimizer.zero_grad()
loss.backward()
optimizer.step()
```

上述代码展示了如何使用 PyTorch 和 Hugging Face 的 Transformers 库构建和训练一个基于 BERT 的分类模型。BERTClassifier 类定义了一个自定义的神经网络模型，其中包含一个预训练的 BERT 模型（BertModel）、一个 Dropout 层和一个全连接层（nn.Linear）。BertModel 用于从输入序列中提取上下文相关的特征，Dropout 层用于防止过拟合，而全连接层则将 BERT 的输出映射到标签空间，以生成最终的分类预测。模型的前向传播过程包括从 BERT 中获取池化后的输出，将输出输入到 Dropout 层，最后通过全连接层生成预测结果。

在训练过程中，首先加载了 BERT 的分词器（BertTokenizer）和模型，并指定了分类标签的数量。criterion 定义了损失函数为交叉熵损失（nn. CrossEntropyLoss），optimizer 使用 Adam 优化器（optim. Adam）来更新模型参数。示例中，输入文本 "Hello，BERT!" 被分词器转换为适合 BERT 处理的张量格式，接着通过模型进行前向传播以获得输出。计算出的损失值与实际标签进行比较，然后通过反向传播［loss. backward()］计算梯度，并使用优化器［optimizer. step()］更新模型参数。

10.3.10 生成对抗网络

```
import torch
import torch.nn as nn
import torch.optim as optim

class Generator(nn.Module):
    def __init__(self):
        super(Generator,self).__init__()
        self.model = nn.Sequential(
            nn.Linear(100,256),
            nn.ReLU(),
            nn.Linear(256,512),
            nn.ReLU(),
            nn.Linear(512,1024),
            nn.ReLU(),
            nn.Linear(1024,784),
            nn.Tanh()
        )

    def forward(self,x):
        return self.model(x)

class Discriminator(nn.Module):
    def __init__(self):
        super(Discriminator,self).__init__()
        self.model = nn.Sequential(
            nn.Linear(784,1024),
            nn.LeakyReLU(0.2),
            nn.Linear(1024,512),
            nn.LeakyReLU(0.2),
            nn.Linear(512,256),
            nn.LeakyReLU(0.2),
            nn.Linear(256,1),
```

```
                nn.Sigmoid()
            )

        def forward(self,x):
            return self.model(x)

    generator = Generator()
    discriminator = Discriminator()
    criterion = nn.BCELoss()
    optimizer_g = optim.Adam(generator.parameters(),lr=0.0002,betas=(0.5,0.999))
    optimizer_d = optim.Adam(discriminator.parameters(),lr=0.0002,betas=(0.5,0.999))

    for epoch in range(100):
        noise = torch.randn(64,100)
        fake_data = generator(noise)
        real_labels = torch.ones(64,1)
        fake_labels = torch.zeros(64,1)

        outputs = discriminator(fake_data)
        d_loss_fake = criterion(outputs,fake_labels)

        real_data = torch.randn(64,784)
        outputs = discriminator(real_data)
        d_loss_real = criterion(outputs,real_labels)

        d_loss = d_loss_fake + d_loss_real
        optimizer_d.zero_grad()
        d_loss.backward()
        optimizer_d.step()

        noise = torch.randn(64,100)
        fake_data = generator(noise)
        outputs = discriminator(fake_data)
        g_loss = criterion(outputs,real_labels)

        optimizer_g.zero_grad()
        g_loss.backward()
        optimizer_g.step()
```

上述代码实现了一个简单的生成对抗网络的核心功能，使用PyTorch框架来构建和训练生成器和判别器两个模型。生成对抗网络包含两个主要部分：生成器和判别器。生成器负责生成假数据，目标是让这些假数据尽可能地逼真；而判别器的任务是区分输入数据是真实的还是生成的。生成器和判别器在训练过程中相互对抗，生成器通过不断改进其生成的数据来欺骗判别器，而判别器则通过不断改进其分类能力来提高识别假数据的准确性。

在代码中，Generator类定义了一个由全连接层构成的生成网络。输入是一个100维的随机噪声向量，经过几层线性变换和ReLU激活函数，最后通过Tanh激活函数输出一个784维的假数据样本。Discriminator类同样由全连接层构成，用于判别数据的真实性。它接收784维的数据样本，并经过几层线性变换和LeakyReLU激活函数，最后输出一个介于0～1之间的概率值，用于表示数据是真实的还是生成的。

在训练过程中，使用Adam优化器来优化生成器和判别器的参数。判别器的训练分为两个阶段：

① 首先使用生成的假数据来计算损失（d _ loss _ fake），然后用真实数据来计算损失（d _ loss _ real），最后将这两个损失相加得到判别器的总损失（d _ loss），并更新判别器的参数。

② 生成器生成新的假数据，并通过判别器计算损失（g _ loss），其目标是最大化判别器对假数据的错误分类率。生成器的损失函数计算的是假数据被判别器错误分类为真实数据的程度。之后通过反向传播计算梯度，并更新生成器的参数。这个过程在每个训练周期中不断重复，以便逐渐提高生成数据的质量并增强判别器的分类能力。

10.3.11 自编码器

```
import torch
import torch.nn as nn
import torch.optim as optim
class Autoencoder(nn.Module):
    def __init__(self):
        super(Autoencoder,self).__init__()
        self.encoder = nn.Sequential(
            nn.Linear(784,512),
            nn.ReLU(),
            nn.Linear(512,256),
            nn.ReLU(),
            nn.Linear(256,64)
        )
        self.decoder = nn.Sequential(
            nn.Linear(64,256),
            nn.ReLU(),
            nn.Linear(256,512),
            nn.ReLU(),
            nn.Linear(512,784),
            nn.Sigmoid()
        )
        def forward(self,x):
```

```
            encoded = self.encoder(x)
            decoded = self.decoder(encoded)
            return decoded
    autoencoder = Autoencoder()
    criterion = nn.MSELoss()
    optimizer = optim.Adam(autoencoder.parameters(),lr = 0.001)
    for epoch in range(20):
        inputs = torch.randn(64,784)
        outputs = autoencoder(inputs)
        loss = criterion(outputs,inputs)
        optimizer.zero_grad()
        loss.backward()
        optimizer.step()
```

上述代码实现了一个基本的自编码器，这是一个用于无监督学习的神经网络模型。自编码器由两部分组成：编码器和解码器。编码器负责将输入数据压缩成较低维度的表示，而解码器则从这个低维表示中重建出原始数据。自编码器的主要目的是学习输入数据的紧凑表示，以便能够有效地进行数据压缩或特征提取。

在这段代码中，Autoencoder 类定义了自编码器的结构。编码器部分由三层全连接层组成，每层之后都有 ReLU 激活函数，以引入非线性特性。编码器将输入从 784 维压缩到 64 维的潜在空间（latent space）表示。解码器部分同样由三层全连接层组成，但与编码器的结构相反，它将 64 维的潜在表示扩展回 784 维，最后通过 Sigmoid 激活函数将输出的值限制在 0～1 之间，以便与输入数据的范围相匹配。

autoencoder 对象是 Autoencoder 类的实例，定义了自编码器模型。损失函数使用均方误差（MSELoss），这是一种常见的回归损失函数，用于度量模型输出与真实输入之间的差距。优化器使用 Adam 算法，这是一个自适应学习率优化算法，能够有效地调整模型参数。

在训练过程中，代码循环执行 20 个周期。每个周期中随机生成 64 个样本（每个样本 784 维），通过自编码器生成重建数据，然后计算重建数据与原始数据之间的均方误差损失。通过调用 optimizer.zero_grad() 清除以前的梯度，loss.backward() 计算当前损失的梯度，最后通过 optimizer.step() 更新模型参数。整个训练过程的目的是使自编码器能够学习到更好的数据表示，从而在重建阶段尽可能减少输入数据的重建误差。

10.3.12　深度 Q 网络

```
import torch
import torch.nn as nn
import torch.optim as optim
import random
from collections import deque

class DQN(nn.Module):
    def __init__(self,state_dim,action_dim):
```

```
        super(DQN,self).__init__()
        self.fc1 = nn.Linear(state_dim,128)
        self.fc2 = nn.Linear(128,128)
        self.fc3 = nn.Linear(128,action_dim)

    def forward(self,x):
        x = torch.relu(self.fc1(x))
        x = torch.relu(self.fc2(x))
        return self.fc3(x)

class ReplayBuffer:
    def __init__(self,capacity):
        self.buffer = deque(maxlen=capacity)

    def push(self,transition):
        self.buffer.append(transition)

    def sample(self,batch_size):
        return random.sample(self.buffer,batch_size)

    def __len__(self):
        return len(self.buffer)

def compute_td_loss(model,target_model,optimizer,batch,gamma):
    states,actions,rewards,next_states,dones = zip(* batch)
    states = torch.tensor(states,dtype=torch.float32)
    actions = torch.tensor(actions,dtype=torch.int64)
    rewards = torch.tensor(rewards,dtype=torch.float32)
    next_states = torch.tensor(next_states,dtype=torch.float32)
    dones = torch.tensor(dones,dtype=torch.float32)

    q_values = model(states).gather(1,actions.unsqueeze(1)).squeeze(1)
    next_q_values = target_model(next_states).max(1)[0]
    expected_q_values = rewards + (gamma * next_q_values * (1 - dones))

    loss = nn.MSELoss()(q_values,expected_q_values)

    optimizer.zero_grad()
    loss.backward()
    optimizer.step()
    return loss

def main():
```

```
        state_dim = 4
        action_dim = 2
        buffer_capacity = 10000
        batch_size = 64
        gamma = 0.99
        learning_rate = 1e-3
        num_episodes = 1000

        model = DQN(state_dim,action_dim)
        target_model = DQN(state_dim,action_dim)
        target_model.load_state_dict(model.state_dict())
        optimizer = optim.Adam(model.parameters(),lr=learning_rate)
        replay_buffer = ReplayBuffer(buffer_capacity)

        for episode in range(num_episodes):
            state = env.reset()
            done = False
            while not done:
                action = model(torch.tensor(state,dtype=torch.float32).unsqueeze(0)).
max(1)[1].item()
                next_state,reward,done,_ = env.step(action)
                replay_buffer.push((state,action,reward,next_state,done))
                state = next_state

                if len(replay_buffer) >= batch_size:
                    batch = replay_buffer.sample(batch_size)
                    loss = compute_td_loss(model,target_model,optimizer,batch,gamma)

            if episode % 10 == 0:
                target_model.load_state_dict(model.state_dict())
```

上述代码实现了一个基本的深度 Q 网络算法用于强化学习任务。DQN 通过神经网络来逼近动作价值函数，从而使智能体能够从环境中学习最佳的行为策略。

代码分为四个主要部分：网络模型定义、经验回放缓冲区、TD 损失计算和训练主函数。

网络模型定义部分由 DQN 类实现，继承自 nn.Module，定义了一个简单的三层全连接神经网络。网络的输入层接收状态数据，经过两层具有 ReLU 激活函数的隐藏层，最终输出每个动作的 Q 值。forward 方法执行前向传播，计算每个动作的 Q 值。

经验回放缓冲区通过 ReplayBuffer 类实现。这个类使用一个双端队列（deque）存储智能体与环境交互的经验（即状态、动作、奖励、下一个状态和结束标志）。push 方法将新的经验添加到缓冲区，sample 方法随机抽取批量经验用于训练，__len__方法返回当前缓冲区的大小。

TD 损失计算在 compute_td_loss 函数中进行。函数计算当前策略的 Q 值和目标 Q 值之间的均方误差。目标Q值通过奖励加上折扣因子 gamma 乘以下一个状态的最大Q值来计算。然后通过反向传播更新 DQN 模型的参数，优化动作价值函数的逼近。

训练主函数 main 设置了 DQN 的超参数，包括状态维度、动作维度、经验缓冲区容量、批量大小、折扣因子、学习率和训练轮次。模型初始化后，目标模型的权重被设置为与主模型相同。智能体通过与环境交互收集经验，并将其存储在回放缓冲区中。每当缓冲区中的经验数量达到批量大小时，compute_td_loss 函数会被调用来计算损失并更新模型参数。每隔 10 个训练轮次，目标模型的权重会更新为主模型的权重，以稳定训练过程。

10.3.13 图神经网络

```
import torch
import torch.nn as nn
import torch_geometric.nn as pyg_nn

class GNNLayer(nn.Module):
    def __init__(self,input_dim,hidden_dim,output_dim):
        super(GNNLayer,self).__init__()
        self.conv1 = pyg_nn.GCNConv(input_dim,hidden_dim)
        self.conv2 = pyg_nn.GCNConv(hidden_dim,output_dim)

    def forward(self,data):
        x,edge_index = data.x,data.edge_index
        x = self.conv1(x,edge_index).relu()
        x = self.conv2(x,edge_index)
        return x

class GNN(nn.Module):
    def __init__(self,input_dim,hidden_dim,output_dim):
        super(GNN,self).__init__()
        self.gnn_layer = GNNLayer(input_dim,hidden_dim,output_dim)

    def forward(self,data):
        return self.gnn_layer(data)

# Example of using the GNN model
# Assume 'data' is a Data object from PyTorch Geometric dataset
model = GNN(input_dim=3,hidden_dim=64,output_dim=7)
optimizer = torch.optim.Adam(model.parameters(),lr=0.01)

# Training loop
for epoch in range(200):  # Example with 200 epochs
    model.train()
```

```
        optimizer.zero_grad()
        out = model(data)
        loss = loss_function(out,data.y)   # 'data.y' contains the labels
        loss.backward()
           optimizer.step()
```

上述代码使用 PyTorch 框架以及 PyTorch Geometric 库创建和训练了一个图神经网络（GNN）。图神经网络是一种专门处理图结构数据的深度学习模型，适用于节点分类、图分类、链接预测等多种任务。

代码首先定义了 GNNLayer 类，这是一个包含两个图卷积层（GCNConv）的模块。GCNConv 是图卷积操作的实现，它能够在图上进行特征传播和聚合。第一个图卷积层将输入特征转换到一个隐藏层，然后通过 ReLU 激活函数引入非线性。第二个图卷积层将隐藏层特征进一步转换到输出维度。

接着定义了 GNN 类，它是整个图神经网络模型的封装，包含一个 GNNLayer 实例，负责执行前向传播。

在模型初始化部分，创建了 GNN 的一个实例，指定了输入特征的维度、隐藏层的维度和输出的维度。然后定义了一个 Adam 优化器，这是深度学习中常用的优化算法，用于更新模型的参数。

训练循环展示了如何在多个周期上迭代模型，每个周期中，模型被设置为训练模式，梯度缓存被清零，然后执行模型的前向传播来获得输出，接着计算输出和真实标签之间的损失，通过反向传播算法计算梯度，并使用优化器来更新模型的参数。

10.4　TensorFlow 机器学习算法实现

10.4.1　线性回归

```
import tensorflow as tf
class LinearRegressionModel(tf.keras.Model):
    def __init__(self):
        super(LinearRegressionModel,self).__init__()
        self.dense = tf.keras.layers.Dense(1)
    def call(self,inputs):
        return self.dense(inputs)
x_data = tf.constant([[1.0],[2.0],[3.0]])
y_data = tf.constant([[2.0],[4.0],[6.0]])
model = LinearRegressionModel()
loss_fn = tf.keras.losses.MeanSquaredError()
optimizer = tf.keras.optimizers.SGD(learning_rate= 0.01)
for epoch in range(1000):
    with tf.GradientTape() as tape:
```

```
            predictions = model(x_data)
            loss = loss_fn(y_data,predictions)
        gradients = tape.gradient(loss,model.trainable_variables)
        optimizer.apply_gradients(zip(gradients,model.trainable_variables))

predictions = model(x_data)
print(predictions)
```

上述代码使用 TensorFlow 框架实现了一个简单的线性回归模型。首先导入 TensorFlow 库，然后定义了一个 LinearRegressionModel 类，它继承自 tf. keras. Model。这个类中包含一个 Dense 层，这是 Keras 中用于构建全连接神经网络层的类。在这个模型中，Dense 层被设置为输出一个值，适合线性回归任务。

在模型的 call 方法中，输入数据通过 self. dense 层进行线性变换。接着，创建了一些模拟数据 x _ data 和 y _ data，分别代表特征和目标值。

模型实例化后，定义了损失函数为均方误差（MeanSquaredError），这是线性回归常用的损失函数。优化器使用了学习率为 0. 01 的随机梯度下降（SGD）。

训练循环中，使用 tf. GradientTape（）来记录对模型参数的操作，以便后续计算梯度。在每个 Epoch 中，模型的预测输出和真实目标值之间的损失被计算出来，然后根据这个损失计算参数的梯度。最后优化器应用这些梯度来更新模型的权重。

训练完成后，使用训练好的模型对输入数据进行预测，并打印出预测结果。

10. 4. 2　逻辑回归

```
import tensorflow as tf

# 定义逻辑回归模型
class LogisticRegressionModel(tf.keras.Model):
    def __init__(self):
        super(LogisticRegressionModel,self).__init__()
        self.dense = tf.keras.layers.Dense(1,activation='sigmoid')

    def call(self,inputs):
        return self.dense(inputs)

# 创建数据
x_data = tf.constant([[1.0],[2.0],[3.0],[4.0]])
y_data = tf.constant([[0.0],[0.0],[1.0],[1.0]])

# 实例化模型、损失函数和优化器
model = LogisticRegressionModel()
loss_fn = tf.keras.losses.BinaryCrossentropy(from_logits=True)
optimizer = tf.keras.optimizers.Adam(learning_rate=0.01)
```

```
# 训练模型
for epoch in range(1000):
    with tf.GradientTape() as tape:
        predictions = model(x_data)
        loss = loss_fn(y_data,predictions)
    gradients = tape.gradient(loss,model.trainable_variables)
    optimizer.apply_gradients(zip(gradients,model.trainable_variables))

# 测试模型
predictions = model(x_data)
print(predictions > 0.5)
```

上述代码使用 TensorFlow 框架实现了一个逻辑回归模型，用于二分类问题。逻辑回归是一种线性模型，通过使用 Sigmoid 激活函数将线性输出映射到 0～1 之间，从而进行概率预测。

代码首先导入 TensorFlow 库，定义了一个名为 LogisticRegressionModel 的类，它继承自 tf.keras.Model。在这个模型中，定义了一个具有 1 个输出单元的 Dense 层，并指定了 sigmoid 激活函数，这确保了输出值在 0～1 之间，表示概率。

接着，创建了模拟的二分类数据 x _ data 和 y _ data，其中 x _ data 是特征集，y _ data 是对应的标签集。

模型实例化后，定义了损失函数为二元交叉熵（binary crossentropy），并设置“from _ logits=True”以直接使用模型的原始输出（即未经过激活函数的线性输出）。优化器使用了学习率为 0.01 的 Adam 算法。

训练循环中，使用 tf.GradientTape() 来记录对模型参数的操作，以便计算梯度。在每个 Epoch 中，模型的预测输出和真实标签之间的损失被计算出来，然后根据这个损失计算参数的梯度。优化器随后应用这些梯度来更新模型的权重。

训练完成后，使用训练好的模型对输入数据进行预测。通过将预测值与阈值 0.5 比较，将预测结果转换为二进制类别标签，并打印出来。

10.4.3 多层感知器

```
import tensorflow as tf

# 定义多层感知器模型
class MultilayerPerceptron(tf.keras.Model):
    def __init__(self):
        super(MultilayerPerceptron,self).__init__()
        self.flatten = tf.keras.layers.Flatten()
        self.dense1 = tf.keras.layers.Dense(128,activation='relu')
        self.dense2 = tf.keras.layers.Dense(64,activation='relu')
        self.output = tf.keras.layers.Dense(10,activation='softmax')
```

```
    def call(self,inputs):
        x = self.flatten(inputs)
        x = self.dense1(x)
        x = self.dense2(x)
        return self.output(x)

# 创建数据
x_data = tf.random.normal([100,784])  # 示例特征数据
y_data = tf.random.uniform([100,10],maxval=10,dtype=tf.int32)  # 示例标签数据

# 实例化模型、损失函数和优化器
model = MultilayerPerceptron()
loss_fn = tf.keras.losses.SparseCategoricalCrossentropy(from_logits=False)
optimizer = tf.keras.optimizers.Adam()

# 训练模型
for epoch in range(5):  # 简化示例,仅训练 5 个 epoch
    with tf.GradientTape() as tape:
        predictions = model(x_data)
        loss = loss_fn(y_data,predictions)
    gradients = tape.gradient(loss,model.trainable_variables)
    optimizer.apply_gradients(zip(gradients,model.trainable_variables))

# 测试模型
predictions = model(x_data)
print(tf.argmax(predictions,axis=1))
```

上述代码使用 TensorFlow 框架实现了一个多层感知器（MLP），用于处理分类问题。多层感知器是一种前馈神经网络，由多个全连接层（dense layers）组成。

代码首先导入 TensorFlow 库，然后定义了一个名为 MultilayerPerceptron 的类，它继承自 tf. keras. Model。在初始化方法中，构建了模型的层，包括一个 Flatten 层将输入数据展开成一维；两个 Dense 层作为隐藏层，使用 ReLU 激活函数；以及一个输出层，使用 Softmax 激活函数以输出概率分布。

call 方法定义了模型的前向传播过程，输入数据通过一系列层，最终得到预测结果。

接着，创建了随机生成的示例特征数据 x _ data 和标签数据 y _ data。然后实例化了模型，并定义了损失函数为稀疏分类交叉熵（sparse categorical crossentropy），这适用于标签为整数索引的情况。优化器使用了 Adam 算法。

训练循环中，使用 tf. GradientTape（）记录对模型参数的操作，以便计算梯度。在每个 Epoch 中，模型的预测输出和真实标签之间的损失被计算出来，然后根据损失计算参数的梯度，并应用优化器来更新模型的权重。

训练完成后，使用训练好的模型对输入数据进行预测，并使用 tf. argmax 函数找到预测概率最高的类别索引，即模型预测的类别。

10.4.4 卷积神经网络

```
import tensorflow as tf
# 定义卷积神经网络模型
class ConvNet(tf.keras.Model):
    def __init__(self):
        super(ConvNet,self).__init__()
        self.conv1 = tf.keras.layers.Conv2D(32,(3,3),activation='relu')
        self.flatten = tf.keras.layers.Flatten()
        self.dense1 = tf.keras.layers.Dense(128,activation='relu')
        self.dense2 = tf.keras.layers.Dense(10,activation='softmax')
    def call(self,inputs):
        x = self.conv1(inputs)
        x = self.flatten(x)
        x = self.dense1(x)
        return self.dense2(x)
# 创建数据
x_data = tf.random.normal([100,28,28,1])  # 示例灰度图像数据
y_data = tf.random.uniform([100,10],maxval=10,dtype=tf.int32)  # 示例标签数据
# 实例化模型、损失函数和优化器
model = ConvNet()
loss_fn = tf.keras.losses.SparseCategoricalCrossentropy(from_logits=False)
optimizer = tf.keras.optimizers.Adam()
# 训练模型
for epoch in range(5):  # 简化示例,仅训练 5 个 epoch
    with tf.GradientTape() as tape:
        predictions = model(x_data)
        loss = loss_fn(y_data,predictions)
    gradients = tape.gradient(loss,model.trainable_variables)
    optimizer.apply_gradients(zip(gradients,model.trainable_variables))
# 测试模型
predictions = model(x_data)
print(tf.argmax(predictions,axis=1))
```

上述代码使用 TensorFlow 框架实现了一个卷积神经网络（CNN），用于处理图像分类问题。卷积神经网络是一种深度学习模型，特别适用于图像识别任务，其能够捕捉图像的局部特征并逐层构建更为复杂和抽象的特征表示。

代码首先导入 TensorFlow 库，然后定义了一个名为 ConvNet 的类，它继承自 tf.keras.Model。在模型的初始化方法中，构建了 CNN 的基本层结构，包括一个卷积层 Conv2D，该层使用 32 个大小为 3×3 的卷积核，后接 ReLU 激活函数来增加非线性；一个 Flatten 层将卷积层的输出平铺为一维；两个全连接层 Dense，第一个具有 128 个神经元和 ReLU 激活函数，第二个输出层具有 10 个神经元，使用 Softmax 激活函数以进行多类别的

概率预测。

call 方法定义了模型的前向传播过程，输入图像数据通过卷积层提取特征，然后通过平铺和全连接层，最终输出预测结果。

接着，创建了随机生成的示例图像数据 x _ data 和标签数据 y _ data。实例化了模型，并定义了损失函数为稀疏分类交叉熵（sparse categorical crossentropy），这适用于标签为整数索引的情况。优化器使用了 Adam 算法，这是一种自适应学习率优化算法，常用于训练深度学习模型。

训练循环中，使用 tf. GradientTape() 来记录对模型参数的操作，以便计算梯度。在每个 Epoch 中，模型的预测输出和真实标签之间的损失被计算出来，然后根据这个损失计算参数的梯度，并应用优化器来更新模型的权重。

训练完成后，使用训练好的模型对输入数据进行预测，并使用 tf. argmax 函数找到预测概率最高的类别索引，即模型预测的类别。

10.4.5 循环神经网络

```
import tensorflow as tf
# 定义循环神经网络模型
class RNNModel(tf.keras.Model):
    def __init__(self):
        super(RNNModel,self).__init__()
        self.rnn = tf.keras.layers.SimpleRNN(50)
        self.dense = tf.keras.layers.Dense(10,activation='softmax')
    def call(self,inputs):
        x = self.rnn(inputs)
        return self.dense(x)
# 创建数据
x_data = tf.random.normal([100,10,20])  # 示例序列数据,[样本数,时间步长,特征数]
y_data = tf.random.uniform([100,10],maxval=10,dtype=tf.int32)  # 示例标签数据
# 实例化模型、损失函数和优化器
model = RNNModel()
loss_fn = tf.keras.losses.SparseCategoricalCrossentropy(from_logits=False)
optimizer = tf.keras.optimizers.Adam()
# 训练模型
for epoch in range(5):  # 简化示例,仅训练 5 个 epoch
    with tf.GradientTape() as tape:
        predictions = model(x_data)
        loss = loss_fn(y_data,predictions)
    gradients = tape.gradient(loss,model.trainable_variables)
    optimizer.apply_gradients(zip(gradients,model.trainable_variables))
# 测试模型
predictions = model(x_data)
print(tf.argmax(predictions,axis=1))
```

上述代码使用 TensorFlow 框架实现了一个简单的循环神经网络（RNN）模型，用于处理序列数据的分类问题。RNN 是一种适合于处理序列数据的神经网络，能够捕捉时间序列中的动态特征。

代码首先导入 TensorFlow 库，并定义了一个名为 RNNModel 的类，它继承自 tf. keras. Model。在模型的初始化方法中，构建了模型的基本层结构，包括一个 SimpleRNN 层，该层具有 50 个单元，以及一个具有 10 个神经元的全连接 Dense 层，使用 Softmax 激活函数以进行多类别的概率预测。

call 方法定义了模型的前向传播过程，输入序列数据通过 RNN 层处理后，再通过全连接层输出预测结果。

接着，创建了随机生成的示例序列数据 x _ data 和标签数据 y _ data。序列数据具有形状“[样本数，时间步长，特征数]”，这符合 RNN 处理序列数据的需要。然后实例化了模型，并定义了损失函数为稀疏分类交叉熵，这适用于标签为整数索引的情况。优化器使用了 Adam 算法。

训练循环中，使用 tf. GradientTape() 来记录对模型参数的操作，以便计算梯度。在每个 Epoch 中，模型的预测输出和真实标签之间的损失被计算出来，然后根据这个损失计算参数的梯度，并应用优化器来更新模型的权重。

训练完成后，使用训练好的模型对输入数据进行预测，并使用 tf. argmax 函数找到预测概率最高的类别索引，即模型预测的类别。

10.4.6 长短期记忆网络

```
# 创建 LSTM 模型
import tensorflow as tf
# 定义长短期记忆网络模型
class LSTMModel(tf. keras. Model):
    def __init__(self):
        super(LSTMModel,self). __init__()
        self. lstm = tf. keras. layers. LSTM(50)
        self. dense = tf. keras. layers. Dense(10,activation='softmax')

    def call(self,inputs):
        x = self. lstm(inputs)
        if self. trainable:
            return self. dense(x[0])  # 对于训练,使用 LSTM 最后一个时间步的输出
        else:
            return self. dense(x[:,-1,:])  # 对于推理,使用 LSTM 最后一个时间步的输出
# 创建数据
x_data = tf. random. normal([100,10,20])  # 示例序列数据,[样本数,时间步长,特征数]
y_data = tf. random. uniform([100,10],maxval=10,dtype=tf. int32)  # 示例标签数据
# 实例化模型、损失函数和优化器
model = LSTMModel()
```

```
loss_fn = tf.keras.losses.SparseCategoricalCrossentropy(from_logits=False)
optimizer = tf.keras.optimizers.Adam()
# 训练模型
for epoch in range(5):  # 简化示例,仅训练 5 个 epoch
    with tf.GradientTape() as tape:
        predictions = model(x_data,training=True)
        loss = loss_fn(y_data,predictions)
    gradients = tape.gradient(loss,model.trainable_variables)
    optimizer.apply_gradients(zip(gradients,model.trainable_variables))
# 测试模型
predictions = model(x_data,training=False)
print(tf.argmax(predictions,axis=1))
```

上述代码使用 TensorFlow 框架实现了一个长短期记忆网络模型，用于处理序列数据的分类问题。LSTM 是一种特殊类型的循环神经网络，它能够学习长期依赖关系，并避免传统 RNN 的梯度消失或爆炸问题。

代码首先导入 TensorFlow 库，并定义了一个名为 LSTMModel 的类，它继承自 tf.keras.Model。在模型的初始化方法中，构建了模型的基本层结构，包括一个 LSTM 层，该层具有 50 个单元，以及一个具有 10 个神经元的全连接 Dense 层，使用 Softmax 激活函数以进行多类别的概率预测。

call 方法定义了模型的前向传播过程。当模型处于训练模式时，call 方法将返回 LSTM 最后一个时间步的输出；当模型处于非训练模式（推理模式）时，将返回处理后所有时间步的输出的平均值或最后一个时间步的输出，这里使用的是最后一个时间步的输出，这通常用于序列分类任务。

接着，创建了随机生成的示例序列数据 x _ data 和标签数据 y _ data。然后实例化了模型，并定义了损失函数为稀疏分类交叉熵，这适用于标签为整数索引的情况。优化器使用了 Adam 算法。

训练循环中，使用 tf.GradientTape() 来记录对模型参数的操作，以便计算梯度。在每个 Epoch 中，模型的预测输出和真实标签之间的损失被计算出来，然后根据这个损失计算参数的梯度，并应用优化器来更新模型的权重。

训练完成后，使用训练好的模型对输入数据进行预测，并使用 tf.argmax 函数找到预测概率最高的类别索引，即模型预测的类别。

10.4.7 门控循环单元

```
import tensorflow as tf

# 定义门控循环单元网络模型
class GRUModel(tf.keras.Model):
    def __init__(self):
        super(GRUModel,self).__init__()
```

```
        self.gru = tf.keras.layers.GRU(50)
        self.dense = tf.keras.layers.Dense(10,activation='softmax')

    def call(self,inputs,training=False):
        outputs = self.gru(inputs,training=training)
        return self.dense(outputs[0])

# 创建数据
x_data = tf.random.normal([100,10,20])  # 示例序列数据,[样本数,时间步长,特征数]
y_data = tf.random.uniform([100,10],maxval=10,dtype=tf.int32)  # 示例标签数据

# 实例化模型、损失函数和优化器
model = GRUModel()
loss_fn = tf.keras.losses.SparseCategoricalCrossentropy(from_logits=False)
optimizer = tf.keras.optimizers.Adam()

# 训练模型
for epoch in range(5):  # 简化示例,仅训练 5 个 epoch
    with tf.GradientTape() as tape:
        predictions = model(x_data,training=True)
        loss = loss_fn(y_data,predictions)
    gradients = tape.gradient(loss,model.trainable_variables)
    optimizer.apply_gradients(zip(gradients,model.trainable_variables))

# 测试模型
predictions = model(x_data,training=False)
print(tf.argmax(predictions,axis=1))
```

上述代码使用 TensorFlow 框架实现了一个门控循环单元（GRU）网络模型，用于处理序列数据的分类问题。GRU 是循环神经网络的一种变体，它通过引入门控机制来控制信息的流动，从而更好地捕获长距离依赖关系，同时缓解梯度消失问题。

代码首先导入 TensorFlow 库，并定义了一个名为 GRUModel 的类，它继承自 tf.keras.Model。在模型的初始化方法中，构建了模型的基本层结构，包括一个 GRU 层，该层具有 50 个单元，以及一个具有 10 个神经元的全连接 Dense 层，使用 Softmax 激活函数以进行多类别的概率预测。

call 方法定义了模型的前向传播过程。此方法接收输入数据和训练标志“training”，并根据这些参数执行 GRU 层的前向传播。在训练过程中，training 参数设置为 True 以启用 dropout 等训练特有的层行为；在推理过程中，设置为 False。outputs[0] 获取 GRU 层在最后一个时间步的输出，该输出被传递到全连接层进行分类。

接着，创建了随机生成的示例序列数据 x _ data 和标签数据 y _ data。实例化了模型，并定义了损失函数为稀疏分类交叉熵，这适用于标签为整数索引的情况。优化器使用了 Adam 算法。

训练循环中，使用 tf. GradientTape() 来记录对模型参数的操作，以便计算梯度。在每个 Epoch 中，模型的预测输出和真实标签之间的损失被计算出来，根据这个损失计算参数的梯度，并应用优化器来更新模型的权重。

训练完成后，使用训练好的模型对输入数据进行预测，并使用 tf. argmax 函数找到预测概率最高的类别索引，即模型预测的类别。

10.4.8 Transformer 模型

```
import tensorflow as tf
# 定义 Transformer 模型
class TransformerModel(tf. keras. Model):
    def __init__(self,vocab_size,d_model,num_heads,dff,num_encoder_layers,num_de
coder_layers):
        super(TransformerModel,self). __init__()
        self. encoder = tf. keras. Sequential(
            [tf. keras. layers. Embedding(vocab_size,d_model),
             tf. keras. layers. TransformerEncoder(vocab_size,num_heads,dff,num_
encoder_layers)]
        )
        self. decoder = tf. keras. Sequential(
            [tf. keras. layers. Embedding(vocab_size,d_model),
             tf. keras. layers. TransformerDecoder(vocab_size,num_heads,dff,num_
decoder_layers)]
        )
        self. final_layer = tf. keras. layers. Dense(vocab_size)
    def call(self,inp,training=False):
        encoder_output = self. encoder(inp)
        decoder_output = self. decoder(encoder_output)
        output = self. final_layer(decoder_output)
        return output
# 假设参数设置
vocab_size = 10000   # 词汇表大小
d_model = 512         # 模型维度
num_heads = 8         # 注意力头数
dff = 2048           # 馈入前馈网络的维度
num_encoder_layers = 6  # 编码器层数
num_decoder_layers = 6  # 解码器层数
# 创建数据
input_data = tf. random. uniform((64,42),maxval = vocab_size,dtype = tf. int32)   # 示
例输入数据
# 实例化模型、损失函数和优化器
model = TransformerModel(vocab_size,d_model,num_heads,dff,num_encoder_layers,
num_decoder_layers)
```

```
loss_fn = tf.keras.losses.SparseCategoricalCrossentropy(from_logits=True)
optimizer = tf.keras.optimizers.Adam()
# 训练模型
for epoch in range(5):  # 简化示例,仅训练 5 个 epoch
    with tf.GradientTape() as tape:
        predictions = model(input_data,training=True)
        loss = loss_fn(input_data,predictions)  # Transformer 通常使用交叉熵损失
    gradients = tape.gradient(loss,model.trainable_variables)
    optimizer.apply_gradients(zip(gradients,model.trainable_variables))
# 测试模型
predictions = model(input_data,training=False)
predicted_ids = tf.argmax(predictions,axis=-1)
print(predicted_ids)
```

上述代码使用 TensorFlow 框架实现了一个 Transformer 模型，这是一种主要用于处理序列到序列任务的先进神经网络架构，尤其在自然语言处理领域的机器翻译等任务中表现出色。Transformer 模型的核心是自注意力机制，它允许模型在编码和解码时考虑序列中的所有位置，从而捕获长距离依赖关系。

代码首先定义了一个 TransformerModel 类，它继承自 tf.keras.Model。在类的初始化方法中，构建了模型的编码器和解码器部分。编码器由一个嵌入层和一个 Transformer 编码器层组成，而解码器同样由一个嵌入层和一个 Transformer 解码器层组成。编码器和解码器的输出通过一个最终的密集层转换为预测输出，该层的输出维度与词汇表大小相同，用于生成每个时间步的预测。

接着，创建了模拟的输入数据 input _ data，这些数据是随机生成的整数序列，代表了一系列文本序列的索引。然后实例化了 Transformer 模型，并定义了损失函数为稀疏分类交叉熵，这适用于从模型的原始输出中直接预测类别的情况。优化器使用了 Adam 算法，这是一种基于自适应估计的梯度下降方法，常用于训练深度学习模型。

训练循环中，使用 tf.GradientTape 来记录对模型参数的操作，以便后续计算梯度。在每个 Epoch 中，模型的预测输出和真实标签之间的损失被计算出来，然后根据这个损失计算参数的梯度，并应用优化器来更新模型的权重。

训练完成后，模型对输入数据进行预测。使用 tf.argmax 函数在最后一个维度上找到概率最高的索引，这些索引代表预测的词汇。

10.4.9　BERT

```
import tensorflow as tf
import tensorflow_hub as hub
from official.nlp import optimization
from official.nlp.bert import tokenization
from official.nlp.bert import BertConfig

# BERT 配置
```

```
bert_config = BertConfig(vocab_size=30522,hidden_size = 768,num_hidden_layers=
12,num_attention_heads=12,intermediate_size=3072)

# 检查点目录,用于保存和加载模型
checkpoint_dir = "./bert_checkpoints"

# 下载并加载预训练 BERT 模型
bert_pretrained_model = hub.KerasLayer("https://tfhub.dev/tensorflow/bert_en_
uncased_L-12_H-768_A-12/1",trainable=True)

# 定义 BERT 模型
class BERTModel(tf.keras.Model):
    def __init__(self,config):
        super(BERTModel,self).__init__()
        self.bert = hub.KerasLayer("https://tfhub.dev/tensorflow/bert_en_un
cased_L-12_H-768_A-12/1",trainable=True)

    def call(self,inputs):
        input_ids,input_mask,segment_ids = inputs
        outputs = self.bert(inputs=[input_ids,input_mask,segment_ids])
        return outputs['pooled_output']

# 准备 BERT 输入数据
tokenizer = tokenization.FullTokenizer(vocab_file="vocab.txt")  # 假设 vocab.txt
是 BERT 词汇表文件的路径
# 假设我们有一些文本数据
text_sentences = ["Hello,TensorFlow!","BERT is awesome."]
# 对文本进行编码,转换为 BERT 模型的输入格式
input_ids,input_mask,segment_ids = tokenizer.encode_plus(
    text_sentences,add_special_tokens=True)

# 实例化模型
model = BERTModel(bert_config)

# 优化器和损失函数
optimizer = optimization.AdamWeightDecayOptimizer(learning_rate = 2e-5,weight_
decay_rate=0.01,epsilon=1e-6,exclude_from_weight_decay=["layer_norm","bias"])

# 训练模型
@tf.function
def train_step():
    with tf.GradientTape() as tape:
        logits = model([input_ids,input_mask,segment_ids])
```

```
        loss = tf.keras.losses.sparse_categorical_crossentropy(y_true,logits)
    gradients = tape.gradient(loss,model.trainable_variables)
    optimizer.apply_gradients(zip(gradients,model.trainable_variables))

# 假设 y_true 是真实标签
y_true = tf.constant([[1],[0]])

# 执行训练步骤
train_step()
```

上述代码展示了如何在 TensorFlow 框架中使用 BERT 模型。BERT 是一种预训练的深度双向表示，通过在大量文本上进行训练，学习到语言的丰富特征，因此在各种自然语言处理任务中表现出色。

代码开始时，首先导入 TensorFlow 和 TensorFlow Hub 库，然后定义了 BERT 模型的配置，包括词汇表大小、隐藏层大小、隐藏层数、注意力头数和中间层大小，最后指定了检查点目录，用于保存模型训练过程中的参数。

使用 TensorFlow Hub 下载了一个预训练的 BERT 模型，这个模型可以在多种语言理解任务中使用。定义了一个 BERTModel 类，它继承自 tf.keras.Model，并使用 TensorFlow Hub 的 BERT 层作为其核心组件。call 方法定义了 BERT 模型的前向传播过程，接收输入 ID、输入掩码和段落 ID，输出 BERT 模型的汇总嵌入。

代码中还展示了如何使用 BERT 的分词器对文本数据进行编码，转换为模型的输入格式。然后实例化了 BERT 模型，并定义了一个优化器，这是基于 Adam 的权重衰减优化器，适用于 BERT 模型的训练。

训练模型的代码使用了 tf.GradientTape 来记录和计算梯度，并通过优化器应用这些梯度来更新模型的参数。这里定义了一个训练步骤的函数 train_step，它将被用于模型的训练过程。

总结来说，这段代码提供了一个使用 TensorFlow 和 TensorFlow Hub 实现 BERT 模型的示例。BERT 模型因其在理解语言方面的先进能力，已成为自然语言处理领域的一个关键工具。通过预训练和微调，BERT 可以适应各种任务，包括文本分类、问答系统、命名实体识别等。TensorFlow Hub 简化了 BERT 模型的访问和使用，使得开发者可以轻松地将 BERT 的强大功能集成到自己的应用中。

10.4.10　生成对抗网络

```
import tensorflow as tf

# 定义生成器网络
class Generator(tf.keras.Model):
    def __init__(self):
        super(Generator,self).__init__()
        self.gen = tf.keras.Sequential([
```

```
                tf.keras.layers.Dense(7*7*256,use_bias=False,input_shape=(100,)),
                tf.keras.layers.BatchNormalization(),
                tf.keras.layers.LeakyReLU(),
                tf.keras.layers.Reshape((7,7,256)),
                tf.keras.layers.Conv2DTranspose(128,5,strides=(1,1),padding = 'same',
use_bias=False),
                tf.keras.layers.BatchNormalization(),
                tf.keras.layers.LeakyReLU(),
                tf.keras.layers.Conv2DTranspose(64,5,strides=(2,2),padding='same',
use_bias=False),
                tf.keras.layers.BatchNormalization(),
                tf.keras.layers.LeakyReLU(),
                tf.keras.layers.Conv2DTranspose(3,5,strides=(2,2),padding='same',use
_bias=False,activation='tanh')
            ])

        def call(self,inputs):
            return self.gen(inputs)

    # 定义判别器网络
    class Discriminator(tf.keras.Model):
        def __init__(self):
            super(Discriminator,self).__init__()
            self.disc = tf.keras.Sequential([
                tf.keras.layers.Conv2D(64,5,strides = (2,2),padding = 'same',input_shape =
[7,7,256]),
                tf.keras.layers.LeakyReLU(),
                tf.keras.layers.Dropout(0.3),
                tf.keras.layers.Conv2D(128,5,strides=(2,2),padding='same'),
                tf.keras.layers.LeakyReLU(),
                tf.keras.layers.Dropout(0.3),
                tf.keras.layers.Flatten(),
                tf.keras.layers.Dense(1)
            ])

        def call(self,inputs):
            return self.disc(inputs)

    # 实例化生成器和判别器
    generator = Generator()
    discriminator = Discriminator()

    # 定义损失函数和优化器
```

```
    cross_entropy = tf.keras.losses.BinaryCrossentropy(from_logits=True)
    generator_optimizer = tf.keras.optimizers.Adam(1e-4)
    discriminator_optimizer = tf.keras.optimizers.Adam(1e-4)

    # 训练循环
    @tf.function
    def train_step(images):
         noise = tf.random.normal([len(images),100])

         with tf.GradientTape() as gen_tape,tf.GradientTape() as disc_tape:
              generated_images = generator(noise,training=True)

              real_output = discriminator(images,training=True)
              fake_output = discriminator(generated_images,training=True)

              gen_loss = cross_entropy(tf.ones_like(fake_output),fake_output)
              disc_loss = cross_entropy(tf.ones_like(real_output),real_output) +
cross_entropy(tf.zeros_like(fake_output),fake_output)

         gradients_of_generator = gen_tape.gradient(gen_loss,generator.trainable_varia
bles)
         gradients_of_discriminator = disc_tape.gradient(disc_loss,discriminator.trainable_
variables)

         generator_optimizer.apply_gradients(zip(gradients_of_generator,generator.
trainable_variables))
         discriminator_optimizer.apply_gradients(zip(gradients_of_discriminator,dis-
criminator.trainable_variables))

    # 假设有一些真实图像数据
    real_images = tf.random.normal([32,7,7,256])

    # 执行训练步骤
    train_step(real_images)
```

上述代码示例展示了如何在 TensorFlow 中构建和训练一个生成对抗网络（GAN）。GAN 是一种由生成器和判别器组成的深度学习模型，用于生成与真实数据相似的新数据。

生成器是一个从随机噪声中生成数据的神经网络，通常使用转置卷积层逐步构建数据。在示例中，生成器以一个具有 100 个维度的随机向量作为输入，并通过一系列密集连接层、批量归一化层、LeakyReLU 激活函数和转置卷积层来生成具有特定形状的图像。

判别器是一个卷积神经网络，用于区分输入的图像是来自真实数据集还是生成器。它使用卷积层、LeakyReLU 激活函数和 Dropout 正则化来学习区分真假图像的特征。

在训练循环中，使用 tf. GradientTape 来记录操作并计算梯度。生成器和判别器共享相同的优化器设置，这里使用了 Adam 优化器。训练过程中，生成器试图最小化由判别器判断为假图像的概率，而判别器则试图最大化正确分类真假图像的概率。

代码中的 train_step 函数定义了单个训练步骤，其中包括生成噪声、生成假图像、计算损失和应用梯度。这个函数在训练过程中被反复调用，以逐步训练 GAN 生成高质量的图像。

10.4.11 自编码器

```
import tensorflow as tf

# 定义自编码器模型
class Autoencoder(tf.keras.Model):
    def __init__(self):
        super(Autoencoder,self).__init__()
        # 编码器
        self.encoder = tf.keras.Sequential([
            tf.keras.layers.InputLayer(input_shape=(784,)),
            tf.keras.layers.Dense(256,activation='relu'),
            tf.keras.layers.Dense(128,activation='relu'),
            tf.keras.layers.Dense(64,activation='relu')
        ])
        # 解码器
        self.decoder = tf.keras.Sequential([
            tf.keras.layers.Dense(128,activation='relu',input_shape=(64,)),
            tf.keras.layers.Dense(256,activation='relu'),
            tf.keras.layers.Dense(784,activation='sigmoid')
        ])

    def call(self,inputs):
        encoded = self.encoder(inputs)
        decoded = self.decoder(encoded)
        return decoded

# 实例化自编码器模型
model = Autoencoder()

# 定义损失函数和优化器
loss_fn = tf.keras.losses.MeanSquaredError()
optimizer = tf.keras.optimizers.Adam(1e-4)

# 训练模型
```

```
@tf.function
def train_step(images):
    with tf.GradientTape() as tape:
        reconstructed_images = model(images,training=True)
        loss = loss_fn(images,reconstructed_images)
    gradients = tape.gradient(loss,model.trainable_variables)
    optimizer.apply_gradients(zip(gradients,model.trainable_variables))

# 假设有一些图像数据
images = tf.random.normal([64,784])  # 假设每张图像是 28×28 像素,拉平成 784

# 执行训练步骤
train_step(images)
```

上述代码示例展示了如何在 TensorFlow 中构建和训练一个自编码器。自编码器是一种特殊类型的神经网络，用于学习数据的压缩表示，可以用于特征学习、数据去噪和降维等任务。

代码首先定义了一个名为 Autoencoder 的类，它继承自 tf.keras.Model。这个类中定义了自编码器的两个主要部分：编码器和解码器。编码器由一系列全连接的 Dense 层组成，负责将输入数据逐步压缩成一个低维的编码表示。解码器同样是一系列全连接层，但执行相反的操作，将编码逐步放大并重构回原始数据的形状。

在 call 方法中，输入数据首先通过编码器得到编码，然后通过解码器重构回原始数据的形状。这个重构的输出用于计算损失函数，以训练自编码器。

接着，实例化了自编码器模型，并定义了均方误差（MSE）作为损失函数，以及 Adam 优化器用于更新模型权重。

训练循环中，使用 tf.GradientTape 来记录梯度计算过程。在每个训练步骤中，输入数据通过模型进行前向传播，计算重构误差，然后根据这个误差计算梯度，最后使用优化器应用这些梯度来更新模型的参数。

在代码的最后部分，创建了一些随机生成的图像数据作为示例输入，并调用 train_step 函数来执行一个训练步骤。

第11章

未来发展趋势与挑战

11.1　自动机器学习

11.1.1　自动机器学习基础理论

自动机器学习是集成式机器学习未来发展的重要方向，是一项旨在通过自动化技术来简化和优化机器学习模型开发流程的革命性方法。传统的机器学习模型开发通常需要经验丰富的数据科学家和机器学习专家手动实现，包含多个步骤，包括选择合适的算法、调优超参数、设计特征工程以及数据预处理等。这一过程不仅耗时，而且对专业知识要求极高，许多企业和组织因此面临高昂的时间和人力成本。AutoML 的出现则使这些复杂的流程自动化，显著降低了机器学习应用的技术门槛，使得非专业人员也能够构建出高性能的模型，并且在许多情况下，AutoML 还能比手工调整的模型表现更好，这种自动化技术的进步正在改变机器学习开发的方式，推动其更加普及和广泛应用。

AutoML 的基本概念涵盖了多个核心部分，这些部分共同构成了机器学习流程的自动化框架。首先是自动化模型选择，这是 AutoML 系统的基础之一，它通过算法自动从候选模型中选择最适合当前任务的数据模型，而不需要人工反复测试多个模型。其次是自动化超参数优化，这一部分通过搜索算法自动调整模型的超参数，以确保模型在给定数据集上的最佳表现。此外，AutoML 还包含自动化的特征工程和数据预处理，其中自动化特征工程能够从原始数据中自动提取和选择最有效的特征，而自动化数据预处理则处理数据中的缺失值、异常值以及其他质量问题，从而确保数据的清洁和一致性。这些自动化步骤大大提高了模型开发的效率，同时减少了人为干预导致的模型性能波动。

在集成式机器学习的背景下，AutoML 不仅能够自动选择和优化单一模型，还可以自动设计和生成强大的集成模型。例如，AutoML 工具可以自动选择多种基础模型，应用不同的集成策略，并通过交叉验证和优化算法找到最佳的集成方式。这一过程极大地提升了模型的预测性能，同时减少了开发者的工作量。此外，AutoML 还能动态调整集成模型的权重和结构，使其在不同任务或数据集上表现出色。这种自动化的集成学习方法，使得高效的模型构建成为可能，并推动了集成学习技术在各个领域的应用。

AutoML 的背景和发展与机器学习以及人工智能技术的迅猛进步密切相关。在大数据时代，随着数据量和计算能力的爆炸式增长，企业和研究机构面临处理海量复杂数据的挑战。尽管机器学习技术能够为这些数据提供深刻洞见和预测能力，但其开发和应用却受到高昂的技术门槛和成本限制。为了解决这一问题，研究人员和企业开始着手开发自动化技术，简化机器学习模型的开发流程，从而减少对人工经验的依赖。AutoML 由此应运而生，并迅速成为一项具有广泛影响力的技术，其不仅加速了机器学习在各个行业的普及，还促进了机器学习应用的标准化和高效化。

随着 AutoML 技术的不断成熟，其未来发展将进一步融合深度学习、迁移学习等前沿技术，推动集成学习模型的智能化和自动化。未来的 AutoML 系统可能会更加智能化，能够自动识别问题类型、选择合适的模型架构、动态调整训练策略，甚至能根据实时反馈进行在线学习。这将进一步降低机器学习的应用门槛，让更多行业和领域从中受益。同时，随着计算能力的提升和算法优化，AutoML 在处理大规模数据、复杂问题和实时任务时的效率和准确性将得到进一步提升，推动集成式机器学习在实际应用中的广泛落地。

展望未来，AutoML不仅将在当前的应用领域内继续扩展，还将推动机器学习技术的进一步创新和发展。随着计算能力的持续提升和算法的不断优化，AutoML系统将更加智能化和多样化，能够自动适应不同任务的需求，提供更灵活、更精确的解决方案。此外，AutoML还将与其他前沿技术如深度学习、迁移学习、强化学习等进一步融合，推动机器学习的自动化应用进入新的阶段。未来的AutoML系统可能不仅仅局限于结构化数据，还将更好地处理图像、文本、语音等多模态数据，使其在各个领域的应用更加广泛和深入。总之，AutoML的持续发展将极大地改变机器学习的技术生态，为各行各业带来新的机遇和挑战。

11.1.2 自动化特征工程与数据预处理

特征工程与数据预处理是机器学习中至关重要的环节，它们直接影响模型的性能和泛化能力。在传统的机器学习流程中，特征工程和数据预处理通常需要专家依据经验手动完成。这包括特征选择、特征生成、数据清洗、缺失值填补、数据标准化和归一化等任务。手动执行这些步骤不仅耗时耗力，还容易因主观因素导致特征选择不当，从而影响模型效果。随着数据规模和复杂性的增加，这一问题变得更加突出。

自动化特征工程与数据预处理的出现，极大地简化了这一流程。自动化工具可以通过算法自动从数据中提取有意义的特征，并对数据进行清洗和预处理。例如，自动特征生成工具可以从原始数据中自动创建多种新特征，并通过特征选择算法自动筛选出最具代表性的特征。而对于数据预处理，自动化工具可以自动检测并处理缺失值、异常值，并根据数据分布自动选择合适的标准化或归一化方法。这种自动化的方式不仅提高了效率，还减少了人工操作带来的误差。

此外，自动化特征工程与数据预处理还能够实现特征重要性的自动评估和动态调整。在模型训练过程中，自动化工具能够实时监控特征的重要性，并根据训练结果自动优化特征集。这种动态调整功能使得特征工程能够更好地适应不同的数据集和任务需求，从而进一步提升模型的性能和鲁棒性。总的来说，特征工程与数据预处理的自动化，不仅提升了机器学习流程的效率，还为构建高质量模型提供了强有力的技术支持。

11.1.3 AutoML的挑战与未来发展

尽管AutoML技术在降低机器学习的使用门槛、提升模型性能等方面取得了显著进展，但它仍面临着一系列挑战。首先，AutoML在处理大规模数据集和复杂模型时，计算资源的需求非常高。AutoML通常需要探索大量模型架构和超参数组合，这一过程往往需要大量的计算资源和存储空间，这对资源有限的应用场景构成了挑战。此外，随着数据规模的增加，如何在保证模型质量的同时提升AutoML的计算效率，成为研究人员亟待解决的问题。

另一个挑战是模型的可解释性与透明性。虽然AutoML技术能自动生成高性能的模型，但这些模型往往是黑箱式的，对于非专家来说，难以理解其内部工作机制。这在一些对决策过程透明度要求较高的领域（如医疗和金融）尤为关键。研究人员正在探索如何在自动化模型生成的过程中，融入可解释性机制，从而使最终模型不仅性能优越，还能够被用户理解和信任。

数据隐私和安全性问题也是AutoML面临的重要挑战。随着数据隐私保护法规的逐渐严格，如何在AutoML流程中保护敏感数据、避免数据泄露成为研究热点。传统的

AutoML 工具通常需要访问大量数据以进行模型训练，这可能导致潜在的隐私风险。未来的 AutoML 技术需要整合联邦学习、差分隐私等技术，确保在不直接访问数据的情况下，仍能完成高效的模型训练。

展望未来，AutoML 的技术将继续向智能化、多样化发展。随着深度学习、迁移学习等技术的深入融合，未来的 AutoML 系统将更加智能化，能够根据不同任务自动选择最优策略，并动态调整训练过程。同时，AutoML 的应用场景也将更加广泛，从传统的结构化数据处理扩展到图像、文本、语音等多模态数据。随着这些技术的发展，AutoML 将不仅在学术研究中扮演重要角色，还将在工业应用中成为推动创新的重要力量。

11.2　量子机器学习

11.2.1　量子机器学习基础理论

量子机器学习（quantum machine learning，QML）是将量子计算与机器学习结合的一门新兴领域，旨在利用量子计算的独特特性，如叠加、纠缠和量子并行性，来提升机器学习算法的效率和性能。通过量子计算的强大计算能力，QML 有望在处理高维数据、加速优化算法以及提升模型训练速度等方面展现出比经典计算更为优越的潜力。QML 不仅为传统机器学习问题提供了新的解决方案，还为开发全新的算法和应用开辟了广阔的前景，是人工智能和量子计算领域的重要交叉点。

量子计算与经典计算的主要区别在于它们处理信息和存储信息的方式与经典计算不同。经典计算基于比特，每个比特可以是 0 或 1，而量子计算使用量子比特，每个量子比特可以同时处于 0 和 1 的叠加状态，这赋予了量子计算并行处理大量信息的能力。此外，量子计算利用量子纠缠和量子干涉等独特的量子现象，可以在某些复杂问题上显著加速计算速度，如因数分解和搜索问题。与经典计算相比，量子计算有潜力在解决某些特定问题时提供指数级的性能提升。

QML 的优势在于它结合了量子计算和传统机器学习的强大功能，能够显著加速复杂计算任务的处理。通过利用量子叠加、纠缠和量子干涉等特性，QML 可以并行处理和存储更大规模的数据，从而在高维空间中执行更高效的计算。特别是在大数据分析、优化问题和处理非结构化数据时，QML 有望显著提高计算效率，缩短模型训练时间，甚至解决经典计算难以应对的问题，使其在某些领域如金融建模、药物发现和材料科学中展现出巨大的应用潜力。

QML 开发工具和平台为研究人员和开发者提供了构建和测试量子机器学习算法的基础设施，这些工具通常包括量子编程框架、量子计算模拟器和实际量子计算机的访问接口。例如，IBM 的 Qiskit 和 Google 的 Cirq 是两个主要的开源量子计算框架，它们支持量子算法的开发、测试和优化。另一种重要的工具是 Pennylane，它专注于将量子计算与深度学习框架集成。此外，量子计算平台如 IBM Quantum Experience、Google Quantum AI 和 Microsoft Azure Quantum 提供了对实际量子计算机的远程访问，使得开发者能够在真实的量子硬件上运行和验证他们的 QML 算法。这些工具和平台的不断进步，推动了量子机器学习领域的研究和应用发展。

11.2.2 量子机器学习基本原理

QML结合了量子计算的独特特性和机器学习的核心技术，开创了一种新颖的计算模式。其基本原理包括量子比特的使用，这些量子比特能够同时处于多个状态的叠加态，而不是像经典比特那样只能处于0或1的状态。这种叠加态允许量子计算在一个操作中处理大量数据，从而大幅提升计算速度和效率。这意味着QML可以在处理大规模数据集时显著缩短模型训练时间，并提高数据处理的能力。

另一重要的量子特性是量子纠缠，这是一种量子比特之间的强关联状态，即使它们相隔很远也能即时影响对方。量子纠缠使得QML能够处理复杂的数据关联和模式识别问题，因为它允许信息在量子比特间以超越经典计算机的方式进行传递和共享。这种特性使得QML在处理涉及高维数据和复杂数据关系的任务时，比传统方法更具优势，如在优化问题和数据建模方面的应用。

量子计算的另一个关键组成部分是量子门，这些门是对量子比特状态进行操作的基本单位。通过应用不同的量子门，可以对量子态进行各种变换，以实现数据处理和模型构建。量子门能够进行精确的量子态操控，从而构建出更复杂的量子模型，并优化机器学习算法的性能。与经典计算中的逻辑门类似，量子门是量子计算的基础，推动了量子机器学习的发展。

量子态的测量也是QML中的重要过程。量子测量将量子态的叠加和纠缠信息转化为经典数据，使得机器学习模型能够得出具体的预测或分类结果。在这一过程中，量子计算的复杂数据处理和分析能力被转化为可解释的结果，从而实现实际的应用。测量后的经典结果可以用来评估模型性能，并进行进一步的调整和优化。

总的来说，量子机器学习通过结合量子计算的优势与机器学习的强大功能，提升了数据处理和模型构建的能力。QML在高维数据处理、优化算法和复杂数据模式识别方面展现了显著的潜力，尤其在大数据时代，其高效的数据处理和计算能力为各类应用场景提供了新的可能性，因此基于大数据时代随着量子计算技术的进步和应用的发展，QML有望在未来带来更多创新和突破。

11.2.3 量子机器学习的挑战与未来发展

QML虽然在理论上具有显著的优势，但在实际应用中面临诸多挑战。量子计算机的硬件尚未成熟，当前的量子计算机仍存在噪声水平较高和量子比特的稳定性低的问题，这限制了量子机器学习算法的实际运行效果。量子计算机需要在极低温度下操作，以减少环境对量子比特的干扰，这对量子计算机的制造和维护提出了巨大的技术挑战。此外，量子算法的设计和优化仍处于初期阶段，需要克服许多理论和工程难题，以提高量子机器学习模型的稳定性和可靠性。

量子机器学习的算法和模型设计也是一个复杂的任务。虽然许多量子算法在理论上表现出优越的性能，但如何将这些算法有效地应用于实际仍是一个开放的研究问题。量子算法的复杂性和高昂的计算成本使得实际应用中的算法开发和调优变得困难。此外，量子机器学习算法的理论基础还不够完善，如何将经典机器学习中的技术和经验有效地迁移到量子计算环境中也是一个亟待解决的问题。

未来的发展方向可能会集中在多个方面。首先，随着量子计算技术的进步和量子硬件的成熟，量子机器学习将变得越来越实际，能够处理更多的复杂问题和数据集。新一代的量子计算机将具有更高的量子比特数量和更低的错误率，从而推动 QML 的应用进程。其次，研究人员将致力于开发更高效的量子算法，优化现有的量子机器学习模型，并探索更多与量子计算相结合的创新应用。此外，量子机器学习也可能与其他前沿技术如人工智能、深度学习等进一步融合，带来更多跨学科的突破和应用。

11.3 新兴领域与潜在应用

11.3.1 集成式机器学习的新兴领域

集成式机器学习作为一种强大的模型组合技术，通过将多个不同的学习算法结合起来，提升预测性能和模型稳定性。集成式机器学习的传统集成方法已经显示出优越的性能，但随着机器学习领域的发展，新兴领域的集成技术正在不断涌现。例如，集成深度学习（deep ensemble learning）通过结合多个深度神经网络模型，能够更有效地捕捉复杂数据的多样性，从而在图像识别、自然语言处理等任务中显著提高准确性和鲁棒性。

该方法通过结合多个深度神经网络模型，能够在处理复杂数据时充分发挥不同网络的优势，提高模型的鲁棒性和泛化能力。例如，在图像分类和自然语言处理等任务中，集成多个深度模型可以显著提升分类准确率，减少过拟合现象。

另一种新兴的集成领域是基于模型自适应的集成方法。在这种方法中，集成模型能够根据输入数据的特征动态地调整其组合策略，以适应数据的变化。例如，模型自适应集成可以通过在线学习和自适应加权机制，自动调整每个基模型的贡献，从而优化整体预测性能。这种方法在处理实时数据流和动态环境时尤为重要，如金融市场预测和自动驾驶系统中。

此外，集成式机器学习还在探索与其他前沿技术的结合，如量子计算和迁移学习。量子集成学习利用量子计算的并行处理能力来加速集成模型的训练过程，同时通过量子算法提升模型的泛化能力。迁移学习与集成方法的结合则体现在通过在不同任务间共享知识，增强模型在数据稀缺或任务转移时的表现。这些新兴领域和技术的结合，不仅推动了集成式机器学习的发展，也为实际应用提供了更加灵活和高效的解决方案。

11.3.2 集成式机器学习的潜在应用

集成式机器学习在多个领域展现出广泛的应用潜力，特别是在提高模型性能和应对复杂问题方面。首先，在金融领域，集成学习被广泛用于风险评估、信用评分和股票市场预测等任务。通过结合多个模型的优势，集成学习能够提高预测的准确性和稳健性，从而帮助金融机构更好地管理风险和优化投资决策。例如，集成模型可以有效地处理市场波动和多样化的金融数据，从而提供更可靠的预测结果。

在医疗领域，集成式机器学习同样具有重要应用。通过将多种模型集成起来，医疗系统可以更准确地诊断疾病、预测患者的治疗效果，并制定个性化治疗方案。例如，在癌症诊断中，集成学习可以结合影像分析、基因数据和患者病历等多种信息源，提供更全面的诊断结果。此外，集成模型还可以用于药物研发，帮助加速药物发现过程，并提高新药的成功率。

集成学习在电商和推荐系统中也得到了广泛应用。通过集成多个推荐算法，电商平台可以为用户提供更个性化和精准的产品推荐，从而提高用户体验和购买转化率。集成学习能够有效处理用户行为数据的多样性，并从中提取出有价值的模式，这对于提升推荐系统的效果至关重要。此外，集成学习还可以用于欺诈检测和用户行为分析，帮助电商平台更好地防范风险和提升服务质量。

最后，集成式机器学习在智能交通和自动驾驶领域也展现出了巨大的应用潜力。通过结合多个传感器数据和不同模型的输出，集成学习可以提高自动驾驶系统的环境感知和决策能力，从而提升行车安全性。例如，集成模型可以将图像识别、路径规划和车辆控制等不同任务的结果进行综合分析，从而实现更智能和稳定的驾驶决策。这对于未来自动驾驶技术的成熟和普及具有重要意义。

11.4 技术发展对机器学习的影响

技术的发展对机器学习产生了深远的影响，推动了这一领域的迅速进步。最初随着硬件的进步，尤其是图形处理单元和专用集成电路的发展，大规模并行计算成为可能，从而加速了深度学习模型的训练过程。这些硬件的改进使得机器学习算法能够处理更大的数据集和更复杂的模型结构，大大提升了模型的准确性和效率。此外，云计算的普及也使得机器学习资源的获取变得更加便捷，研究人员和开发者可以利用云端的计算资源进行大规模的模型训练和部署，从而加快机器学习的应用和发展。

之后，算法的进步极大地扩展了机器学习的应用范围。随着技术的发展，研究人员不断提出新的优化算法和学习方法，如梯度下降的改进版本、正则化技术和集成学习方法等，这些都显著提升了机器学习模型的性能和泛化能力。同时，强化学习、生成对抗网络（GAN）和迁移学习等新兴技术的出现，也为解决复杂的实际问题提供了更多的可能性。算法的进步使得机器学习能够更好地适应多样化的应用场景，从自然语言处理到计算机视觉，再到自动驾驶等领域，都得益于这些技术创新。

大数据的蓬勃发展对机器学习起到了关键推动作用。随着互联网和物联网的普及，数据量呈指数级增长，这为机器学习模型的训练提供了丰富的素材。技术的发展使得我们能够更有效地收集、存储和处理这些海量数据，从而提升了模型的预测能力和精准度。此外，数据驱动的机器学习方法，如深度学习，在数据充足的情况下表现出了卓越的性能。数据的可用性与技术的发展相辅相成，形成了机器学习，尤其是集成式机器学习算法不断进步的良性循环，使其能够在更多领域中实现突破性应用。

参考文献

[1] 邱锡鹏．深度学习基础与实践［M］．北京：机械工业出版社，2020.
[2] 王元卓，刘若川．大数据与人工智能技术导论［M］. 北京：清华大学出版社，2021.
[3] 张志华．机器学习：理论、算法与应用［M］. 北京：机械工业出版社，2021.
[4] 张良均，徐焕良．深度学习与自然语言处理实战［M］. 北京：电子工业出版社，2022.
[5] 李沐，陈天奇．动手学深度学习：PyTorch 实践［M］. 北京：机械工业出版社，2021.
[6] 张弛，周国栋．深度学习与图像处理［M］. 北京：电子工业出版社，2021.
[7] 徐怀祖，张健．Python 深度学习应用与实践［M］. 北京：电子工业出版社，2021.
[8] 刘铁岩，杨勇．深度学习与强化学习的理论与应用［M］. 北京：机械工业出版社，2021.
[9] 王巍，李响．深度学习与计算机视觉：算法与应用［M］. 北京：电子工业出版社，2022.
[10] 陈祥伟．TensorFlow 2.0 深度学习［M］. 北京：清华大学出版社，2021.
[11] 李扬．机器学习：算法与应用实战［M］. 北京：清华大学出版社，2021.
[12] 杨强，朱军．强化学习：算法与应用［M］. 北京：电子工业出版社，2020.
[13] 李洪权．机器学习原理与编程实践［M］. 北京：清华大学出版社，2021.
[14] 杨小康，吴勇．深度学习的数学基础与算法实践．北京：机械工业出版社，2021.
[15] 朱红薇．深度学习的解释与应用［M］. 北京：机械工业出版社，2021.
[16] 李秀华．自然语言处理与深度学习实践［M］. 北京：电子工业出版社，2020.
[17] 谢鑫．大数据与机器学习应用案例精解［M］. 北京：电子工业出版社，2020.
[18] 罗向锋．深度学习与智能机器人［M］. 北京：电子工业出版社，2020.
[19] 王亚维，孙阳．深度学习的创新应用与发展趋势［M］. 北京：清华大学出版社，2022.
[20] 马俊杰．人工智能与深度学习前沿研究［M］. 北京：机械工业出版社，2022.
[21] 周志华．人工智能：现代方法［M］. 北京：清华大学出版社，2020.
[22] 王晓明．深度学习基础与实践［M］. 北京：电子工业出版社，2021.
[23] 李航．统计学习方法［M］.2 版．北京：清华大学出版社，2021.
[24] 陈天奇，李沐．动手学深度学习［M］.2 版．北京：机械工业出版社，2020.
[25] 张洪涛．深度学习与 TensorFlow［M］. 北京：电子工业出版社，2020.
[26] 李鹏．机器学习与大数据分析［M］. 北京：清华大学出版社，2021.
[27] 林建江．自然语言处理与深度学习［M］. 北京：电子工业出版社，2021.
[28] 邱锡鹏．神经网络与深度学习［M］.2 版．北京：机械工业出版社，2020.
[29] 何钦铭．模式识别与机器学习［M］. 北京：清华大学出版社，2020.
[30] 张伟．机器学习导论［M］. 北京：清华大学出版社，2021.
[31] 王珏．深度学习算法与应用［M］. 北京：电子工业出版社，2021.
[32] 李文杰．机器学习与数据挖掘实践［M］. 北京：清华大学出版社，2020.
[33] 周志华．集成学习与应用［M］.2 版．北京：清华大学出版社，2021.
[34] 王明．强化学习入门与实战［M］. 北京：机械工业出版社，2020.
[35] 赵俊．深度学习与自然语言处理技术［M］. 北京：电子工业出版社，2020.
[36] 王宏．大数据与人工智能算法基础［M］. 北京：清华大学出版社，2021.
[37] 李凯．机器学习与数据科学［M］. 北京：清华大学出版社，2021.
[38] 刘勇．智能数据分析与机器学习实践［M］. 北京：电子工业出版社，2021.